室内热环境理论及其绿色营造方法

李百战　姚润明　喻　伟　杜晨秋　刘　红　著

科学出版社

北京

内 容 简 介

建筑室内热环境低碳营造是建筑领域实现"双碳"目标的必然要求。本书结合作者研究团队二十余年的基础研究和工程技术应用研究,系统地阐述了建筑热环境营造相关的基本概念、影响因素、研究方法、评价理论体系,以及室内热环境低碳绿色营造技术和工程设计方法,并给出了典型工程实施案例和长江流域室内热环境营造绿色实践模式,同时综述了国内外相关研究成果、最新研究热点和进展。

本书可作为高等院校建筑环境及建筑土木等学科相关研究生与本科生的参考教材,也可作为科研院所、设计咨询单位、事业单位和管理部门、供暖空调通风及室内环境改善装备生产企业相关从业人员的参考书。

图书在版编目(CIP)数据

室内热环境理论及其绿色营造方法 / 李百战等著. —北京:科学出版社,2024.11

ISBN 978-7-03-072000-9

Ⅰ. ①室… Ⅱ. ①李… Ⅲ. ①室内-建筑热工-无污染技术 Ⅳ. ①TU111.1

中国版本图书馆CIP数据核字(2022)第051998号

责任编辑:周 炜 乔丽维 / 责任校对:王 瑞
责任印制:肖 兴 / 封面设计:陈 敬

科 学 出 版 社 出版

北京东黄城根北街16号
邮政编码:100717
http://www.sciencep.com

北京华宇信诺印刷有限公司 印刷
科学出版社发行 各地新华书店经销
*

2024年11月第 一 版 开本:720×1000 1/16
2024年11月第一次印刷 印张:27
字数:550 000
定价:228.00元
(如有印装质量问题,我社负责调换)

序

　　我是建筑工程业界的退休老人，职业生涯一直从事建筑工程营建工作。在前辈们的带领下，曾与各有关单位和人员交往，有高等院校、研究单位、企业、运行管理部门，以及主管的官员、经营的商家、传媒的工作者等。

　　当年我与重庆大学已有交往和合作，对该校多位老师已较熟悉。

　　该书作者李百战教授到重庆大学工作后，我们很快相识、相知，对他的工作、成果、能力和贡献逐渐加深了解，我曾公开说过：重庆大学成就了他，他提升了重庆大学。这个说法不少同行也认可。因为他是在重庆大学执业、成长、成熟、发展的，又与夫人姚润明教授合作把重庆大学的建筑环境专业与国际接轨，促使该专业在重庆大学成为名牌专业，极具声望。

　　我极为欣赏本书。为人体营造室内的热环境，首先要保证在其中工作、生活的人感觉舒适，而后再谈节能，本书主题很明确就是这种绿色营造方法，但人体的舒适与否如何获知呢？我的态度很明确，采用问卷方式绝不可取，因为人们的科学素养没达到这个水平。同时还存在复杂的心理，还会想怎么写问卷下一步的变化会对自己更有利？例如，我写"太冷"，一旦能提升温度，岂不更好？

　　该书采用生理学、临床医学、检测学、数理统计学等知识理论，把是否"舒适"探究得细致、深刻、真实和可信，而且还发现了动态特点。简单说：环境从冷变热和从热变冷，人体的"热舒适"参数是不同的。从深入的研究到再发现可研究的新问题，不断探究下去，绝对是值得称赞的科学路线和作风。

　　初读该书，作者就给了我写序的任务。很高兴，一是可学习的内容很多，二是很有荣誉感，三是还可以利用这个平台宣讲一些我的学术观点。

　　该书可供大学作教材，可供研究单位作参考和范本，可供企业作研发产品以及运行的工作指导，可供官员、决策者作技术支持和依据。

　　以此心得、体会当作该书之序，以求指正、补充和分享。

顾问总工程师

前　言

随着城镇化与城市发展，现代社会越来越多的工作、生活、生产活动等都在室内完成，室内热环境对人的舒适、健康，乃至生活品质和学习工作效率的影响也更加重要。建筑环境科学一直关注室内环境健康和舒适等，室内热环境理论及其绿色营造方法研究已成为建筑环境及相关专业的基础科学问题。

人们追求美好生活，改善室内热舒适的需求随社会发展和人们生活水平的提高而更加迫切。室内热环境营造的目的除创造室内空间进行生产和科学研究的基本条件外，主要是满足人们在室内空间生活、工作和活动时对热舒适和健康的需求。然而，随着全球气候变化和能源危机日益严峻，室内热环境舒适营造和节能减排减碳已经越来越受到人们的广泛关注。一方面，我国室内热环境现状（尤其是南方室内热环境）急需改善，加之新建建筑和交通运输等室内空间热环境营造需求，会产生大量能源消耗和碳排放；另一方面，我国既是世界能源消耗大国，也是碳排放大国，国家能源安全和碳排放压力巨大。因此，如何用较低的能源消耗和碳排放，营造使人满意的室内热环境，实现在国家能源和碳排放约束下改善人们热舒适的目标，已成为我国绿色低碳可持续发展的重要课题，也是室内热环境绿色营造领域的技术难题。

本书是作者研究团队多年研究成果的归纳总结，全书共 7 章，系统阐述室内热环境参数及特性，室内热环境与人体热舒适领域的基本概念、理论方法、评价体系，以及室内热环境绿色低碳营造关键技术、优秀工程案例等。同时，本书介绍了国内外相关研究成果、最新研究热点和进展。

本书主要来源于作者研究团队近二十年来主持完成的国家自然科学基金重点项目"建筑热环境动态调节与控制的理论与方法（50838009）"、国家自然科学基金国际（地区）合作交流项目"基于气候响应和建筑耦合的低碳城市供暖供冷方法与机理研究（51561135002）"、国家自然科学基金青年科学基金项目"住宅热环境动态特性及控制原理研究（59208072）"、中美建筑围护结构体系关键技术研究项目（2010DFA72740-03）以及"十五"、"十一五"、"十二五"国家科技项目课题和国际合作项目等。第 7 章部分内容来源于"十三五"国家重点研发计划项目"长江流域建筑供暖空调解决方案和相应系统（2016YFC0700300）"的研究成果。

本书由重庆大学李百战、姚润明、喻伟、杜晨秋、刘红撰写，撰写前期得到了重庆大学郑洁、李楠、丁勇、刘猛、陈金华、罗庆、高亚峰等的支持，他们提供了大量可供本书参考使用的资料，撰写过程中参考了金振星、李文杰、谈美兰、刘晶、许孟楠、景胜蓝、李永强、杨宇、贾洪愿、熊杰等的博士学位论文，以及曹馨匀、姜昊辰、张少星、明茹、陈朝阳等的硕博课题研究成果，中国建筑设计研究院有限公司潘云钢总工程师、中国建筑西南设计研究院有限公司戎向阳总工程师、北京城建设计发展集团股份有限公司李国庆总工程师提供了本书提出的绿色营造技术在实际应用中的优秀工程案例。清华大学石文星教授、上海市建筑科学研究院有限公司徐强总工程师，以及青岛海尔空调电子有限公司、广东美的制冷设备有限公司及其研究团队为本书第 7 章提供了最新的绿色营造被动技术和供暖空调高效设备技术产品参考资料，使得本书内容更加丰富和与时俱进。此外，在本书撰写过程中得到了李清扬、吴清清、周姗、张娜、欧阳林元等硕士、博士研究生的参与和协助，他们参与了资料收集整理、格式调整，以及最后通稿校正等工作，在此一并表示衷心的感谢。

　　感谢热舒适领域前辈 Fanger、Humphreys、Bjarne 等的帮助和支持。特别感谢 ISO TC159/SC5 委员会前主席 Parsons 教授，他将他本人最新研究成果和最近出版专著等资料提供给作者参考引用。同时，本书在撰写过程中得到了国内外众多相关专家、同事的关心、帮助和支持，也得到了相关设计、研究和企业等单位专家的热情指导；感谢吴德绳老师和江亿老师对作者研究团队长期的支持和帮助。

　　由于室内热环境领域涉及交叉学科，内容丰富，跨度大，作者力求本书尽可能涵盖该领域相关知识，但难免遗漏重要信息。限于作者水平，书中难免存在疏漏和不妥之处，敬请读者批评指正。

目　录

第1章 绪 论

室内热湿环境营造就是通过各种工程手段营造出不同于室外自然环境的温度、湿度的人工环境空间，以满足人们日常生活、工作、生产、科学实验等各种活动的不同需求[1]。本书主要涉及与人员有关的室内热环境，如民用建筑、交通建筑等。由于人们有 70%～90%的时间是在各种室内环境中度过的，室内热环境质量直接影响人们的舒适、健康和工作效率，室内热环境营造已成为现代社会各种活动必不可少的基础条件。但是，室内热环境营造又是一门复杂的学科，营造过程的影响因素包含哪些，各因素之间相互耦合关系怎样，都需要系统研究。研究以上问题，首先需要明晰室内热环境的基础理论和影响要素，而对于人们日常生活、生产或活动的室内热环境营造，尤其需要了解热环境对人们热舒适的影响及其评价。这既是营造安全、健康、舒适室内热环境的基础，也是推进绿色低碳发展、实现建筑领域可持续发展的保障。室内热环境营造伴随着设备运行过程消耗了大量能源，甚至超过建筑运行能耗的一半，已成为国家和社会需要面对和解决的重大战略问题。随着国家"碳达峰"、"碳中和"目标的提出，促进节能减排、实现绿色低碳发展已成为行业人员在专业领域的主要责任。

1.1 室内热环境及其影响因素

2009 年实施的国家标准《室内热环境条件》(GB/T 5701—2008)[2]借鉴和引用了美国《人类居住热环境条件》(ASHRAE 55-2004)[3]中关于"室内热环境"的定义：指影响人体散热的热环境(the thermal environmental conditions that affect a person's heat loss)。《室内热环境设计》[4]一书将室内热环境称为室内气候，指由室内空气温度、相对湿度、空气流速和壁面平均辐射温度四种参数综合形成，以人体舒适感进行评价的一种室内环境。

作者认为，对于人们生活、工作和活动的室内空间，室内热环境及其影响因素如图 1.1 所示。

(1)影响人体冷热感觉的环境称为室内热环境，通常可以用室内空气温度、空气相对湿度、空气流速、壁面辐射温度(围护结构壁面辐射形成的平均辐射热)四个基本环境参数表征。

(2)上述环境参数与人员着装、活动水平综合作用于人体，直接影响人体热平衡和热舒适。

(3)室内热环境不同于室外环境，其状态会受到各种外扰(如室外温湿度、太阳辐射、风速、风向变化，以及邻室的空气温湿度等)与内扰(如室内设备、照明、人员等室内散热散湿源)、围护结构热工性能、设备系统运行调控和人员行为等因素影响。

(4)室内热环境绿色营造需要对室内热过程进行解析，确定室内人体热舒适需求，进而提出安全高效的建筑设计和技术、工程方法与措施，实现节能舒适的目标。

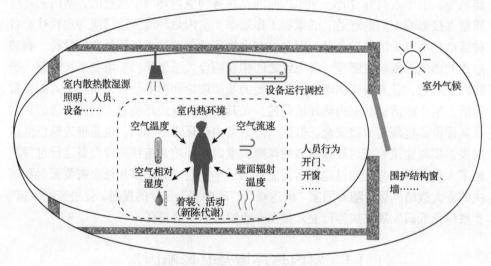

图1.1 室内热环境及其影响因素

1.1.1 热环境参数

1. 温度

温度是物体冷热程度的标志，它是室内热环境和热舒适的主要影响因素，直接影响人体通过对流和辐射的显热交换。从能量角度看，温度是描述系统不同自由度间能量分布状况的物理量；从热平衡角度看，温度则是描述热平衡系统冷热程度的物理量。

1)空气温度

空气温度，又称空气干球温度，是人们最熟悉且最常用的表示环境冷热程度的指标。人体对空气温度的感觉相当灵敏，通过机体的冷热感受器可以敏锐地判断环境的冷热程度。当室内空气温度过低时，人们就会感到手脚冰冷、头脑发昏，严重时可能引起感冒、发烧等病症。当室内温度过高时，人们常感到闷热难耐、大汗淋漓、心烦气躁，严重时可能引起中暑。过高或者过低的空气温度不仅影响人的工作效率和心情，严重时还可能引起健康问题。

2) 平均辐射温度

在考虑周围物体表面温度对人体辐射换热强度影响时需用到平均辐射温度的概念。若人体在某一假想的温度均匀的封闭空间内的辐射换热量与人所处的真实环境相同，则该假想封闭空间的温度就是真实环境的平均辐射温度。平均辐射温度是计算人体与环境热交换的重要参数，取决于周围物体表面温度、人员所处位置、着装、姿态等，其计算公式可以表示为式(1.1)。在实际的生产、生活环境中，空气温度和平均辐射温度并不总是均匀、相等的，人们常常会遇到身体某一部分受冷或受热，如室内上下温度明显不对称、人体一侧有辐射热源等，所以研究平均辐射温度相对于空气温度的偏差以及不对称受热或散热对人体生理或感觉反应的影响并且确定其允许限值十分重要。苏联学者研究表明，为保持人体热舒适状态，周围空气温度与围护结构壁面温度的差值不得超过 7℃。Fanger[5]通过对加热天花板舒适限值的研究，发现即使在热舒适条件下，无不对称热辐射时，也有3.5%的人感到不适；如果按不适人数不超过 5%为标准，则对称热辐射限值应小于 4℃。

$$\overline{t_r}^4 = \frac{\sum_{j=1}^{k} F_j \varepsilon_j t_j^4}{\varepsilon_0} \tag{1.1}$$

式中，$\overline{t_r}$ 为平均辐射温度，K；F_j 为周围环境第 j 个表面的角系数；t_j 为周围环境第 j 个表面的温度，K；ε_j 为周围环境第 j 个表面的黑度；ε_0 为假想围合面的黑度。

物体(如人体)的平均辐射温度取决于其表面温度和形状(如体形和姿势会影响投射到辐射表面的区域)。投影区域(A_p)在所有方向上的整合提供了周围环境与人体之间辐射交换的可用区域。《热环境的人类工效学 通过计算预测的热应变对热应力的分析测定和说明》(ISO 7933:2004)使用对辐射换热有显著影响的人体部分表面积(A_r)除以身体的总表面积(A_r/A_D)得出角系数：站立 0.77、坐姿0.72、蹲伏 0.67。

在工程实践中，为了简化计算、方便应用，辐射空间的平均辐射温度可以通过围护结构所有表面温度的加权平均来计算，计算公式为

$$\overline{t_r} = \frac{t_1 A_1 + t_2 A_2 + \cdots + t_n A_n}{A_1 + A_2 + \cdots + A_n} \tag{1.2}$$

式中，t_n 为第 n 个表面的平均温度，K；A_n 为第 n 个表面的面积，m^2。

测量平均辐射温度最早、最简单且最普遍的方法就是使用黑球温度计，它由一个涂黑的薄壁铜球和内部的温度计组成，温度计的感温包位于铜球中心。当黑球与周围环境达到热平衡时测得的温度即为黑球温度。如果同时测出了空气温度，且室内平均辐射温度与空气温度差别不大，则平均辐射温度可以采用如下公式简化计算。

$$\bar{t}_r = t_g + 2.44\sqrt{v}(t_g - t_a) \tag{1.3}$$

对于自然对流环境，风速 $v \leqslant 0.15\text{m/s}$，则有

$$\bar{t}_r = \left[(t_g + 273)^4 + \frac{0.25 \times 10^8}{\varepsilon} \left(\frac{|t_g - t_a|}{d} \right)^{0.25} \times (t_g - t_a) \right]^{0.25} - 273 \tag{1.4}$$

对于强迫对流环境，风速 $v > 0.15\text{m/s}$，则有

$$\bar{t}_r = \left[(t_g + 273)^4 + \frac{1.1 \times 10^8 v^{0.6}}{\varepsilon d^{0.4}} \times (t_g - t_a) \right]^{0.25} - 273 \tag{1.5}$$

式中，t_g 为黑球温度，℃；t_a 为空气温度，℃；v 为风速，m/s；d 为黑球直径，m；ε 为发射率。

可以看出，环境平均辐射温度和空气温度、黑球温度、风速等因素有关，并不简单等同于空气温度，因此不能简单采用辐射温度等于空气温度或操作温度来评价室内舒适性。

3）操作温度

操作温度反映了空气温度和平均辐射温度的综合作用，是显热传递的驱动力。《人类居住的热环境条件》（ASHRAE 55-2017）[6]给出操作温度的定义：假定通过辐射和对流交换的热量与实际非均匀环境中相同时，一个假想的黑色外壳和里面的空气均匀温度反映了环境空气温度和平均辐射温度的综合作用。按照其定义，人体在与操作温度一致的黑体封闭空间内将失去与真实环境中等量的显热（包括对流和辐射）。因此，操作温度即为环境平均辐射温度与空气温度对各自对应换热系数的加权平均值，其计算公式为

$$t_o = \frac{h_r \bar{t}_r + h_c t_a}{h_r + h_c} \tag{1.6}$$

式中，t_o 为操作温度，℃；h_r 为辐射换热系数，W/(m²·℃)；h_c 为对流换热系数，W/(m²·℃)。

通常环境下辐射换热系数和对流换热系数的大小相当，因此也常会用空气温

度和平均辐射温度的平均值来代表操作温度，其计算公式为

$$t_o = \frac{t_a + t_g + 2.44\sqrt{v}(t_g - t_a)}{2} \tag{1.7}$$

2. 湿度

湿度是空气中水蒸气的浓度，通常表示为水蒸气分压力(Pa)，是气体和水蒸气混合物的物理参数。湿度直接或间接影响室内热环境和人体热舒适，它在人体能量平衡、热感觉、皮肤湿润度、室内材料含水量、人体健康和空气品质可接受等方面是一个重要影响因素。而湿度对人体热舒适的影响主要表现在影响人体皮肤到环境的蒸发热损失。由于湿度主要影响人体汗液分泌，从而影响人体表面皮肤的平均湿度，而皮肤的平均湿度是预测人体是否热舒适的一项重要判断指标。当相对湿度保持在 40%～70%时，人体可以保证蒸发过程的稳定，所以此时空气流速的作用非常重要，如果空气处于静止状态，靠近皮肤的空气层水蒸气分压力较大，则会抑制人体表面汗液蒸发，引起人体不适。此外，高温环境中，相对湿度高于 70%时常常会引起人体不适，而且这种不适感随空气湿度的增加而增加。Tanabe 等[7]研究表明，相对湿度为 80%的热不舒适程度要大于 70%或更低湿度状况。同时室内湿度较大会导致建筑潮湿、结露、凝水、霉菌滋生等问题，不仅影响建筑性能，也会影响室内空气品质，从而影响人体健康。相反，如果相对湿度低于 30%，不但会引起人体热不舒适，而且可能引起呼吸道疾病。

常用于表示湿度的指标有：绝对湿度、相对湿度、含湿量和露点温度等。

1)绝对湿度

绝对湿度定义为每立方米的湿空气在标准状态下所含水蒸气的质量，即湿空气中水蒸气的密度，以符号 ρ 表示，单位为 g/m³:

$$\rho = \frac{1}{V_n} \tag{1.8}$$

$$P_n V_n = R_n T \tag{1.9}$$

由式(1.8)和式(1.9)可得

$$\rho = \frac{P_n}{R_n T} = \frac{P_n}{461T} \times 1000 = 2.169 \times \frac{P_n}{T} = 2.169 \times \frac{P_n}{273.15 + T_a} \tag{1.10}$$

式中，P_n 为空气中水蒸气分压力，Pa；T 为空气的干球热力学温度，K；T_a 为空气的干球温度，℃；R_n 为水蒸气的气体常数，R_n=461J/(kg·K)。

2）相对湿度

相对湿度是空气中的水蒸气分压力除以空气温度下的饱和水蒸气分压力，以符号 φ 表示，表达式见式(1.11)。空气的相对湿度取决于空气干球温度和含湿量，如果空气中含湿量保持不变，干球温度增高，则相对湿度变小；干球温度降低，则相对湿度增大。

$$\varphi = \frac{P_n}{P_b} \times 100\% \tag{1.11}$$

式中，P_n 为空气中水蒸气分压力，Pa；P_b 为饱和水蒸气分压力，Pa。

空气中水蒸气分压力 P_n 表示为

$$P_n = P_{b,s} - A(T_a - T_s)B \tag{1.12}$$

式中，$P_{b,s}$ 为相应于湿球温度 θ_s 时的空气中饱和水蒸气分压力，Pa，θ_s 为空气的湿球温度，℃；A 为与风速有关的系数，其经验公式为式(1.13)；B 为大气压力，Pa。

$$A = \left(593.1 + \frac{135.1}{\sqrt{v}} + \frac{48}{v}\right) \times 10^{-6} \tag{1.13}$$

式中，v 为风速，m/s。

3）含湿量

含湿量就是湿空气中每千克干空气所含水蒸气的量：

$$d = 1000 \times \frac{m_s}{m_w} \tag{1.14}$$

式中，d 为含湿量，g/kg 干空气；m_s 为湿空气中水蒸气的质量，kg；m_w 为湿空气中干空气的质量，kg。

按理想气体状态方程：

$$m = \frac{PV}{RT} \tag{1.15}$$

可得

$$d = 622 \times \frac{P_n}{P_w} \tag{1.16}$$

式中，P_w 为湿空气中干空气分压力，Pa。

当湿空气定压加热或冷却时，如果含湿量 d 保持不变，则 P_n 保持不变，湿空

气的露点保持不变。将 $P_w=B-P_n$ 和 $P_n=\varphi P_b$ 代入式(1.16)可得

$$d = 622 \times \frac{P_n}{B-P_n} = 622 \times \frac{\varphi P_b}{B-\varphi P_b} \tag{1.17}$$

根据式(1.17)，当大气压力 B 一定时，相应于每一个 P_n 有一个确定的 d 值，即含湿量与水蒸气分压力互为函数，所以 d 和 P_n 是同一性质的参数，再加上干球温度或湿球温度参数，就可以确定湿空气的状态。

4) 露点温度

露点温度(T_{dp})是指被测温空气冷却到水蒸气达到饱和状态并开始凝结出水分时对应的温度，即空气饱和温度，低于该温度，水将在固体表面凝结。焓湿图显示如何根据干球温度和湿球温度来确定相对湿度、水蒸气分压力和露点温度，如图 1.2 所示。例如，干球温度(空气温度)为 30℃、湿球温度为 20℃时，相对湿度为 40%，露点温度为 13℃，水蒸气分压力为 1.7kPa。

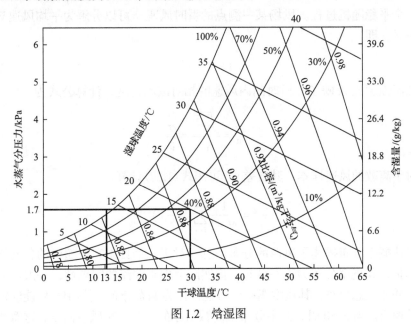

图 1.2　焓湿图

关于空气湿度，本书第 6 章将具体介绍有关空气湿度常用的度量指标。

3. 风速/空气流速

风是指由气压差引起的空气水平运行，风向和风速是描述风特征的两个要素。通常人们把风吹来的方向视为主流风向。对人体来说，风向主要有迎面风、背面风、从头到脚的风和从脚到头的风。描述风速变化的物理指标有瞬时风速、平均

风速、湍流强度、频率等。

空间任意一点的瞬时风速 v 时刻变化。对某一时间段 T 内的风速进行评价时，首先考虑其风速的平均水平，一般使用平均风速 $\bar{v}$ 进行评价，其定义为

$$\bar{v} = \frac{1}{T}\int_0^T v(t)\mathrm{d}t \tag{1.18}$$

研究一段时间内的风速首先需要对风速进行采样，风速采样得到的不是连续值，而是一个离散风速样本 $v_i(i=1,2,3,\cdots,N)$，可以用式 (1.19) 求离散形式的平均风速。

$$\bar{v} = \frac{1}{N}\sum_{i=1}^N v_i \tag{1.19}$$

式中，N 为采样点数。

由于空气运动具有随机性，在研究空气运动时可以将各测点速度的瞬时变化视为一个平稳随机过程。风场某一测点的瞬时风速 v 可以分解为平均风速 $\bar{v}$ 和脉动风速 v'，即

$$v = \bar{v} + v' \tag{1.20}$$

湍流强度 T_u 反映了一段时间内风速的相对波动程度，计算公式为

$$T_u = \frac{\sqrt{\overline{v'^2}}}{\bar{v}} = \frac{\sigma}{\bar{v}} \tag{1.21}$$

对于离散的风速样本，其方差 $\overline{v'^2}$ 可用式 (1.22) 计算。

$$\overline{v'^2} = \frac{1}{N-1}\sum_{i=1}^N (v_i - \bar{v})^2 \tag{1.22}$$

风速概率分布描述了风速的分布信息。对于一个真正完全随机的各向均匀同性物理量，其概率分布为正态分布。但实际上由于湍流的间歇性，一般的湍流统计性质并非正态分布，其速度概率分布也往往为偏态分布，偏斜度 S_k 能够定量描述这种偏离。当 $S_k>0$ 时，概率分布偏向数值小的一侧，对风速而言，这意味着小风速的时间长。对于离散的风速样本，偏斜度计算公式为

$$S_k = \frac{1}{N}\sum_{i=1}^N \left(\frac{U_i - \bar{U}}{\sqrt{\overline{U'^2}}}\right)^3 \tag{1.23}$$

式中，U_i 为第 i 次测量的风速；$\bar{U}$ 为风速的平均值；U' 为瞬时风速 U_i 与平均风速 $\bar{U}$ 之间的差异。

对室内环境而言，一般称这样的空气流动为空气流速，即单位时间内空气在其水平方向上的流动距离。造成室内空气流动的原因一般包括静止空气中人体周围自然对流边界层、空气本身的自然或者受迫对流、人体活动时与空气发生的相对流动等。空气流速的大小对人体对流换热有很大影响，在热环境中空气流动能为人体提供新鲜的空气，并在一定程度上加快人体的对流散热和蒸发散热，提供冷却效果，使人体达到热舒适；但当空气的流动速度过大时，可能导致吹风感。夏一哉等[8]研究了气流脉动强度和频率对人体热感觉的影响，得出在"中性-热"环境下，增加气流的脉动强度，可以增大热舒适，并减少不愉快吹风感的产生。实验同时发现，频率在 0.05～0.18Hz 内的气流对人体的热感觉影响不大，但是在 0.3～0.5Hz 内却对人体产生较强的冷作用，而且操作温度和相对湿度对频率的影响并不显著。气流脉动频率对人体感受气流强度有很大影响，随着频率的增大，人体感受到的空气流速减小。

1.1.2　热环境影响因素

1. 室外气候

室外气候条件，如太阳辐射、空气流动、地形等，决定了建筑所处环境的温度、湿度、辐射能力和天气条件等气候性质，对室内热环境的形成有重要影响。因此，建筑的设计、规划、类型、措施等方面都要充分考虑室外气候特点，以形成良好的室内气候。就室外空气温度而言，其变化最主要的影响因素是太阳辐射。建筑物的周围环境、房屋外围护结构(屋顶、墙壁、窗户)以及室内若有阳光照射就会受到日照和太阳辐射的作用，太阳辐射的强度直接关系到室外空气温度的高低。建筑所在地的下垫面形式、海陆位置、人为因素等也共同影响着室外空气温度。一定时间内，可以认为室外空气温度变化呈 24h 周期性波动，如图 1.3 所示。

2. 围护结构

围护结构一般是指围合空间四周的墙体、门、窗等能够有效隔离外界环境的围护物，建筑外窗、外墙、屋顶和地面等可以通过导热和表面换热来实现室内外环境的热量传递，缝隙渗风和开窗自然通风形成的室内外通风换气也可以实现热量传递。围护结构具有自身的热工特性，夏季白天外围护结构除由室内外温差引起的导热外，还受到太阳辐射被加热升温，向室内传递热量，夜间围护结构被冷却降温，吸收室内热量，即存在建筑围护结构内、外表面日夜交替变化方向的传热作用，以及围护结构在自然通风条件下的双向温度波动。冬季的热过程主要是通过外围护结构向室外传递热量。此外，围护结构还通过外表面与大气长波辐射，来自地面、周围建筑及其他物体外表面的长波辐射等进行辐射换热,对室内热环境产生影响。因此,良好的室内热环境营造,需要对建筑围护结构热工有合理的设计要求。由于建筑时刻受室外气候影响,其围护结构热工设计既要考虑冬季保温、防潮等,又要考虑夏季隔热、遮阳、自然通风、防潮等,如图 1.4 所示。

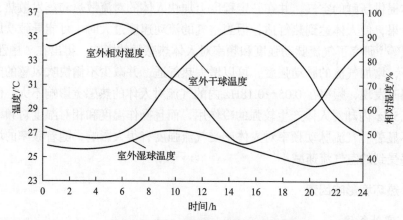

图 1.3　室外气候参数周期性变化规律

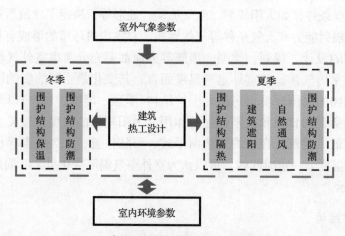

图 1.4　建筑围护结构热工设计要素及影响

1) 非透明围护结构

在外部气象作用下,热量由室外传到围护结构外表面,经过导热和对流换热将热量传递给室内空气,再经过辐射换热将热量传递给室内人员、家具、设备。通过围护结构的潜热传热主要来自非透明围护结构的湿传递。一般情况下,透过围护结构的水蒸气可以忽略不计,但对于需要控制湿度的恒温恒湿室或低温环境室等,当室内空气温度相当低时,需要考虑通过围护结构渗透的水蒸气。通过围护结构的总得热量与许多条件有关,不仅受室外气象条件参数和室内空气参数的影响，而且与室内其他表面的状态也有着较大关联。

通过围护结构的显热传热过程有两种类型，即通过非透明围护结构的热传导和通过透明围护结构的日射得热，这两种热传递有着不同的原理，但又相互联系。通过墙体、屋顶等非透明围护结构传入室内的热量源于两部分，即室外空气与围护结构外表面之间的对流换热和太阳辐射通过墙体导热传入的热量。由于围护结构存在热惯性，通过围护结构的传热量和温度的波动幅度与外扰波动幅度之间存在衰减和延迟的关系，如图1.5所示。衰减和延迟的程度取决于围护结构的蓄热能力，围护结构的热容量越大，蓄热能力就越大，衰减和延迟就越明显。一般来说，厚重材料的蓄热能力大，因此其得热量的峰值就比较小，延迟时间较长，

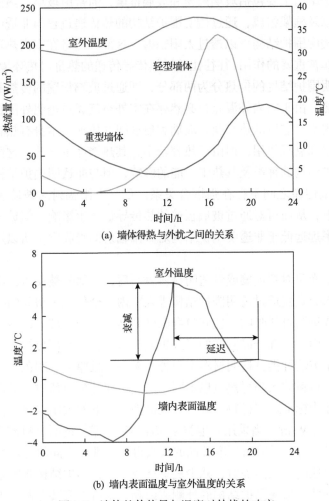

(a) 墙体得热与外扰之间的关系

(b) 墙内表面温度与室外温度的关系

图 1.5 墙体的传热量与温度对外扰的响应

由该材料组成的围护结构热稳定性就好，相应的房间抵抗外部温度波动的能力就更强。

此外，通过某一面墙体从室外环境进入室内的显热量不仅取决于室内外参数以及本面墙体的热工性能，还受到其他室内长波辐射热源和短波辐射热源的影响。也就是说，其他墙体表面温度，室内设备、家具、人员以及照明灯具等辐射热都会影响其传热量大小。因此，即使室外参数和室内空气温度维持不变，通过非透明围护结构从室外进入室内的热量也不确定，影响因素不仅包括室外参数和围护结构热工参数，还包括室内其他长波和短波辐射热源的强度。

2) 透明围护结构

透明围护结构主要包括玻璃门窗和玻璃幕墙，通常由玻璃、热镜膜、遮光膜等透明材料以及框架组成，通过透明围护结构的热传递过程与非透明围护结构有很大不同。透明围护结构可以透过太阳辐射，这部分热量在室内热环境的形成过程中发挥了非常重要的作用，往往比通过热传导传递的热量对热环境的影响更大。一般通过透明围护结构的传热分为两部分，即通过玻璃板壁的传热和透过玻璃的日射辐射传热。由于室内外温差，必然存在室外空气通过透明外围护结构以热传导方式与室内空气进行的热交换。玻璃和玻璃间气体夹层本身有热容，因此与墙体一样有延迟和衰减作用，但由于热容较小，其热惰性不显著。这两部分的传热量受透明围护结构的种类及其热工性能的影响，但与非透明围护结构不同的是，这两部分热量传递之间不存在强耦合关系。尽管太阳辐射对玻璃表面的温度高低有一定影响，从而可对通过玻璃板壁的热传导量产生影响，但玻璃本身对太阳辐射的吸收率远远低于非透明围护结构对太阳辐射的吸收率，所以这种影响非常有限。

此外，阳光照射到玻璃或者透明材料表面后，一部分被反射，不会成为房间的得热；一部分直接透过透明围护结构进入室内，全部成为房间的得热；还有一部分被玻璃或透明材料吸收，使其自身温度升高，其中一部分以对流和辐射的形式传入室内，而另一部分以同样的形式扩散到室外，这几部分综合形成了太阳辐射得热。由于玻璃种类及透明材料本身种类繁多，且厚度、颜色不同，同样大小的玻璃或透明材料的太阳得热量也不同。因此，在计算负荷时，常以某种类型和厚度的玻璃作为标准透明材料，取其在无遮挡条件下的太阳得热量作为标准太阳得热量，单位为 W/m^2。当采用其他类型和厚度的玻璃、透明材料或透明材料内外有某种遮阳设施时，只需对标准玻璃的太阳得热量进行不同的修正即可。

为了有效地遮挡太阳辐射，减少夏季空调负荷，围护结构遮阳是常用手段。遮阳设施可安装在透明围护结构的外侧或内侧，也可以安装在两层玻璃中间。常见的外遮阳设施包括作为固定建筑构件的挑檐、遮阳板或其他有遮阳作用的建筑构件，也包括可调节的遮阳棚、活动百叶挑檐、外百叶帘等。内遮阳设施一般采用窗帘或百叶。尽管无论外遮阳还是内遮阳，都可以反射部分阳光、吸收部分阳光、透过部分阳光，但对于外遮阳设施，只有透过的部分阳光才会到达玻璃外表面，其中有部分透过玻璃进入室内形成冷负荷。被外遮阳吸收了的太阳辐射热一般都会通过对流换热和长波辐射扩散到室外环境，而不会对室内热环境产生影响。相比之下，尽管内遮阳也可以反射部分太阳辐射，但向外反射的一部分又会被玻璃反射回来，使反射作用减弱，更重要的是，内遮阳吸收的辐射热量会慢慢在室内释放形成室内得热。

3) 空气渗透

室外气候通过建筑物本体(包括建筑设计的朝向、建筑形态、围护结构的保温隔热和气密性、窗户的隔热、遮阳作用等)影响着室外向室内传递的总热量，从而显著影响室内热环境。由于建筑本体存在各种门、窗和其他类型的开口，室外空气可能通过空气渗透直接进入室内，带来热量和湿量，从而影响室内空气温湿度。空气渗透一般是指由于室内外存在压力差，室外空气通过门窗缝隙和外围护结构其他小孔或洞口进入室内的现象，即无组织通风。一般情况下，空气渗入和渗出总是同时存在，渗入的是室外空气，因此渗入的空气量和空气状态决定了室内得热量。渗透量的大小取决于室内外压力差，一般是风压和热压所致。夏季时由于室内外温差较小，风压是造成室外空气渗透的主要动力。如果室内空调系统送风造成室内正压，就只有室内向室外渗出的空气，则对室内热湿状况无影响。如果冬季室内有采暖，则室内外存在比较大的温差，热压形成的烟囱效应会强化空气渗透，即由于空气密度差异，室外冷空气会从建筑下部开口进入室内，室内热空气会从建筑上部开口流出。因此在冬季采暖期，热压可能会比风压对空气渗透起更大的作用，这种作用在高层建筑中更明显。关于风压和热压的原理及计算可参照《实用供热空调设计手册》[9]，计算风压造成的空气渗透常用的方法是基于实验和经验估算的缝隙法和换气次数法。

3. 室内热湿源

室内热湿源一般包括人体、设备和照明设施。人体一方面会通过皮肤和服装向环境散发显热量；另一方面通过呼吸、出汗向环境散发湿量。照明设施向环境散发的是显热，工业建筑设备(如电动机、加热水槽等)的散热和散湿取决于工艺过程的需求，一般民用建筑的散热和散湿设备包括家用电器、厨房设施、食品、游泳池、体育和娱乐设施等。人体的散热量和散湿量与人体的代谢率有关，而显热散热与潜热散热的比例与空气温度、平均辐射温度有关。这一部分内容在本书第 3 章有具体介绍，这里不再赘述。

　　室内设备分为电动设备和加热设备，照明设备属于加热设备的一种。加热设备只要把热量散入室内，就全部成为室内得热，而电动设备所消耗的能量中有一部分转化为热能散入室内成为得热，还有一部分转化为机械能，如果这部分机械能在该室内被消耗，最终都会转化为该空间的得热，但如果这部分机械能没有消耗在该室内，而是输送到室外或者其他空间，就不会成为室内得热。此外，由于工艺设备和照明设施有可能不同时使用，在考虑室内总得热量时，需要考虑同时使用的影响，要根据实际情况考虑实际进入对象空间的热量，而不是简单参照设备的功率。

　　当室内有一个热的湿表面时，水分通过水面蒸发向空气中扩散，则该设施与室内空气既有显热交换，也有潜热交换。显热交换量取决于水表面与室内空气的换热温度、换热面积以及空气掠过水面的流速。而散湿量可以由式(1.24)计算求得

$$W = 1000\beta(P_a - P_b)F\frac{B_0}{B} \tag{1.24}$$

式中，P_b 为水表面温度下饱和空气的水蒸气分压力，Pa；P_a 为空气中的水蒸气分压力，Pa；F 为水表面蒸发面积，m^2；B_0 为标准大气压，101325Pa；B 为当地实际大气压，Pa；β 为对流传质系数，kg/(N·s)，$\beta = \beta_0 + 3.63 \times 10^{-8}v$，$\beta_0$ 为不同水温下的扩散系数，kg/(N·s)，取值见表1.1；v 为水面上的空气流速，m/s。

表 1.1　不同水温下的扩散系数

对流传质系数	水温							
	<30℃	40℃	50℃	60℃	70℃	80℃	90℃	100℃
$\beta_0/[\times 10^{-8}\ kg/(N·s)]$	4.5	5.8	6.9	7.7	8.8	9.6	10.6	12.3

　　室内热源的散热形式有显热和潜热两种，两者的比例与空气的温湿度参数有关。显热散热有对流和辐射两种形式，对流和辐射的散热比例与空气温度和四周物体表面温度有关。辐射散热也有两种形式：一是以可见光与近红外线为主的短波辐射，散发量与接收辐射的表面温度有关，如照明设施发的光；二是热源表面散发的长波辐射，如一般热源表面散发的远红外辐射，散发量与接收辐射的表面温度和特性有关。

4. 用能系统和运行管理

当围护结构不具备室内热环境要求范围内准确调节传热的能力而造成过量排热，或者驱动温差不足而不能满足排热要求时，就需使用主动式供暖空调设备，

或系统补充热量或排出余热，从而满足室内热环境要求。供暖空调系统运行时存在吸收冷(热、湿)量和放出冷(热、湿)量的过程，需要消耗大量的电能和热能。如果所用的能源品位低，且用能呈现明显的季节性，则可以考虑使用太阳能、地热能和热回收等能源方式进行供暖。例如，太阳能供暖通风方式就能直接利用太阳照射到建筑物内部或者太阳辐射间接被围护结构表面吸收，从而加热室内空气，实现对室内空气的供暖调节。

　　建筑系统运行管理的目的是将室内环境保持在舒适水平。为了营造满足设计要求的室内热环境，需要综合考虑方案设计、施工图设计、施工和运行维护各阶段，进行系统性管理和优化。随着计算机应用软件的发展，建筑设备自动化系统也得到迅速发展。对建筑内部的空调、照明、电气等进行集中管理和最佳控制，包括冷/热源的能量控制、空调系统的焓值控制、新风量控制、设备的启停时间和运行方式控制、室内温湿度设定控制、送风温度控制等，预测室内外空气状态(温度、湿度、焓等)，以维持室内舒适环境为约束条件，把最小耗能量作为评价函数，判断和确定需要提供的供热量、冷热源和空调机、风机、水泵的运行台数、工作顺序、运行时间及空调系统各环节的操作运行方式，以达到最佳节能运行效果。

5. 人员行为调节

　　人员行为是影响建筑室内热环境的一个重要因素，包括适应性调节行为和供暖空调行为。在不同功能的建筑中，人员行为对室内热环境的影响程度具有显著性差异。若建筑用作洁净生产的厂房或从事重要手术的病房等，则人员行为调节能力会被降到最低。而对于办公建筑，人员可以有一定的行为调节能力。相比之下，居住建筑由于其鲜明的个体性，人员可以充分发挥其调节能力，因而其室内热环境受人员行为影响更显著，不但与建筑本身有关，更与居住者的行为、意识、经济社会发展和电器使用密切相关，并且这种影响显而易见、不可忽视。此外，人员行为会直接影响建筑中供暖空调系统的使用，从而影响室内环境参数，包括温度、湿度、新风量及通风换气次数等，这些参数的变化对居住者和使用者的舒适度有重大影响。例如，虽然夏季室内设定温度的提高可以减少围护结构温差传热造成的室内冷负荷，但是会影响到人体的热舒适，因此舒适性空调室内参数的设定调节主要根据人体热舒适需要，同时兼顾地区、经济和节能需要。

1.2　热环境与人体热舒适

　　室内热环境与人体热舒适属于多学科交叉问题，其基础理论涉及生理学、心理学、神经生物学等范畴，其受环境物理因素、着衣量、人体活动水平、热经历、个体差异等影响。19 世纪 70 年代，丹麦技术大学 Fanger 教授提出通过建立人体热平衡的方法来研究热舒适，把热平衡与热舒适联系起来，随后大量学者围绕影响人体热舒适的客观因素（热环境的物理参数）和主观因素（人体活动水平和着装）开展了一系列的人体热舒适研究。

1.2.1　热舒适度量指标

目前对于室内热环境的热舒适评价，常用研究方法是通过问卷设置和热舒适相关的不同指标及标尺，以人员主观投票的方式来调查室内热环境中人员的主观感觉和满意度[10]。为了评价室内环境的热舒适，需要采用相应的指标，以下对主要用于人体热舒适评价的相关度量指标及标尺进行简单阐述。

1. 主观感觉

1）热感觉

热感觉是人对热环境参数的主观反映，是指人在热环境中的冷、热感觉，属于心理学研究范畴。定义"感觉"是比较困难的，由于缺乏客观依据，人体对环境刺激过程的热感觉难以直接测量，因此多采用问卷调查的方式了解人们对所处环境的热感觉。目前，热感觉投票（thermal sensation vote，TSV）普遍选用美国采暖、制冷与空调工程师协会（American Society of Heating，Refrigerating and Air-Conditioning Engineers，ASHRAE）推荐的 7 级分度标尺[11]。但由于该标尺引自国外，国内使用时多将其翻译为中文，直译的 ASHRAE 7 级热感觉投票标尺见表 1.2。理论上，直译没有原则性错误，但是直译的含义与原义仍存在一定差异。在 ASHRAE 热感觉标尺中，若投票值为"cool 凉（TSV=−2）"和"warm 暖（TSV=+2）"，则表示对热环境不满意（不可接受），而且目前大多数学者在确定热可接受率时均认为 TSV 在 [−1，+1]，即表示热环境是满意（可接受）的。但是，根据汉语文化背景，"cool 凉（TSV=−2）"和"warm 暖（TSV=+2）"通常有对热环境表示满意的含义。因此，采用直译 ASHRAE 7 级标尺确定的热适宜区和舒适区范围被扩大，见表 1.3。谭青[12]认为热感觉投票标尺应充分考虑中国人的语言习惯及季节的影响，并总结了国内学者使用的热感觉投票标尺的不同之处，在直译的 ASHRAE 7 级标尺基础上，加入了常用的描述用语，对直译的 ASHRAE 7 级标尺进行了修正，见表 1.4。

2）湿感觉

相比热感觉评价指标和度量标尺，现有标准和研究中对于环境湿度尚没有统一的评价指标和度量标尺。一些学者为了考察人们对环境湿度的感知情况，在实验的问卷调查中直接设置了潮湿感投票。目前国内外研究中，潮湿感投票标尺采用类似于 ASHRAE 7 级热感觉分度标尺，见表 1.5。

表 1.2 ASHRAE 7 级热感觉投票标尺含义中文直译

标尺	−3	−2	−1	0	+1	+2	+3
热感觉(直译)	冷	凉	微凉	中性	微暖	暖	热

表 1.3 热感觉投票标尺含义

标尺	含义	解释
+3	热	皮肤完全湿润,出汗持续
+2	暖	开始出汗
+1	微暖	有热感,但没有可见的汗滴出现
0	中性	不热也不冷
−1	微凉	有冷感,但无不适感觉
−2	凉	有加衣服的愿望
−3	冷	偶发性打哆嗦,冷战,需要靠肌肉颤抖来维持

表 1.4 ASHRAE 7 级热感觉投票标尺含义修正

标尺	−3	−2	−1	0	+1	+2	+3
热感觉(直译)	冷	凉	微凉	中性	微暖	暖	热
热感觉(修正)	很冷	冷	有点冷	中性	有点热	热	很热

表 1.5 潮湿感投票标尺

标尺	−3	−2	−1	0	1	2	3
潮湿感	很干燥	干燥	有点干燥	适中	有点潮湿	潮湿	很潮湿

此外,一些对于空气湿度的研究并不是直接设计问题来询问人员对空气湿度的感觉,而是考虑到空气湿度大小会引起皮肤表面各种不适症状,间接地通过人员的皮肤湿润度计算来衡量。

皮肤湿润度(RH_{sk})的计算如下:

$$RH_{sk} = \frac{P_{sk}}{P_{ssk}} \tag{1.25}$$

$$\omega = \frac{RH_{sk} - P_a/P_{ssk}}{1 - P_a/P_{ssk}} \tag{1.26}$$

式中,P_{sk} 为皮肤的平均水蒸气分压力,Pa;P_{ssk} 为相应温度下饱和水蒸气分压力,Pa;RH_{sk} 为皮肤湿润度,无量纲;ω 为皮肤相对湿度,%。

如图 1.6 所示,Toftum 等[13]通过实验研究了皮肤湿润度和环境平均可接受度之间的关系。两者呈显著的线性关系，人员的皮肤湿润度越大，其对环境湿度的可接受度就越低。研究发现，当人员皮肤表面的湿润度超过 0.2 时，皮肤与服装间的摩擦等增强，人员产生明显的不适感觉。

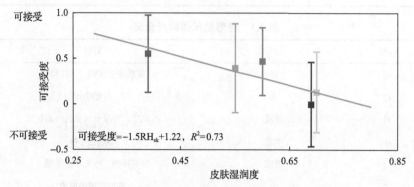

可接受度$=-1.5RH_{sk}+1.22$，$R^2=0.73$

图 1.6　皮肤湿润度和环境平均可接受度之间的关系

此外，在偏热环境中，人体通常会通过出汗来进行散热，而环境湿度的大小直接影响人员向环境的蒸发散热量大小。目前，国内外并没有直接测量人体出汗量的仪器，大多数学者均通过对体重进行多次测量，然后通过差值计算间接测得出汗量，该方法不仅对体重测量仪的精度要求较高，而且由于服装会吸收皮肤表面的汗液，通常需要裸体称重。此外，所测得的出汗量实际上还包含了通过呼吸而损失的气体(主要为二氧化碳和水蒸气)质量、皮肤表面水分扩散的质量。因此，一些学者主要通过主观问卷对人员在热环境下的出汗程度进行调查，由此来间接评价人员对环境温度和湿度的可接受度。通常人体出汗程度与通过皮肤表面的湿度情况相关，例如，没有出汗时，皮肤表面通常是干燥的，出汗后，皮肤表面就会被汗液覆盖，因此可通过皮肤表面的湿润程度来确定出汗程度，具体标尺见表 1.6。

表 1.6　出汗程度投票标尺

指标	1	2	3	4
出汗程度	完全没有出汗，皮肤干燥	没有出汗，但皮肤有些黏	稍微出汗，皮肤湿润有汗液	有出汗，皮肤表面形成汗珠并滑落

3)气流感

国内外气流感投票标尺见表 1.7，可知：①由于人们对空调系统引起的冷吹风感的抱怨，在最初气流对人体热舒适影响的研究中，气流感投票标尺主要关注是否引起冷吹风感，如类型 1[14]；②后来的研究主要集中在偏热环境下气流对热舒适的改善作用，出现冷吹风感的可能性较小，因此大多数研究者采用的气流感投票标尺为类型 2，该标尺类似于 ASHRAE 7 级热感觉投票标尺，使用者相对较多；③除此之外，也有某些研究者将气流感投票标尺设置为"可接受"和"不可接受"两大类，如类型 3，该标尺可直接用于评价受试者对气流的可接受度。对于人员气流感的研究中，一般采用类型 2 和类型 3 标尺相结合的方式，一方面直接询问人员对气流的感觉，另一方面了解人员对气流的可接受度及原因。

表 1.7　国内外气流感投票标尺

标尺	类型 1	类型 2	类型 3
+3	—	风太大	—
+2	有吹风感，不可接受	风很大	不可接受，因为风速太高
+1	有吹风感，但能接受	风有点大	可接受，但风速有点高
0	无吹风感	有风，且不大不小	可接受，风速正好
−1	—	风有点小	可接受，但风速有点低
−2	—	风很小	不可接受，因为风速太低
−3	—	几乎无风	—

对于表 1.7 中类型 2 投票，由于中英文差异，国外一些学者在研究气流感时虽然采用了类似热感觉的 7 级标尺，但是使用的英文术语又略有不同，见表 1.8。

表 1.8　国外其他气流感投票标尺

标尺	类型 1	类型 2
+3	风特别大	风很大
+2	风很大	风有点大
+1	风有点大	微风
0	有风，且不大不小	中性
−1	有点闷	风很小
−2	很闷	几乎无风
−3	特别闷	完全无风

此外，由于人员各个部位对空气流动的感觉有差异，在对人员的气流感进行评价时，尤其是研究一些个性化送风设备的舒适性时，有必要将人体各部位的感觉分开来进行调查。在以往的相关研究中，不同的学者采用了不同的局部部位划分方法，Arens 等在研究非均匀热环境中的热舒适时将人体划分为头部、脸部、颈部、呼吸区、背上部、背下部、胸部、腹部、上臂、前臂、手、大腿、小腿、

脚 14 个部位来进行调查；王月梅在研究胸部送风非均匀环境中的热舒适时将人体划分为头部、胸部、背部、上臂前侧和后侧、前臂前侧和后侧、颈部前侧和后侧及下半身 10 个部位来进行调查。过多、过细的人体部位划分虽然能够得到人体各部位更为详细的感觉，但由于人体分辨能力及耐性和精力的限制，过多部位的划分会造成受试者分辨困难，甚至还会引起不同部位感觉上的相互干扰，这样不仅得不到真实的结果，反而会因此造成一些重要数据的失真，从而造成实验结论的错误。而过少、过粗的人体部位划分会造成某些重要数据的缺失，从而得不到相应的结果，这对于实验同样是一种损失。因此，在研究人员气流感时，应考虑结合研究对象，合理设置人员身体局部部位的投票感觉。

4) 热期望/热可接受

热期望投票主要是考察受试者对周围环境的温度、湿度、风速的期望水平，从而从另一角度更加深入了解人们对周围热环境的评价情况，热期望投票标尺采用目前国内外常用的 3 级标尺，见表 1.9。

表 1.9　热期望投票标尺

标尺	–1	0	+1
热期望	减小	不变	增大

一般认为稍凉、中性、稍暖状态的热感觉是热可接受。1989 年，Rohles 提出了室内环境四要素(热环境、声环境、光环境、空气品质)可接受度的评价标尺，见表 1.10。

表 1.10　可接受度的评价标尺

标尺	含义
1	完全不可接受
2	不可接受
3	稍稍不可接受
4	刚刚可接受
5	可接受
6	完全可接受

在室内热环境研究中，一些学者也会采用两极断裂标尺来度量人员对室内热环境的可接受度，如图 1.7 所示。人员可以根据自己的主观感觉，任意填写+0～+1或者–1～–0 的任意数值，其不足之处是测试人员在后续数据处理和分析时，对于其具体代表数值不好把握，不同人员可能读取的数据不一致。因此，一些学者在±0

和 ±1 之间又增加了 0.5 小刻度，供人员根据自己的实际感受进行勾选。

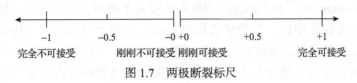

图 1.7　两极断裂标尺

2. 热舒适

"舒适"一词的解释为满意、高兴及愉快。美国采暖、制冷与空调工程师协会的标准《人类居住热环境条件》(ASHRAE 55-1992)中对热舒适提出了明确的定义，即热舒适是对热环境表示满意的意识状态[15]。但到目前为止，人们对于热舒适的解释仍存在不同的认识。Houghten 等[16]将热舒适定义为在正常体温且未出汗的情况下人体产热与散热保持平衡的状态。Gagge[17]和 Fanger[5]则认为热舒适指的是人体处于不冷不热的"中性"状态，即认为"中性"的热感觉就是热舒适，明确人体蓄热率为 0 的热中性条件下的热平衡状态为最舒适状态，并以偏离热中性平衡状态的偏离值作为判断是否热舒适的指标。在具有这些热感觉的同时，空气湿度不应过高或者过低，风速也须维持在较低的水平(如低于 0.2m/s)。ASHRAE 55 推荐评价热舒适程度的热舒适投票(thermal comfort vote，TCV)指标分为 5 级，其分别为 0——舒适、1——稍不舒适、2——不舒适、3——很不舒适、4——不可忍受。Bedford[18]的七点标度则把热感觉和热舒适合二为一，而 Fanger 在专著《热舒适》一书中的解释为：热中性和热舒适是一样的，且两个概念可以以同义对待。

另外，一些学者认为热舒适并不在稳态热环境下存在，它只存在于某些动态过程之中。实际上，人体具有一套应变热波动的适应机制，长时间处于稳态热中性环境中，就会因为没有热刺激而导致人体热调节机制停止工作，虽然此时的热感觉为中性，但并不代表人体处于舒适状态，人体在不变的环境中易产生乏味和厌烦心理，并不能达到长时间心理满意。Hensel[19]认为舒适的定义是满意、高兴和愉快，Cabanac[20]认为愉快是暂时的，愉快实际上只能在动态的条件下观察到……，即认为热舒适是随着热不舒适的部分消除而产生的，并提出采用感觉变化(alliesthesia)一词来解释这种现象。赵荣义[21]指出，只有动态热环境下才可能出现热舒适，但热舒适不是持久的，只是一个动态过程，即是冷(热)状态向中性移动接受热(冷)刺激的过程，相反则表现为不舒适。

关于热舒适和热感觉的区别，早在 1917 年 Ebbecke 就提出热感觉是假定与皮肤热感受器的活动有联系，而热舒适是假定依赖于来自热调节中心的热调节反应。因此，热感觉主要是皮肤在热刺激下产生的反应，而热舒适是综合各种感受器的热刺激信号，形成集中的热激励而产生，具体逻辑关系可以参考图 1.8。例如，Chatonnet 等[22]和 Cabanac[23]将人体浸入不同温度的水槽中，使其体温升高、降低或者保持中性。当受试者体温低时，水槽中较热的水会使受试者感到舒适或愉快，但其热感觉评价应该是"暖"而不是"中性"；相反，当受试者体温高时，用较凉的水洗澡却会感到舒适，但其热感觉评价应该是"凉"而不是"中性"。

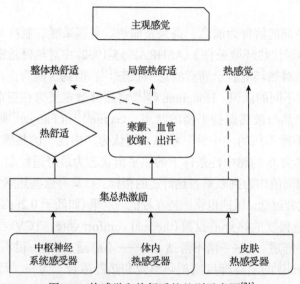

图 1.8　热感觉和热舒适的差别示意图[21]

　　长期以来，研究人员主要在实验室等一些可控的热环境下收集人员对稳态热环境参数组合的主观热反应。在这种情况下，人员可以较明确地回答冷热感觉是否舒适。然而，人员日常生活在动态热环境中，实际环境中的热舒适与外界环境，尤其是动态环境下并不单调对应，由于人的多样性及其主观反应、自身调节的差异性，其对环境舒适性的认可度变得复杂，环境热舒适的评价难以采用某一固定参数来简单地进行判定。基于稳态热环境的热舒适理论认为，人体蓄热直接会影响到人的热感觉，在衣着活动相同的条件下，一定的热环境对应着相应的热感觉和蓄热，热中性状态时的蓄热量设为零，那么蓄热量为正则感觉热，蓄热量为负则感觉冷。但是，动态的热环境中不仅人体的蓄热持续变化，相同的蓄热在不同的热环境中对人体热舒适的影响也是不一致的。其特点是在热刺激时人体热感觉变化较慢，而在冷刺激时人体热感觉变化较快，并且当人体温度高于中性时，冷刺激会引起人体舒适或者愉快反应。图 1.9 所示为人体热刺激下感觉和舒适反应示意图。

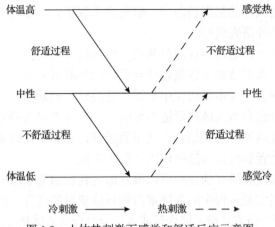

图 1.9 人体热刺激下感觉和舒适反应示意图

综上所述，作者认为，热舒适是一种生理、心理综合感觉，是人对环境因素与自身因素耦合作用的综合反应，而热舒适评价是人们对其所处环境的总体感觉和评价，涉及建筑热物理、人体热调节机理的生理学和人体心理学等学科。特别是，动态环境下人体热舒适评价更受环境波动的幅度、范围、频率或形式的影响。赵荣义[21]指出，没有不舒适也就没有舒适，不舒适是产生舒适的前提，包含着对舒适的期望，而舒适是忍受不舒适的解脱过程，它不能持久存在，只能转化为另一种不舒适状态，或者无差别状态。因此，科学地度量动态环境下人体的热舒适状态需要兼顾主观评价和客观生理调节，既要有满足生理需要的热平衡量化要求，又要有考虑主观因素的主观评价要求。

1.2.2 人体热舒适研究概况

室内热环境与人体热舒适研究从 19 世纪就已经开始，直到 1945 年之后才逐步建立起比较系统的理论，这个领域的研究涉及医学、生理学、心理学、建筑学等多门学科，是一个新兴的交叉研究领域[24]。20 世纪 90 年代全球气候变暖，人们普遍认为建筑能耗造成的碳排放是主要原因之一。随着国际范围内环境保护协议的签订和生效，各国政府的绿色低碳建筑政策相继颁布实施，热环境和热舒适研究重新成为室内环境研究主流，学者们广泛开展相关室内热环境和热舒适研究，寻求有效的解决方法，以期得到能耗和舒适的平衡。

1. 稳态环境热舒适

室内热环境包括空气温度、相对湿度、平均辐射温度、空气流速等环境热物理参数，与人体之间进行热交换，不同的热交换状态对人体生理状态、热感觉和热舒适产生影响。为了探寻热环境如何影响人体的生理、心理状态，什么样的室内热环境才能满足人体的热舒适需求，研究者采取了多种多样的方法和手段开展研究，并提出了各种研究模型。

过去的几十年里，通过将仪器观测或室内气候参数模拟应用于人体热舒适的预测模型，解决了大多数关于建筑设计与运行的热舒适问题，但在基于以真实建筑的大量实际居住者为样本的研究中暴露了这些模型的缺点。为了研究热环境中不同变量或者变量组合对人体热舒适的影响，一些学者将实验室气候舱研究和实际建筑物实地研究两种方法相结合，试图通过统计模型来反映室内气候的环境参数值与建筑物居住者如何感知这些环境之间的关系。

采用实验室气候舱研究的方法可以很好地达到控制变量精确研究的目的，其优点在于可以控制实验过程中的各种室内热环境变量的变化，便于开展心理和生理参数测试，有利于研究环境不同变量或者变量组合对人体热舒适的影响。在对热环境参数进行严格控制的实验室内进行研究，由于其热环境属于稳态环境，在此实验条件下得到的模型均属于稳态热舒适模型。在国内外学者近一个世纪的研究中，丹麦技术大学 Fanger 教授的研究最具权威和代表性，其《热舒适》一书主要介绍了相关研究成果，并相继作为制定国际标准《热环境的人类工效学 通过计算 PMV 和 PPD 指数与局部热舒适准则对热舒适进行分析测定和解释》(ISO 7730:2005) 和《人类居住热环境条件》(ASHRAE 55-2004) 的主要依据。这两个标准均用于预测和评价室内环境的热舒适，已被全世界许多国家广泛采用。但必须指出，其研究主要是在稳态环境下进行的，主要适用于评价和预测稳态环境的热舒适。在稳态环境下，研究以人体热平衡方程为基础，认为人体是外界热刺激的被动接受者，通过人和外界环境的热湿交换来影响人体生理参数，进而产生不同的热感觉。

稳态热舒适理论在热舒适研究领域得到普遍应用。然而，长期的实践结果表明，人体长期处于这种稳态空调环境中，热适应能力将会减弱，从而产生"空调病"等。人们实际所在的室内热环境均为动态的、不均匀的环境，围护结构蓄热性能、太阳辐射、室外温度、室外风速等因素均处于动态变化中，对室内热环境和人体热舒适都会产生影响。此外，人们在实际建筑环境中通常会根据居住地区、气候条件、生活习惯、着装习惯等进行调节，这些调节过程对人体热感觉也会造成影响。因此，基于稳态、均匀的室内环境中预测人体热感觉的预测平均投票-预测不满意率(predicted mean vote-predicted percentage dissatisfied，PMV-PPD)模型不能反映动态热环境对人体热舒适的影响，尤其在非采暖空调环境下，PMV 模型预测室内人员的热感觉会产生较大偏差，即在某种程度上，PMV 模型在自由运行的建筑物中分别高估或低估了夏季和冬季的热感觉。因此，与现场测试研究相比，实验室研究对上述因素进行了理想化假设，不能完全复原在实际建筑环境中通过现场调研得到的人体热适应和热感觉，基于 PMV-PPD 模型的热环境设计指南可能会导致过度使用能源以提高室内环境的热舒适度。为此，研究者从适应性理论角度出发，提出了针对自由运行建筑的适应性模型，室内环境领域的研究者逐渐转向动态热环境的研究。

2. 动态环境热舒适

随着现代社会的经济发展和人民生活水平的快速提高，空调的应用越来越普遍，空调的使用改善了建筑室内热湿环境，给人们的生活带来了很大的变化。但随着"空调病"及空调能耗过高等负面问题的出现，人们也逐渐意识到恒温恒湿环境带来的弊端。人类是上百万年来地球生物不断演变进化的产物，在与自然界的不断抗争中发展形成了较强的环境适应能力。然而，传统空调系统却是以恒温恒湿为最优环境控制目标，并将室内温度保持在较低水平上，同时为了防止冷吹风感的产生，将室内风速限制在较低的范围内[21]，这无疑忽视了人体长期进化形成的对热环境的主动适应能力。

动态热环境是相对稳态热环境而言的，主要是指空气温度、相对湿度、平均辐射温度、空气流速等环境参数中单个或多个参数随时间(空间)变化而变化的环境。狭义来讲，动态热环境是指空调系统所维持的温湿度等环境参数或其中几个环境参数的组合不是稳定不变的，而是随时间在某一范围内波动的空调热环境。广义来讲，人们常常处于动态热环境中，如室外自然环境就是典型的动态热环境，一年和一天之内的室外各气象参数都有较大变化。同时动态热环境将人们着装、活动等行为纳入考虑范畴，日常生活中常见的非采暖空调环境、突变环境以及动态调节下的人工环境都可以称为动态热环境。

在不同气候地区的人体热舒适现场调查中，研究者发现，长期非供暖空调建筑居住者实际感受舒适的室内温度范围比供暖空调建筑居住者要大[25,26]。在非供暖空调建筑中，人们通常采用开门窗、风扇、改变服装等主动方式来改善自身的热舒适水平，即在非供暖空调建筑中，人们具有较强的热适应性。过去 20 年里，热舒适研究最主要的变化之一是人们逐渐接受并不断发展了动态热舒适概念，即适应性理论和适应性模型。适应性理论认为，如果环境发生变化而产生不适，人们往往会以能够恢复舒适的方式做出反应[27]。该理论认为人在热环境中不是环境的被动接受者，而是环境的积极适应者，在室内热环境中具有自我调节能力，而不是像在热舒适静态模型研究中只是被动地去适应环境。Nicol 等[28]提出了人体适应性热调节概论框图，Hensel[29]以人体与环境的换热过程为出发点，结合人的自主性热调节和行为性热调节，对人体的热适应过程进行了更详细的分析。与处在中央空调控制系统中的建筑人员相比，处在自然通风建筑中的人员能够在更大范围的室内温度下获得动态热舒适，室内温度的舒适范围随着室外季节和气候的变化而变化。

3. 热舒适研究历程回顾和总结

作者研究团队通过对数据库 Web of Science 和 Scopus 近年来发表的与热舒适相关的 7910 篇文献进行共被引分析，得出热舒适的发展经历了不同的阶段且各具特点，如图 1.10 所示。

2000 年以前，热舒适研究主题相对孤立，主题之间联系较少，主要内容包括热量、水分在皮肤表面的传递机理，人体的热调节系统，衣服模型搭建等。在这一时期，Fanger 教授的理论(PMV 模型)主导了每个主题的发展，体现出 Fanger 教授对热舒适领域的杰出贡献。

2001~2010 年，研究主题间开始出现连接和重叠，意味着研究内容不再仅涵盖某一特定方面，而是同时涉及多个方面，主要内容集中在现场调研、局部热感觉、

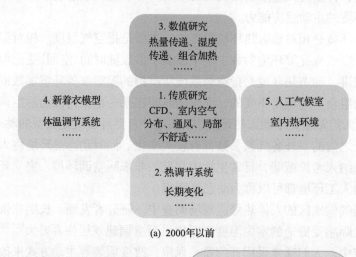

(a) 2000年以前

(b) 2001~2010年

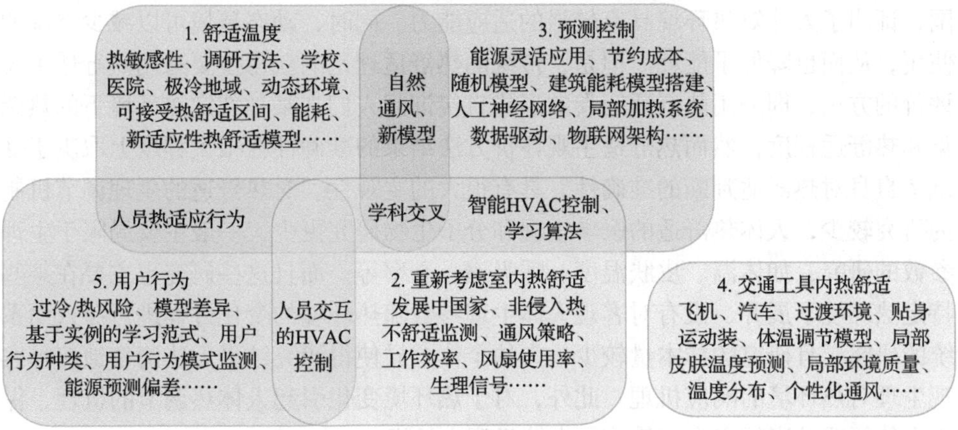

(c) 2011~2021年

图 1.10　热舒适研究不同年代发展情况

CFD. 计算流体力学；HVAC. 供热通风与空气调节

计算机模型开发等方面。其间一些学者，例如，de Dear 等[30]对 "现场研究"、Gagge 等[31]对 "局部热感觉" 等研究起到了一定推动作用，并且这两个最热门的研究主题衍生出了新主题——计算机模型开发，体现出这一时期与计算机学科的初步交叉。

2011~2021 年，研究主题间的连接与重叠变得更加明显和复杂，排名前三的主题依次为舒适温度、重新考虑室内热舒适、预测控制。在舒适温度主题中，van Hoof[32]讨论了 Fanger 教授的 PMV 模型自创建以来受到的支持和批评；Nicol[28]讨论了热舒适标准中适应性模型的应用情况；Yao 等[33]建立了适宜自然通风建筑的适应性预测平均投票(adaptive predicted mean vote，aPMV)指标。另外一个有特色的发展是重新考虑室内热舒适，一些学者尝试改变先前研究的固定范式，例如，Humphreys 等[34]质疑了 PMV 模型在日常环境中应用的准确性；Fanger 等[35]也对 PMV 模型中的内容进行了拓展，使其可以更好地评估炎热环境下人员期待对热舒适的影响。第三大主题预测控制主要关注暖通空调系统的运行，例如，Siroky 等[36]使用天气条件来预测暖通空调系统的控制；Pérez-Lombard 等[37]通过文献综述回顾了历年来建筑中空调能耗的变化趋势等。

总体上来讲，目前国内外人体热舒适的研究有比较大的进步，但也有一定的局限，总结如下：

(1)主观感觉是人体热舒适的研究较成熟，但缺少深层次的机理解释，例如，人体热舒适的客观生理和分子生物实验的量化评价研究较少。

世界各国学者在非采暖空调环境下的主观问卷研究方面做了大量工作，证实了人体在非采暖空调的动态环境中比在空调的稳态环境中有更大的可接受温度范围，证明了人体对热环境具有较强的适应能力。同时，动态环境可以减少空调的使用，从而也降低了能耗。但是，传统的热舒适理论的获得主要采用热舒适主观评价的方法，即采用热舒适问卷的形式直接询问人们在某种特定热环境下的热感觉和热舒适程度，然而热舒适主观评价方法结果的准确性在很大程度上取决于受试者自身对热舒适判断的准确性，具有很大的主观性。对热舒适的生理调节机制的研究较少，人体热舒适的医学生理和分子生物研究更少，一般主要局限于生理参数的研究，如体温、皮肤温度、呼吸率、心率等。而且这些研究也主要在某些特定热环境下展开，没有对客观人体生理参数随热环境的变化过程进行深入而系统的研究，且研究的样本量较少，人的个体差异使得研究结果无法清楚地解释客观生理对热环境的响应机理。此外，对于热环境变化引起人体热调节的机理，保障人体舒适健康的安全阈值等，也缺乏深入认识。

基于此，作者研究团队历经 20 余年，在实验室自然环境和人工环境下开展了上千次人体生理实验测试，涵盖全年各种热环境工况，探索能够表征热环境变化对人体影响的生理参数。通过和医学、生理学交叉结合，从 30 余种人体生理指标参数中遴选出了对环境变化敏感的生理指标参数，并揭示了其调节规律，创建了客观度量室内环境人体热舒适的生理指标体系。在此基础上，作者研究团队通过与华中师范大学生命科学学院杨旭团队合作，开展分子生物实验研究，从分子细胞微观水平上解释人体生理热调节机理，实现了人体热舒适研究从主观评价到客观度量的突破，推动了动态热舒适的研究发展。

(2)稳态热环境下的热舒适评价指标、模型和标准的研究比较成熟，而针对动态热环境舒适性的评价、模型和标准仍有待进一步验证和完善。

以 Fanger 为代表的热舒适评价和预测 PMV-PPD 模型，以及在此基础上制定的 ASHRAE 55、ISO 7730 等标准较好地反映了热环境与人的主观热感觉的量化关系。同样，基于稳态热平衡条件下的有效温度、热应力等热环境评价指标则从热环境与人体皮肤温度、皮肤湿润度等生理参数的关系角度来描述人的热状态，具有较强的客观性。但针对动态环境下人体热舒适的研究还有待进一步验证和完善。特别是从非采暖空调环境下的研究来看，现有的一些适应性模型主要是通过主观热感觉问卷来获得不同地区的室内热舒适温度与室外平均温度回归分析的一元线性关系，模型简单实用，但基于统计回归得到的数学模型无法解释人体适应性背后的深层机理。

由于个人性质和复杂性，热适应涉及许多复杂因素，如生理、心理，甚至文化和经济差异[33]、室内热环境或室外气候等，都对人体热适应有显著影响。以此为出发点，作者研究团队通过动态热环境下人员行为调节机理研究，建立了适应性预测平均投票指标。该指标既包含了稳态环境下基于 PMV-PPD 的人体热平衡理论基础，又充分体现了在动态环境下人的生理、行为和心理适应能力，同时包含了室外气候、建筑本体、室内环境、人员之间的耦合作用[33]。既可以用于供暖空调环境下的热舒适评价，又可以用于自然运行环境下的热舒适评价，实现了人工冷热源环境和非人工冷热源环境评价的统一性。国家标准《民用建筑室内热湿环境评价标准》(GB/T 50785—2012)参考采用了 aPMV 模型，并基于中国五个气候区大样本调研测试，提出了不同气候区的自适应系数。

1.3　室内热环境绿色营造

在中国城镇化快速发展的背景下，近 30 年来中国建筑业和房地产业持续高速发展，建筑存量快速增加，建筑能耗总量也快速增长，建筑能耗已经约占社会能源消耗的 22%，而其中用于室内热湿环境营造的空调和采暖能耗占建筑运行能耗的 50%以上[1]，建筑节能减排压力空前巨大。若保持当前城镇化速度和建筑用能工作模式，到 2030 年，中国民用建筑面积将超过 700 亿 m^2，建筑总能耗将接近 15 亿吨标准煤，建筑领域将面临更加严峻的节能减排形势。另外，我国交通运输得到快速发展，从小型汽车和公共汽车、高铁到航空，为人们出行带来了极大方便的同时，也产生了大量的供暖空调能耗和碳排放。随着国家"碳达峰"、"碳中和"目标的提出，如何营造人们满意的室内热环境、提高室内热舒适，同时实现节能减排、绿色低碳发展，是社会高质量可持续发展的重要课题，也是室内热环境绿色营造领域的技术难题。

供暖空调在欧美国家已有百年历史，特点是能耗高、碳排放量大。据统计，目前发达国家建筑运行能耗已经占能源消耗总量的 35%~40%，加上交通运输能耗，合计超过 50%。我国室内热环境营造如果继续照搬欧美传统标准和相应技术，必将导致能耗超过控制限额，严重影响国家能源安全和"双碳"目标实现，绿色低碳营造是实现节能减碳和提升热环境的必然选择。然而，目前建筑室内热环境营造和供暖空调系统设计、运营和装备仍存在以下问题：

(1)传统室内热环境设计采用基于稳态环境下的欧美热舒适主观评价理论，导致热环境设计参数与实际室内热环境中的人员热舒适需求差异大，亟须找到可对人体热舒适进行客观度量的指标并建立动态热舒适适应性评价理论。

(2)室内热环境营造过程中，90%的系统都存在设计装机容量过大、运行能耗高等资源浪费问题，需要建立节能设计方法和运营关键技术。

(3)室内过冷过热，节能舒适型供暖空调装备匮乏，系统调适能力欠缺，亟须建筑供暖空调系统节能控制技术及高性能装备的研发。

因此，室内热环境的绿色营造要结合室外环境微气候、室内产热产湿，以围护结构、建筑设备、人员行为、热环境微气候等为要素进行，做到动态热环境与能耗的最佳匹配耦合，保障人员健康舒适，实现节能减排和绿色低碳。其基本原则可以归纳为：

(1)扩大被动式围护结构的可调节范围，扩展被动式系统即延长非供暖空调使用时间，降低主动式供暖空调系统的需求。

(2)充分利用行为节能，发挥人员动态热舒适和适应性调节，提出合理的室内热环境营造设计参数；减少设计负荷和设备装机容量，有效防止供暖过热和空调过冷。

(3)减少主动式供暖空调系统各个环节的消耗温差，实现高温供冷、低温供热，有效提高冷热源能源利用效率。

(4)拓展可再生能源、低品位能源利用，积极开发和推动太阳能、风能、地热能等新能源在室内热环境营造中的应用。

结合图 1.11 中室内热环境影响因素分析，可以从窗墙围护结构、通风、遮阳等方面进行优化，采用风速补偿、温湿度耦合控制的热舒适环境设计和调控，同时关注设备方面的能源系统性能的提升，结合基于热舒适的系统调控技术进行系统优化等。此外，室内人员热舒适调控行为(包括开关门窗、调节供暖空调的设定温度等行为)对室内热环境影响显著。结合热环境需求特性和用户使用习惯，提出不同运行模式下室内热环境营造定量需求，可以在满足人员热舒适的基础上，尽可能延长非供暖空调使用时间，降低供暖空调需求。

图 1.11　室内热环境影响因素

室内热环境绿色营造首先需要解决的基础问题是如何对室内热环境和人员热舒适进行科学评价，优先选择室内空间不使用人工冷热源，通过自然调节或机械通风进行热环境调节，即自由运行状态可满足热舒适的要求，优化使用供暖空调等改善室内热环境。由于真实室内热环境是动态环境，需发展动态环境下人体热舒适理论，揭示人体对动态热环境的自适应调节机理，建立热舒适自适应评价模型，解决传统舒适理论难以对动态环境人体热舒适准确预测的难题。同时，需要确定动态环境下人体适应性热舒适范围，尤其是需确定交通运输工具室内空间和大型公共建筑人口密集室内的人体热舒适需求分区、分等级设计和运行，为动态热环境的绿色营造提供理论支撑。

在此基础上，未来研究应综合考虑人员健康舒适能耗限额和"双碳"目标，结合现有技术水平分析，确定热环境改善定量需求，创建温度、湿度与风速综合补偿的工程设计和运行调节，解决工程中温度、湿度、风速各自按规范设计取值、难以综合补偿调节的问题，并提出热环境绿色营造技术路径、方案和技术识别准则，集成室内热环境绿色营造系列被动技术。此外，室内热环境绿色营造需借助高效运营技术及舒适节能供暖空调装备，并因地制宜提出供暖空调系统的整体性能提升技术和优化运行技术，拓展可再生能源、低品位能源利用技术，实现供暖空调系统智能调适、节能优化高效运行。

参 考 文 献

[1] 刘晓华, 谢晓云, 张涛, 等. 建筑热湿环境营造过程的热学原理[M]. 北京: 中国建筑工业出版社, 2016.

[2] 中华人民共和国国家质量监督检验检疫总局, 中国国家标准化管理委员会. GB/T 5701—2008　室内热环境条件[S]. 北京: 中国标准出版社, 2009.

[3] ANSI/ASHRAE. ANSI/ASHRAE Standard 55-2004 Thermal Environmental Conditions for Human Occupancy[S]. Atlanta: American Society of Heating, Refrigerating and Air-Conditioning Engineers, 2004.

[4] 刘加平, 杨柳. 室内热环境设计[M]. 北京: 机械工业出版社, 2005.

[5] Fanger P O. Thermal Comfort[M]. Copenhagen: Danish Technical Press, 1970.

[6] ANSI/ASHRAE. ANSI/ASHRAE Standard 55-2017 Thermal Environmental Conditions for Human Occupancy[S]. Atlanta: American Society of Heating, Refrigerating and Air-Conditioning Engineers, 2017.

[7] Tanabe S I, Kimura K I. Effects of air temperature, humidity, and air movement on thermal comfort under hot and humid conditions[J]. ASHRAE Transactions, 1994, 100(2): 953-969.

[8] 夏一哉, 牛建磊, 赵荣义. 空气流动对热舒适影响的实验研究: 总结与分析[J]. 暖通空调, 2000, 30(3): 41-45.

[9] 陆耀庆. 实用供热空调设计手册[M]. 2 版. 北京: 中国建筑工业出版社, 2008.

[10] 中华人民共和国住房和城乡建设部. GB/T 50785—2012　民用建筑室内热湿环境评价标准[S]. 北京: 中国建筑工业出版社, 2012.

[11] ANSI/ASHRAE. ANSI/ASHRAE Standard 55-2013 Thermal Environmental Conditions for Human Occupancy[S]. Atlanta: American Society of Heating, Refrigerating and Air-Conditioning Engineers, 2013.

[12] 谭青. 夏季教室通风速率对人体热舒适影响的研究[D]. 重庆: 重庆大学, 2011.

[13] Toftum J, Jørgensen A S, Fanger P O. Upper limits of air humidity for preventing warm respiratory discomfort[J]. Energy and Buildings, 1998, 28(1): 15-23.

[14] Houghten F C, Gutberlet C, Witkowski E. Draft temperatures and velocities in relation to skin temperature and feeling of warmth[J]. ASHRAE Transactions, 1938, 44: 289-308.

[15] ANSI/ASHRAE. ANSI/ASHRAE Standard 55-1992 Thermal Environmental Conditions for Human Occupancy[S]. Atlanta: American Society of Heating, Refrigerating and Air-Conditioning Engineers, 1992.

[16] Houghten F C, Yaglou C P. Determining lines of equal comfort[J]. ASHRAE Transactions, 1923, 29: 163-176.

[17] Gagge A P. Rational temperature indices of thermal comfort[J]. Studies in Environmental Science, 1981, 10: 79-98.

[18] Bedford T. The warmth factor in comfort at work[R]. London: Medical Research Council, 1936.

[19] Hensel H. Thermoreception and temperature regulation[J]. Monographs of the Physiological Society, 1981, 38: 1-321.

[20] Cabanac M. Pleasure and Joy and Their Role in Human Life[M]//Clements-Croome D. Creating the Productive Workplace. London: CRC Press, 1999.

[21] 赵荣义. 关于"热舒适"的讨论[J]. 暖通空调, 2000, 30(3): 25-26.

[22] Chatonnet J, Cabanac M. The perception of thermal comfort[J]. International Journal of Biometeorology, 1965, 9(2): 183-193.

[23] Cabanac M. Plaisir ou déplaisir de la sensation thermique et homeothermie[J]. Physiology & Behavior, 1969, 4(3): 359-364.

[24] 喻伟, 赵栩远, 李百战.《健康建筑评价标准》舒适章节解读——热舒适[J]. 建筑技术, 2018, 49(5): 489-492.

[25] 金振星. 不同气候区居民热适应行为及热舒适区研究[D]. 重庆: 重庆大学, 2011.

[26] 刘红, 郑文茜, 李百战, 等. 夏热冬冷地区非采暖空调建筑室内热环境行为适应性[J]. 中南大学学报(自然科学版), 2011, 42(6): 1805-1812.

[27] 李文杰. 建筑室内自然环境下基于生理-心理的人体热舒适研究[D]. 重庆: 重庆大学, 2010.

[28] Nicol J F, Humphreys M A. Adaptive thermal comfort and sustainable thermal standards for buildings[J]. Energy and Buildings, 2002, 34(6): 563-572.

[29] Hensel H. Neural processes in thermoregulation[J]. Physiological Reviews, 1973, 53(4): 948-1017.

[30] de Dear R, Brager G S. Developing an adaptive model of thermal comfort and preference[J]. ASHRAE Transactions, 1998, 1041: 1-18.

[31] Gagge A P, Stolwijk J A J, Nishi Y. An effective temperature scale based on a simple model of human physiological regulatory response[J]. ASHRAE Transactions, 1971, 77(1): 21-36

[32] van Hoof J. Forty years of Fanger's model of thermal comfort: Comfort for all?[J]. Indoor Air, 2008, 18(3): 182-201.

[33] Yao R M, Li B Z, Liu J. A theoretical adaptive model of thermal comfort—Adaptive predicted mean vote(aPMV)[J]. Building and Environment, 2009, 44(10): 2089-2096.

[34] Humphreys M A, Nicol J F. The validity of ISO-PMV for predicting comfort votes in every-day thermal environments[J]. Energy and Buildings, 2002, 34(6): 667-684.

[35] Fanger P O, Toftum J. Extension of the PMV model to non-air-conditioned buildings in warm climates[J]. Energy and Buildings, 2002, 34(6): 533-536.

[36] Siroky J, Oldewurtel F, Cigler J, et al. Experimental analysis of model predictive control for an energy efficient building heating system[J]. Applied Energy, 2011, 88(9): 3079-3087.

[37] Pérez-Lombard L, Ortiz J, Pout C. A review on buildings energy consumption information[J]. Energy and Buildings, 2008, 40(3): 394-398.

第 2 章　室内热环境特性及其研究方法

室内热环境是室内环境的重要组成部分，良好的室内热环境是保障人员舒适健康和工作效率的重要前提条件。为了更好地营造室内热环境，必须充分了解室内热环境现状及其特征，才能有效利用节能的技术手段，营造安全、健康、舒适的室内热环境。要正确获取室内热环境和人员主观感觉现状，需依赖于科学的研究方法和手段。因此，本章主要介绍建筑室内热环境领域常用的数据收集、分析和处理等过程的相关研究方法和技术手段，在此基础上主要以作者研究团队的前期工作为例，介绍其研究方法在公共建筑和居住建筑的实施案例，揭示建筑室内热环境特性，从而为更好地营造室内热环境提供基础研究支撑。

2.1　室内热环境调查方法

对于室内热环境及热舒适相关领域研究，目前常用的主要研究手段有问卷调查、实地调研、实验室实验等方法。通常情况下，由于不同的研究目的，需要采用不同的研究工具和思维方法来解决问题。问卷调查研究主要是基于大规模问卷对热舒适影响因素进行调查，调查中被研究对象的工作、生活习惯等不受约束打扰，从而可以给出建筑运行时室内热环境最直接明了的状况，以及使用者对室内环境是否舒适的反馈。实地调研是指通过对实际建筑室内环境进行测试和调查，以得到室内环境的客观状态，并辅以问卷调查和统计分析的形式，获取被调查人员对于某一特性热环境的主观评价，从而为建筑设计和营造提供第一手资料和数据支撑。实验室实验方法主要是在实验室营造特定条件的热环境，探究人体主观感觉与各种影响参数之间的关系，这一研究便于控制研究变量，可以弥补现场调研中由于影响因素众多，无法剥离某一因素对其人员主观热舒适影响的不足，适合于热舒适相关基础理论研究。本节仅涉及热环境调研中具有代表性的研究方法，即问卷调查和实地调研，相关实验方法及内容在第 3 章进行介绍，相关模拟研究内容在第 3 章和第 6 章进行介绍。

2.1.1　调查问卷设计、原则和程序

调查问卷是国际上通用的一种研究方法。通过设计一系列问题、备选答案和说明等，向被调查者收集资料，从而达到调查问题和收集数据的目的。问卷调查表是用来收集被访者信息的一览表。问卷设计是了解人员真实现状的主要工具，

而问卷设计的优劣很大程度上决定了问卷调查研究的质量。设计必须以精确性、逻辑严密性和资源利用有效性为目的，保证问题设计能准确度量出要研究的问题。一个设计不好的问卷不仅不能在调查后给问题提供精确的答案，还会产生许多无关的信息，甚至可能得到"失真"结论，从而浪费物质和资源。

1. 问卷类型和结构

问卷调查是调查者为了更好地了解和分析问题，以问卷的形式来提出问题并通过被调查对象对情况的真实反馈来掌握一些对自己有用的信息，获得对该地区或该研究领域最新的详细资料。根据调查目的的不同，问卷可以采用多种不同的设计形式，大致可以归为以下几类[1]。

1）自填式问卷和访问式问卷

自填式问卷由调查者发给（或邮寄）被调查者，由被调查者自己填写。而访问式问卷则是由调查者按照事先设计好的问卷或者问卷提纲向被调查者提问，然后根据回答情况填写问卷，主要用于面访调查、电话调查、小组访谈及深度访谈等形式。

2）结构型问卷、半结构型问卷和无结构型问卷

结构型问卷不仅包括一定数目的问题，而且设计具有结构性，即按照一定的提问方式和顺序进行安排。无结构型问卷是指问卷在组织结构上没有加以严格的设计和安排，只是围绕研究目的提一些问题。半结构型问卷则是两者的相互结合。

3）留置问卷、邮寄式问卷、报刊式问卷、面访式问卷、电话访问式问卷和网上调查问卷

根据问卷发放方式的不同，可将调查问卷分为留置问卷、邮寄式问卷、报刊式问卷、面访式问卷、电话访问式问卷和网上调查问卷六种，其中前三类大致可归为自填式问卷范畴，后三类则属于访问式问卷。网上调查问卷由于是通过网络进行发放和调查，不受时间、空间限制，便于获得大量信息，特别是一些敏感性问题，相对更容易获得满意的答案，逐渐成为现在主流的一种问卷调研方法。

4）主体问卷和过滤问卷

主体问卷主要围绕调查目的展开，包括调查的所有内容，结果主要通过主体问卷来实现。而过滤问卷的所有题目都是围绕筛选合适的被访者设计。由于调查对象的不同，这就需要从总体中筛选满足条件的被访者，即目标群体。

大多数情况下，调查是将过滤问卷和主体问卷合二为一，在一些对被访者要求比较高的情况下就需要单独过滤问卷对被访者进行遴选。有效的过滤问卷是寻找目标对象的关键，而主体问卷是为达到调查目的，获取必要信息的载体。

在确定了调查问卷设计原则、方式之后，就需要确定问卷结构，合理设计问

卷。一份完整的调查问卷通常由标题、问卷说明、被访者基本信息、调查主体内容、编码和作业证明记录等几部分组成。问卷标题主要是概要说明问卷研究主题，使被调查者对所要回答的问题有一个大致的了解。问卷说明则是以简要的信息出现，旨在向被调查者说明调查的目的、意义，以引起被调查者的兴趣和重视，争取其有效配合。被访者基本信息则是被访人群的主要特征和背景资料，包括性别、年龄、职业、居住地等。在实际调查时应判别哪些项目列入，哪些不考虑，应根据调查而定，并非多多益善。

调查主体内容是研究者所要了解的基本内容，也是调查问卷中最重要的部分。主要包括：①人们行为的调查；②对人们行为后果的调查；③对人们态度、意见、感觉、偏好等的调查。一般情况下，被访者在回答问题时习惯打√，但有时会出现混淆，如将√打在两个答案之间。这就需要对题目填答方式有明确的规定，便于被访者作答，减少记录错误。

编码是将问卷中的调查项目变成代码数字的工作过程。为了后期研究分析时分类整理，进行计算机处理和统计分析。在设计问卷时就应确定每一个调查项目的编号，为相应编码做准备。编码可以在问卷设计的同时就设计好，也可以在调查工作完成后进行，前者称为预编码，后者称为后编码。

此外，需要注意的是，在调查表的后面应附上作业证明资料，以明确调查人员完成任务的性质。这主要是为了检查问卷的质量，了解问卷质量事件发生的责任人，以便于追究责任者和采取相应的补救措施。

2. 设计原则

一份好的调查问卷必须客观、简明、真实且反馈快，因而在问卷设计时应遵循以下基本原则[1]。

1) 目的性

目的性是指问卷必须与调查目的紧密相关，询问的问题必须是与调查主题有密切关联的问题。问卷设计过程中要以调查目的为中心，找出与调查主体相关的要素，逐次分解为具体的、明晰的问题，重点突出与调查主体紧密相连的问题。

2) 一般性

一般性是指问卷问题设置必须具有普遍意义，这是问卷设计的基本要求。

3) 逻辑性

逻辑性是指问卷的设计要有整体感和统一性，问卷围绕调查目的设置的问题之间要有逻辑性，形成一个相对完善的问题系统进而整体反映调查主题。

4) 明确性

明确性实际上是指问题设置的规范性，包括命题是否准确，提问是否清晰明确、便于回答，被访者是否能够对问题做出准确回答等。

5) 便于整理分析

成功的问卷设计除考虑紧密结合调查主题和便于信息收集外，还要考虑易于得出调查结果且结果具有说服力。首先，调查指标需能够累加且便于累加；其次，指标的累计和相对数计算要有意义；最后，研究人员能够清楚地通过数据说明所要调查的问题。

6) 可接受性

问卷调查应比较容易使被访者接受。这就需要在问卷的说明词中，将调查目的明确告诉被访者。同时保证被访者信息保密，以消除其某种心理压力或障碍。由于问卷调查涉及每一个被访者，无论是文化、道德、修养还是职业习惯等都不一样，因此问卷应通俗化、口语化，尽量少用专业术语，不适用生僻字和模棱两可的词语。

7) 效率性

效率性是指在遵循上述原则的基础上，问卷设计在保证获得同样信息的前提下，应选择最简洁的询问方式，以节约调查成本。这不仅要求问题题量和难度适中，而且要尽量控制其他成本开支。只有调查问卷设计得客观、严密又简单、明了，调查工作才能收到预期的效果。

为了保证调查的质量，问卷在设计时必须符合客观实际，围绕调查课题和研究假设选择合适的问题，符合被访者回答问题的能力，并考虑答案真实的可能性。问卷问题设计必须少而精，一般来说，调查问题不宜太多，问卷不宜太长，通常使被访者 20min 以内就可以完成，超过 30min 往往会引起被访者的厌烦情绪和畏惧情绪，影响问答质量和回收率。

3. 基本程序

不同的调查目的和要求、调查对象、调查内容及调查方式等因素，可能会决定不同的问卷类型、结构和特征。虽然每个调查项目都有各自的特点，但问卷设计基本上遵循以下几个程序：

(1) 准备阶段。在项目准备阶段需要重点解决以下几个问题：①必须明确调查主题的范围和调查项目；②要分析调查对象的各种特征；③应充分征求各类人员的意见，以了解问卷中应包含的问题，力求问卷贴合实际，充分满足分析与研究需要。

(2) 初步设计。在准备工作基础上，设计者可以按照设计原则设计问卷初稿，主要是确定问卷结构，拟定并编排问题，标明每项问题采用何种方式提问，对问题进行检查、筛选、编排，每一个问题都要充分考虑是否有必要，能否得到合理答案。

(3)问卷评估。问卷评估实际上是对问卷质量进行一次总体性评估。问卷初稿设计好后，设计人员应从头进行一次全面的评估工作。对问卷评估的方法很多，包括专家评价、客户评价、被访者评价和自我评价。通常初步设计出来的问卷会存在一些问题，这就需要小范围内进行试验性调查，以便弄清楚问卷在初稿设计中存在的问题，并及时修改完善问卷。

(4)定稿印刷。将评估、修改并得到各方认可的问卷作为最终文本，可以根据调查工作的需要来打印复制，制成正式问卷。

2.1.2　问卷设计基本技巧

一份好的问卷应能达到两个目标：一是设法与对方建立合作关系；二是能将所要调查的问题明确传达给被访者，并得到真实、准确的答案。实际调查中被访者之间存在教育水平、文化背景、个人兴趣与偏好等方面的差异，加上调查者本身专业知识和技能高低不同，都会影响调查结果。因此，问卷设计的技巧就是在满足调查目标和原则的前提下，尽可能为应答者考虑，从问卷导语、提问方式、答案设计、题目编排等方面做好工作，提高问卷质量，保证调查效果。

1. 开头设计

问卷开头主要包括引言和填写说明。

引言应包括调查的目的、意义、主要内容、调查组织单位、调查结果使用、保密措施等，其目的在于引起被访者对填写问卷的重视和兴趣。引言一般放在问卷开头，篇幅不宜过长。访问式问卷开头一般比较简单，自填式问卷开头可以长一些，但一般不超过 300 字。

填写说明包括问卷填写方法、填答要求以及有关注意事项，有时也包括对问卷中某些概念的解释。填写说明一般放在引言之后，问答题之前，若内容简单，则可以和引言合并呈现。

2. 题型设计

按照问卷回答方式，问卷中问题设计可分为直接性问答题、间接性问答题和假设性问答题。直接性问答题是指在问卷中能够通过直接提问方式得到答案的问题，通常是给被访者一个明确的问题，所问的是个人基本信息或者意见。这种提问对于统计分析比较简单，但遇到一些敏感性问题，或者涉及态度、动机方面问题时，可能无法得到所需答案；间接性问答题是指那些不宜直接访问，而采用间接提问方式得到所需问题的答案，通常是针对一些被访者因对所需回答的问题产生顾虑，不敢或者不愿真实表达意见的问题。这时采用间接询问方式可以消除研究者和被访者之间的某些障碍，使被访者有可能对一些问题给出自己真实的意见，相比直接提问会收集更多的信息；假设性问答题是通过假设某一情景或者现象存在而向被访者提出的问答题。

按照问卷问题的答案方式，调研问题又可以分为开放性问答题和封闭性问答题。开放性问答题是以一种只提出问题、不给具体答案，由被访者根据自身实际情况自由作答的问题类型。开放性问答题一般适用于以下场合：作为调查的介绍；某个问题答案太多或根本无法预料；由于研究需要，必须在研究报告中引用被调查者原话。封闭性问答题是需要被访者从一系列应答选项中做出选择的问题，相比开放性问答题，其可以减少访谈人员的误差，给出的选项可以引导被访者正确回答，且标准化程度高，对文化程度较低的人员也适用，从而提高被访者回答问题的效率，一定程度上可以节省时间。

按照问题设置的性质，调研问题还可以分为事实性问答题、行为性问答题、动机性问答题和态度性问答题。事实性问答题要求被访者回答一些有关事实性的问题，其主要目的是获取有关事实性资料，因此问答题意思必须清楚，使被访者容易理解和回答；行为性问答题则是对回答者行为特征进行调查的问题；动机性问答题是了解被访者行为的原因或者动机的问答题；态度性问答题则是关于被访者态度、评价、意见等的问答题。

以上是从不同角度对各类问题进行分类，在实际调查中这几种类型的问题往往是结合使用的，针对不同的调查目的选用不同的询问方式。一份好的调查问卷中的问题并不是随意编制和堆砌在一起，而是每个问题都经过精心设计。问卷设计中往往容易出现概念抽象、问题含糊、含义多重、问题带倾向性、问题与答案不协调等问题。这些问题通常是由研究者在设计问卷时没有很好地为回答者着想，或者忽视了回答者填写问卷所面临的各种主客观障碍等造成的。这就要求问卷设计者对设计的问卷进行反复检查和修改，以提高问卷测量的客观性和有效性。

3. 答案设计及测量层次

答案设计是问卷设计的重要组成部分，特别是对于封闭式问卷，其答案设计必须经过多方面周密考虑。在设计答案时，除要与所提出的问题协调一致外，还应使答案具有穷尽性和互斥性，可以根据具体情况采用不同的设计形式。

答案设计法主要包括二项选择法、多项选择法、顺位法等。二项选择法是指提出的问题仅有两种答案可以选择，是或者否，有或者无，这种方法的优点是易于理解，可迅速得到明确的答案，便于统计处理和分析。但二项式问题容易产生较大误差，难以反映被访者意见与程度的差别，适用于互相排斥的两项择一问题。多项选择法则是对提出的问题事先预备好两个以上的答案，被访者可以任选一项或者几项。由于多项选择法同二项选择法一样，不可能涵盖所有可能选择的答案，而且受访者也无法详尽表达自己的观点，因此最后可以增加其他选项补充。顺位法也称排序法，是指列出若干项目，由被访者按照重要性决定先后顺序。它便于被访者对其意见、动机、感觉等做出衡量和比较性表达，也便于对调查结果进行统计，但调查项目不宜过多，否则容易分散。其他的答案设计方法还包括回忆法、比较法、投影技巧等。

由于调查问卷中所涉及的对象具有不同的性质和特征，其测试也就有不同的层次和标准。一般来讲，被广为采用的测量层次分为4种：定类测量、定序测量、定距测量和定比测量。定类测量也称为类别测量和定名测量，其本质是一种分类体系，即将调查对象的不同属性或特征加以区分，标明不同的名称和符号，以确定其类别，例如，在调研中对人员性别、职业、婚姻状况等进行调查。对于任何一门学科来说，分类都是基础，其他几种测量层次也都是把分类作为测量最基本的内容。定序测量也称为等级测量或者顺序测量，其取值可以按照某种逻辑顺序将调查对象排列出高低大小，确定其等级顺序。相比定类测量，定序测量可以将不同的事物区分为不同的类别，同时还能反映出事物或现象的高低、大小、强弱等顺序上的差异，得到更多信息。定距测量也称为区间测量或间距测量，它不仅可以将某种现象或者事物分为不同类别、不同等级，还可以确定研究对象之间数量差别的间距，其结果之间可以进行加减运算。定比测量也称为等比测量或者比例测量，除具有上述三个层次所有的特征外，定比测量所得到的数据既能进行加减运算，也能进行乘除运算。

实际上，问卷调查中采用各种层次测量，首先取决于被测对象的特征，其次取决于测量的目的和研究的要求。一般来讲，调查的精度要求越高，越应采用数量化程度更高的测量层次。

4. 问题顺序及格式编排

一旦问题的内容、形式等都确定了，设计者就要考虑把这些问题组合成问卷。问卷中问题的前后顺序及相互联系既会影响被访者对问题的回答结果，又会影响调查是否可以顺利进行，因此必须对问题顺序进行合理编排。一般来说，问题排列顺序和结构不同可能会引起回答上的误差，主要表现在：①造成无回答或者中途终止访问；②造成访问员提问和被访者回答错误；③排序不当造成对被访者的诱导。因此，在安排问卷中问题顺序时，应注意首先运用过滤性问题筛选合格的应答者，在得到一个合理的应答者后用一个能引起应答者兴趣的问题开始访问。在开始问答时，应先问一般性问题，将需要思考的问题放在问卷中间，把敏感性问题、威胁性问题和人口统计性问题放在最后。问题可以适当地在关键点插入提示，避免因时间过长而导致应答者兴趣下降。

此外，问卷版面格式的编排在很大程度上也会影响问卷质量，问卷版面拥挤、信息不清、重要地方没有突出、纸张低劣和印刷粗糙等都会影响调查的结果，甚至直接遭到被访者拒绝。因此，在进行问卷版面格式设计时，排版应做到简洁、明快、便于阅读、装订整齐、雅观、便于携带和保存等。要做到这些，在排版时应注意几点：①应避免为节省用纸而挤压卷面空间；②同一个问题应排在同一页，避免翻页回答的麻烦和漏题的现象；③问卷格式的编组应该按照问卷大小规格来设计；④字间距和行间距要适当，并且整份问卷应保持一致；⑤问卷的问题按照信息的性质可以分为几部分，每个部分中间以标题清晰分隔；⑥外表要求质量精美，非常专业化。

5. 不同访问方式

访问调查的具体方式不同，每种方式各具特点，各有侧重，因而对问卷的设计有不同的要求。

小组访谈是指由访问人员或者调查人员组织引导，分组邀请被访者进行讨论。由于小组访谈一般都是开放性问题，在设计时要注意以下问题：①问题的追问设计应明确；②说明词应详细表述；③资料整理和记录及时充分。

电话访问问卷最重要的特点是要简洁明了，访问时间不能过长，一般 3～5min。在进行电话访问时，说明词要简明扼要，问题要简短、明白、口语化，对于样本资料要间接询问，如年龄、收入、受教育程度等，问卷设计要易于记录。

邮寄访问问卷比面访或其他调查方式更能获得真实的资料，但是邮寄访问的进程和结果难以控制，被访者如果对问卷有疑问或者误解，也无法及时得到纠正，因此对问卷设计要求就更高：说明词要详尽，问题要少而精。邮寄访问最大的问题是问卷回收率低，因此在问卷设计时应注意邮件外观要亲切稳重，字体要稳重大方，书写工整，邮件寄回地址应明确，回收时间应根据邮件距离而定，一般要给被访者比较充裕的时间。同时，通过对邮寄的问卷进行抽奖奖励也是促进回收率的一种方式。

网上调查是一种新兴的调查方式，方便快捷，但由于网络自身特点决定了网上调查设计除遵循一般问卷设计的一些要求外，还应注意：①网上调查问卷中附加多媒体资料；②注意问卷的合理性；③提供选择性信息；④注意特征标志的重要作用；⑤注意保护调查对象的个人隐私。

需要说明的是，问卷调查方法多用于了解人群态度和行为相关的问题，调查的优点是可以在较短的时间内获取较多的数据量，数据收集的成本低，缺点是调查结果受时间、环境等随机因素影响较大，收集数据结果的精度有限。

2.1.3　人员行为问卷调查案例

前面阐述了问卷设计的基本方法，这里以建筑室内热环境调查为例，具体说明如何开展一个科学的调查研究。实际上，描述性调查设计在室内热环境问卷调查中是常用的研究方法，这里以对长江流域地区居民冬季采暖空调行为调查为例，具体介绍问卷调查设计要素。

首先调查目的是了解长江流域地区冬季采暖的一些行为习惯和主要影响因素，根据描述性调查设计的要求，调查问卷分两部分，涉及建筑施工、室内占用、居住者行为和加热设备的使用。

调查问卷第一部分主要包括建筑的基本信息，如建筑的建造年代和居住面积、家庭结构和在家的时间。根据国家相关标准历次更新情况，建筑年龄分为 2001 年以前、2001～2009 年和 2010 年及以后。5 个家庭结构主要参考 2016 年中国国家统计局[2]的统计数据：①单身；②夫妻；③夫妻+孩子；④夫妻+孩子+老人；⑤其他未列出的任何家庭结构。

调查问卷第二部分主要关注居民如何供暖。问题包括"取暖的措施是什么?"、"人们如何操作?"、"空调设置温度是多少?"等。通过收集采暖器具市场信息，问卷列出了空调、地暖、散热器、油散热器采暖、便携式电加热器、风扇加热器、电热毯、热水袋等常用采暖设备类型，并探究了温度设置点、着装规定等。需要注意的是，考虑到不同类型的房间可能会有不同的行为，问卷分别对卧室和生活区的居住者行为进行了问题设计。同时，考虑到长期居住在该地区的居民即使在冬季也有打开窗户呼吸新鲜空气的习惯，由于个体差异，这可能是最多样化和最不稳定的行为之一，会显著影响热舒适和供暖能耗[3]，因此问卷中包含了使用供暖时窗户开度差的问题。这些问题将有利于研究人员探索该地区的实际热需求，以及为政策制定者提供未来供暖系统的应用方案和建筑能效提升的依据。

问卷设计框架流程如图 2.1 所示。调查问卷设计初期，通过进行预调研收集

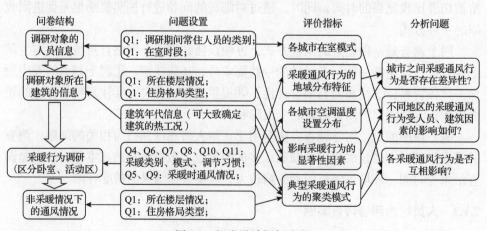

图 2.1　问卷设计框架流程

数据、检验问卷的质量并调整问题，根据得到的信息变量预订数据处理的选择范围，根据所得数据信息进行信度效度检验，确定问卷设计的合理性。

结合研究问题和样本抽样原则，调研选择了基于概率抽样的多级抽样方法。首先选择经济、社会、文化等方面具有相似性的典型城市，覆盖长江流域上、中、下游地区，能够更好地反映不同地区的特点。选取典型城市后，对这些城市主城区的所有居住小区数据进行整理和编号，并将编码数据随机分布，作为下一阶段的抽样人口，然后利用随机数发生器将小区作为确定现场调查地点的单元，计算社区的数量。适当的样本量很大程度上决定了调查结果是否能够真正覆盖城市的人口，调查设计阶段的样本容量计算公式如式 (2.1) 所示，以保证样本容量合适。

$$n = \frac{t^2 NP(1-P)}{\mathrm{ME}^2 (N-1) + t^2 P(1-P)} \tag{2.1}$$

式中，n 为样本容量；t 是与统计置信区间有关的标准化值；N 为取样地点的人口规模；P 为总体比例 (取 0.5)；ME 为期望的误差幅度，%。

2.2　热环境现场测试方法

要了解真实建筑中热环境和人员行为状态并定量描述其冷热需求，除问卷调查外，还应结合现场热环境参数测量，开展实地调查。现场测试的方式是通过在建筑中一段时间的各种参数的精确测量或者建筑中已经安装的数据采集系统获取，该测试方式的优点是数据比较精确、时间间隔较短，可以获得需要的精确数据，缺点是时间成本、人力成本较高，且需要专业人员进行，一般难以进行大量数据的收集。因此，通过对实际的室内环境进行测试和调查，得到室内热环境的客观状态，并以问卷调查和统计分析的形式获取调查人员对某一特性热环境的主观评价[4]。

2.2.1　室内热环境实测

1. 参数及常用测量仪器

室内热环境现场测试内容一般包括室外干球温度、室内干球温度、湿球温度和空气流速等。为了保证测试数据结果准确可靠，现有国际标准《热环境的人类工效学　物理量测量仪器》(ISO 7726:1998)[5]、国家标准《民用建筑室内热湿环境评价标准》(GB/T 50785—2012)[6]等都对室内热湿环境测量的基本参数和测量仪器提出了要求。一般来讲，仪器测量范围应根据相关仪表量程选型获得，精度主要由被测参数性质以及目前测试仪器的制造水平确定，其决定了测量结果的准确性。最低精度必须满足，同时精度越高越好。而仪器响应时间是衡量仪器对外界信号反应速度的指标，决定仪器读数达到稳定时所需要的时间，因此要求其越短越好。

《民用建筑室内热湿环境评价标准》(GB/T 50785—2012)给出了室内热湿环境测试的基本参数和相关测量仪器参数要求，见表 2.1。

表 2.1　室内热湿环境测试的基本参数和相关测量仪器参数要求

测试参数	参数符号	检测仪器	测量范围	精度
空气温度/℃	t_a	膨胀式温度计 电阻温度计 热电偶温度计	−10~50	最低值：±0.5 推荐值：±0.1
平均辐射温度/℃	$\bar{t}_r$	球形黑球温度计 椭球形黑球温度计 双球辐射温度计 等温温度计	−10~50	最低值：±2 推荐值：±0.2
辐射温度/℃	t_{pr}	反射-吸收盘 等温盘 净全辐射表	−10~50	最低值：±0.5 推荐值：±0.2
表面温度/℃	t_f	接触式温度计 红外辐射计	−10~50	最低值：±1 推荐值：±0.5
操作温度/℃	t_o	球形黑球温度计 椭球形黑球温度计	−10~50	最低值：±2 推荐值：±0.2
相对湿度/%	RH	干湿球温度计 露点湿度计 氯化锂湿度计 电容式湿度计 金属氧化物电阻式湿度计 毛发湿度表	10~100	最低值：±5 推荐值：±2
空气流速/(m/s)	v_a	叶片风速计 风杯风速计 热线风速计 热球风速计 热敏电阻风速计 超声波风速计 激光风速计 激光多普勒测速仪	0.05~3	最低值：±(0.05+0.05v_a) 推荐值：±(0.02+0.07v_a)

注：各测量仪器的响应时间要求越短越好，其中空气流速测量仪器的响应时间要求不能大于 0.5s，推荐值为 0.2s。

ISO 7726 给出了不同的环境参数测量所用仪器的参数要求，见表 2.2。

表 2.2　热环境测量仪器的范围和精度

测试参数	测量范围	精度		响应时间	备注
		设计值	期望值		
空气温度 t_a /℃	10～30	±0.5	±0.2	尽可能短	$\|t_a - \overline{t_r}\| < 10℃$有效 黑球温度计很难达到此精度
平均辐射温度 $\overline{t_r}$ /℃	10～40	±2	±0.2		
不对称辐射温度 Δt_p /℃	0～20	±1	±0.5	尽可能短	—
空气流速 v_a /(m/s)	0.05～1	±|0.05+0.05v_a|	±|0.02+0.07v_a|	—	空间角内可达此精度，平均风速取3min 平均值附议波动标准差
湿度(水蒸气压力)/Pa	(0.5～2.5)×10^3	±150	±150	尽可能短	$\|t_a - \overline{t_r}\| < 10℃$有效

为了便于实际测试时更规范地执行，下面对相关参数的测量加以说明。

1) 温度测量

室内温度常用的测量仪器主要有玻璃液体温度计和数显式温度计。在相关规范中，对玻璃液体温度计的要求为最小分值不大于 0.2℃，测量精度为±0.5℃；数显式温度计要求最小分辨率为 0.1℃，量程一般为-40～90℃，测量精度同样为±0.5℃。ISO 7726 对于测试仪器的种类建议为：①膨胀型温度计，如玻璃水银温度计；②电子温度计，如可变电阻温度计、利用电动势的温度计(热电偶)。

此外，ASHRAE 55 中关于温度测量还涉及有效温度，有效温度是根据下述情况进行确定的。

第一种情况：满足以下 3 个条件，平均温度可以作为有效温度。

(1) 没有使用辐射供热和辐射供冷系统。

(2) 外窗/墙面积加权计算满足式(2.2)和式(2.3)两个不等式。

$$U_w < \frac{50}{t_{d,i} - t_{d,e}} \text{(SI)} \tag{2.2}$$

$$U_w < \frac{15.8}{t_{d,i} - t_{d,e}} \text{(IP)} \tag{2.3}$$

式中，U_w 为外窗和墙的面积加权平均值，W/(m^2·K)；$t_{d,i}$ 为室内设计温度，℃(℉)；$t_{d,e}$ 为室外设计温度，℃(℉)。

(3) 窗口太阳热增益系数(solar heat gain coefficient，SHGC)小于 0.48。

第二种情况：基于空气温度(t_a)和操作温度(t_o)计算。

按式(2.4)计算操作温度 t_o：

$$t_o = At_a + (1-A)\overline{t_r} \tag{2.4}$$

式中，t_o 为操作温度，℃；t_a 为空气温度，℃；$\overline{t_r}$ 为平均辐射温度，℃；A 为系数，其值可以从表 2.3 中根据相对风速来选择。

表 2.3 相对风速与 A 值对照表

v_r/(m/s)	<0.2	0.2～0.6	0.6～1.0
A	0.5	0.6	0.7

第三种情况：具有代表性的人的代谢率为 1.0～1.3，不在阳光直射下，当空气流速 v_a<0.2m/s 且平均辐射温度($\overline{t_r}$)和空气温度(t_a)之间的差异小于 4℃时，操作温度(t_o)允许按照空气温度和平均辐射温度的平均值进行计算。

2) 湿度测量

空气中实际水气压与同一温度下饱和水气压的比值在国内文献中常用相对湿度表示，单位为%。在 ISO 7726 中同时介绍了绝对湿度、相对湿度、湿球温度、水蒸气分压力、露点温度等表示空气湿度的方法。各种湿度表示方法将在第 5 章进行具体介绍。在国内规范中，相对湿度可以用干湿球温度计、氯化锂湿度计、露点湿度计、电容式湿度计来测定，要求湿度计测试范围应在 12%～99%，精度应为±0.3%。

干湿球温度计是最常用的空气相对湿度测量仪器。通常干湿球温度计是将两只完全相同的水银分别装入金属套管中，水银温度计球都有双重辐射防护管。套管顶部装有一个用发条或电驱动的风扇，启动后抽吸空气均匀地通过套管，使球部处于 ≥2.5m/s 的气流中(电动可达 3m/s)，以测定干湿球温度计的温度，然后根据干湿球温度计的温差、干球温度，计算出空气的相对湿度。对水银干湿球温度计的最小分度不应大于 0.2℃，测量精度为±3%，测量范围为 10%～100%。

露点湿度计的特点是其湿度传感器端部有一面小镜，通过不断冷却小镜直至镜面上有点状结露时测出对应时刻的湿度值。这个具有明显特征的物理参数点是通过顶端一个装有光源和测光室的小单元来辨认。电导率变化湿度计主要包括氯化锂湿度计和电容式湿度计两种，氯化锂湿度计通过测量由于传感器电导率变化而引起的温度变化来测定绝对湿度，而电容式湿度计通过测量传感器的电容量变化来测定相对湿度。还有一些湿度计，如吸收式湿度计(毛发型)，则是通过某些有机材料的变形或伸长，由多孔材料孔隙中液态水的表面张力变化来测定相对湿度，但这种湿度计需要经常校准。

3) 空气流速测量

在确定人员和环境的对流换热和蒸发换热时应考虑空气流速。通常在空间中进行精确的空气流速测量是困难的，因为通常情况下风速随机波动，而且会改变其方向。实际测试中很难同时测量某一个点三个方向上的风速大小，在热环境测试中，空气流速通常是指测量点流动速度矢量的大小。在国内标准中，热舒适领域对室内风速的测量一般不考虑方向性问题，而在 ISO 7726 中也指出，虽然一个人对来自前、后、侧上和侧下气流的敏感度不同，但使用速度的大小也是合理的。

对于测量空气流速的仪器应考虑三个特性：对气流方向的灵敏度、对速度波动的敏感性、在某一测量周期内获得平均速度和速度标准差的可能性。因此，为了精确测量速度，必须考虑仪器的校准、传感器和仪器的响应时间以及测量周期。

平均空气流速的精确测量与仪器的校准相关；湍流强度的精确测量与响应时间相关，响应时间较长的仪器不能测试空气流速的快速波动；而对具有高湍流强度和低空气流速波动频率的空气流速测量则需要更长的测试时间。

测量空气流速的仪器主要分为两类：一类是对气流方向不敏感的仪器，如热球风速计、热敏电阻风速计、超声波风速计和激光风速计等；另一类是对气流方向敏感的仪器，如叶片风速计、风杯风速计和热线风速计等。

作为一般规则，空气流速 v_a 是可以确定的。通过使用对速度大小和方向都很敏感的全向探头(热球传感器)或通过使用三个方向传感器，允许空气的分量沿三垂直轴(余弦定律)测量。如果这三个分量分别为 v_x、v_y、v_z，那么空气流速 v_a 可以表示为

$$v_a = \sqrt{v_x^2 + v_y^2 + v_z^2} \tag{2.5}$$

在实际测试过程中很难测量一个方向上的速度。在空气流动为单向的情况下，可以使用对这一个空气方向敏感的探头(叶片风速计、热线风速计等)。ISO 7726 中列举了常用的测量空气流速的仪器，包括叶片和风杯风速计(方向装置)、热线风速计(方向装置)、脉冲导线风速计(对气流方向不敏感)、热球和热敏电阻风速计(对气流方向不敏感)、超声波风速计(对气流方向不敏感)、激光多普勒测速仪(对气流方向不敏感)。

国内标准中，主要采用的是对气流方向不敏感的热球式风速仪和数字风速表，其中热球式风速仪适用于风速为 0.05～5m/s 的公共场所风速测定，数字风速表适用于风速为 0.7～30m/s 的公共场所通风道、通风口、通风过道风速的测定，也适用于室外风速的测定。对于表式热球电风速计或数显式热球电风速计，其最低监测值不应大于 0.05m/s，测量精度为 0.05～2m/s，其测量误差不大于测量值的 ±10%。有方向性电风速计测定方向偏差在 5° 时，其指示误差不大于测定值的 ±5%。

4)辐射温度测量

国内标准中和室内环境热辐射相关的标准主要是《公共场所卫生检验方法》（GB/T 18204.1—2013），其原理是利用黑色平面几乎能吸收全部辐射热，而白色平面几乎不吸收辐射热的性质，将其放在一起，在辐射热的照射下，黑色平面温度升高，与白色平面形成温差，在黑白平面之后接以热电偶组成的热电堆。由于黑白平面之间的温差使热电偶产生电动势，并通过显示器显示出来，以此来反映辐射热的强度。

国际标准中用平均辐射温度进行表征。这里的辐射温度有两种测量方法：一种方法是首先测出房间各表面的温度，估算出各表面对人体的角系数，再计算出辐射温度。这种方法可用于建筑设计阶段，而对于已有的房屋或厂房则是很困难的。多数情况下人们采用黑球温度计来测量，测出黑球温度、空气温度以及空气流速后即可计算出辐射温度。然而由于多参数测量误差的叠加，其测量精度不会很高。此外，黑球温度计不能反映来自不同方向热辐射对人体的影响。图 2.2 所示的传感器具有测量辐射温度的良好形状，国外已有应用。更好的测量方法是首先在 6 个主要方向上分别测量平面的辐射温度（上下、左右、前后），然后再考虑人体对各不同方向的形状系数，最后采用其平均值作为测量的平均辐射温度。

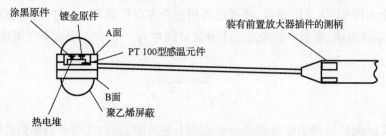

图 2.2　不对称辐射温度传感器

平均辐射温度的测试方法主要包括黑球温度计法、双球辐射温度计法和等温温度计法。

黑球温度计法主要是通过测量黑球温度、空气温度和空气流速后计算平均辐射温度，可参考第 1 章给出的平均辐射温度计算公式(1.3)。一般来讲，标准黑球温度计的黑球直径 $d=0.15\text{m}$，发射率 $\varepsilon_g=0.95$。

双球辐射温度计法是对具有不同发射率的黑球和抛光球进行加热，使之达到相同的温度，则二者对流换热量损失相等，但黑球的发射率较高，因此通过二者之间加热量的差别可以计算得到平均辐射温度：

$$\bar{t}_r^4 = t_s^4 + \frac{P_p - P_b}{\sigma(\varepsilon_b - \varepsilon_p)} \tag{2.6}$$

式中，$\bar{t}_r$ 为平均辐射温度，K；t_s 为传感器温度，K；P_p 为提供给抛光球的加热量，W/m^2；P_b 为提供给黑球的加热量，W/m^2；ε_b 为黑球发射率；ε_p 为抛光球发射率；σ 为斯特藩-玻尔兹曼常数，$\sigma = 5.67 \times 10^{-8}$W/(m^2·K^4)。

等温温度计法是控制传感器的温度与周围空气温度相同，使传感器与周围空气没有对流换热，则对传感器的加热量等于辐射换热量。

$$\bar{t}_r^4 = t_s^4 - \frac{P_s}{\sigma \varepsilon_s} \tag{2.7}$$

式中，$\bar{t}_r$ 为平均辐射温度，K；t_s 为传感器温度，K；P_s 为提供给传感器的加热量，W/m^2；ε_s 为传感器发射率；σ 为斯特藩-玻尔兹曼常数，$\sigma = 5.67 \times 10^{-8}$W/(m^2·K^4)。

平面辐射温度主要用来计算不对称性辐射温度差。由测得的两侧平面辐射温度相减即可得到不对称性辐射温度差，一般采用反射-吸收盘法和等温盘法测试来获得平面辐射温度，净全辐射表直接测试得到不对称性辐射温度差。

反射-吸收盘法原理是通过一个由反射盘和吸收盘组成的传感器测得平面辐射温度。反射盘只通过对流换热与环境交换热量，而吸收盘通过对流换热和辐射换热与环境交换热量。如果将两个盘都加热到相同的温度，则两个盘之间的供热量之差等于吸收盘与环境之间的辐射换热量。其计算公式与上述双球辐射温度计法计算公式(2.6)相同。

等温盘法主要是控制传感器平面盘的温度与空气温度一致，与周围空气没有对流换热，则对传感器平面盘的加热量等于辐射换热量。

$$\bar{t}_{pr}^4 = t_s^4 + \frac{P_s}{\sigma \varepsilon_s} \tag{2.8}$$

式中，$\bar{t}_{pr}$ 为平均平面辐射温度，K；t_s 为传感器温度，K；P_s 为提供给传感器的加热量，W/m^2；ε_s 为传感器发射率；σ 为斯特藩-玻尔兹曼常数，$\sigma = 5.67 \times 10^{-8}$W/(m^2·K^4)。

净全辐射表法是指净全辐射表由上下两个涂黑感应面之间的热电堆组成，两个感应面之间的总热流量等于两个感应面与环境之间的辐射换热量，计算公式如式(2.9)所示：

$$P = \sigma(T_{pr1}^4 - T_{pr2}^4) \tag{2.9}$$

式中，P 为总辐射换热量，W/m^2；T_{pr1} 为感应面 1 的平面辐射温度，K；T_{pr2} 为感应面 2 的平面辐射温度，K。

转换可得

$$P = 4\sigma T_n^3 (T_{pr1} - T_{pr2}) \tag{2.10}$$

式中，$T_n = \dfrac{T_{pr1} - T_{pr2}}{2}$。

而不对称性辐射温度差为

$$\Delta t_{pr} = T_{pr1} - T_{pr2} \tag{2.11}$$

则

$$\Delta t_{pr} = \frac{P}{4\sigma T_n^3} \tag{2.12}$$

式中，P 和 T_n 都可以通过净全辐射表测试获得，从而可以求得不对称性辐射温度差。

2. 实地测试

1) 测试方法

空气温度测量时必须尽量减少周围冷热源辐射对传感器的影响。可以采取的措施包括：通过使用抛光表面金属传感器或表面涂有反射性绝缘涂料的传感器来降低传感器的发射率；感温包采用热遮蔽；通过增强传感器探头周围的空气流速或尽量选择尺寸较小的传感器探头来增强对流换热。此外，选择热惯性较小的温度传感器可以提高仪器的反应速度。

黑球温度测量时应注意以下事项：

(1) 在不均匀辐射环境中，需要根据人体各部位高度设置三个黑球温度计，并对各高度处测量值进行加权平均。

(2) 黑球温度计的响应时间通常为 20～30min，因此不适合测试热辐射温度变化非常快的环境。

(3) 随着其他环境参数的变化，黑球温度计测量精度将发生很大变化，因此在实际测试中应该确定获得的平均辐射温度精度是否符合该标准中的要求，若不符合，则给出实际的精度。

(4) 由于人体与椭球或球体外形之间的差异，用黑球温度计只能获得平均辐射温度近似值。

对于公共建筑的温度测试要求一般为：室内面积不足 $16m^2$ 测试中央 1 点；16～$30m^2$ 测 2 点(室内对角线三等分，两个三等分点作为测点位置)；30～$60m^2$ 测 3 点(居室对角线四等分，其三个等分点作为测点)；$60m^2$ 以上测 5 点(两对角线上梅花设点)。测点离地面高度 0.8～1.6m，同时温度计距离墙壁的距离不得小于 0.5m。在北京地方标准中，则提出了更高的要求，探针离内墙面距离不得小于 1.5m，$16m^2$ 以上的房间则要求进行多点测量，在可测量区域内均匀布置 5 点；而当房间面积过小，不足以距离墙壁 1.5m 时，选择房间中心位置作为测点。

在 ISO 7726 中对于室内温度测量并没有提出明确的测点数量要求,而是建议人们在测量温度时要考虑不同房间的人员活动范围以及热环境差异等因素对水平方向和竖直方向的温度不均匀分布的影响,即要结合具体情况对空气温度及空气湿度的不均匀度进行测量。

　　由于热环境测试是为了评价人的热舒适性,测试位置应选择人员活动的地方。另外,如果最不利位置的热舒适性能够满足人的热舒适性要求,那么其他位置也会满足,因此要优先选择人员所处的最不利位置进行测试,如窗户附近、门进出口处、冷热源附近、风口下和内墙角处。此外,空气垂直温差带来的热不舒适主要考虑头部和脚踝处的温度差。因此,房间或区域环境参数分布均匀时,关于空气温度、空气流速、相对湿度、平均辐射温度、平面辐射温度的推荐测量高度为:当人处于坐姿时,应距离地面 0.6m;当人处于站姿时,应距离地面 1.1m。房间或区域环境参数分布不均匀时,关于空气温度、空气流速、相对湿度、平均辐射温度、平面辐射温度的推荐测量高度为:当人处于坐姿时,应分别距离地面 0.1m、0.6m 和 1.1m;当人处于站姿时,应分别距离地面 0.1m、1.1m 和 1.7m。在均匀与非均匀环境中测量传感器的安装高度和测量值权重系数见表 2.4。此外,在头部和脚踝高度处至少应该测一个点的温度值,如果能够围绕头部和脚踝高度处测量多个点取平均值将更准确。非均匀环境中各参数的最终值应按照各测量点值的权重系数进行加权平均。

表 2.4　传感器的安装高度和测量值权重系数

传感器位置	计算平均值时的权重系数		推荐高度/m	
	均匀环境	非均匀环境	坐姿	站姿
头部		1	1.1	1.7
腹部	1	1	0.6	1.1
脚踝		1	0.1	0.1

2)测试时间

　　根据现有标准规定,一般测量仪器的响应时间应在被测环境中待仪器读数趋于稳定后再进行读数。在 ISO 7726 中,由于存在传感器热惯性,规定放置在待测环境中的温度计不能立即指示空气温度,需要一段时间后才能达到平衡,至少要在探针响应时间(90%)的 1.5 倍之后进行温度测量。一般来讲,空气温度、相对湿度、平均辐射温度与平面辐射温度的测量时间应至少为 3min,最长 15min,测量值取测量时间段内至少 18 个测点的算术平均值。空气流速的测量时间应为 3min,测量值应取测量时间段内的平均值,如果波动的时间超过 3min,则认为是多个不同的空气流速。湍流强度应测试空气平均速度和瞬时速度,空气平均速度的测量时间应为 3min，瞬时速度的测量时间应为 2s，这样能较好地反映空气流速的瞬时变化性，测量值应取测量时间段内的平均值。对于供冷或者供暖辐射地板表面温度，测量时间宜按空气温度的时间平均方法进行处理。

2.2.2　室内热环境测试案例

实际上，影响人体热舒适的室内热环境主要是由室内空气温度、湿度、热辐射温度和空气流速四个参数综合组成。通过对实际的室内环境进行测试和调查，得到室内热环境的客观状态，并以问卷调查和统计分析的形式获取调查人员对于某一特性热环境的主观评价。作者研究团队于 2008~2012 年，对全国夏热冬冷、夏热冬暖、寒冷、严寒和温和 5 个气候区 9 个典型城市的不同住宅建筑的室内热环境开展了为期一年的实地调研，包括现场环境实测和问卷调查，累计收集有效住宅问卷 20000 余份[7]。除了对居住建筑室内热环境的测试调研，2013~2015 年又针对全国不同气候区 10 个典型城市的典型公共建筑，包括商场建筑、办公建筑等的室内热环境开展了测试工作。选择全年不同时段完成了 6 轮周期性的测试工作，其研究方法、测试手段、仪器、要求等和居住建筑室内热环境测试相同。下述以居住建筑实测调研为例，介绍实地调研的基本方法。

根据我国的建筑气候区，选取夏热冬冷地区的重庆、武汉和成都，夏热冬暖地区的福州和广州，北方寒冷地区的沈阳、西安和严寒地区的哈尔滨，以及温和地区的昆明 9 个典型城市进行入户测试。这 9 个城市在全国的社会经济、发展水平以及建筑气候特点等方面都具有代表性，能够较好地覆盖全国各个建筑气候区、不同经济发展水平和气候特点下居民的生活习惯、开窗通风习惯、衣着调节习惯等热舒适适应行为特征。

调研采用现场环境实测和主观问卷调查相结合的方法，于 2008~2012 年在全国范围内对我国居民开展了为期一年的热环境调查。现场环境测试内容包括室外干球温度、室内干球温度、湿球温度、空气流速等。考虑到住宅建筑的遮阳设计和居民的主动遮阳行为、自然通风建筑与外部环境的热交换途径顺畅、室内辐射温度与室内空气干球温度差别不是太大，以及辐射温度测量复杂且耗时长，为了有效控制现场调查的时间，根据实际情况假定建筑室内的辐射温度等于室内空气干球温度。所用的仪器主要为 Dwyer 485 数显温湿度计和 Testo 425 热敏风速仪。采用的 Dwyer 485 数显温湿度计温度测量精度为±0.5℃，量程为−30~85℃；湿度测量精度为±2%，量程为 0~100%。Testo 425 热敏风速仪测量范围为 0~20m/s，系统精度为±(0.03m/s+5%测量值)。为了减少影响因素，室外热环境参数的测点根据现场实际情况选择在与被测建筑有一定距离的室外空旷区域。室内热环境的测点在被访者腹部周围，对于静坐者，测点在高度 0.6m 处，对于站立者，测点在高度 1.1m 处。在被访者填写问卷的同时进行室内外环境参数的测试。由于测试仪器均有一定的响应时间，风速仪和温湿度计的测量时间不少于 5~8min。

在对室内热环境进行测试的同时，对所处热环境中的人员也开展了热舒适调研，目的在于了解其真实热舒适现状。根据问卷问题和调查数据收集的方便性，采用了封闭式和开放式问题相结合的形式，其问题设计主要包含以下几个方面：

(1)现场基本信息调查。现场基本信息调查由调查人员负责填写，主要信息包括调查日期、调查人员、城市、天气、建筑所在的位置(小区)、调查建筑基本信息和调查房间基本信息等内容。

(2)现场客观调查。现场客观调查主要内容包括被访者的性别、年龄、职业等基本背景资料，同时还包括被访者的活动状态、着装情况，以及所在房间内供暖空调设备的使用状况。其中着装情况采用封闭式和开放式问题相结合的形式，既包括根据调查季节提供相应的服装选项供其选择，又提供了相应的补充栏供其填写。调研时，室内采暖空调设备的使用情况是判断建筑是否处于自由运行状态的重要依据。

(3)现场主观调查。现场主观调查主要内容是被试者对所在房间的热湿环境做出主观评价，具体包括热感觉、潮湿感、吹风感、热舒适度、期望值及热可接受度等内容。其中热感觉采用 ASHRAE 7 级标尺：−3 很冷、−2 冷、−1 有点冷、0 中性、+1 有点热、+2 热、+3 很热。室内空气潮湿感调查采用 ASHRAE 7 级标尺来反映被访者对室内空气的潮湿感：−3 很干燥、−2 干燥、−1 有点干燥、0 适中、+1 有点潮湿、+2 潮湿、+3 很潮湿。室内吹风感调查采用 ASHRAE 7 级标尺来反映被访者对室内空气的气流感：−3 风太小、−2 风小了、−1 风有点小、0 适中、+1 风有点大、+2 风大了、+3 风太大。受访者的温度期望、湿度期望和风速期望都是采用 3 级标尺：降低、不变、升高。其他具体度量标尺可参考第 1 章。

具体室内热环境测试结果分析详见 2.4 节。

2.3　数据处理和统计分析

调查阶段收集的大量资料是个别的、分散的，一般不能直接反映社会现象的总体特征，调查者必须对其进行科学的整理与分析。调查资料的整理是指根据社会调查的研究目的，对资料进行审核和分类汇总，使之系统化、条理化。这是研究阶段的第一项工作，是进行统计分析与理论分析的基础。

2.3.1　数据处理

1. 数据汇总及预检查

数据汇总一般可分为四个步骤：编码、录入、编辑和程序编制。对调查问卷，应用阿拉伯数字进行编码，使每份问卷有一个标识码。编码完成后，就开始数据录入工作，由录入员把调查表中的数据信息按照一定格式输入到计算机中。数据经过检验、分组、录入后，由计算机进行数据处理和分析。

问卷调查所获得的微观数据，尤其在调查范围广、人群杂、问卷数量多的情况下，难免会出现工作失误、被访者不配合、抽样方法选取不当、问卷设计不合理等情况，致使问卷数据中存在各种不一致、缺失、错误、冗余以及含有与定量分析方法不符的数据等情况。要保证问卷调查分析的质量，则需要对原始数据进行清理、集成、变换和规约等检查。面对问卷中各种不符合要求的数据，尤其是存在缺失值的情况，目前常用的方法有删除问卷、删除缺失值、插补法等。最直接和简便的方法是删除问卷和缺失值，但很可能会致使结果偏差严重，并且这两种方法的前提条件是问卷量很大，不符合要求的问卷很少(低于10%)。插补法是利用其他数据代替或估算缺失值，如利用回归、众数、判定树归纳、贝叶斯推断方法等建立一个预测模型，利用模型的预测值代替缺失值。尽管这些方法相对复杂，但能够最大限度地利用现存数据所包含的信息。

2. 信息赋值及数据转换

调查问卷得到的是主观资料而非客观资料，仅反映被访者的看法或感受，且大部分为等级资料，各等级很难给出操作定义，从而使各等级的划分没有客观标准，不同的调查对象划分各等级的标准也不一样。但由于每个调查对象对各影响因素的等级划分标准是基本一致的，且这类调查样本容量通常较大，故汇总结果仍可较好地反映综合情况。由于被访者划分各等级的标准(平均而言)与研究者的标准之间仍会有差异，而且差异的大小很难确定，为了使调查结果更直观，也为了便于使用某些统计方法，习惯上要对各等级进行赋值，然后以各影响因素的平均得分来反映其影响程度的大小。

赋值方案一般人为设定，一般选择等间距比例赋值。对于问卷调查所得的样本，倘若分别在两个间距比例相同的赋值方案下进行均数检验、方差分析、计算相关系数，甚至在相关系数矩阵上进行主成分分析或因子分析，其结果都是相同的。若用各种非参数检验方法进行处理，其结果也是相同的。另外，在实践中发现文化程度低的调查对象倾向于把各等级看成等间距的，而文化程度高的调查对象倾向于根据定义等级的用词来感受其间距。因此，在决定赋值方案时，应综合考虑定义各等级的用词和调查对象的情况。

调查问卷设计初期，可进行预调研、收集数据、检验问卷质量、调整问题，并可根据得到的信息变量预定数据处理的选择范围。一般用户回答数据可划分为5种类型：类别数据、列表数据、数值数据、等级数据、多语义等级数据，其中后两类数据存在很大的主观性与不确定性。例如，"环境舒适度是很好、好、一般还是很差？"这类问题。为了处理此类问题，强调挖掘问卷调查的关联规则或直接挖掘调查数据的开放式回答。

此外，为方便被访者阅读和理解，一般对于问题的设置多为文字描述。而在进行科学研究和数据分析前，首要目标是获得所有问卷回答的要点，并且将这些文字描述转化为数值语言，才能进行数据分析处理。例如，在热环境调研中对于居民衣着的调研，为了方便居民完整填写，问卷调研一般会设置上装、下装、鞋、袜等类别选项供被访者勾选。而在进行数据分析时，需要将这些服装转化为可以计量的服装热阻值，为方便起见，一般定义 clo 作为服装热阻的单位，1clo=0.155m²·℃/W，一些典型服装，例如，单件衬衣的服装热阻为 0.15clo，单件外套的服装热阻为 0.25clo 等，可以根据相关标准附录中单件服装热阻进行转化计算，并求其总和作为居民整套服装的热阻值。

3. 数据质量检验

问卷收集数据的准确性受到各种因素的影响，其中比较突出的问题可分为两类：一类是问卷设计本身不合理，问卷调查的质量是以问卷设计的质量为基础的，科学设计问卷在问卷调查中具有重要意义；另一类是问卷调查实施过程中的失误，如抽样方案设计不科学、调查中随意更换样本、调查员在调查过程中主观过失、由客观原因造成的调查不能按抽样方案进行、编码出现错误等，各个环节的疏忽失误都会造成数据的真实性下降。

数据的检验就是检查、验证各种数据是否完整和正确。原始数据资料的质量直接关系到统计分析所能达到的水平。统计分析所能达到的正确程度和水平从根本上来说取决于调查资料的可靠性和正确性，即调查资料的信度和效度。对原始资料的检查一般有完整性、正确性和可靠性三个要求。

1）完整性检验（缺省性检验）

数据完整性主要是检查被调查的单位或个人有无遗漏、调查项目是否齐全、样本的抽选是否有充分的代表性等。一方面检查调查表格是否齐全，另一方面检查每张调查表格有无缺报或漏填的现象。发生空缺时，应注明原因和情况。

数据的缺省是现场研究问卷调查工作中常见的一种现象，其造成的原因很多，如选项不合理、选项缺省、含义混淆、无空白选项，或是调查对象主观不愿/不便提供。还有一种情况是调查对象不涉及该问题，也有可能会出现数据缺省现象。以居民的衣着为例，当居民穿着连衣裙时，就会出现上装和下装的缺省。

问卷所涉及的问题之间既相互联系，也有所区别。因此，在对单个问题所反映的问题进行研究分析时，就只针对该问题的缺省进行排除处理。当对多个问题之间的关联进行综合分析时，就对这几个问题的缺省数据同时采取排除处理。

2) 正确性检验（信度分析）

正确性检验就是看数据是否符合客观实际和计算是否正确，一般采用判断检验、逻辑检验和计算检验三种方法来检验数据的正确性。判断检验就是根据已知情况来判断调查所得到的数据是否与客观事实相符。调查结果如果与事先了解的情况差距太大，就有必要对这个数据表示怀疑，从而进行检验。应避免以调查者先入为主的成见作为标准对调查数据进行判断。逻辑检验也就是从数据的逻辑关系中来检验其是否正确和符合实际。问卷调查所要了解的被访者的状态、行为、态度倾向性等情况之间很多都具有逻辑关系，应从理论上对各个指标与数据进行对照分析，检查有无相互矛盾的地方。计算检验是用计算的方法来检查数据资料中的各项指标及其计算方法和计算结果的准确性。通过各种数据运算来检查各项数据有无差错，检查同一调查指标所使用的度量单位是否一致，不同表格同一调查指标的计算方法是否统一等。

信度分析是对数据正确性检验较常用的一种统计方法。信度，即可靠性，是指采用同样的方法对同一对象重复测量时所得结果的一致性程度，即测量工具能否稳定地测量到要测量的事项，与测量结果无关。信度是指评估指标体系的内在一致性和稳定性程度，是衡量问卷可靠性和有效性的重要指标[8]。信度可分为内在信度和外在信度。内在信度是指问卷中的一组问题或整个问卷调查表测量的是否是同一个概念，内在信度高意味着一组问题或整个问卷的一致程度高；外在信度是指在不同时间对同一对象重复测量时所得结果的一致性程度。

信度指标多以相关系数表示，大致可分为三类：稳定系数（跨时间的一致性）、等值系数（跨形式的一致性）和内在一致性系数（跨项目的一致性）。信度分析的方法主要有以下四种：重测信度法、折半信度法和 α 信度系数法。其中，α 信度系数法的计算公式为

$$\alpha = \frac{k}{k-1}\left(1 - \frac{\sum_{i=1}^{k}\sigma_{Y_i}^2}{\sigma_X^2}\right) \tag{2.13}$$

式中，k 为某一量表的题项数；σ_X^2 为总样本的方差（各被访者对某一量表各题项评分的总分的方差）；$\sigma_{Y_i}^2$ 为观测样本的方差（各被访者对某一题项的评分的方差）。

从式（2.13）可以看出，α 信度系数评价的是量表中各题项得分间的一致性，属于内在一致性系数。这种方法适用于态度、意见式问卷（量表）的信度分析，且根据本节调研方式可不考虑外在一致性的检验。

此外，克龙巴赫系数常用来测度调查表的内在一致性，它通过各调查项目的相关系数的均值来测量各项目的内在信度，系数为 0～1[9]。当评估项目数一定时，系数越接近 1，则各项目相关系数的均值越高，项目的内在信度也越高；反之，系数越小，项目的内在信度越低。通常系数在 0.8 以上认为其内在一致性较高；系数大于 0.7 且小于 0.8 则认为调查表的设计存在一定问题，但仍有一定的参考价值；而系数小于 0.7 则认为调查表的设计存在很大问题，应考虑重新设计。

3) 可靠性/稳定性检验(效度分析)

数据可靠性是指如果在一个不太长的时间间隔内进行两次相同的调查，前后两次调查所获得资料的一致性。数据可靠性一般是通过统计检验以及重复试验的方法来进行鉴定。

数据可靠性常用效度分析进行检验。效度，即有效性，是指测量工具或手段能够准确测出所需测量事物的程度，效度越高表示测量结果越能显示出所要测量对象的真正特征。假设在真分数中稳定地存在系统误差，于是重新分解实际分数为 $X=V+I+E$ (X 为实际分数，V 为有效分数，I 为系统误差分数，E 为随机误差分数)，而效度的数学定义为有效分数的方差与实际分数的方差的比值。

$$r_{XY}^2 = \frac{S_V^2}{S_X^2} \tag{2.14}$$

式中，r_{XY}^2 为效度；S_V^2 为有效分数的方差；S_X^2 为实际分数的方差。

效度分为三种类型：内容效度、准则效度和结构效度。效度分析有多种方法，其测量结果反映出效度的不同方面。常用于调查问卷效度分析的方法主要有以下几种：单项与总和相关效度分析、准则效度分析和结构效度分析。根据统计研究，任何测验或量表的信度系数如果在 0.9 以上，则该测验或量表的信度甚佳；信度系数在 0.8 以上是可接受的；如果信度系数低于 0.7，就需要重新设计。统计分析时一般采用 3σ 准则检验数据的可靠性。

2.3.2　统计分析

统计分析的目的主要是挖掘数据和其中的价值，并将其构造成有意义的结构。

当选择调查数据的统计分析方法时，必须要对测量数据或区间数据、标称数据或分类数据进行区分。因为各类数据所需统计方法不同，区间数据有着附加属性和平均连续性间歇期。例如，在社会调查中，年龄、家庭人数、收入、住房使用年限等变量，采用的统计方法有标准差、t 检验和 F 检验、回归方法、方差分析和积差相关系数等。标称数据不能被连续测量，该类数据缺少增加性甚至次序性，并且可以被归为离散范畴中的发生率，其没有特殊顺序。在社会调查中，标称数据可能是婚姻状况、出生地(省/国家)等,可采用的统计方法有百分数、卡方检验和其他非参数方式。另外,在区间数据和标称数据间还有一类变量,这种变量有着次序属性,如级别数据、相对兴趣和偏好的衡量、优先顺序等,级别数据的统计方法有 Spearman 相关系数和 Kendall 相关系数等。

这里对常用的几种统计分析方法进行介绍。

1. 描述性统计

描述性统计分析包括数据集中趋势的测量方法和数据离散趋势的测量方法,两种方法往往结合在一起来分析一组数据。但要注意,应根据数据的特点选用不同的统计方法,一般定类变量资料用众数测量为佳,定序变量资料用中位数、四分位差测量为佳,定距变量资料用平均数、标准差测量为佳。

2. 显著性检验

目前,对于反应变量为定量类型的统计结果的检验方法主要包括以下三种。

1)单变量方差分析

单变量是指某个变量某个时间在总样本中的分布,在实践中通常首先需要抽样并分离出单变量,随后将已经得到的样本与设想的样本相比较,确定检验变量的显著性。单变量方差分析模型结构简单,研究时间最长,理论成熟,应用最为广泛。理论上,该方差分析方法的适用条件一般包括:①独立性,即各样本相互独立,来自真正的随机抽样;②正态性,即各单元格的残差必须服从正态分布;③方差齐性,即各单元格都满足方差齐(变异程度相同)的要求。该检验方法的不足在于对协方差矩阵的要求最严格,资料的协方差矩阵须为 H 型协方差结构,若不是则须通过校正因子 ε 对 F 检验的自由度加以校正。

2)双变量方差分析

对于双变量的研究(包括交叉表列、分解以及对于两变量间关联关系的不同测量方法),需要明确哪些是自变量,哪些是因变量,并在样本内部建立一些分组以便明确它们之间的关系。因变量需要保持高鲁棒性、可靠性和有效性,在更复杂的调查中,可能会有一个以上的因变量,也可能会出现在某种情形下所得的因变量在其他部分的分析中变成自变量的情况。双变量方差分析和单变量方差分析原理近似,双变量方差分析应用于两个自变量估计一个连续因变量的情况。在分析中需要检验三个不同的原假设,一个原假设被用来检验主效应 A,一个原假设被用来检验主效应 B,一个原假设用来检验两个自变量的混合效应(交互效应检验)。

3)多因素方差分析

多因素方差分析又称为多元方差分析,其基本思想与单变量方差分析相似,都是将反应变量的变异分解成两部分：一部分为组间变异(组别因素的效应)，另一部分为组内变异(随机误差)。然后对这两部分变异进行比较，看是否组间变异大于组内变异。多元方差分析对数据的要求包括：①各因变量服从多元正态分布，多元方差分析对于多元正态分布的要求并不高，实际应用中这一条通常弱化为每一个反应变量服从正态分布即可；②各观察对象之间互相独立；③各组观察对象反应变量的方差相等；④反应变量间的确存在一定的关系。多元方差分析将在 p 个时间点的重复测量值看成 p 维变量的结构，对这 p 个变量之间的协方差矩阵无特殊限制，容许存在各种相关性，在用于分析重复测量资料时不需要对自由度进行校正。

3. 相关性分析和回归分析

客观现象之间总是普遍联系和相互依存的，反映这些联系的数量关系可分为两类：一类是确定性关系；另一类是不确定性关系，也称为相关关系。对于确定性关系，其特点是当一个或几个变量的值给定时，相应的另一个变量的值就能完全确定。而相关关系的特点是当一个或几个变量的值给定时，相应的另一个变量的值不能完全确定，而是在一定范围内变化。相关性分析和回归分析就是研究相关关系的常用统计方法。

1) 回归分析

根据自变量与因变量之间的关系不同，回归分析可以分为线性回归和非线性回归两种。线性回归是指自变量与因变量之间呈线性关系，而非线性回归是指自变量与因变量之间呈曲线关系。根据自变量数量多少，回归分析又可分为一元回归和多元回归。一元回归是指回归模型中自变量的数量只有一个，因变量受到该自变量的单独影响，而多元回归是指回归模型中自变量的数量有多个，因变量受到多个自变量的共同影响。

回归分析一般包括以下几个步骤：①绘制散点图，观察变量间的趋势。如果是多个变量，还应做出散点图矩阵、重叠散点图和三维散点图。绘制散点图是回归分析之前的必要步骤，不能随意省略。②考察数据的分布，进行必要的预处理。即分析变量的正态性、方差齐性等问题，并确定是采取线性回归分析还是非线性回归分析。③回归分析。主要包括变量的初筛、变量选择方法的确定、回归模型的确定等。④残差分析。这是模型拟合完毕后诊断过程的第一步，主要分析两大方面：残差间是否独立和残差分布是否为正态分布。⑤模型拟合优劣的分析。常用的衡量模型拟合优劣的标准主要包括以下几种：复相关系数 R、决定系数 R^2、赤池信息量准则(Akaike information criterion, AIC)。而决定系数 R^2 是应用最为广泛的，R^2 越大越好。

2)相关性分析

相关性分析和回归分析都可以用来考查两个连续变量间的关系，但反映的是不同的侧面。常用相关性分析方法主要有以下三种。

(1)对于连续变量，一般采用积差相关系数，又称为 Pearson 相关系数，属于参数统计方法，只适用于两变量呈线性相关时。Pearson 相关系数是定量描述线性相关程度好坏的一个常用指标。当两个连续变量在散点图上呈现线性趋势时，可采用 Pearson 相关系数进行分析。作为参数方法，积差相关性分析有一定的适用条件，当数据不能满足条件时，可以考虑采用 Spearman 相关系数来解决问题。

(2)Spearman 相关系数，又称为秩相关系数，是利用两变量的秩次大小进行线性相关分析，对原始变量的分布不做要求，属于非参数统计方法，其适用范围比 Pearson 相关系数要广得多。即使原始数据是等级资料，也可以计算 Spearman 相关系数。对于服从 Pearson 相关系数的数据，也可以计算 Spearman 相关系数，但统计效能比 Pearson 相关系数要低一些。

(3)Kendall 相关系数，是用于反映分类变量相关性的指标，适用于两个变量均为有序分类的情况。

4. SPSS 软件介绍

SPSS(statistical product and service solutions)是 IBM 公司开发的一款用于统计学分析运算、数据挖掘、预测分析和决策支持任务等的最为主流的专业统计软件。软件界面友好、操作简单、结果可靠、功能全面，尤其适合非统计学专业的研究人员使用，广泛应用于社会科学、自然科学、工程技术分析等各个领域。SPSS 软件的基本功能包括数据的分类管理、简单的数据处理(包括识别粗大误差、求平均值和标准差等)，以及采用假设检验、方差分析、相关与回归分析等对数据进行分析。

在室内热环境研究中，一般通过现场调查或实验室实验方法获取的数据都可以使用 SPSS 软件进行数据管理与统计分析。

1)数据的录入和管理

数据是统计研究的基础，用于分析的数据资料有两种：一种是原始资料，如调查问卷中的数据需要将其录入 SPSS 软件，建立数据文件；另一种是已经被录入为其他数据格式的资料，需要将其内容导入 SPSS 软件中。SPSS 的数据录入涉及"数据视图"和"变量视图"两个界面。在"变量视图"中输入变量的名称，然后根据数据的特性对"类型"、"宽度"、"小数"、"标签"、"值"、"缺失"等属性进行定义。对于问卷开放题的录入，首先在"变量视图"窗口定义好该问题涉及的变量，然后切换到"数据视图"输入变量的具体数值；对于单选题，可以采用"字符直接录入"、"字符代码+值标签"、"数值代码+值标签"三种方式录入数据。最常用的是第三种方式，用不同数据来代替问卷中的答案选项。如果数据量过大，可在 Excel 中进行数据录入，然后将其导入 SPSS 软件，完成之后再在"变量视图"中进行数据规范化操作。在数据录入完成之后，在菜单栏依次点击"文件"、"保存"、"另存为"、"保存所有数据"即可。

2）分析功能

SPSS 软件除具有数据输入和编辑功能外，还具有完整的统计分析、报表、图形制作等功能，自带 11 种类型 136 个函数。它提供了从简单的统计描述到复杂的多因素统计分析方法，如数据的探索性分析、统计描述、列联表分析、二维相关、秩相关、偏相关、方差分析、非参数检验、多元回归、生存分析、协方差分析、判别分析、因子分析、聚类分析、非线性回归、逻辑回归等。

SPSS 软件中的描述统计主要在"分析-描述"里面，其中有描述统计、频数统计、交叉分析等。描述性统计分析菜单中最常用的是列在最前面的四个过程：产生频数表、一般性的统计描述、对数据概况不清时的探索性分析、完成计数资料和等级资料的统计描述及一般的统计检验。打开任意的分析窗口后，把拟分析的数据选入，则可直接输出统计结果。

3）可视化功能

SPSS 软件有很强大的绘图功能，可以根据模型自动输出描述性分析的统计图，反映不同变量间的内在关系。同时还可以由用户自定义统计图的基本属性，使数据分析报告更加美观。其中，基本图包括条形图、扇形图、饼图、柱状图、箱线图、直方图、P-P 图、Q-Q 图等。而 SPSS 软件中的交互图包括条形交互图、带状交互图、箱形交互图、散点交互图等不同风格的 2D 及 3D 图。

4）统计检验

在进行一般数据分析时，常用到的检验方法主要包括假设检验、方差分析、相关性分析和回归分析等。

（1）假设检验是根据一定的假设条件，由样本信息推断假设是否成立的一种方法。基于数理统计中的小概率原理，在假设检验中通过观察显著性水平判断原假设是否成立。假设检验分为参数假设检验与非参数假设检验。参数假设检验是对总体中某个数字特征或分布中的参数提出假设检验，非参数假设检验是针对总体的分布、总体间的独立性以及是否同分布等方面的检验。通过参数检验可以对总体特征参数进行推断，且能够比较多个总体的参数。在室内热环境与人体热舒适的研究中，经常要用到假设检验的方法对比不同因素水平，如环境参数、送风方式等之间是否有显著差异。在 SPSS 软件中包含了单样本 t 检验、独立样本 t 检验、相依样本 t 检验等，可根据数据性质进行选择。

　　(2)方差分析是科学研究中检验各个因素对结果影响程度大小的一种方法。实际问题中，各种因素对实验结果的影响是多方面的。由于不同因素影响程度不一，同一因素的不同水平的影响也不尽相同，就需要通过方差分析对分组数据进行考查，判断因素各个水平状态对实验指标的影响大小，以筛选出对结果起显著影响的因素。例如，要考查某季节服装热阻在某温度区间内的变化是否有差异，就可以使用方差分析来判断。SPSS 软件中的方差分析包括单因素方差分析、多因素方差分析、多元方差分析、重复测量方差分析等，同样根据数据性质和分析需求选择合适的检验方法。

　　(3)回归分析是研究因变量对自变量依赖关系的一种统计分析方法，而相关性分析一般在回归分析之前进行，目的在于确定数据之间是否有关系以及关系的密切程度等。在 SPSS 软件中可以通过分析-相关选择相对应的分析方法，包括皮尔逊相关系数、等级相关等，也可以通过分析-回归选择相对应的回归方法，包括简单线性回归、多元线性回归、非线性回归(逻辑回归、概率回归等)，还可以参考相关统计和数据处理资料，根据研究需求选择合适的分析方法。

　　SPSS 软件中还包含其他更多的统计和分析方法，包括主成分分析和因子分析、聚类分析、判别分析、典型相关性分析、对数线性模型、Passion 回归、信度/效度分析、生存分析等，基本涵盖从基础到高级所涉及的主要数据统计分析方法，可根据不同的使用需求和用户层次进行选择，具体方法参见相关文献资料，这里不再赘述。

2.3.3　机器学习方法应用

　　在建筑环境中，室内人员的热舒适与环境因素、心理因素和行为因素的关系存在复杂的相关性，而机器学习算法从繁多的数据中学习各变量之间隐含的、有价值的或者规律性的知识，并将其应用到实践中[10]。随着计算机技术的飞速发展，机器学习开始应用于各行各业，帮助人们进行识别、判断和决策，同时无线传感器网络技术的兴起，使收集用户周边的环境数据和生理数据变得越来越简单。因此，目前国内外越来越多的学者[11,12]开始采用机器学习算法挖掘隐含在大量的热舒适数据中的有用信息，建立数据驱动的人体热舒适模型，实时预测人体热舒适指标，并以此作为暖通空调系统控制的依据，实现舒适和节能的双目标。

　　1. 数据预处理

　　海量的人体热舒适数据中包含着人们自身偏好，即在什么样的条件(环境参数和生理参数)下，人体是处于热舒适状态或者处于热不舒适状态。如果"机器"(如暖通空调系统或个体热舒适系统)能够"学习"到环境参数、生理参数与人体热舒适状态之间隐藏的、有规律的关系，那么就可以根据环境参数、生理参数实时地预测出当前人员的主观热感觉，再交由执行器完成环境参数调节，保持人体处于热舒适状态。与 2.3.2 节的统计分析不同，机器学习的目的不是让研究人员去学习数据中隐藏的关系，而是让"机器"学习。因此，一般需要对数据进行一定的预处理，包括归一化和标准化、特征工程、参数寻优等，使数据格式结构化、标准化。

1) 归一化和标准化

归一化和标准化对提升模型性能有显著作用，特别在度量距离和方差时，如支持向量机(support vector machine，SVM)算法、最近邻(K-nearest-neighbor，KNN)算法、主成分分析(principal component analysis，PCA)。

(1) 归一化。将所有的数据映射到指定范围内，如 –1～1。如式(2.15)所示，其中，a_i 是特征 a 的第 i 个数据，a_{max} 和 a_{min} 分别对应特征 a 的最大值和最小值，a_i' 是 a_i 经过归一化处理之后的数据。

$$a_i' = 2 \times \frac{a_i - a_{min}}{a_{max} - a_{min}} - 1 \tag{2.15}$$

(2) 标准化。将每一个变量都处理为均值为 0、方差为 1 的数据集合。如式(2.16)所示，其中 a_i 是特征 a 的第 i 个数据，$\text{mean}(a)$ 和 $\sigma(a)$ 分别为变量的均值和标准差，a_i' 是 a_i 经过标准化处理之后的数据。

$$a_i' = \frac{a_i - \text{mean}(a)}{\sigma(a)} \tag{2.16}$$

值得注意的是，归一化和标准化都是在不改变数据分布的前提下对数据进行处理。一般而言，标准化是首选，只有需要将数据放缩到指定的区间内时，才会使用归一化。

2) 特征工程

在机器学习领域，有这样一句话广为流传：数据和特征决定了机器学习的上限，而模型和算法只是逼近这个上限而已。因此，当完成数据收集后，直接用原始的特征集建立的模型性能可能交叉，应当进行适当的特征工程得到最优的特征集，以提高机器学习的上限，而特征工程一般包含特征创建、特征选择、降维三个过程。

(1) 特征创建。特征创建是指从已有特征中创建新的特征，一般有以下几种方式：①将已有特征中的统计值作为新的特征，如温度的变化率、移动窗口平均值、移动窗口方差等；②将已有特征的线性组合作为新的特征，如室内外温度差、身体各部位的温度差、湿空气的焓值等；③将已有特征的非线性组合作为新的特征，如任意两个变量的乘积，但和前面两种创建新特征的方式不同，使用已有特征的非线性组合容易造成可解释性较低的现象，在对物理意义要求较高的场合应当慎用。

(2)特征选择。通过特征创建后，一般可以获得几十个特征，但这几十个特征并不是都与人体的热舒适状态相关，因此需要对已有的特征进行筛选，获取与人体热舒适最相关的特征集。特征选择的方法可以分为3类：过滤式、包裹式和嵌入式。

过滤式：按照指定的统计量(方差、相关系数、卡方检验等)对已有特征进行排序，通过指定统计量的阈值或者需要的特征个数来筛选出符合条件的特征，构建最优特征集。

包裹式：从所有特征中随机选择特征构建特征子集，并用该特征子集作为模型输入，计算模型的预测性能，将预测性能作为该特征子集的评价指标。相比过滤式方法，包裹式方法的计算成本较大，但其效果要优于过滤式方法。

嵌入式：是将特征选择过程与算法训练过程融为一体，利用算法本身对特征进行打分的机制，在模型训练的过程中自动完成特征的选择过程[11]。

(3)降维。即使通过特征选择后，最优特征集中可能仍然存在数十个特征，特征矩阵仍然庞大，为了减少特征矩阵的维度，应当使用主成分分析和线性判别分析(linear discriminant analysis，LDA)进行降维。也就是说，使用较低维度的数据来代表较高维度的数据。主成分分析是为了得到方差最小的低维度数据，而线性判别分析是为了得到分类性能最好的低维度数据，如图 2.3 所示。简而言之，主成分分析是为了得到整体方差最小的数据样本，而线性判别分析是为了得到类内方差最小、类间方差最大的数据样本。因此，对于需要使用特征进行分类的热舒适领域，如果有降维的必要，线性判别分析应当是首选。

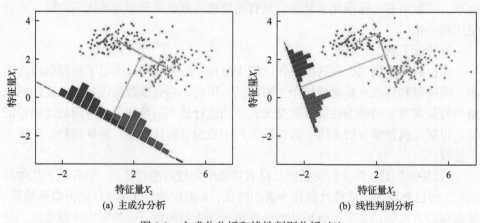

(a) 主成分分析　　　　　　(b) 线性判别分析

图 2.3　主成分分析和线性判别分析对比

当然，上述列出的方式仅仅是机器学习中数据预处理方法中的一部分，机器学习本身的发展也衍生出更多的数据处理方式。面对种类繁多的数据处理方式,研究人员应当在明确自身数据的处理需求后,再去寻找合适的数据处理方法,不应盲目追求"大而全","小而精"的选择可能会使机器学习的结果更好。

3) 参数寻优

几乎所有的机器学习算法都会存在事先给定的超参数,如人工神经网络(artificial neural network,ANN)算法中的隐含层个数、决策树(decision tree,DT)算法中树的深度、随机森林(random forest,RF)算法中决策树的个数等。这些超参数的选择直接决定了模型预测性能的优劣,因此必须以合理的方式来设置。现在主流的研究多采用两种方式来设定超参数,即穷举法(网格搜索+交叉验证)和优化法(优化算法+交叉验证)。

(1)穷举法。列出每个超参数的所有可能取值和所有的超参数组合方式,逐一尝试在每种组合方式下训练得到的模型性能。这种方式在超参数取值较少和超参数组合数量较少的情况下十分适用。但当超参数的取值范围大、组合方式多时,这种方式的计算量极为庞大。例如,决定一个五层人工神经网络中每层神经元的个数,每层神经元个数在 $2 \sim 64$ 范围内取值,超参数组合方式就高达 63^5 种(近10亿种组合方式)。在这种情况下,可以考虑采用两次穷举法,即先以较大步长搜索最优组合所在的区间,再在最优组合所在区间中以较小步长搜索找到最优组合。

(2)优化法。结合寻优算法(如粒子群算法、遗传算法、鱼群算法等)找到最优的参数组合。将模型性能作为优化算法的适应度函数,优化算法根据适应度函数不断迭代找到优化方向,实现参数的最优组合,而且可以降低计算成本。但机器学习算法本身具有一定的随机性,即在相同的超参数前提下,由于训练数据的差异,其适应度(模型性能)也会存在差异,导致适应度函数存在随机性,寻优算法不收敛。此时,交叉验证可以尽量避免这种情形。

(3)交叉验证。在机器学习过程中,一般是将收集到的样本划分成训练集和测试集,前者用来训练模型,而后者用来测试已有模型对未知数据的泛化能力。但训练集和测试集的分割方式对模型性能会产生很大影响。因此需要使用交叉验证来减少训练集和测试集分割方式对结果的影响,即计算已有模型的平均性能指标。其方法如下:将数据集 Data 划分成 k 个大小相同的互斥子集 D_1、D_2、$\cdots$、D_k,每个子集 D_k 都与原始数据集 Data 保持分布一致性。分别对模型进行 k 次训练,每次都使用 $k-1$ 个子集作为训练集,剩下的子集作为测试集,共进行 k 次训练和 k 次测试,求解 k 次测试结果的平均值作为该模型的评价指标。图 2.4 为五折交叉验证示意图。

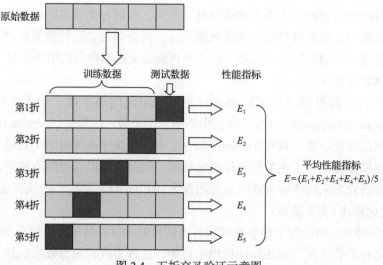

图 2.4　五折交叉验证示意图

2. 常用算法

热舒适预测可以看成监督学习中的分类问题，将人员的热感觉或者热期望分成 3 类或者更多类。监督学习中的常见分类算法都可以用于热舒适的预测。在热舒适预测时，采用最多的算法分别是支持向量机算法、决策树算法、随机森林算法、人工神经网络算法和朴素贝叶斯(naive Bayesian，NB)算法。

支持向量机是近年来受到广泛关注的一类机器学习算法。支持向量机算法试图找到一个分类超平面 $w^{\mathrm{T}}x+b=0$，在超平面同一侧的样本为同类样本。但热舒适领域常常存在影响因素多、非线性程度高的现象，在求解分类平面方程时会出现"维数灾难"的问题。为了解决这一问题，支持向量机通过引入核函数，将训练样本映射到更高维空间中，在更高维空间中找到一个最大间隔分类超平面。同时为了提高模型的泛化能力，引入软间隔分类器的思想，允许支持向量机在训练样本中出现一些错误，避免过度学习而导致过拟合。

决策树是一种原理简单而有效的分类算法，它模拟了人类在面对实际问题时的决策过程。该算法依靠已有样本集按照特定规律(信息熵、增益率和基尼系数)生成一棵决策树。决策树由根节点、内部节点、叶子节点组成，决策树的顶端称为根节点，包含了所有样本。决策树的底端称为叶子节点，每个叶子节点只含有一种标签的样本。根节点和叶子节点之间的所有节点称为内部节点。样本在根节点和每个内部节点都面临着一次分裂，样本自身某个特征对分裂结果起决策作用，直至分类到叶子节点，分类完毕。为了使模型具有较好的泛化能力，避免过拟合，决策树应进行剪枝处理。

随机森林是指使用多棵决策树对样本进行训练和预测的分类算法，其随机性体现在样本选择的随机性和特征选择的随机性：①构建每棵决策树的样本来源于原始样本的有放回的随机抽样；②构建每棵决策树的特征也是原有特征的随机组合。这两层随机性使得随机森林中的每棵树都是有差异性的。在预测分类时，随机森林的预测结果是森林中所有决策树预测结果的众数。随机森林对模型过拟合有很好的抵抗性，并且随机森林凭借其较高的预测准确度广泛应用于热舒适领域。

人工神经网络是模拟生物神经系统对真实世界产生交互反映的一种算法。在热舒适预测时，一般采用误差逆传播(back propagation, BP)神经网络，由三层神经元组成：输入层、隐含层和输出层，在训练过程中通过预测值与真实值之间的差反向修正神经网络中的权值和阈值，三层人工神经网络示意图如图2.5所示。

朴素贝叶斯是贝叶斯分类模型中最简单、最有效的分类算法。朴素贝叶斯是基于英国数学家贝叶斯提出的贝叶斯定理：$P(A|B) = \dfrac{P(B|A)P(A)}{P(B)}$，其分类思想是：对于给出的待分类样本，求解在这些样本特征 B 出现的条件下各个种类 $(A_1, A_2, \cdots, A_n)$ 出现的概率，哪个种类出现的概率大，就认为待分类项是这个类别。

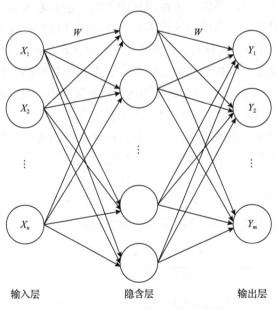

图2.5 三层人工神经网络示意图

前已述及，通过机器学习，系统可以在没有任何先验知识的条件下，即可通过数据学习到使用者的热舒适偏好，因此应用过程中可以通过先进的环境传感器网络和可穿戴设备收集环境物理参数和人体生理参数，输入到机器学习训练好的模型中，可在没有任何主观反馈的前提下实时预测当前情形下(环境参数、生理参数)使用者的个性化冷热需求。这种实时的冷热需求可用来指导暖通空调系统或个人热舒适系统的运行，实现冷热量的智能化、个性化供给。目前在万物互联、人工智能的浪潮中，将机器学习技术应用到建筑环境中，将是未来建筑智能化的发展方向，是建筑行业进行自我革新的重要途径。

2.4　建筑室内热环境特性

建筑按照其使用功能和服务对象的不同可分为工业建筑和民用建筑两大类。除住宅外，其他用于各类公共活动的民用建筑，包括办公楼、商场、酒店等，统称为公共建筑。

2.4.1　公共建筑室内热环境特性

1. 公共建筑室内热环境设计参数

自 2000 年来，我国公共建筑数量激增，其室内环境的好坏直接影响着室内人员的健康。公共建筑室内环境受多种因素的影响，包括通风系统、采暖方式、装修材料、建筑潮湿等，室内环境的优劣也可以通过直接的客观测试或室内人员主观感知得到。在建筑热工设计时，为考虑气候对室内环境的影响，我国制定了《民用建筑热工设计规范》(GB 50176—2016)[13]，不同的建筑热工分区内室外环境存在差异，见表 2.5，室内暖通空调系统的运行控制策略也存在差异。一般而言，寒冷地区、夏热冬冷地区和夏热冬暖地区由于夏季有供冷需求，公共建筑室内普遍设置集中或半集中式空调系统以实现调节室内热环境的要求。对于温和地区，部分地区应考虑冬季供暖需求，因此温和地区公共建筑室内可设置集中或半集中式空调系统以实现冬季供暖。而对于严寒地区，夏季基本无供冷需求，冬季城市基本采用集中供暖。这一分区使我国民用建筑热工设计与地区气候相适应，可以保证室内基本的热环境要求，符合国家节约能源的方针。

表 2.5　我国建筑热工分区指标

一级区划名称	主要指标	辅助指标
严寒地区	最冷月平均温度 ≤ –10℃	日平均温度 ≤ 5℃ (天数 > 145d)
寒冷地区	最冷月平均温度–10~0℃	日平均温度 ≤ 5℃ (天数 90~145d)
夏热冬冷地区	最冷月平均温度 0~10℃ 最热月平均温度 25~30℃	日平均温度 ≤ 5℃ (天数 0~90d) 日平均温度 > 25℃ (天数 40~110d)

续表

一级区划名称	主要指标	辅助指标
夏热冬暖地区	最冷月平均温度>10℃ 最热月平均温度 25~29℃	日平均温度 > 25℃ (天数 100~200d)
温和地区	最冷月平均温度 0~13℃ 最热月平均温度 18~25℃	日平均温度 < 5℃ (天数 0~90d)

《民用建筑供暖通风与空气调节设计规范》(GB 50736—2012)[14]考虑到人员对长期逗留区域和短期逗留区域舒适性要求不同，分别给出了相应的室内设计参数。人员长期逗留区域室内空调设计参数见表 2.6。由于不同功能房间对室内热舒适的要求不同，分级给出室内设计参数，热舒适度等级由业主在确定建筑方案时选择。而对于短期逗留区域，空调供冷工况室内设计参数宜比长期逗留区域提高1~2℃，供热工况宜降低 1~2℃。短期逗留区域供冷工况风速不宜大于 0.5m/s，供热工况风速不宜大于 0.3m/s[14]。

表 2.6　公共建筑与民用住宅室内空调设计参数的比较(长期逗留区域)

类别	热舒适度等级	空气温度/℃	空气相对湿度/%	风速/(m/s)
供热工况	I	22~24	> 30	≤ 0.2
	II	18~22	—	≤ 0.2
供冷工况	I	24~26	40~60	≤ 0.25
	II	26~28	< 70	≤ 0.3

作者研究团队通过对全国典型城市不同公共建筑的客观调查测试，获取了共计 44000 余条客观测试数据及 3000 余份问卷，不同城市公共建筑室内热环境现状结果分析如下，为进一步改善公共建筑中实际存在的问题，实现高品质的公共建筑室内热环境建设奠定基础。

2. 办公建筑室内热环境变化

图 2.6 显示了全国典型城市测试的办公建筑室内温度整体分布情况。数据显示，各典型城市办公建筑室内温度分布在 24.8~27.1℃，且不同城市之间存在显著差异($p<0.05$)，但都满足《民用建筑供暖通风与空气调节设计规范》(GB 50736—2012)[14]中规定的舒适性空调温度范围。长沙办公建筑室内温度最高，温度平均值达到 27.1℃，其次是天津，上海、郑州和重庆室内温度偏低，均低于 26℃。

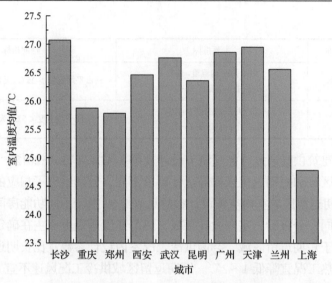

图 2.6　典型城市办公建筑室内温度整体分布

　　图 2.7 显示了全国典型城市测试的办公建筑室内相对湿度整体分布情况。数据显示，典型城市室内相对湿度分布在 36%～77%，且不同城市之间存在显著差异（$p<0.05$）。上海、重庆办公建筑室内相对湿度偏高，均超过 70%。其次是长沙和武汉，室内平均相对湿度均超过 65%。兰州和昆明办公建筑室内平均相对湿度偏低，均在 35%～45%。全国典型城市办公建筑室内相对湿度分布情况在很大程度上是由室外湿度值决定的，而室外湿度值的大小又与城市所处的气候区息息相关，例如，位于夏热冬冷地区的四个城市室内湿度明显高于其他城市，相反，靠近

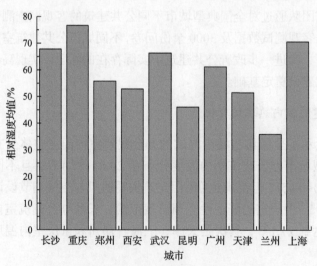

图 2.7　典型城市办公建筑室内相对湿度整体分布

西部地区的兰州、昆明室内相对湿度较低。根据《民用建筑供暖通风与空气调节设计规范》(GB 50736—2012)[14]可知，夏季舒适性空调室内相对湿度范围应处于40%~70%，因此处于夏热冬冷高湿地区的办公建筑应该采取适当的除湿策略。

图 2.8 显示了全国典型城市夏季工况下办公建筑室内风速整体分布情况。数据结果显示，不同城市之间办公建筑室内风速存在显著差异($p<0.05$)。兰州办公建筑室内风速最高，风速平均值达到了 0.17m/s，其次是西安、郑州，上海、重庆办公建筑室内风速偏低。因此，根据室内风速大小，建议典型办公建筑夏季通过增加新风引入量、增加开窗频率等措施加大室内风速，从而在一定程度上对温度进行补偿，改善室内热环境。

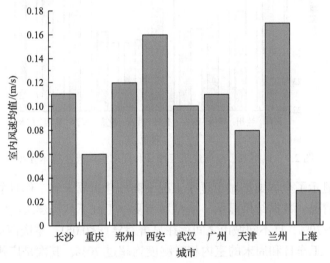

图 2.8　典型城市办公建筑室内风速整体分布

3. 商场建筑室内热环境变化

不同于住宅建筑，商场建筑由于周末与工作日室内人流密度有很大差别，并且出于商业原因，周末与工作日室内商品情况也可能不同，人流量和商品本身均是影响室内热环境分布的重要因素，故将各城市商场建筑夏季工况下室内环境状况数据分为周末与工作日分别进行分析。

图 2.9 显示了全国典型城市测试的商场建筑夏季周末和工作日的室内温度整体分布情况。数据结果显示，典型城市夏季工况下商场建筑的室内温度分布在24~29℃，天津商场建筑室内温度最高，温度平均值达到 29.1℃，其次是上海和广州，产生这一现象的可能原因是天津地区处于寒冷地区，室内人员对冷的感觉要比对热的感觉更加敏感，从而为了节能设置了较高的室内温度，制冷量较少；上海和广州由于夏季室外温度较高，商场建筑一楼大门敞开与室外气流交换导致

室内温度稍有上升，但都满足采暖通风与空气调节设计规范要求的 22~28℃。从图 2.9 还发现，商场建筑周末与工作日的室内温度并不存在明显差异，总体上看，除兰州、上海外，商场建筑周末与工作日室内温度大致相近。

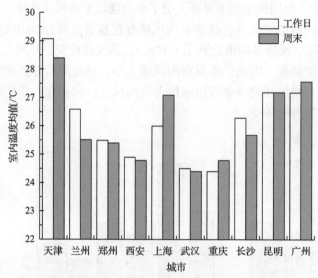

图 2.9　典型城市商场建筑工作日和周末室内温度整体分布

图 2.10 显示了全国典型城市夏季工况下商场建筑周末和工作日的室内相对湿度整体分布情况。数据结果显示，典型城市夏季工况下商场建筑的室内相对湿度分布在 40%~70%，且不同城市之间存在显著差异（$p<0.05$）。重庆商场建筑室内相对湿度最高，工作日和周末的室内相对湿度均超过 70%，其次是广州和上海，室

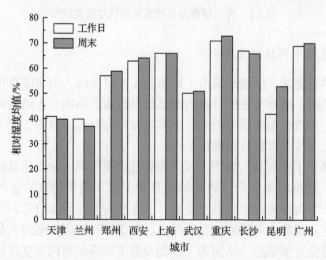

图 2.10　典型城市商场建筑工作日和周末室内相对湿度整体分布

内平均相对湿度均接近 70%，兰州和天津商场建筑室内平均相对湿度最低，均在 40%左右。室内相对湿度分布情况在很大程度上是由室外湿度值决定的，而室外湿度值的大小又与城市所处的气候区息息相关。此外，从图 2.10 还发现，商场建筑室内相对湿度不存在日期上的统计差异性，除昆明在周末和工作日相对湿度相差较大外，其余典型城市周末和工作日商场室内相对湿度分布大致相近，各个典型城市没有明显的周末室内相对湿度高于工作日室内相对湿度的规律。

图 2.11 显示了全国典型城市测试的商场建筑周末和工作日的夏季室内风速整体分布情况。数据结果显示，郑州商场建筑室内风速最高，风速平均值达到 0.27m/s，其次是西安、兰州和广州，上海、重庆商场建筑室内风速偏低，特别是上海室内风速在工作日为 0.08m/s。同时，图 2.11 显示了郑州商场建筑工作日室内风速明显高于周末，其余城市周末与工作日商店建筑室内风速分布大致相近，相差小于 0.03m/s。

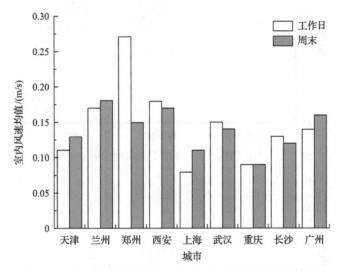

图 2.11　典型城市商场建筑工作日和周末室内风速整体分布

4. 酒店/宾馆/旅店建筑

酒店、宾馆、旅店等类似建筑作为功能复杂的综合性公共建筑，其室内热环境的营造直接影响着人员舒适、满意体验和需求。然而不同于普通居住建筑，由于其使用模式的特殊性，客房营业时间长，部分空调处于全天使用状态，因此相比于其他公共建筑，具有更长的供暖期和空调使用期。此外，为了更好地服务客户，满足用户舒适性需求和体验，其对室内热湿环境标准要求更高。因此，掌握其室内热湿环境特性，对于该类建筑的室内热环境绿色营造和建筑节能都具有重要意义。

　　Kim 等[15]现场测试了酒店不同入住模式下的客房热环境,如图 2.12 和图 2.13 所示。结果显示,酒店内入住的房间,每个房间的温度和相对湿度的差异在供暖季节比其他季节更高,供暖季节温度和相对湿度差异分别为 5℃和 11.8%,制冷季节温度和相对湿度差异分别为 2℃和 7.9%,过渡季节温度和相对湿度差异分别为 3.1℃和 7.9%。此外,在制冷季节收集的温度数据往往比供暖季节有更大的分散性,其标准偏差在 1.4~3.6℃变化,而供暖季节温度标准偏差在 1.0~1.7℃变化。作者将这些入住房间之间温度差异的原因归结为入住房间的温度可能由客人控制,来自五大洲的随机客人的首选舒适温度之间存在个体差异。

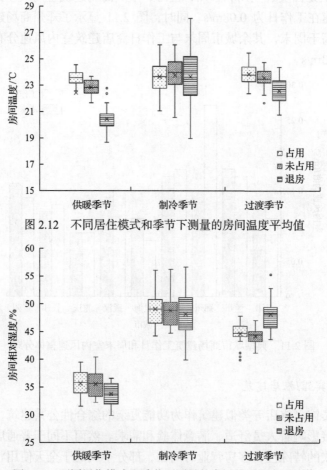

图 2.12　不同居住模式和季节下测量的房间温度平均值

图 2.13　不同居住模式和季节下测量的房间相对湿度平均值

　　同时,作者在其他入住模式下(即未占用和退房模式下)也观察到类似的规律,即在制冷季节房间之间温度变化更大,标准偏差更小。当退房的房间空闲时间较长时，这种趋势更明显，房间之间温度变化为 9.1℃，标准偏差为 0.6~2.3℃，相对湿度变化为 20.9%，标准偏差为 2.5%~5.5%。在供暖季节温度变化为 4.1℃，标准偏差为 1.1~2.8℃，相对湿度变化为 6.7%，标准偏差为 7.4%~12.1%。入住房间和退房房间的平均温度差异较大，在供暖季为 1.1~4.8℃，在制冷季节为-2.0~2.8℃，在过渡季节为 0.1~2.7℃。相比温度，在不同的居住模式下，房间的平均相对湿度差异水平并不明显。测量的相对湿度水平存在季节性变化：入住房间的平均相对湿度在供暖季节为 31.6%~39.5%，在制冷季节为 44.2%~56.0%，在过渡季节为 39.9%~47.8%。

也有其他一些学者针对某些气候区、某些地区或者某些酒店的室内热环境进行测试。例如，Chan 等[16]在春季期间对广东地区 8 家酒店的客房温湿度等进行了实测，结果显示，春季几个酒店房间内空气温度基本在 19.9~23.3℃，而相对湿度波动范围为 48.9%~73.9%，都在舒适范围内。对客房通风率的测试显示，其换气次数基本在 0.16~1.79 次/h 范围内变化，但基本上换气次数都在 1 次/h 以上，个别酒店换气次数较低可能与测试时间、客房使用情况和测试对应时期室外环境状态等有关。此外，Asadi 等[17]对葡萄牙的酒店冬季热环境进行测试，实测结果表明，每间客房的平均温度为 23~24℃，满足 ASHRAE 设计标准，而每个房间的平均相对湿度为 31.5%~35%，湿度偏低。

总体上讲，酒店类建筑主要以给客人提供舒适服务、满足人员需求为目标，从而获得经济收益，因此对于公共空间舒适性的控制和营造更加关注，现场测试的客房内的热环境基本处于舒适范围。然而，由于这类建筑属于综合性建筑，其空间不仅有客房，更有大堂、餐饮中心、会议中心、娱乐休闲中心、中庭等其他功能区域，对于其环境的控制和营造也应注意功能划分，以满足不同功能需求、不同人群使用，以及更好地满足人群多样化需求，营造舒适室内环境，同时尽可能提高供暖空调的运行效率，降低运行能耗，达到舒适、健康、绿色、节能的目标。

5. 机场/车站/地铁交通建筑

机场航站楼、客/火车站、地铁车站等建筑是常见的公共交通枢纽建筑，其室内热环境舒适性和供暖空调通风运行能耗一直是研究关注的热点，其三种交通场站建筑供暖空调系统运行性能如何，营造的空间热环境特性怎样，则需要依靠现场测试分析。

1) 机场建筑[18]

"十二五"以来，我国机场建设发展进入了规划建设高峰期、运行安全高压期、转型发展关键期和国际引领机遇期。航站楼作为机场最核心、最综合的建筑物，在功能、流程与人性化服务等方面具有显著的行业特点。为满足功能需求，航站楼往往空间高大、玻璃幕墙使用面积大、全年运行时间长、客流集中且变化大，因此其室内热环境更具特殊性。英国学者对伦敦和曼彻斯特机场航站楼室内环境研究发现，航站楼内夏季和冬季均存在过热的现象，并且旅客和工作人员表现出了不同的热满意反馈。由于机场航站楼不同于其他建筑类型，其室内热环境更加复杂，需要长期、大规模测试调研，才能客观地评价其热环境特性，以致目前研究数据较少。清华大学基于"大型航站楼绿色建筑关键技术研究与示范"（2014BAJ04B03）、"绿色机场评价与建设标准体系研究"（2014BAJ04B01）等国家项目支撑，对国内 5 个气候区 8 座机场 11 栋航站楼的室内环境质量和旅客满意度开展了长期测试，并对客观环境参数与主观满意度进行了综合评价分析。

图 2.14 和图 2.15 分别显示了各机场航站楼室内温湿度水平，根据《民用建筑供暖通风与空气调节设计规范》（GB 50736—2012）[14]，各机场冬夏季大多数时间室内空气温湿度都处于 I 级标准范围内。各机场航站楼的室内热环境 I 级标准达标率均高于 70%，在冬夏季也普遍存在偏热的情况，部分时段的温度高出标准 3～5℃。分析原因可能是航站楼大多采用大面积玻璃幕墙，夏季室内太阳辐射得热量大，导致空调冷负荷急剧增加，空调末端难以及时处理，从而室内温度升高。而在冬季，由于白天透过玻璃幕墙照射到室内的太阳辐射可以抵消一部分空调热负荷，而空调末端按照无太阳辐射得到的设计负荷进行供热，从而导致过量供热，室内温度偏高。

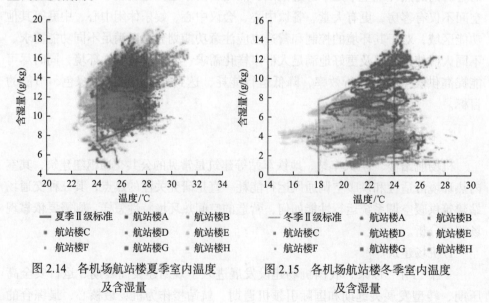

图 2.14　各机场航站楼夏季室内温度　　　图 2.15　各机场航站楼冬季室内温度
　　　　　及含湿量　　　　　　　　　　　　　　及含湿量

　　进一步实测分析还发现，夏季各气候区航站楼室内空气温湿度有 50%以上时段未达到设计的Ⅰ级舒适度等级（24～26℃、40%～60%）标准。各气候区航站楼夏季温湿度达标时段占比分别为：严寒地区 26%，寒冷地区 28%，夏热冬冷地区 13%，夏热冬暖地区 13%，温和地区 48%。在室内温湿度特征上，航站楼个体之间的差异比气候区差异更为显著。室内温度偏高的位置主要发生在大面积玻璃幕墙对应的室内西南侧区域。冬季各航站楼室内空气温湿度基本能够达到设计标准中的Ⅱ级舒适度等级以上（温度 18～24℃、相对湿度≤60%）。冬季温湿度达标时段占比分别为：严寒地区 82%，寒冷地区 75%，夏热冬冷地区 90%，夏热冬暖地区 81%，温和地区 84%。除温和地区外，其他气候区航站楼室内温湿度不达标主要是存在过热现象。部分航站楼还存在因渗风而偏冷的现象，其中以温和地区表现最为明显。对于夏热冬冷地区，偏冷时段和偏热时段占比时数相当，约为 5%。

　　Zhao 等[19]对位于航站楼三种特殊的功能空间，包括值机大厅、出发大厅和到达大厅的冬季热环境进行了现场实测，比较了不同供暖方式（全空气射流送风供暖、低温送风供暖和辐射地板供暖）下的室内热环境特性，如图 2.16 所示。

　　图 2.17(a)显示了测试得到的值机大厅室内环境温度、相对湿度、风速的分布情况。航站楼 A 采用共射式通风系统，值机大厅入口附近的温度约为 16℃，低于值机大厅其他测试点的温度（18～19℃），相对湿度保持在 30%，风速低于 0.3m/s；

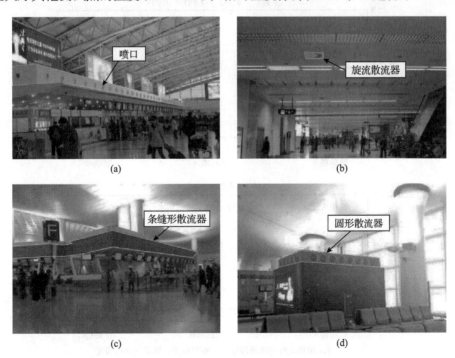

(a)　　　　　　　　　　　　　　(b)

(c)　　　　　　　　　　　　　　(d)

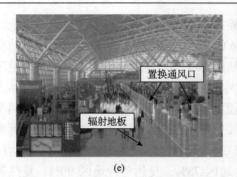

(e)　　　　　　　　　　　　　　　　　(f)

图 2.16　航站楼不同供暖方式[19]

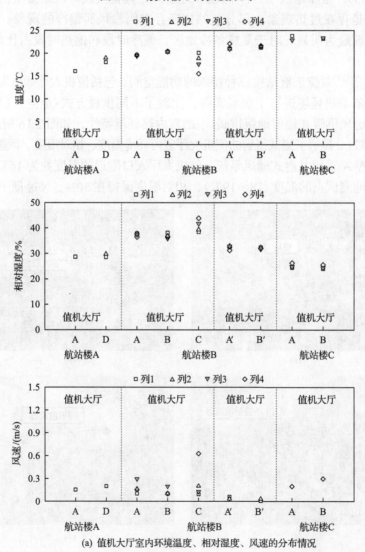

(a) 值机大厅室内环境温度、相对湿度、风速的分布情况

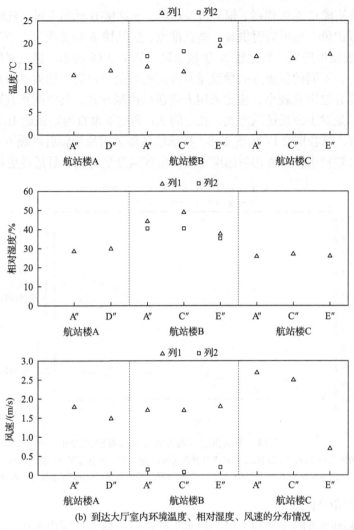

(b) 到达大厅室内环境温度、相对湿度、风速的分布情况

图 2.17　值机大厅和到达大厅室内环境温度、相对湿度、风速的分布情况

航站楼 B 在 3.0m 的较低高度上采用了供气温度为 35℃的空调系统，值机大厅的平均空气温度保持在 20℃左右，相对湿度范围为 35%～45%，风速小于 1.0m/s，出发大厅空气温度保持在 22℃，风速低于 0.3m/s。航站楼 C 采用地板辐射供暖与分布式供暖装置相结合的方式，人员活动区的空气温度约为 22℃。图 2.17(b) 显示了测试得到的到达大厅室内环境温度、相对湿度、风速的分布情况，航站楼 A 采用温度为 45～50℃的天花板送风模式，人员活动区的空气温度范围只有 13～15℃，不能满足热舒适要求。航站楼 B 采用温度为 35℃的天花板送风方式，人员活动区的空气温度为 16～21℃；航站楼 C 采用地板辐射供暖和吊顶送风两种方式，人员活动区空气温度保持在 17℃。作者随后分析了不同供暖方式下的垂直温度分

布，包括航站楼 C 地板辐射、辐射板及送风、航站楼 B 低温送风、航站楼 C 地板辐射和顶板送风、地板辐射供暖、垂直排风、航站楼 A 射流送风、空气送风、航站楼 B 低温顶板送风、航站楼 A 顶板送风，如图 2.18 所示。通过对比，在大厅垂直高度上，不同的供暖方式导致垂直方向温差差异显著，辐射供暖末端情况下其垂直温度分层现象较小，相比采用末端送风供暖方式，其空间垂直高度上温差较大，尤其是对于顶板送风方式，在空间 3m 高度下垂直温差就达 10℃，远不满足舒适标准。综合图 2.17 和图 2.18，机场航站楼采用地板辐射供暖方式下，其冬季的垂直温差较小，壁面辐射温度更高，空气温度更均匀，舒适性更好。

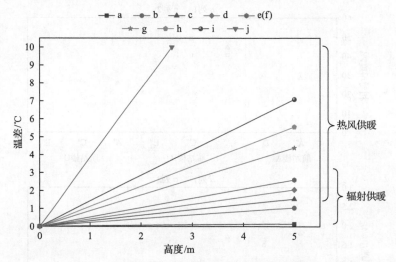

图 2.18　不同供暖末端方式垂直高度温差分布

a-航站楼 C 地板辐射；b-辐射板及送风；c-航站楼 B 低温送风；d-航站楼 C 地板辐射和顶板送风；e-地板辐射供暖；
f-垂直排风；g-航站楼 A 射流送风；h-空气送风；i-航站楼 B 低温顶板送风；j-航站楼 A 顶板送风

2) 火车站/高铁站

随着我国经济的发展和人民生活水平的进一步提高，国内客运流量逐年快速增长。为了更好地解决人民出行难的问题，高铁和各种火车铁路得到蓬勃发展，对城市发展、城镇化建设等都具有重要的战略意义。"十三五"《中长期铁路网规划》确定了到 2020 年，我国新建高速铁路 1.6 万 km 以上。随着建筑的发展和需求的增加，各种火车站/高铁站的规模也越来越大，候车厅空调系统的能耗也日趋增加，而要降低供暖空调系统能耗，候车厅内舒适热环境营造是一个重点。

Du[20]对北京南站和天津西站进行了室内环境测试。图 2.19 显示了两个候车厅在夏季和冬季典型天气下温度和相对湿度随时间的变化。北京南站和天津西站候车厅的夏季温度波动范围分别为 26.4～32.5℃和 25.3～29.6℃，平均温度分别为 28.8℃和 27.2℃；冬季温度波动范围分别为 10.7～20.8℃和 12.9～17.3℃，平均温度分别为 17.0℃和 14.7℃。两个候车厅的夏季相对湿度差异很大，冬季则相似，北京南站和天津西站的平均相对湿度在夏季分别为 26.2%和 42.5%，在冬季分别为 18.9%和 14.9%。此外，测试得到的北京南站和天津西站的夏季平均风速分别为 0.25m/s 和 0.3m/s，冬季平均风速分别为 0.23m/s 和 0.08m/s，风速普遍较小，处于无风状态。总体上看，除夏季天津西站相对湿度高于北京南站外，天津西站

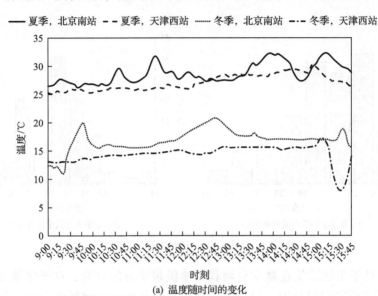

(a) 温度随时间的变化

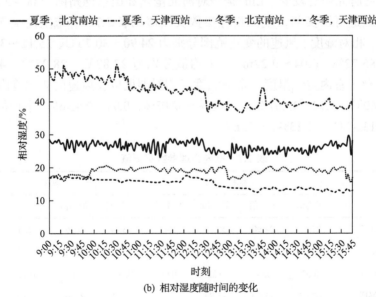

(b) 相对湿度随时间的变化

图 2.19　北京南站和天津西站候车厅冬夏季温度和相对湿度随时间的变化曲线

的温度和相对湿度在夏季和冬季都低于北京南站，但天津西站的空气温度随时间变化较稳定。

　　对所有记录的夏季和冬季的室内温度分布进行了频率统计，如图 2.20 所示，夏季室内温度在 26～28℃的时间约占 41.7%，而冬季室内温度在 18～20℃的时间只占 8%左右，乘客在候车厅内普遍感到寒冷。相比冬季，夏季车站室内热环境更好。

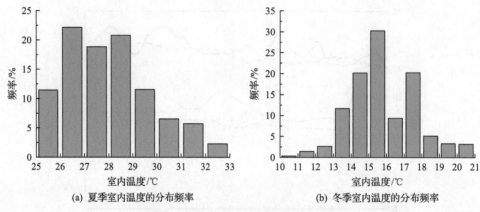

(a) 夏季室内温度的分布频率　　　　　　　(b) 冬季室内温度的分布频率

图 2.20　夏季和冬季室内温度的分布频率

　　相比对于车站建筑在夏季空调和冬季供暖季节的研究，对于建筑非空调季节的热舒适研究相对较少。Liu 等[21]对河北沧州和山东德州两个高铁站的过渡季节热环境进行了实测，室内物理参数实测值见表 2.7。春末室内空气温度、全球温度、相对湿度、风速的变化范围分别为 24.90～30.70℃、25.12～30.17℃、15.00%～85.72%、0.04～0.22m/s，平均值分别为 27.87℃、28.05℃、47.65%、0.09m/s；秋末室内空气温度、全球温度、相对湿度以及风速的变化范围分别为 9.20～19.40℃、9.72～19.67℃、35.48%～62.03%、0.03～0.41m/s，平均值分别为 13.04℃、13.37℃、51.13%、0.13m/s。

表 2.7　室内物理参数实测值

参数	春末				秋末			
	平均值	最小值	最大值	标准差	平均值	最小值	最大值	标准差
空气温度/℃	27.87	24.90	30.70	1.48	13.04	9.20	19.40	2.52
全球温度/℃	28.05	25.12	30.17	1.48	13.37	9.72	19.67	2.60
风速/(m/s)	0.09	0.04	0.22	0.04	0.13	0.03	0.41	0.77
空气相对湿度/%	47.65	15.00	85.72	17.00	51.13	35.48	62.03	9.01

　　图 2.21 为不同季节温度和风速的分布频率。春末近 66%的时间室内温度在 26～

29℃，秋末约 60% 的时间室内温度在 10～13℃；春末近 70% 的时间风速在 0.05～0.15m/s，秋末约 81% 的时间风速在 0.05～0.20m/s。综上所述，交通建筑一般属于旅客短期停留的场所，其室内热舒适需求及环境状况与普通居住建筑、办公建筑和商场建筑等其他人员长期停留的建筑(区域)存在显著差异。由于该类建筑功能复杂，供暖空调通风系统和末端方式多样，人员流动性强，其不同时期人员活动特点和停留状况怎样，全年室内热舒适基本需求如何，热环境设计参数如何取值，现有标准推荐设计参数对于此类人员高流动性场合是否适宜，是否可以满足热舒适和节能需求，仍需要深入研究。

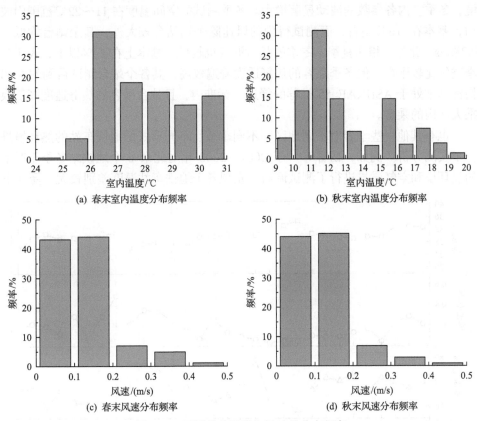

图 2.21　不同季节温度和风速的分布频率

3) 地铁站台

随着中国城镇化进程的加速，城市的交通压力也陡然增加，使得政府在大力提倡环保出行、增加地面公共交通工具的同时，也在不断发展地下交通。地铁作为城市轨道交通的核心组成，由于其方便快捷、缓解地面交通压力等优势，得到快速发展。据统计，截至 2024 年，中国地铁总里程已达到 8543km。Wu 等[22]对北京市 7 个地铁换乘站的热环境进行了现场测试。7 个车站结构设计和深度、建设时间和换乘方式都不同。测试分别在夏季 8 月和冬季 1 月，早上乘车高峰时间开始，测试参数包括站台、换乘空间和行走空间的风速、温度、相对湿度和颗粒物浓度。图 2.22 和图 2.23 给出了测试站台夏季和冬季的室内热环境参数分布和计算得到的相对热指数(relative thermal index, RWI)指标变化(RWI 是地铁站台中用于评价热舒适的一个综合指标，类似于 PMV 指标)。可以看出，对于夏季，测试的几个车站温度基本上在 28~32℃范围内波动，风速基本上在 0.3m/s 以下，处于无风状态。相比温度与风速，由于站台属于地下空间，加上人流量大，散湿量大，空间的相对湿度明显较高，在 70%左右且波动较小。相较于夏季测试的站台热环境，冬季室内各参数的波动显著增大。冬季测试的空间温度在 11~22℃范围内波动，基本在 16℃左右，而测试得到的风速除个别站台较大外，其余站台均低于 0.28m/s。此外，相比夏季，冬季的相对湿度也较低，基本上在 24%以下，表明冬季空气比较干燥。但冬季乘客的热舒适度普遍较高，其各个站台测试得到的 RWI 指标基本处于 ASHRAE 55 推荐的舒适区标准内，且站台乘客的热舒适度高于换乘大厅内的乘客。

也有其他一些学者对不同地区、不同季节、不同形式的地铁车站的热环境进行了实测分析。例如，杨睿等[23]于 2007~2008 年对北京 6 个地铁站冬季工况下的热环境和空气质量进行了测试调研，发现各个地铁车站温度差别较大。受列车

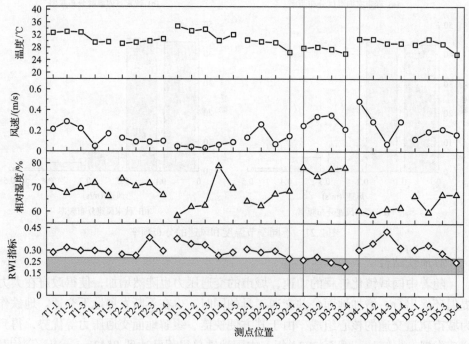

图 2.22　站台夏季早高峰时段各测点的热环境参数和 RWI 指标分布[22]

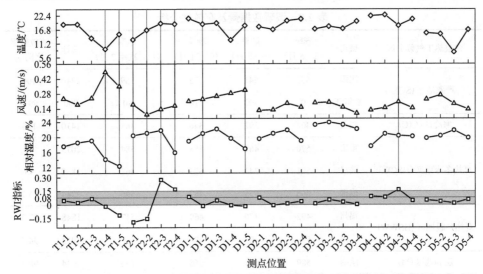

图 2.23　站台冬季早高峰时段各测点的热环境参数和 RWI 指标分布[22]

进出站影响，不仅风速会发生变化，温度、相对湿度等其他参数也会产生波动，部分测点在列车进站前后温度甚至会相差 4℃以上。何璇等[24]对昆明市 3 座地下车站设备与管理用房室内热环境开展实测，发现房间室内温度普遍偏低。其中，有人员常驻的房间（如车控室、交接班室）室内温度集中分布在 20~24℃，无人员常驻的空调房间室内温度最低，且存在较多低于规范规定范围下限的情况。

　　总体来看，对于地铁车站热环境的研究多集中在站台空气品质和颗粒物的测试研究，以及对于地铁车站空调通风系统的优化研究。地铁车站内环境复杂，各种不同功能区域较多，人流量大，受时间影响显著，因而其内部热环境更复杂，不稳定且受影响因素众多。地铁系统的快速发展随之带来的是社会能耗供给的压力，而为保障一个舒适健康的地下热环境，地铁通风空调能耗占比较大，占地铁总能耗的 30%~40%。因而，如何在保证地铁车站热环境质量的同时，降低其空调通风能耗，将会是一个研究热点和重要课题。

2.4.2　居住建筑室内热环境特性

　　由于目前不同研究的调研方法不统一，调研时间长短不同，调研区域过于单一，难以得到全国居住建筑室内热环境的权威数据。作者研究团队采用现场环境实测和主观问卷调查相结合的科学调研方法，在全国 5 大气候区内的 9 个主要城市对居住建筑开展了为期一年的热环境调查，收集有效住宅问卷 20000 余份。本节重点针对获得的全国不同地区住宅室内热环境进行简要介绍。

　　为了更好地反映全国各个建筑气候区不同经济发展水平和气候特点下住宅建筑室内热环境特性，这里以不同气候区为例具体分析，调研情况见表 2.8。

表 2.8　调研数据量及有效性分析

建筑热工气候分区	城市	春季 (3~5月)	夏季 (6~8月)	秋季 (9~11月)	冬季 (12~次年2月)	总计	有效数据 比例/%
严寒地区(SC)	沈阳	555	541	575	569	2240	100
	哈尔滨	0	400	310	90	800	99.5
寒冷地区(C)	西安	404	292	346	368	1410	100
夏热冬冷地区(HSCW)	重庆	570	461	458	584	2073	97
	武汉	501	343	525	468	1837	95
	成都	606	555	487	596	2244	96.7
夏热冬暖地区(HSWW)	福州	492	370	469	517	1848	97.5
	广州	550	407	487	528	1972	94.4
温和地区(M)	昆明	589	583	566	296	2034	98.6
样本总数						16458	
有效数据比例平均值							97.6

注：哈尔滨的调研从7月至12月，仅持续了6个月；西安的调研从1月至10月，持续了10个月。

调研过程中分别对空调和非空调建筑进行了热环境测量和问卷调查。在调查过程中，居民的正常生活不受干扰，可以使用任何采暖和制冷设备。最初获得的样本量约为21000，其中来自非空调建筑的数据约为16500。经首次筛选，有效样本量为16458，其中严寒地区3040(18.4%)，寒冷地区1410(8.6%)，夏热冬冷地区6154(37.4%)，夏热冬暖地区3820(23.2%)，温和地区2034(12.4%)。表2.8给出了每个城市样本量的信息。为简便起见，将总体分为四个季节(春季：3~5月；夏季：6~8月；秋季：9~11月；冬天：12~次年2月)。可以看出，除个别时段的特殊情况外，各研究城市各季节的样本量基本上是均匀分布的。

图2.24给出了五个气候区中测试住宅室内温度和室外温度之间的关系，气泡面积大小表示每个室外温度1℃范围内样本量大小，实线表示每个气候区室内外空气温度之间的回归模型。对于严寒和寒冷地区，室内温度为18℃的虚线表示供暖设计时室内空气温度的最低设定点。根据各气候区住宅建筑室内热环境测试，严寒地区的室外温度范围从1月最小的–19℃($T_{out-min}$)到8月最大的34.4℃($T_{out-max}$)，而室内温度范围从11月的20.5℃($T_{in-mean}$)到8月的28.1℃($T_{in-mean}$)。由于集中供暖系统的运行，寒冷地区也呈现类似的趋势，1月和2月的室内温度大部分时间处于设计标准要求的18~26℃范围内。相比之下，由于夏热冬冷地区建筑物围护结构保温性能差，1月的平均室外温度约为8.8℃，属于全年最低的平均室外温度，且相应的平均室内温度同样较低(约11.3℃)。夏季室内和室外的最高温度分别为

38℃和37.5℃，室内外气候之间存在显著的相关性。同样，夏热冬暖地区的室内温度变化接近夏热冬冷地区的室内温度变化，但每月的室内外温度均略高。温和地区与其他四个气候区有着明显的差异，其全年显示的室内和室外温度中等且分布更为均匀，其室外温度波动范围为15.8～25.7℃，室内温度的波动范围为15.1～25.5℃。

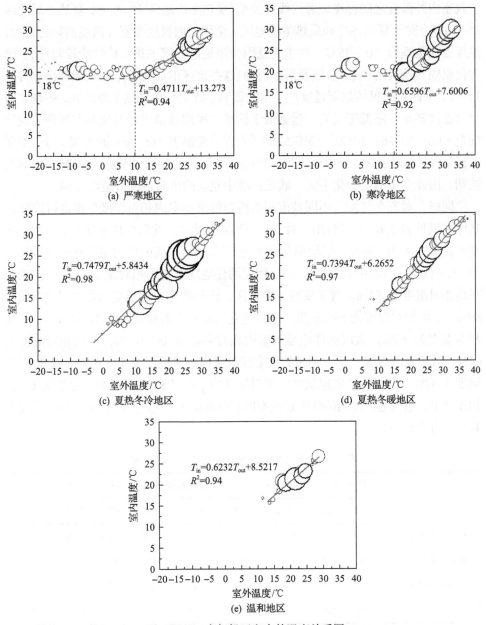

图 2.24　五个气候区室内外温度关系图

从图 2.24 可以看出，严寒和寒冷地区室内和室外温度之间的线性关系仅在供暖期间不存在，并且其全年室内温度几乎没有超过 30℃。在冬季集中供暖情况下，尽管严寒地区室外温度明显低于 10℃ 而寒冷地区明显低于 15℃，但两个气候区的室内温度通常高于 20℃，远高于标准设计值。相比之下，南方三个气候区中住宅建筑室内外温度之间存在显著的线性关系（夏热冬冷地区 R^2 = 0.98，夏热冬暖地区 R^2=0.97）。对于夏热冬冷和夏热冬暖地区，全年室内温度受室外温度的影响更大，温度变化范围为 10～35℃。这主要是因为该地区建筑围护结构性能较差（围护结构保温隔热及气密性较差）以及居民行为（这些地区的居民甚至在冬天都喜欢打开窗户），从而对居民的热舒适度产生重大影响。特别是在夏热冬冷地区，冬季室内空气温度甚至可能低于 8℃，远远低于标准《民用建筑供暖通风与空气调节设计规范》(GB 50736—2012)[14]规定的供暖推荐设定温度 18～26℃的范围。对于温和地区，当室外温度在 15～25℃范围内时，全年室内温度大部分在 18～26℃范围内波动，因此全年温度变化不大，满足标准中建议的供暖供冷舒适度范围。

同样，对五个气候区不同城市测试得到的全年室内相对湿度数据进行统计，具体结果见表 2.9。可以看出，对于严寒和寒冷地区，沈阳的住宅建筑室内相对湿度变化范围为 0～90%，平均相对湿度为 53%；哈尔滨的住宅建筑室内相对湿度为 8%～90%，平均相对湿度 54%；西安的住宅建筑室内相对湿度为 22%～73%，平均相对湿度 54%。对于夏热冬冷地区，成都的住宅建筑室内相对湿度为 0～89%，平均相对湿度为 59%；重庆的住宅建筑室内相对湿度为 17%～100%，平均相对湿度为 67%；武汉的住宅建筑室内相对湿度为 0～100%，平均相对湿度为 64%。对于夏热冬暖地区，福州的住宅建筑室内相对湿度为 0～100%，平均相对湿度为 62%；广州的住宅建筑室内相对湿度为 1%～98%，平均相对湿度为 67%。相比之下，温和地区昆明的住宅建筑室内相对湿度为 15%～79%，平均相对湿度为 41%，均值最小。

表 2.9　调研住宅建筑全年室内相对湿度分布

项目	严寒地区		寒冷地区	夏热冬冷地区			夏热冬暖地区		温和地区
	哈尔滨	沈阳	西安	成都	重庆	武汉	福州	广州	昆明
相对湿度范围/%	8～90	0～90	22～73	0～89	17～100	0～100	0～100	1～98	15～79
相对湿度均值/%	54	53	54	59	67	64	62	67	41
相对湿度标准差/%	18	15	7	11	10	19	12	15	11
样本数	795	2301	2067	2372	2157	2396	2152	2182	2035

　　进一步以五个气候区为对象，分析各个气候区室内月平均相对湿度的变化，如图 2.25 所示。整体看来，夏热冬冷和夏热冬暖地区室内全年相对湿度较高，基本上在 60%～75%范围内波动，相差不多。严寒和寒冷地区室内全年相对湿度在40%～60%范围内波动，寒冷地区夏季的室内相对湿度较低，而冬季由于北方室内供暖，室内相对湿度进一步降低。这在严寒地区更明显，从夏季到冬季，其室内相对湿度近似直线下降。而对于温和地区，全年室内相对湿度均较低，在 55%以下，夏季室内相对湿度增加，而春季和秋季室内相对湿度较低。

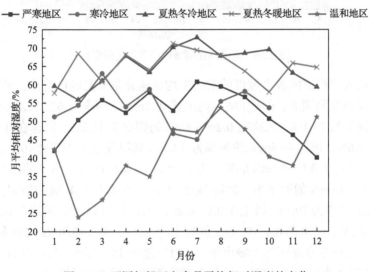

图 2.25　不同气候区室内月平均相对湿度的变化

　　空气流速对人体热舒适有着显著影响，一方面，当空气温度较低时，空气流速较大，人体散热过多，毛孔收缩，导致人体产生冷吹风感；另一方面，在空气温度较高的情况下，空气流速增大，促使人体表面汗液蒸发，加快人体的散热，带走人体体内多余热量，此时空气流速在一定程度上可以补偿环境温度升高带来的不舒适感，扩大人员可接受的温度区间。入户现场测试时收集了住宅全年室内风速分布情况，以自然通风住宅建筑为例，图 2.26 给出了测试的室内风速随室内空气温度的变化。可以看出，当室内空气温度小于 20℃时，风速基本小于 0.25m/s，且相对较集中，大部分集中在 0～0.1m/s；当室内空气温度在 20～28℃时，风速大部分仍然小于 0.25m/s，只有少数大于 0.25m/s，但仍小于 0.4m/s；当室内空气温度大约超过 28℃时，可以看出风速明显增大，最大风速接近 1m/s。这说明随着室内空气温度的增加，为了满足舒适的要求，人们可能通过各种措施来调节热舒适，如开门窗通风或使用风扇等，这与实际居住建筑中人们的生活习惯基本一致。

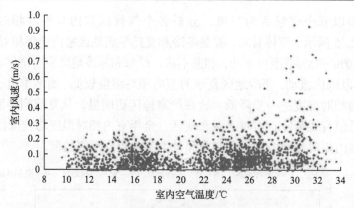

图 2.26 室内风速随室内空气温度的变化

　　同样对入户测试的各个城市的室内平均风速分布情况进行统计，见表 2.10。根据现场环境监测调查，重庆住宅室内风速<0.1m/s 的频率为 62.2%，风速在 0.1～0.2m/s 的频率为 23.1%，风速在 0.2～0.4m/s 的频率为 11.1%，风速在 0.4～0.8m/s 的频率为 2.6%，风速>0.8m/s 的频率为 1.0%。武汉住宅室内风速<0.1m/s 的频率为 74.1%，风速在 0.1～0.2m/s 的频率为 13.8%，风速在 0.2～0.4m/s 的频率为 9.2%，风速在 0.4～0.8m/s 的频率为 2.2%，风速>0.8m/s 的频率为 0.7%。成都住宅室内风速<0.1m/s 的频率为 79.1%，风速在 0.1～0.2m/s 的频率为 11.1%，风速在 0.2～0.4m/s 的频率为 4.2%，风速在 0.4～0.8m/s 的频率为 1.7%，风速>0.8m/s 的频率为 4.0%。总体而言，夏热冬冷地区三个城市中，室内风速<0.1m/s 的频率在 60% 以上，风速>0.8m/s 的频率小于等于 4.0%，整体上都遵循如下规律：风速<0.1m/s 的频率>风速在 0.1～0.2m/s 的频率>风速在 0.2～0.4m/s 的频率>风速在 0.4～0.8m/s 的频率>风速在>0.8m/s 的频率，即风速越大，出现的频率越低。

　　福州住宅室内风速<0.1m/s 的频率为 72.9%，风速在 0.1～0.2m/s 的频率为 6.0%，风速在 0.2～0.4m/s 的频率为 6.7%，风速在 0.4～0.8m/s 的频率为 9.7%，风速>0.8m/s 的频率为 4.8%。广州住宅室内风速<0.1m/s 的频率为 35.2%，风速在 0.1～0.2m/s 的频率为 17.8%，风速在 0.2～0.4m/s 的频率为 18.7%，风速在 0.4～0.8m/s 的频率为 13.2%，风速>0.8m/s 的频率为 15.2%。福州的室内风速<0.1m/s 的频率在 70.2% 以上，其他四个风速段出现的频率较平均，都在 10% 以下。广州的室内风速在<0.1m/s 占的比例仍然最大，达到 35.2%，其他四个风速段出现的频率也较平均，都在 10%～20%。这说明福州和广州虽然同属海洋性亚热带季风气候，属于夏热冬暖地区，但是两地的室内风速适应调节行为模式也是存在明显差异的。

　　沈阳住宅室内风速<0.1m/s 的频率为 40.8%，风速在 0.1～0.2m/s 的频率为 15.4%，风速在 0.2～0.4m/s 的频率为 14.0%，风速在 0.4～0.8m/s 的频率为 12.8%，

风速>0.8m/s 的频率为 17.0%。哈尔滨住宅室内风速<0.1m/s 的频率为 72.5%, 风速在 0.1～0.2m/s 的频率为 22.3%, 风速在 0.2～0.4m/s 的频率为 4.3%, 风速在 0.4～0.8m/s 的频率为 0.9%, 风速>0.8m/s 的频率为 0%。西安住宅室内风速<0.1m/s 的频率为 40.7%, 风速在 0.1～0.2m/s 的频率为 41.4%, 风速在 0.2～0.4m/s 的频率为 17.0%, 风速在 0.4～0.8m/s 的频率为 0.9%, 风速>0.8m/s 的频率为 0%。沈阳室内各风速段出现频率与处在夏热冬暖地区的广州类似, 哈尔滨室内各风速段出现频率与夏热冬冷地区几个城市的分布规律接近, 而西安在风速<0.1m/s 和 0.1～0.2m/s 两个风速段出现的频率都达到 41%左右, 这与其他城市甚至其他气候区的城市明显不同。

昆明住宅室内风速<0.1m/s 的频率为 89.0%, 风速在 0.1～0.2m/s 的频率为 10.4%, 风速在 0.2～0.4m/s 的频率为 0.3%, 风速在 0.4～0.8m/s 的频率为 0.2%, 风速>0.8m/s 的频率为 0%。昆明作为我国典型的温和地区城市, 其室内风速出现的频率与夏热冬冷地区类似, 静风出现的频率甚至更高。

处在夏热冬冷地区的重庆、武汉和成都, 夏热冬暖地区的福州, 温和地区的昆明以及严寒地区的哈尔滨等城市室内风速出现的频率表现出各气候区室内通风适应调节行为模式接近, 室内出现风速<0.1m/s 占绝大多数情况, 达到 60%以上, 其他四种风速出现的频率呈递减趋势。夏热冬暖地区的广州和严寒地区的沈阳等城市的室内通风适应调节行为模式接近, 室内风速<0.1m/s 占 35.2%～40.8%, 其他四种风速出现的频率较均衡, 都在 10%～20%。而寒冷地区的西安则以风速<0.1m/s 和 0.1～0.2m/s 为主, 都占到 41%左右, 其余四种风速出现的频率呈递减趋势。

表 2.10　各城市室内平均风速的分布频率

| 风速/(m/s) | 夏热冬冷地区 | | | 夏热冬暖地区 | | 严寒地区 | | 寒冷地区 | 温和地区 |
	重庆	武汉	成都	福州	广州	沈阳	哈尔滨	西安	昆明
<0.1	62.2	74.1	79.0	72.9	35.2	40.8	72.5	40.7	89.1
0.1～0.2	23.1	13.8	11.1	6.0	17.8	15.4	22.3	41.4	10.4
0.2～0.4	11.1	9.2	4.2	6.7	18.7	14.0	4.3	17.0	0.3
0.4～0.8	2.6	2.2	1.7	9.6	13.1	12.8	0.9	0.9	0.2
>0.8	1.0	0.7	4.0	4.8	15.2	17.0	0	0	0
总和	100	100	100	100	100	100	100	100	100

以气候区为划分依据, 图 2.27 显示了各城市室内月平均风速分布情况。夏热冬暖地区的福州和广州室内月平均风速基本呈倒 V 形分布, 福州在 8 月出现最大值 0.7m/s, 而广州在 9 月出现最大值 1.2m/s。夏热冬冷地区的重庆、武汉和成都

室内月平均风速整体上也呈倒 V 形分布，但小而平缓，除成都的 6 月和 8 月室内月平均风速在 0.3～0.4m/s 外，其他城市及月份的室内月平均风速都小于 0.3m/s。而严寒地区哈尔滨和寒冷地区西安的室内月平均风速基本上都小于 0.2m/s，温和地区昆明的室内月平均风速都小于 0.1m/s。

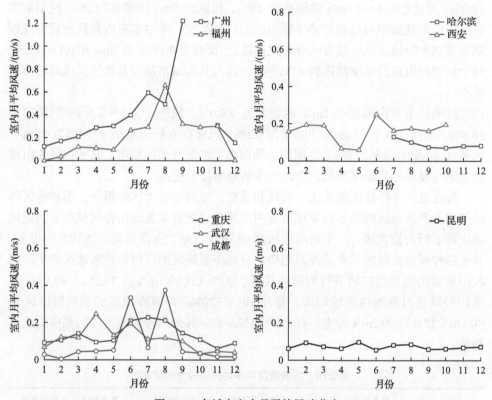

图 2.27　各城市室内月平均风速分布

　　总体来讲，上述调查的城市中，夏热冬冷地区室外温度范围较广，分布在 0～40℃，反映了夏季炎热、冬季寒冷的特性；夏热冬暖地区室外干球温度全年分布较为均匀，冬季比夏热冬冷地区暖和；温和地区室外干球温度则均匀分布在 10～30℃，体现了四季如春的特性。而严寒和寒冷地区室外干球温度分布比较广泛，涵盖了 –15～40℃温度范围，充分体现了冬季严寒的特性，但由于集中供暖，室内温度分布较为集中。对于空气湿度，夏热冬冷和夏热冬暖地区的全年相对湿度较高，严寒和寒冷地区全年相对湿度较低，不同城市普遍夏季室内风速较高，而冬季室内风速较低。总之，上述对于居住建筑室内温度、相对湿度和风速测试涵盖了各地区一年中常见的室内环境变化范围，真实反映了该城市的室内热环境特点，为室内热环境的绿色营造提供了基础和数据支撑。

参 考 文 献

[1] 郭强. 调查实战指南: 问卷设计手册[M]. 北京: 中国时代经济出版社, 2004.

[2] 中华人民共和国国家统计局. 中国统计年鉴[M]. 北京: 中国统计出版社, 2016.

[3] 朱颖心. 建筑环境学[M]. 4 版. 北京: 中国建筑工业出版社, 2016.

[4] 崔九思. 室内环境检测仪器及应用技术[M]. 北京: 化学工业出版社, 2004.

[5] ISO. ISO 7726:1998 Ergonomics of the Thermal Environment-Instruments for Measuring Physical Quantities[S]. Geneva: International Organization for Standardization, 2001.

[6] 中华人民共和国住房和城乡建设部. GB/T 50785—2012　民用建筑室内热湿环境评价标准[S]. 北京: 中国建筑工业出版社, 2012.

[7] 金振星. 不同气候区居民热适应行为及热舒适区研究[D]. 重庆: 重庆大学, 2011.

[8] 薛薇. SPSS 统计分析方法及应用[M]. 2 版. 北京: 电子工业出版社, 2009.

[9] 胡昌标. 如何用统计软件 SPSS 分析试卷信度[J]. 科技资讯, 2006, 4(17): 146.

[10] 杜晨秋, 李百战, 刘红, 等. 基于决策树模型的居住建筑人员热舒适预测[J]. 暖通空调, 2018, 48(8): 42-48, 80.

[11] Jiang L, Yao R M. Modelling personal thermal sensations using C-support vector classification (C-SVC) algorithm[J]. Building and Environment, 2016, 99: 98-106.

[12] 周志华. 机器学习[M]. 北京: 清华大学出版社, 2016.

[13] 中华人民共和国住房和城乡建设部. GB 50176—2016　民用建筑热工设计规范[S]. 北京: 中国建筑工业出版社, 2017.

[14] 中华人民共和国住房和城乡建设部. GB 50736—2012　民用建筑供暖通风与空气调节设计规范[S]. 北京: 中国建筑工业出版社, 2012.

[15] Kim H, Oldham E. Characterizing variations in the indoor temperature and humidity of guest rooms with an occupancy-based climate control technology[J]. Energies, 2020, 13(7): 1-21.

[16] Chan W, Lee S C, Chen Y M, et al. Indoor air quality in new hotels' guest rooms of the major world factory region[J]. International Journal of Hospitality Management, 2009, 28(1): 26-32.

[17] Asadi E, Costa J J, da Silva M G. Indoor air quality audit implementation in a hotel building in Portugal[J]. Building and Environment, 2011, 46(8): 1617-1623.

[18] 耿阳, 余娟, 林波荣, 等. 我国大型航站楼室内环境质量与旅客满意度实测研究[J]. 暖通空调, 2016, 46(9): 60-63, 35.

[19] Zhao K, Weng J T, Ge J. On-site measured indoor thermal environment in large spaces of airports during winter[J]. Building and Environment, 2020, 167: 106463.

[20] Du X H. Investigation of indoor environment comfort in large high-speed railway stations in northern China[J]. Indoor and Built Environment, 2020, 29(1): 54-66.

[21] Liu G, Cen C, Zhang Q, et al. Field study on thermal comfort of passenger at high-speed railway

station in transition season[J]. Building and Environment, 2016, 108: 220-229.

[22] Wu L M, Xia H S, Wang X F, et al. Indoor air quality and passenger thermal comfort in Beijing metro transfer stations[J]. Transportation Research Part D: Transport and Environment, 2020, 78: 102217.

[23] 杨睿, 曹勇, 宋业辉, 等. 北京地铁车站冬季热环境与空气质量调查[C]//全国暖通空调制冷 2008 年学术年会, 重庆, 2008.

[24] 何璇, 罗缘, 刘猛, 等. 昆明市地铁站设备与管理用房冬季室内热环境实测分析[J]. 土木与环境工程学报, 2019, 41(6): 158-166.

第3章　动态热环境下人体热调节特性

传统的热舒适研究多是基于问卷调查和热环境实测，侧重的是稳态热环境评价。由于受到室外环境条件、围护结构热工性能、居住者行为习惯以及暖通空调系统等因素的影响，实际室内热环境总是处于动态变化之中，而人作为一个有机生命体，与周围其他物体和环境时时刻刻都在进行着热量交换。基于热力学的观点，人与环境的热交换遵循自然界最基本的能量转换及守恒定律，人体通过新陈代谢、出汗、呼吸等生理活动维持着人体与环境间的热平衡。当热平衡发生改变时，人体会通过生理调节对机体的产热和散热过程进行调节。而要了解人体如何通过生理调节来维持机体的产热/散热平衡，热环境变化会对人体的哪些生理指标和调节活动产生显著影响，如何通过人体生理指标来评价人体的热舒适，实验研究是基础，尤其是基于人体生理指标调节的生理实验研究。当无法进行受试者实验来预测环境的热舒适性时，能否通过数学方法建立模型来模拟人体复杂的生理活动过程，如何通过与实验数据的定量比较提出人体生理模型的精简化数学描述，都需要实验室研究提供基础数据支撑。因此，本章重点阐述人体生理热调节理论基础和基于实验测试的人体热环境敏感生理指标的调节特性，从而深化对于人体热调节和热舒适评价的基础认识。

3.1　人体热调节基础

人是一种生理结构高度复杂的恒温生物，为了维持人体内环境稳定和内部器官正常的新陈代谢，人体必须维持适宜的体温(37℃左右)。人体需要不断地与外界进行热量交换，通过各种生理性调节活动，维持体内的产热与散热平衡，从而维持体内环境的稳定，保证生命活动的正常进行，如图3.1所示。

3.1.1　人体-环境热平衡

1. 人体产热/散热

人体主要通过组织细胞的代谢活动产热，静止状态时，人体内脏器官产热量约占机体总产热量的50%，其中肝脏的代谢最为旺盛，产热量最大。运动状态时，骨骼肌代谢增强，产热量显著增加，成为主要的产热器官。例如，轻度运动(如步行)时，骨骼肌的产热量约占总产热量的73%，而剧烈运动时，骨骼肌的产热量可达总产热量的90%，见表3.1。

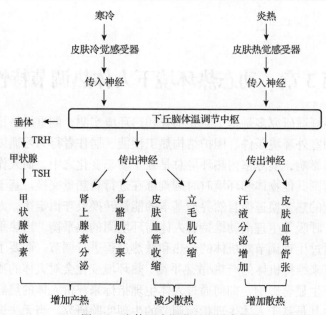

图 3.1　人体温度调节过程示意图

TRH 为促甲状腺激素释放激素；TSH 为促甲状腺激素

表 3.1　几种组织器官在不同状态下的产热情况

组织/器官	占体重百分比/%	产热量/%	
		安静状态	运动或者劳动
脑	2.5	16	6
内脏	34	56	18
骨骼肌	40	18	76
其他	23.5	10	0

　　机体有多种产热方式，一般情况下主要通过基础代谢活动、骨骼肌活动以及食物的特殊动力效应产热。而寒冷环境下，机体的散热量显著增加，除上述产热活动外，机体还可通过寒颤和非寒颤的产热方式增加产热量。

　　1）寒颤产热

　　机体受到寒冷刺激时，可使位于下丘脑后部的寒冷中枢兴奋，经效应器引起骨骼肌紧张增强，称为寒颤前肌紧张，此时产热量略有增加。当寒冷刺激持续作用时，机体出现寒颤，即骨骼肌伸肌和屈肌同时出现节律性收缩，此时由于许多肌纤维处于同步放电状态，在肌电图上就表现为成簇的高波幅群集放电波，期间肌肉收缩不做功，所耗热量全部转为热能。

2) 非寒颤产热

寒冷环境下机体通过提高代谢率而增加产热的现象称为非寒颤产热。体内产热作用最强的是褐色脂肪组织。在寒冷环境中，褐色脂肪细胞接受丰富的交感神经支配，交感神经活动增强，使褐色脂肪细胞中的 H^+ 通过解耦联蛋白快速进入线粒体内的通路开放以及脂肪氧化活动增强，从而增加产热量。

相比之下，人体散热主要通过皮肤、呼吸和大小便排出带走热量。当环境温度为 21℃时，皮肤的散热量约占机体总散热量的 97%，经呼吸道散热量约占 2%。由此可见，经皮肤是人体主要的散热途径，机体内部的热量通过血液循环和热传导运输到皮肤表层，而交感神经活动可以改变皮肤血管的舒缩状态，从而调节皮肤血流量。在皮肤血管完全舒张的状态下，通过皮肤的热传导量可达皮肤血管强烈收缩时的 8%。反之，当皮肤血流量减少时，散热量也会减少，以防止体热的散失。此外，机体内部的热量还可以通过热传导方式散发，经组织导热，将热量转移到皮肤表层；机体内部传递到皮肤表面的热能则主要通过辐射、传导、对流和蒸发四种方式散失，而蒸发散热又可以分为无感蒸发和有感蒸发两种。

3) 辐射散热

体内热量可通过辐射方式经皮肤表面向周围环境散发。当环境温度为 21℃时，安静状态下人裸体通过辐射散失的热量约占机体总热量的 60%。环境温度与皮肤温度差值越大，人与环境的辐射换热就越大，但当环境温度过高而超过皮肤温度时，机体就不能以辐射方式散热，反而会吸收周围物体的辐射热。

4) 传导散热

机体深部的热量以传导方式转移到体表，再由皮肤直接传给与之接触的低温物体，实现散热。传导散热量取决于皮肤温度与所接触物体之间的温度差、两者的接触面积和接触物的导热率等，温差越大，接触面积越大，导热系数越高，则散热量越大。

5) 对流散热

当人体皮肤温度高于环境温度时，体热将传给与皮肤表面接触的空气，使之温度升高。空气被加热后流速加快，同时将体热带走，而周围温度较低的空气又会流到皮肤表面，如此循环往复，形成空气对流散热。对流散热量取决于皮肤和周围环境的温度差、有效散热面积、风速等，当环境温度高于皮肤温度时，机体则不能通过对流的方式散热。血液遍布全身并且其温度通常与周围组织成正比，通过在人体核心和表面流动传递热量。例如，1L 血液于 37℃从身体核心转移到皮肤，并于 36℃从皮肤返回，那么损失的热量为 3.85kJ[1]。身体的血液分布由来自控制系统的血管信号和局部效应决定，在运动过程中，肌肉升温，热量会通过血液从肌肉传递出去；当一个人经历热应激时，血管舒张允许更多的血液流到皮肤表面，皮肤温度升高，机体会通过对流和辐射散热。

6) 无感蒸发散热

身体对热应激的第一个反应是利用血流提升皮肤温度，如果通过该机制机体损失了足够的热量，那么这种"血管控制"便实现了体温调节。如果热量损失不足则会排汗，当环境温度高于皮肤温度时，蒸发则成为机体唯一有效的散热方式。无感蒸发是指体内一部分水分不断从皮肤和呼吸道渗出蒸发，不易察觉。无感蒸发与汗腺活动无关，也不受机体体温调节调控。实际上，即使在没有热应激的情况下，皮肤也不会处于完全干燥的状态。皮肤的不敏感汗液蒸发在环境条件和衣着不同的情况下，可提供 5~10W 的热量损失 (除通过呼吸对流损失的热量外，呼吸过程中还会有少量的蒸发热损失)。

7) 有感蒸发散热

有感蒸发是机体通过汗腺分泌汗液蒸发带走热量，人体上覆盖的汗腺估计高达 400 万个，每个汗腺都是真皮中的小型缠绕管。汗水是水和各种电解质、矿物质的组合，它在体内产生并运输到皮肤表面。例如，1L 汗液于 36℃从皮肤表面蒸发，会散发大约 2430kJ 的热量到环境中。汗液蒸发是人体一种强大的热应激方式，是当环境温度接近或超过体温时人体唯一有效的生理热损失机制。当环境温度达到 (30±1)℃时，处于安静状态下的人有明显的出汗现象。如果空气湿度较大，则汗液不易蒸发，散热减少，体热蓄积，会反射性地引起人体大量出汗，甚至在温度为 25℃时即可出汗。影响人体蒸发散热的主要因素包括新陈代谢率、皮肤温度、环境温度、湿度、风速、服装材质、大气压等，此外，人员的热适应和热习服也会影响其出汗量和出汗率，例如，在热环境习服的人，其出汗临界温度阈值要低于未习服人群，最大出汗机能比未习服的人更强，出汗点分布也更均匀[2,3]。

2. 人体热平衡

若将人体看成一个整体，人体通过服装与室内热环境形成一个热交换系统，如图 3.2 所示。室内环境通过导热、对流、辐射三种形式时刻与人体发生着热交换，且遵循自然界的最基本法则——热力学第一定律 (能量守恒和转换定律) 及热力学第二定律 (热量传递的自发性)。室外气候通过围护结构，以太阳直射、反射、红外辐射的形式与人体进行着辐射热交换，同时人体与室内空气通过服装微环境形成对流和导热换热。此外，人体又通过自身呼吸、汗液蒸发等调节将自身的热量和水分散发到室内环境中，从而建立人体-服装-室内环境的动态平衡。

同样的，人体的产热与散热也遵守热力学第一定律。一方面，人体通过代谢、活动不断产生热量；另一方面，通过与室内环境之间的导热、对流换热、辐射传热以及蒸发潜热等形式将热量不断散失到环境中，从而维持着人体的热平衡以保证机体内环境稳定和正常的生命活动。当人体内产热改变或环境发生变化时，正常的体热平衡受到破坏，人体将产生一系列的生理反应及行为动作来对抗这种干扰，以调节人体的产热、散热速率，从而保证人体体温的相对稳定。这些热交换过程受环境的物理特征（如空气温度、相对湿度、空气流速、气压等物理参数）影响，也受人员着装影响，再者人体皮肤表面物理特性，如由于体温调节而出汗所造成的皮肤温度和湿润度的变化等，都会影响人体的散热。人体热平衡的结果则表现为在人体体温调节机制的控制下，实现人体产热和散热两个生理过程的动态平衡，如图 3.3 所示。

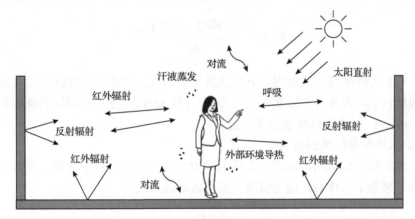

图 3.2　人体热传递途径

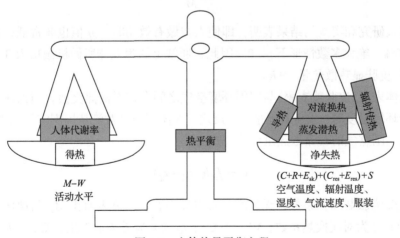

图 3.3　人体热量平衡方程

用热平衡方程来描述人体与环境的这种热量交换过程，即[4]

$$M - W = (C + R + E_{\text{dif}} + E_{\text{rsw}}) + (C_{\text{res}} + E_{\text{res}}) + S \tag{3.1}$$

式中，M 为新陈代谢率，W/m^2；W 为人体所做的机械功，W/m^2；C 为皮肤的对流散热量，W/m^2；R 为皮肤的辐射散热量，W/m^2；E_{dif} 和 E_{rsw} 分别为皮肤水分扩散散热量和出汗散热量，W/m^2，$E_{sk}=E_{dif}+E_{rsw}$ 为皮肤总蒸发散热量；C_{res} 为呼吸显热散热量，W/m^2；E_{res} 为呼吸潜热散热量，W/m^2；S 为人体蓄热率，W/m^2。其中各项散热量可分别用以下公式进行计算。

(1) 新陈代谢率 M。

新陈代谢率是指单位时间内人体单位面积产生的热量，其主要取决于人体的活动量或生产劳动强度，M 可根据呼吸过程耗氧量来确定，其经验计算式为[4]

$$M = \frac{21(0.23RQ + 0.77)Q_{O_2}}{A_D} \tag{3.2}$$

式中，RQ 为呼吸熵，无量纲，其定义为单位时间内呼出二氧化碳和吸入氧气的摩尔数比；Q_{O_2} 为在一个标准大气压 (0℃、101.325kPa) 下单位时间消耗的氧气的体积，mL/s；A_D 为人体体表面积，m^2。

(2) 人体所做的机械功 W。

人体所做的机械功的物理意义是力和力作用方向上位移的乘积，通常采用机械效率 η 来表示人体对外做功情况，机械效率的定义为

$$\eta = \frac{W}{M} \tag{3.3}$$

前人研究和实测的结果表明，即使人在做有效功时，η 值也非常低，最大不超过 20%，绝大多数情形下 $\eta =0$。因此，通常可认为人体所做机械功为 0。

(3) 皮肤显热散热量 $C+R$。

人体表面 (皮肤或衣服) 与周围环境空气之间存在对流热交换，当人体表面温度高于环境温度时，发生对流散热；反之，人体可通过对流从周围空气获得热量。人体与周围空气的对流散热量计算公式为[4]

$$C = f_{cl}h_c(t_{cl} - t_a) \tag{3.4}$$

式中，f_{cl} 为服装面积系数，无量纲，其定义为着装人体表面积 A_{cl} 与裸体表面积 A_D 之比；h_c 为对流换热系数，$W/(m^2 \cdot ℃)$；t_{cl} 为服装外表面温度，℃；t_a 为空气温度，℃。

人体表面具有一定温度，人所处的环境各表面也具有一定温度，若两者温度不相等，则人体与周围环境之间就会发生辐射热交换，当人体表面温度高于周围环境中各表面温度时，人体以辐射方式向周围环境散热；否则，人体从环境各表

面得到辐射热。人体表面与周围环境之间的辐射散热量为

$$R = f_{cl}h_r(t_{cl} - \overline{t_r}) \tag{3.5}$$

式中，h_r 为辐射换热系数，$W/(m^2\cdot℃)$；$\overline{t_r}$ 为平均辐射温度，℃。

通常引入操作温度 t_o、综合换热系数 h 和服装热阻 R_{cl} 来计算皮肤显热散热量 $C+R$，即

$$C + R = \frac{t_{sk} - t_o}{R_{cl} + \dfrac{1}{f_{cl}h}} \tag{3.6}$$

式中，t_{sk} 为平均皮肤温度，℃；t_o 为操作温度，℃；R_{cl} 为服装热阻，$(m^2\cdot℃)/W$；h 为综合换热系数，$W/(m^2\cdot℃)$。

(4) 皮肤总蒸发散热量 E_{sk}。

皮肤总蒸发散热量 E_{sk} 的计算公式为[4]

$$E_{sk} = \frac{w(P_{sk,s} - P_a)}{R_{e,cl} + \dfrac{1}{f_{cl}h_e}} \tag{3.7}$$

式中，w 为皮肤湿润度，无量纲，其定义为皮肤实际蒸发散热量 E_{sk} 与同一环境中皮肤完全湿润($w=1$)时可能产生的最大散热量 E_{max} 之比，即人体皮肤被水分覆盖面积的相应百分率；$P_{sk,s}$ 为皮肤表面的水蒸气分压力，通常将其视为平均皮肤温度 t_{sk} 下的饱和水蒸气分压力，kPa；P_a 为周围空气的水蒸气压力，kPa；$R_{e,cl}$ 为服装层的蒸发热阻(类比于 R_{cl})，$(m^2\cdot kPa)/W$；h_e 为蒸发换热系数(类比于 h_c)，$W/(m^2\cdot kPa)$。

皮肤总蒸发散热量 E_{sk} 包括皮肤出汗散热量 E_{rsw} 和皮肤水分扩散散热量 E_{dif}，即

$$E_{sk} = E_{rsw} + E_{dif} \tag{3.8}$$

出汗散热量 E_{rsw} 是指皮肤表面汗液蒸发时所带走的热量，也称显性出汗，计算公式为[4]

$$E_{rsw} = \dot{m}_{rsw}h_{fg} \tag{3.9}$$

式中，$\dot{m}_{rsw}$ 为皮肤出汗率，$kg/(s\cdot m^2)$；h_{fg} 为水的汽化潜热，J/kg。

皮肤水分扩散散热量 E_{dif} 是指由于皮肤表面水蒸气分压力与周围空气水蒸气分压力存在差值而导致皮肤表面水分自然扩散到空气中所带走的热量，也称隐性

出汗。当没有显性出汗时，皮肤湿润度大约为 0.06。人体长时间暴露在低湿环境中，皮肤湿润度会下降到 0.02，这是由于皮肤表层脱水而改变了皮肤水分的蒸发情况。因此，E_{dif} 可由式 (3.10) 得到[4]：

$$E_{dif} = (1 - w_{rsw})0.06E_{max}$$ (3.10)

式中，w_{rsw} 为由显性出汗引起的皮肤湿润度。

(5) 呼吸显热散热量 C_{res}。

人体呼吸时，因吸入空气与呼出气体的温度不同所导致的换热量为呼吸显热散热量 C_{res}，计算公式为[4]

$$C_{res} = \frac{\dot{m}_{res}c_p(t_{ex} - t_a)}{A_D}$$ (3.11)

式中，$\dot{m}_{res}$ 为肺通气量，kg/s；t_{ex} 为呼出气体的温度，℃；t_a 为吸入气体的温度(空气干球温度)，℃；c_p 为气体定压比热容，J/(kg·℃)；A_D 为裸体表面积，m²。

(6) 呼吸潜热散热量 E_{res}。

因吸入空气与呼出气体的含湿量不同所导致的单位面积换热量为呼吸潜热散热量 E_{res}，计算公式为[4]

$$E_{res} = \frac{\dot{m}_{res}h_{fg}(W_{ex} - W_a)}{A_D}$$ (3.12)

式中，W_{ex} 为呼出气体的含湿量，kg/kg 干空气；W_a 为吸入气体的含湿量，kg/kg 干空气。

3.1.2 人体体温调节系统

人体内环境稳定是人体发挥正常生理功能的必要条件[5]，维持人体内环境的稳定则依赖于复杂的生理调节系统。当环境致使人体内部温度有上升趋势时，就会产生热应激。通常人体对热应激的反应是试图增加身体到环境损失的热量或减少身体从环境获得的热量，其调节形式有两种：一种是当人感到不适或不满时，会有意识地采取行动(如离开、调整衣服、打开窗户或风扇等)以应对不适或不满，这称为行为体温调节或自适应方法；第二种是无意识的、自动连续的生理热调节，人体皮肤上的温度感受器接受热或冷刺激，并促使下丘脑对刺激做出反应，使核心温度维持恒定。常见的生理热调节主要包括汗水、血管收缩和血管扩张。行为调节由大脑皮层控制，并且需要有意识的决定，而生理调节是连续的、自动的，由下丘脑控制，系统协同工作，如图 3.4 所示[6]。

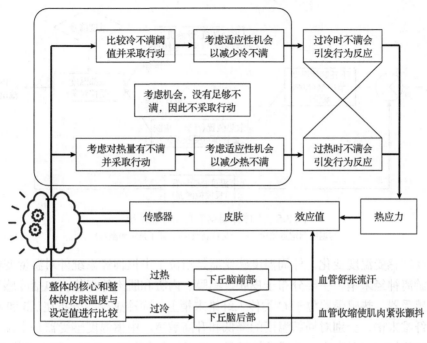

图 3.4　人体体温调节图解[6]

人体热调节多是以反馈控制的形式完成，如神经系统对肌肉活动的调控，神经和体液系统对心血管、体温、呼吸道以及能量代谢等功能活动的调控等。反馈控制系统是一种闭环系统，即控制部分发出指令，指示受控部分进行活动，而受控部分的活动被一定的感受装置感受，将受控部分的活动情况作为反馈信息送回到控制部分被感知，从而实现对受控部分的调节。当环境温度发生改变时，人体通过体温调节中枢对机体的产热和散热过程进行调节，这一过程称为自主性体温调节，由温度感受器、体温调节中枢、效应器等组成。自主性体温调节是机体体温调节的基本机制，是一种复杂的神经反射活动，属于一个基于负反馈的闭环控制系统。在该系统中，体温是输出量，身体的基准温度参考输入量，其调节过程如图 3.5 所示，机体通过温度感受器感受温度变化，经相应的传导通路将温度变化的信号传输到体温调节中枢，再经中枢整合后通过自主神经系统调节皮肤血流量以及立毛肌和汗腺活动，躯体运动神经调节骨骼肌活动，内分泌系统调节机体代谢活动等，来维持机体产热/散热平衡。

1. 外周调节系统

机体调节活动首先依赖分布在皮肤表层的感受器来接收环境信号，感受器是生物体内一些专门感受体内和外部环境变化的结构。感受器具有多样性，最简单的是游离神经末梢，如疼痛和温度感受器。机体可通过外周温度感受器和中枢温

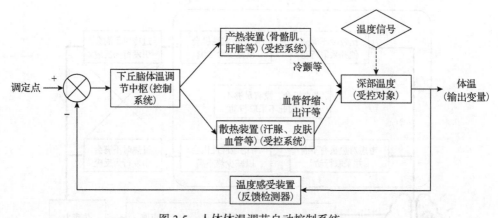

图 3.5　人体体温调节自动控制系统
与温度调定点相比，低于是负刺激(−)，高于是正刺激(+)

度感受器感受温度变化，外周温度感受器是指位于中枢神经系统外对温度变化敏感的游离神经末梢，主要分布于皮肤、黏膜、内脏和肌肉等部位，包括冷感受器和热感受器。热感受器位于 C 类传入纤维末梢上，而冷感受器分布在 Aδ 和 C 类传入纤维末梢，分别对局部温度的降低和升高敏感。中枢温度感受器是指位于中枢神经系统内对温度变化敏感的神经元，主要分布在脊髓、延髓、脑干网状结构、下丘脑以及大脑皮层等部位，有热敏感神经元和冷敏感神经元之分。当局部组织温度升高时放电频率增加的为热敏感神经元，而局部组织温度降低时放电频率增加的为冷敏感神经元。

　　人体冷热温度感受器具有一定的反应范围，无论初始温度如何，当热刺激存在时，热感受器会迅速响应，产生一个较大的激跃脉冲，而此时冷感受器的应激性受抑制。相反，冷刺激会引起冷感受器冲动放电，而热感受器受抑制。Guyton 等[7]给出了神经纤维的放电频率随温度的变化以及由此产生的冷热感知和冷热痛觉刺激，如图 3.6 所示。由于各种温度感受器和神经元都有其特定的敏感温度范围，当温度偏离敏感温度范围时，感受器发放冲动的频率将减少，神经末端的感受器感受刺激产生的放电强度也决定了机体对环境的感知强度。可以看出，当皮肤温度升至 30～46℃时，热感受器被激活而放电，放电频率随皮肤温度的升高而增大，所产生的热觉也增强。引起冷感受器放电的皮肤温度为 10～30℃，当皮肤温度降低到 30℃以下时，冷感受器放电增大，冷觉随之增强。由于皮肤表面呈点状分布的温度感受器中冷感受器个数是热感受器的 5～11 倍[8]，机体在一个较大的温度范围内对冷刺激更敏感。

　　皮肤传感器的响应与温度不具有线性相关性，且神经末梢的放电频率受不同温度的影响，这取决于热/冷传感器的种类。Kenshalo[9]对前臂温度、温度适应性和变化率进行了更系统的论证，发现如果温度变化的速度足够慢(如<0.02℃/s)，

则从中性起点开始，人们无法检测到温度下降 1℃或上升 3℃的变化，这是在不引起热休克的情况下，人体可在热水浴中冷却的基本原理之一[10]。

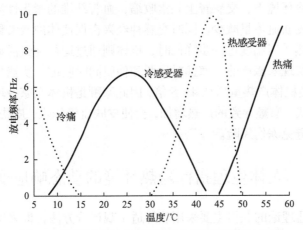

图 3.6　不同温度下冷热感受器和感觉神经放电频率

2. 中枢调节系统

视前区-下丘脑前部(preoptic anterior hypothalamus，PO/AH)是自主性体温调节的基本中枢，PO/AH 温度敏感神经元对局部温度变化非常敏感，能够对来自中脑、延髓、皮肤及内脏等中枢和外周温度感受器接收到的温度变化信息产生反应，进行整合。在体温调节中枢的控制下，机体可通过体温调节自动控制系统来维持机体的相对稳定，其稳定水平取决于体温的调定点，而调定点的设定取决于温度敏感神经元的敏感性。例如，如果调定点的数值设定是 37℃，那么一旦体温超过 37℃，则会引起热敏感神经元放电增多，机体散热大于产热，从而促使体温降低。相反，当体温低于 37℃时，冷敏感神经元放电增多，机体产热大于散热，促使体温保持动态平衡，稳定在 37℃[5]。当热敏感神经元的温度反应阈值升高或冷敏感神经元的温度反应阈值降低时，则会导致调定点上移，反之调定点下移，在这种情况下，体温调定点被重新设定，机体内环境稳定被打破，人体患病的风险增加。

不同环境温度下，来自外周和中枢温度感受器的信息先在下丘脑的 PO/AH 体温调节中枢完成整合，随后主要通过血管、汗腺和肌肉的效应器进行执行。根据体温调节中枢的指令，可通过以下活动调节人体的产热和散热：①通过躯体运动神经活动，引起行为性体温调节，或控制骨骼肌的产热活动；②通过交感神经活动，调节皮肤血流量、汗腺分泌以及褐色脂肪组织的代谢活动，从而影响产热、散热过程；③通过改变甲状腺激素、肾上腺素等激素分泌，调节机体代谢水平，影响产热过程。在比较适宜的温度下，机体主要通过改变皮肤血管的舒张收缩状态调节皮肤血流量，通过控制机体散热量来维持体温恒定。在高温环境下，除通过皮肤血管舒张散热外，机体还通过汗腺分泌活动和行为性体温调节来维持体温稳定。而在寒冷环境下，交感肾上腺素收缩，血管纤维的紧张性活动加强，使皮肤血管收缩，皮肤血流量减少。同时交感神经兴奋促使体内激素释放增强代谢，增加非寒颤产热。当温度进一步降低时，机体则通过运行神经活动，使骨骼肌的紧张性增强，实现寒颤产热。寒颤时屈肌和伸肌同时收缩，所消耗的热量全部转化为热能，可使机体产热量增加 4～5 倍，因此寒颤是机体在寒冷环境下产热效率最高的调节方式。寒颤导致的产热增加，会使皮肤血管舒张，皮肤温度随之上升，从而保护皮肤避免冻伤风险。

3.2　人体生理指标随热环境的动态响应变化

传统热舒适理论的获得主要采用热舒适主观评价方法，即采用热舒适问卷的形式直接询问人们在某种特定热环境下的热感觉和热舒适程度，然而热舒适主观评价方法结果的准确性在很大程度上取决于受试者自身对热舒适判断的准确性，结果具有很大的主观性。前述章节已经阐明，动态环境下人体与环境的热平衡具有动态性，其蓄热量随环境变化，人体的热舒适不仅仅取决于主观评价，而是主观评价和人体生理调节综合作用的结果。因此，需要进行客观评价，即通过引入生理参数，根据不同热环境下人体热生理状态的差异来评价热舒适程度。然而，与人体热舒适相关的生理参数较多，生理指标的合理选择对热舒适客观评价结果的准确性有着重要影响。因此，本节结合人体生理实验测试相关研究，重点介绍动态环境下人体响应敏感的生理指标体系，以客观评价人体热舒适。

3.2.1　热环境敏感生理指标

1. 人体热调节生理指标遴选

环境热应力对人体客观生理的影响主要表现在体温调节、出汗机能、水盐代谢、神经系统以及心血管系统等方面，如体温、皮肤温度、出汗率、血压心率、神经传导速度等，可引起一系列生理指标的响应调节。作者研究团队近 20 年来结合人体生理学研究，筛选参与热调节的生理指标，主要包括以下参数[11]。

1) 体温

由于身体各部分组织的代谢水平和散热条件不同，各部分温度存在一定的差别。体表由于散热快，温度一般比深层温度低；深部温度尽管因各器官代谢水平不同而存在差别，但血液循环是体内传递热量的重要途径，不断循环，深部各个器官的温度趋于一致，一般温度差别不超过 0.5℃，因此机体深部的血液温度可以代表重要器官温度的平均值。然而，由于深部温度特别是血液温度不易测定，临床上通常用腋窝温度、口腔温度、直肠温度来代表体温，其中直肠温度最接近深部平均温度。

2) 皮肤阻抗

人体在任何空气温度下皮肤表面均有汗液蒸发，只是在空气温度较低时蒸发量比较少，不易察觉。当空气温度增高时，人体开始感觉出汗，说明此时人体以对流、传导和辐射等方式散热已不能满足需求，必须辅以蒸发散热。热湿环境下，人体热不舒适和出汗密切相关，且出汗较容易检测，因此选择出汗作为热不舒适的主要指标。汗分泌机能检查方法有称重法、碘与淀粉反应法和直接观察法。

众多研究发现，人体皮肤表面电阻的变化与汗腺活动密切相关，汗液中存在大量的电解质，当汗腺活动旺盛时，皮肤的导电性就会出现明显变化[12]。实验证明皮肤阻抗的大小主要取决于两个因素：角质层厚度和皮肤湿润度[13]。当表皮角质层厚度固定时，可以通过检测皮肤阻抗值来反映皮肤的湿润度，即人体出汗情况。由于皮肤阻抗值会受所测部位、探点与皮肤压力或受试者情绪紧张度的影响，建议选取人体四肢皮肤角质层较薄的点进行测试，即左、右前臂肱桡肌突起点和左、右大腿股四头肌突起点，同时尽量保证探点与皮肤紧密接触。

3) 心率、血压、心电图

从人的生理适应能力来看，人体对热环境的生理适应性除表现在体温调节、出汗机能等方面，还表现在心血管系统功能的变化上。通过机体心血管系统调节，可整体上减轻心脏负荷，最突出的表现是心血管系统紧张性缓解、心率下降和血输出量增加，这与体温尤其是皮肤温度的下降、外周静脉收缩维持心室的充盈和压力有关。心肌收缩时伴随电的变化，从身体表面将心脏的电活动导出，并用仪器加以放大，描记出来的图形称为心电图。与脑电图一样，心电图也是医学上常用的一项生理指标，测试时需要在人体四肢体表上放置四个肢体电极，在胸前安放六个胸部电极，并分别用导线连接到心电图机器上，采集得到 12 条通道的心电图和相关数据。

4) 皮肤温度

体表皮肤温度是反映环境气象条件及体外条件(活动与服装)对人体影响的重要生理指标。正常情况下，人体皮肤温度可在 15～42℃范围内波动，人感到热舒适时的皮肤温度为 28～34℃[14]，见表 3.2。体表任何一点的皮肤温度都由核心至该处皮肤的热流及该处皮肤至环境散热间的局部平衡所决定，因此皮肤温度是反映周围气候条件对人体影响的生理指标，同时它容易受到周围环境的影响，是一个敏感的指标。

5) 神经传导速度[15]

(1) 感觉神经传导速度。

神经系统又分为感觉神经系统和运动神经系统等亚系统，感觉神经系统是人体对冷热最敏感的系统。例如，在寒冷或炎热的环境中，感觉细胞受到刺激，将其传递至人的大脑，从而产生了冷或热的感觉，因此感觉神经系统可以直接感觉和处理环境中的冷热信息。对于感觉神经系统，最常见和最直接的参数是感觉神经传导速度。肌电图学中指出，感觉神经传导速度会随着环境温度的变化而变化。

表 3.2 皮肤温度与生理反应和主观感觉的一般关系

皮肤温度/℃	生理反应和主观感觉
>45	迅速引起组织损伤
41~43	烧灼痛阈
39~41	一过性痛阈
37~39	感到热
35~37	开始感到温热
33~34	安静时，适中温度，舒适感
32~33	代谢率为2~4met时，适中温度
30~32	代谢率为3~6met时，适中温度
29~31	不活动时感到不适的寒冷
25(局部)	皮肤感到麻木
20(手)	不舒适、冷
15(手)	很不舒适，冷
5(手)	疼痛感，冷

注：1met=58.15W/m^2。

感觉神经传导速度是指神经冲动在单位时间内通过某一神经节段的距离，它是指最快感觉轴突的速度。感觉神经传导速度是生理医学上常见的检测指标，且常以正中神经感觉纤维为主要测试部位，正中神经感觉纤维主要分布在手的掌侧面和外侧面皮肤。顺向法检测时，一般是采用指环电极于拇指、食指或中指刺激，于掌、腕、肘或腋部记录；逆向法检测时，一般用表面电极在掌长肌腱和桡侧腕屈肌腱之间腕皱褶线上方刺激正中神经，采用指环电极于拇指、食指或中指记录。记录的活动电极置于近端指关节，参考电极置于远端。考虑到所测神经节段走行浅表，采用表面刺激电极，逆向法检测，刺激部位和参考电极放置位置如图3.7(a)所示。

感觉潜伏期是从刺激点到记录电极的传导时间，因此在一个部位刺激神经，便可计算传导速度。也就是说，只要知道潜伏期(相当于传导时间)和距离(即神经节段的长度)就可计算出传导速度，感觉神经传导速度波形图如图3.7(b)所示。

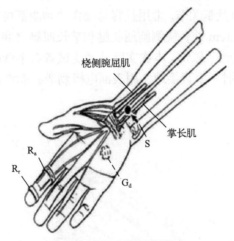

(a) 正中神经感觉传导刺激图

S 为腕部刺激点；R_a 为记录电极；R_r 为参考电极；G_d 为指浅屈肌

(b) 感觉神经传导速度波形图

图 3.7　感觉神经传导速度测试方法示意图

（2）运动神经传导速度。

运动神经传导速度与感觉神经传导速度一样，随热环境温度的变化而变化，针对运动纤维测定电刺激神经时获得肌肉动作电位。在运动传导检测中，最常运用的神经在上肢为正中神经和尺神经，在下肢为颈神经和腓神经。考虑到实际操作的方便性和可行性，选择右手正中神经作为刺激神经。

正中神经下行入上臂，起初位于肱动脉外侧，大约在喙肱肌止点水平于肱动脉前面穿过并下行到肘窝内侧，然后在旋前圆肌两个头之间进入前臂。从旋前圆肌出来后，正中神经发出分支配桡侧腕屈肌、掌长肌和指浅屈肌，然后在连接指浅屈肌两个头的膜缝之下分主支和前骨间神经，正中神经运动纤维支配的范围包括前臂肌肉和手固有肌的屈曲和旋前。感觉纤维分布于手掌和鱼际外侧面的皮肤、桡侧三个手指、肘及腕关节。常用且容易操作的刺激部位包括：掌中部；腕（最远端皱褶线上方大约 1cm 处，桡侧腕屈肌腱和掌长肌腱之间）；肘（肘皱褶线、肱二头肌腱和肱动脉内侧）；腋部。本次实验选择受试者右手臂的正中神经为刺激神经，刺激部位为腕和肘。手背接地，用表面电极刺激，刺激部位和参考电极放置位置如图 3.8(a)所示。

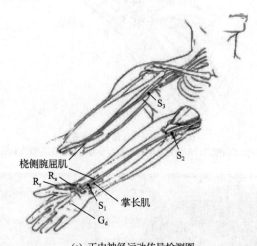

(a) 正中神经运动传导检测图

S$_1$、S$_2$、S$_3$分别为在腕、肘和腋部的刺激；R$_a$为记录电极；R$_r$为参考电极

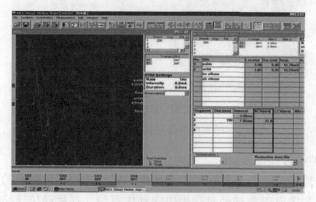

(b) 运动神经传导速度波形图

图 3.8　运动神经传导速度测试方法示意图

计算运动神经传导速度时，先算出两个刺激点之间的传导时间（仅仅是沿所测节段神经干上的传播时间），然后测得两刺激点（阴极到阴极）之间的距离，最后计算出该神经节段的传导速度。运动神经传导速度的计算公式为

$$V_{mcv} = \frac{L}{\Delta t} \tag{3.13}$$

式中，V_{mcv} 为运动神经传导速度，m/s；L 为记录电极和参考电极之间的距离，mm；Δt 为记录到的近端潜伏期与远端潜伏期时间差值，ms。

运动神经传导速度的波形图如图 3.8(b)所示。

6) 脑电图

脑电图是医学上常用的一项生理测试指标，是通过脑电图仪在皮层表面引导并记录脑生物电活动的波形图。各种外界刺激是引起脑电图变化的主要因素，在寒冷或炎热的环境中，感觉神经细胞受到刺激，然后将其传递到人的大脑，从而产生冷或热的感觉，而这种刺激使神经系统发生的全部变化都能反映在脑电图上。脑电图的频率直接与局部代谢过程的速度成正比，体温升高使脑皮层细胞的代谢升高，因此一般来说，体温升高时脑电图节律增快。

2. 热环境敏感生理指标体系建立

作者研究团队从 2005 年起开展人体热舒适的生理实验研究，探索能够表征热环境变化对人体影响的生理参数，从 30 余种指标中筛选出包括皮肤温度，神经传导速度(运动神经传导速度和感觉神经传导速度)，体表电阻抗，心率，血压，体温，脑电、心电活动，事件相关电位等在内的 10 余种对环境参数敏感的生理指标，通过在自然通风实验室和人工气候室营造不同的动态环境，开展人体热响应实验研究，共完成测试样本 1000 余个，分析了空气温度、风速以及相对湿度等环境参数对这些敏感生理参数的影响规律，从客观生理角度找到对动态热环境敏感且有显著性影响的感觉神经传导速度等参数，创建了客观度量建筑环境人体热舒适的生理指标体系，如图 3.9 所示，从而验证了主观感觉问卷得到的可接受温度范围，使其结果更具科学性。

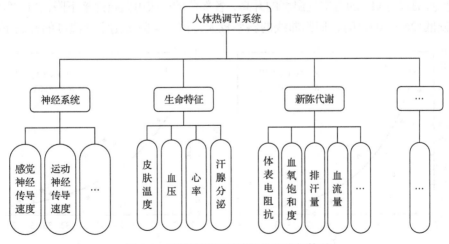

图 3.9　受环境影响敏感的生理指标体系

为获得动态热环境中人体生理、心理的响应特性，作者研究团队在实验室处于自然环境和人工气候环境的条件下开展了不同热湿工况下人体热反应和热舒适实验，对上述涉及的生理指标开展了连续多年的全温度范围内测试，分析了不同热环境因素对生理测试数据影响是否显著，最后结合实际情况遴选出对热环境响应有较高敏感性的生理指标。

1) 神经传导速度

在冬、夏季空气温度分别约为 10℃ 和 32℃ 的自然环境下对人体运动神经传导速度进行测试，冬季测试的运动神经传导速度的平均值明显低于夏季，夏季和冬季测量值分别为 (58.5±10.9) m/s 和 (27.0±10.9) m/s，表明空气温度对人体运动神经传导速度的影响特别显著，空气温度越低，运动神经传导速度越低。

同样在冬、夏季温度分别约为 13℃ 和 32℃、无风的自然环境下分析空气温度对感觉神经传导速度的影响，其夏、冬季节两个工况测试的感觉神经传导速度的平均值分别为 (57.3±10.1) m/s 和 (44.2±19.7) m/s。空气温度越低，感觉神经传导速度越低，且统计结果也显示空气温度对人体感觉神经传导速度的影响特别显著[16]。

2) 体表电阻抗

人体出汗可直接导致皮肤表面湿润及体表电阻抗的变化，重庆大学统计分析了夏季无机械吹风工况下空气温度对体表电阻抗影响的实验数据，得到了环境温度与人体体表电阻抗的变化关系，认为人体各部位的体表电阻抗与环境温度之间有负指数函数关系，建立了回归方程，其中，SI 代表体表电阻抗 (kΩ)，t 代表室内空气温度 (℃)，体表电阻抗与室内空气温度的拟合曲线如图 3.10 所示。

对回归方程的相关系数进行显著性检验，给定显著性水平 $\alpha=0.01$，在 99% 置信度下建立的回归方程统计检验均显著，表明回归方程有实际价值。由回归方程和拟合曲线可知，随着空气温度的升高，各部位的体表电阻抗逐渐下降，当空气温度较低 (26~30℃) 时，回归曲线的斜率较大，体表电阻抗随空气温度的升高下降

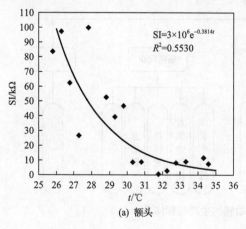

(a) 额头

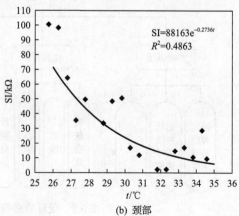

(b) 颈部

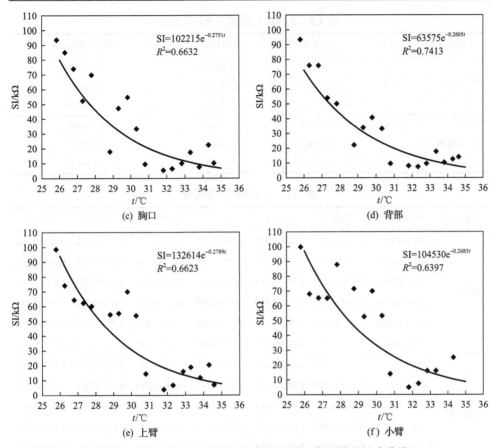

图 3.10 人体各部位的体表电阻抗与室内空气温度的拟合曲线

较快，当空气温度超过 30℃后，回归曲线的斜率平缓了许多，体表电阻抗随空气温度的升高下降速率减慢。

3）皮肤温度[15]

分别在夏季高温环境（约 30.5℃）和空调环境（约 25.6℃）下对人体的体表皮肤温度进行测量，自然环境下人体体表皮肤温度约为（34.9±0.43）℃，空调环境下约为（34.1±0.2）℃，且统计检验显示两种环境下体表皮肤温度有显著差异，表明空气温度的变化对平均体表皮肤温度有显著影响。值得注意的是，夏季高温下当皮肤出汗后，测试皮肤温度一般不再随着环境温度的升高而增加。

4）脑电图

实验测试了人体在不同情况下脑电波的变化，测试热环境参数见表 3.3，各频率段功率谱值分析比较结果见表 3.4。进行成对样本的 t 检验，定义显著性差异临界 t 检验值 $t_{0.025}(19)=2.039$，则无论高温区还是低温区，其成对检验的 t 值均小于 2.039，表明热环境中的温度对各频率段脑电功率谱无显著性影响（$p>0.05$）。

表 3.3　　人体脑电图测试热环境参数

温度区	工况	温度/℃	相对湿度/%	平均风速/(m/s)
低温区	1	22.9±0.8	42±3	0.11±0.03
	2	24.4±0.5	43±2	0.18±0.05
	3	24.7±0.6	44±2	0.66±0.14
高温区	4	33.8±0.8	54±3	0.06±0.01
	5	33.7±0.9	54±5	0.39±0.07
	6	33.3±0.7	55±3	0.69±0.13

表 3.4　　人体脑电功率谱值

电极区域	各频率段	工况 1	工况 2	工况 3	工况 4	工况 5	工况 6
左中央区	δ(2~4Hz)	0.592±0.181	0.742±0.537	0.766±0.397	0.629±0.261	0.621±0.188	0.674±0.214
	θ(4~8Hz)	0.581±0.121	0.628±0.239	0.575±0.197	0.568±0.186	0.539±0.162	0.564±0.164
	α_1(8~10Hz)	0.869±0.429	0.933±0.449	0.87±0.459	0.981±0.511	1.167±0.654	1.069±0.632
	α_2(10~13Hz)	0.648±0.273	0.757±0.340	0.768±0.347	0.644±0.217	0.638±0.262	0.726±0.238
	β_1(13~20Hz)	0.302±0.073	0.309±0.114	0.293±0.080	0.282±0.067	0.281±0.086	0.295±0.094
	β_2(20~30Hz)	0.213±0.046	0.218±0.077	0.209±0.060	0.197±0.044	0.198±0.055	0.193±0.041
右中央区	δ(2~4Hz)	0.565±0.151	0.611±0.204	0.749±0.548	0.705±0.278	0710±0.281	0.623±0.260
	θ(4~8Hz)	0.560±0.128	0.531±0.106	0.654±0.293	0.608±0.184	0.591±0.211	0.545±0.191
	α_1(8~10Hz)	0.910±0.410	0.968±0.483	0.959±0.404	0.982±0.448	0.958±0.501	0.969±0.476
	α_2(10~13Hz)	0.712±0.250	0.682±0.279	0.778±0.334	0.626±0.187	0.638±0.172	0.730±0.225
	β_1(13~20Hz)	0.294±0.074	0.295±0.074	0.355±0.147	0.288±0.058	0.318±0.091	0.290±0.093
	β_2(20~30Hz)	0.206±0.054	0.200±0.043	0.234±0.080	0.215±0.069	0.209±0 050	0.200±0.059

5) 心电图

心电图测试指标值见表 3.5。冬夏季风速对人体各项心电指标的影响如图 3.11 所示。

表 3.5　　心电图测试指标值

测试指标	工况 1	工况 2	工况 3	工况 4	工况 5	工况 6
心率(BPM)/(次/分钟)	59.3±5.8	58.3±5.7	61.1±6.3	65.4±8.1	64.8±6.3	65.6±5.1
PR 间期/ms	150±15	149±14	150±13	147±11	146±12	148±13
PQR 时限/ms	90±11	89±11	91±11	89±9	89±10	89±11
QT 间期/ms	407±22	406±23	399±23	389±22	391±20	389±19
RV5 振幅/mV	1.47±0.62	1.48±0.65	1.48±0.62	1.40±0.59	1.48±0.60	1.66±0.88
SV1 振幅/mV	0.95±0.43	0.92±0.41	0.94±0.42	1.01±0.37	1.03±0.38	1.05±0.39

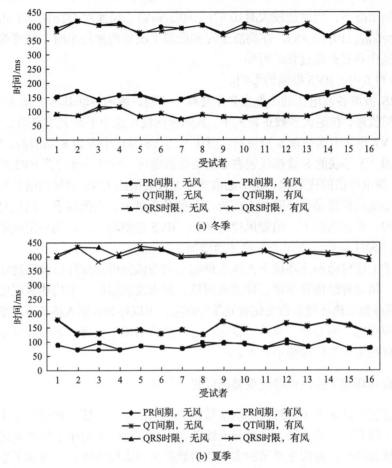

图 3.11　冬夏季风速对人体各项心电指标的影响

（1）对 PR 间期的影响。

PR 间期反映兴奋通过房室结以下（包括房室结）传导系统的时间，主要是兴奋通过结区的时间。在高温和低温热环境中，不同风速对 PR 间期均无明显影响。在低温工况下，其 t 值均小于检验临界值，高温工况亦如此。由此可见，风速对兴奋通过房室结以下传导系统的传导时间没有影响。

（2）对 QRS 时限的影响。

QRS 波群代表左右心室的去极化过程，QRS 波群的宽度则代表了心室的去极化时间（或去极化速度）。分析数据可得，热环境下的风速对 QRS 波群的宽度没有影响，即风速对心肌的去极化速度没有影响。

（3）对 QT 间期的影响。

QT 间期是指心室去极化和复极化过程总共所需时间，称为心室的电收缩时间。心室的电收缩时间与机械性收缩时间不同，意义亦不相同。通过对数据的分析得到，低温工况下，当风速较大时(0.57m/s±0.20m/s)，风速对 QTc 间期有极显著的影响，$t>t_{0.0005}(19)=3.883$。在高温工况和低温工况且流速较小时，风速都不影响心室去极化和复极化过程的时间。

(4)对 SV1、RV5 振幅的影响。

QRS 波群各波电压的高低在各个导联中不同，胸前导联基本上反映 QRS 在横面上的投影，在绝大多数正常人中，其综合向量在这个平面上的变动范围较小，在 V1、V2 导联中多呈现 S 型波群，而在 V5、V6 导联中多为 R 型波群。V1 导联的 R 波及 V5 导联的 S 波都代表右心室的除极电压，所以一般计算 RV5 的电压值与 SV1 的电压值的代数和。这个数值实际上代表横面 QRS 向量向前及向右的电压，右心室的位置是在心脏的右前方。数据分析显示，在低温下，风速对其没有显著影响；而在高温下，随着风速的增加，RV5 振幅增加，达到一定幅值后开始下降，而 SV1 振幅随着风速的增加而增加。

基于上述对动态热环境下人体生理指标的测试分析和统计检验，感觉神经传导速度、运动神经传导速度、体表电阻抗、测点皮肤温度、平均体表温度、体温 6 个生理参数对热环境参数变化有显著性响应，可以作为表征人体热环境敏感性的客观生理指标，而心率、血压、脑电、心电检验结果不显著，表明环境参数变化对人体这些生理指标影响不显著。

3.2.2　自然环境下神经传导速度动态变化

上述实验遴选出了对热环境响应敏感的生理指标——感觉神经传导速度，结合热舒适问卷调查的方法，作者研究团队在实验室进行了全年空气温度区间生理实验测试和分析。将四个季节的实验所得数据进行大样本统计，得到了感觉神经传导速度随室内空气温度变化的散点图，如图 3.12(a)所示。可以看到，当空气温度升高时，感觉神经传导速度也随之升高。为了更清楚地观察感觉神经传导速度随室内空气温度的变化规律，采用区间统计法(BIN 法)对实验数据进行处理，将温度参数每 0.5℃划分一个区间(BIN 法)得到了感觉神经传导速度随空气温度的变化关系图，如图 3.12(b)所示。

可以较清楚地看到，感觉神经传导速度随着空气温度的降低而减小，随着空气温度的升高而增大，在中性温度 16～29℃范围内(13～16℃范围有一定波动)，感觉神经传导速度与空气温度呈较好的线性关系。而随着温度继续升高或者降低，当冬季室内空气温度低于 16℃和夏季室内空气温度高于 28℃时，其变化规律被打破，出现拐点，随后感觉神经传导速度随空气温度的线性变化规律不再显著，表明该温度区间内人体生理参数随温度变化、调节机体适应环境的能力减弱，无法通过自身热调节来很好地响应温度变化。进一步分析，可将感觉神经传导速度随空气温度的变化过程分为三个阶段：低温段、高温段和中间温度段[17]。在低温段

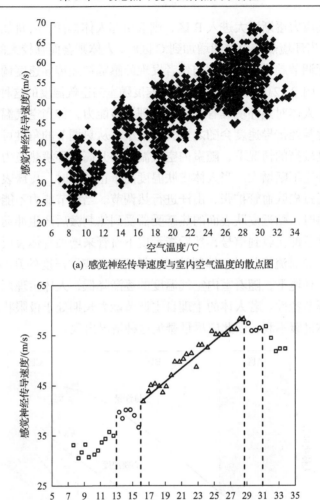

(a) 感觉神经传导速度与室内空气温度的散点图

(b) 感觉神经传导速度与室内空气温度的关系图

图 3.12　感觉神经传导速度与室内空气温度的散点图和关系图

和高温段，感觉神经传导速度随空气温度变化不显著，而在中间温度段，感觉神经传导速度随空气温度升高而显著增大，表明人体神经生理系统可以通过自身调节来应对热环境变化。而当冷或热应力增加至一定程度时，人体的这种自主调节能力就受到抑制，即人体的生理自主调节能力达到极限，人体需要采取其他调节方法，例如，冬季低温时穿着更厚的服装或开启采暖设备、夏季高温时开电风扇或开空调等，以适应环境的变化。

McIntyre[18]探讨了环境热应力与人体热过劳的关系，如图 3.13 所示。他将环境分为三个区域，当环境热应力处于 A 区时，不会出现人体明显的生理调节反应；

而随着环境热应力逐渐增大进入 B 区，则会引起人体排汗、心跳加速、内部温度
升高等变化；当环境热应力继续增加到 C 区时，人体则会面临较大的热过劳风险，
一些生理指标调节趋于极限。这与作者发现的感觉神经传导速度调节规律具有较
好的一致性。图 3.12(b)中感觉神经传导速度随室内空气温度的这种变化规律可以
解释为：由于人体对热环境具有一定的生理调节能力，如当空气温度升高或降低
时，人体感觉神经传导速度会随之增大或减小。从热调节的角度可以解释为：在
室内空气温度较高的情况下，随室内空气温度的升高，环境热应力逐渐增加，人
体热负荷也相应不断增大。当人体皮肤温度高于正常值时，皮肤表面的热感受器
开始活动，通过皮肤血管扩张、出汗进行热调节。当调节能力不能满足人体与环
境之间的换热时，贴近皮肤表面的热感受器受到热刺激后产生冲动，向大脑发出
信号。下丘脑后部接收到信号，然后指示皮下血管来增加身体表层的血流量，以
加大人体辐射和对流换热量，抑制神经传导速度与皮肤温度的升高[5]。在室内空
气温度较低的环境下，随着室内空气温度的逐渐降低，人体生理调节呈现与温度
升高相似的调节特性。若人体的生理自主调节能力长期处于极限状况，则可能会
对人体的身体健康不利，因此应尽量避免这种情况出现。

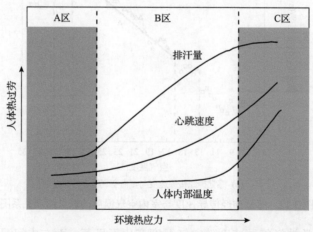

图 3.13　环境热应力与人体热过劳的关系

3.2.3　偏热环境下人体皮肤温度调节

　　上述分析显示，人体的皮肤表面温度与神经传导速度随温度有着一致的变化
趋势，而皮肤温度的测量仪器更简单、测试更方便，在实际应用中更具参考和指
导价值。因此，作者研究团队进一步选择皮肤温度为研究对象，借助人工气候室
营造一系列动态温度变化，开展人体热舒适实验，分析人体皮肤温度在不同温度
动态变化形式下的响应特点和调节特性。

　　作者研究团队在实验室针对稳态及动态环境下的人体热响应开展大量的人体热舒适实验，其温度变化涵盖了稳态、突变、渐变、动态波动等多种形式，涉及 10 个工况，200 余人次，具体信息见表 3.6。

表 3.6　稳态及动态环境下的人体热响应实验工况

实验系列	实验性质	工况温度/℃	实验人次	实验时间/min	实验用途
实验Ⅰ	温度突变	26～30	20	30	不同形式温度变化下人体热响应研究
	温度渐变	26～30 (0.1℃/min)	16	40	
		26～32 (0.2℃/min)	16	30	
	温度波动	26～30	16	30	
实验Ⅱ	中性-热-中性 温度突变	26～28～26	20	90	不同突变温差和突变方向下人体皮肤温度调节规律及人体热感觉模型
		26～30～26	20	90	
		26～32～26	20	90	
		26～34～26	20	90	
实验Ⅲ	热-中性-热 温度突变	28～25～28	20	120	
		30～25～30	20	120	
		32～25～32	20	120	

　　注：(1)实验Ⅰ中温度突变工况(26～30℃)与实验Ⅱ中温度突变工况 26℃～30℃～26℃为同一工况，为便于分析，实验Ⅰ选取实验Ⅲ突变过程中部分数据。

　　(2)实验Ⅰ中温度波动工况主要采用气候室自控系统对温度的正弦振荡调节。

　　由于温度刺激直接作用于人体皮肤表面的温度感受器，引起人体皮肤温度的变化调节，图 3.14 给出了实验Ⅲ中不同温度变化形式下受试者的平均皮肤温度和热感觉随实验时间的变化。可以看出，当受试者从偏热环境突变到中性环境时，人体的热感觉向偏冷方向骤降，且比之后人体达到稳定状态的热感觉(热感觉投票为 0)要低，意味着人从偏热环境突变到中性环境时热感觉存在超越现象，在突变的前 2min 内，热感觉的超越现象最明显，并且这种超越现象随着突变温差的增大显得更明显。当受试者从 32℃、30℃、28℃环境突变到 25℃环境的瞬间，热感觉投票分别突降到–1、–0.9、–0.45，突变前后热感觉投票变化值分别为 3.3、2.4、0.9。除 28℃突变工况外，随着人在该环境中时间的延长，热感觉有所升高，并未趋于稳定，这可能是由于人从偏热环境突变到中性环境的 1h 内存在蓄冷作用，当进入偏热环境时，冷作用在短时间内起到缓解热感觉的作用，但随着时间的延长，这种作用逐渐消失，人将逐渐感到越来越热。而 28℃突变工况之所以没有出现这种现象，是因为 28℃在大部分人可接受温度范围上限内，故热感觉维持在一个较低的水平，这可以从热可接受度上体现。

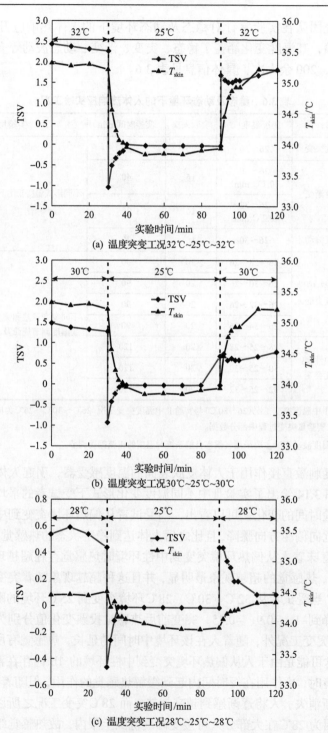

(a) 温度突变工况32℃~25℃~32℃

(b) 温度突变工况30℃~25℃~30℃

(c) 温度突变工况28℃~25℃~28℃

图 3.14　实验Ⅲ中温度突变下人员整体热感觉和皮肤温度变化

　　此外，经过偏热到中性再到偏热环境的突变后，同一偏热环境下人的热感觉要显著低于初始的热感觉。各个突变工况下前后热感觉差异显著，32℃、28℃前后热感觉投票分别大约相差 0.7、0.7，而在最接近于中性的 28℃工况突变时，前后热感觉投票差值为 0.5，可见不同的突变温差下，突变前后同一偏热环境下热感觉投票的变化值与突变温差关系不大。从热感觉稳定时间上看，经过突变过程后达到新的稳定状态的时间与突变温差存在密切的关系，突变温差越大，所需稳定时间越长。人体从三个偏热环境中突变到中性环境达到稳定状态分别需要 10min、8min、6min，在所需稳定时间内热感觉不断接近稳定状态时的热感觉。除 28℃工况外，从中性环境突变到偏热环境时，除突变那一瞬间时刻外，人体热感觉都处于平缓上升的状态，在实验期间并未达到稳定。

　　进一步分析人员皮肤温度的动态响应，如图 3.15 所示。可以看出，在中性 26～30℃、相同温差 4℃的条件下，温度突变刺激下受试者的平均皮肤温度在初始时刻变化较快，具有较大的变化率，但随着时间推移逐渐稳定，表明人体可以通过皮肤温度调节较快地响应温度刺激并逐渐适应新环境，从而维持人体-环境的热平衡。当温度动态波动时，环境温度起调变化的初始时间内，由于温度的变化量很小（小于 0.5℃），受试者的皮肤温度在初始 2～3min 内保持不变。随后的 10min内，由于环境温度迅速增加，温度产生的刺激程度足以引起人体的皮肤温度调节，因此该阶段内受试者的平均皮肤温度显著增加。随着环境温度的正弦振荡波动，受试者的皮肤温度也呈波动趋势，且随着环境温度的振荡衰减，引起皮肤温度的波动幅度也逐渐减小，但整体上受试者的皮肤温度仍呈上升趋势，实验结束前10min 内基本保持不变。相比之下，当环境温度以 0.1℃/min 的变化速率线性增加时，受试者的平均皮肤温度也线性增加。由于温度变化速率较慢，当环境温度增加到 30℃时，其平均皮肤温度仅为 34.4℃，初始与结束时刻的皮肤温度增量为0.69℃，远小于温度突变和温度波动引起的平均皮肤温度增量（温度突变：0.85℃，温度波动：0.82℃）。进一步对比 0.1℃/min 和 0.2℃/min 温度变化速率下受试者的平均皮肤温度变化，当温度变化速率较大时，受试者的皮肤温度随时间显著增加。在温度初始变化时间内，两种温度增量并没有引起受试者皮肤温度的显著差异。随着时间的推迟，同一时刻下环境温度的差异逐渐增加，导致两种工况下受试者的平均皮肤温度变化逐渐分离，且随着环境温度的增加，这种现象呈现出一致的变化规律。值得注意的是，当温度以 0.2℃/min 的变化速率从 26℃增加到 32℃时，实验结束时刻受试者平均皮肤温度为 34.7℃，近似接近 4℃温差时温度突变和温度波动工况下的平均皮肤温度，表明由于温度渐变刺激引起的人体生理调节响应的程度要远小于温度突变和波动引起的皮肤温度增量。

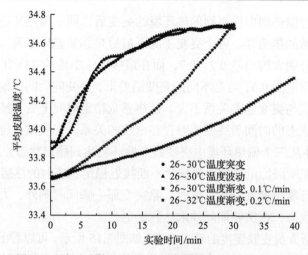

图 3.15　实验 I 中人员平均皮肤温度随实验时间的变化

　　动态环境下，相比皮肤温度的变化，皮肤温度感受器对温度变化率更为敏感，皮肤温度变化率更能显著反映人体的响应特性。以初始时刻受试者的平均皮肤温度为初始值，计算不同工况下单位时间内受试者的平均皮肤温度变化率（℃/s），如图 3.16 所示。可以看出，由于温度突变产生的显著温差刺激，受试者的皮肤温度在初始阶段具有较大的响应速率，其变化率在初始 2min 内迅速达到峰值，意味着初始时刻机体有较强的调节能力。随着时间的推移，其皮肤温度变化率迅速减小，10min 时已小于 0.0005℃/s，表明由温差突变引起的人体皮肤温度的增加逐渐减小，皮肤温度逐渐在新环境中达到稳定。当温度动态波动时，温度的延迟引起

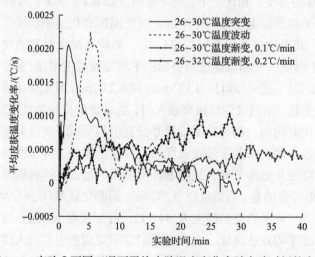

图 3.16　实验 I 不同工况下平均皮肤温度变化率随实验时间的变化

皮肤温度调节响应的延迟，其皮肤温度变化率在 5min 时达到峰值，表明环境温度增加引起的人体最大的响应调节在 5min 达到最大值。由于温度的衰减振荡，其皮肤温度变化率分别在第 5min、15min 和 25min 出现明显的峰值波动，随后逐渐趋近于 0，表明人体皮肤温度可以较敏感地感知环境温度的变化并迅速做出调节。当环境温度以一定变化率线性增加时，恒定的温度刺激引起的皮肤温度变化率基本上在一定水平保持不变，且近似等于环境温度变化率的倍数，进一步证实了人员的皮肤温度与环境温度变化呈正相关，皮肤温度可以显著反映温度变化对人体生理调节的影响。

对不同温度突变下人员平均皮肤温度随时间变化数据取平均值，得到不同工况下平均皮肤温度随时间的变化规律，如图 3.17 所示。可以看出，当经历温度上升突变时，人体平均皮肤温度初始阶段迅速增加，突变温差越大，平均皮肤温度增加越显著。随着突变温度的升高，在相应环境中达到稳定的时间也逐渐增加。例如，当突变温度为 28℃时，平均皮肤温度 10min 内基本达到稳定，而当突变温度为 34℃时，平均皮肤温度在第 2 阶段暴露结束时仍未达到稳定。当重新回到中性温度（26℃）环境中时，不同工况下平均皮肤温度均在较短时间内（约 10min）迅速降低，随后逐渐趋于稳定，表明人体皮肤温度对冷刺激的调节更迅速，快于对热刺激的响应。此外，对比经历热暴露前后中性温度环境下稳定阶段受试者平均皮肤温度，当突变温差较小时，皮肤温度在第 3 阶段结束时近似等于热暴露前中性温度环境下的皮肤温度，表明该温差范围内人员可较好地响应温度调节并在短时间内恢复自身热平衡。但当突变温差增大至 8℃时，由于第 2 阶段热暴露蓄热，

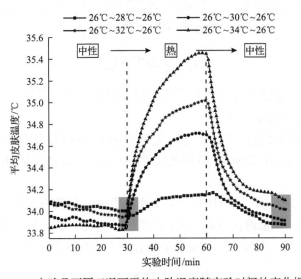

图 3.17　实验 II 不同工况下平均皮肤温度随实验时间的变化规律

虽然平均皮肤温度回到中性温度环境后有一定下降，但 30min 后仍高于热暴露前的皮肤温度（平均皮肤温差 $\Delta t_{ms}=t_{ms90}-t_{ms30}=0.2℃$），暴露前后皮肤温度具有一定的不对称性，这与文献[19]、[20]的研究结果一致。

图 3.17 显示了突变环境下人体皮肤温度可较快地响应温度变化，其响应程度与突变温度和突变方向有关，突变温差越大，皮肤温度增量越大，在新环境中达到稳定的时间越长，且经历温度升高突变时需要的稳定时间更长。不管是经历温度升高突变还是降低突变，受试者的平均皮肤温度变化都与时间相关，即在温度刺激初期，其调节响应迅速有力，皮肤温度短时间内迅速增加或降低，随着暴露时间的增加，其变化逐渐减小并趋于稳定。对此引入 Knothe 时间函数来得到人体皮肤温度随时间的变化特性，即

$$\varphi(\tau) = 1 - e^{-c\tau} \tag{3.14}$$

式中，$\varphi(\tau)$ 为 Knothe 时间函数；τ 为时间，min；c 为时间因素影响系数。

由于 Knothe 时间函数仅反映了变量的时间变化规律，而平均皮肤温度不仅受暴露时间的影响，还受突变温差的影响。由图 3.16 可知，突变温差的影响主要体现为引起平均皮肤温度增量的差异，因此引入幅值修正系数 A 来反映皮肤温度的增量变化，并引入适应温度来表示人经历突变前在稳态环境中的平均皮肤温度。同时考虑突变方向引起的皮肤温度变化差异，对 Knothe 时间函数的时间项进行突变方向修正。对于温度升高突变和温度降低突变，计算公式分别如式(3.15)和式(3.16)所示：

$$t_{ms_1} = A(1 - e^{-c\tau}) + t_{ad} \tag{3.15}$$

$$t_{ms_2} = A e^{-c\tau} + t_{ad} \tag{3.16}$$

式中，t_{ms_1}、t_{ms_2} 分别为温度升高突变和温度降低突变的平均皮肤温度，℃；t_{ad} 为突变前稳态皮肤温度，℃。

以图 3.17 中第 2 阶段受试者经历热突变为例，将所有受试者的平均皮肤温度以时间间隔 $\Delta \tau = 1min$ 取均值，得到受试者的平均皮肤温度随时间的变化规律，如图 3.18 所示。

根据式(3.15)对图 3.18 中的平均皮肤温度随时间的变化规律进行拟合，见式(3.17)。其中，幅值修正系数 $A=1.56$ 反映了由突变温差(8℃)引起的突变前后皮肤温度最大增量，温度突变前受试者的稳态平均皮肤温度为 33.9℃。

$$t_{ms_1} = 1.56(1 - e^{-c\tau}) + 33.9, \quad R^2 = 0.99 \tag{3.17}$$

　　同样对其他突变温度下的平均皮肤温度随时间变化规律进行拟合，可得到不同突变方向下幅值修正系数 A 和时间因素影响系数 c 的变化规律，如图 3.19 所示。可以看出，随着突变温差的增大，幅值修正系数 A 逐渐增大，表明温差引起的人体热应激程度增加，突变前后的平均皮肤温度差值增加。同时，时间因素影响系数 c 也逐渐增大，表明平均皮肤温度达到稳定所需时间也逐渐增加。这意味着人体的自主体温调节能力有限，温度刺激越大，引起的生理响应程度越大，因而需要更长的时间来重新适应新环境。

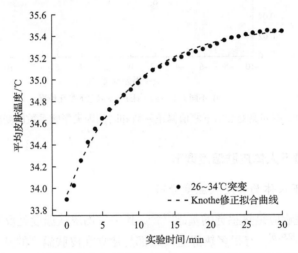

图 3.18　温度升高突变时平均皮肤温度随实验时间的变化规律

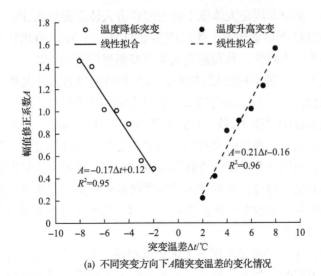

(a) 不同突变方向下 A 随突变温差的变化情况

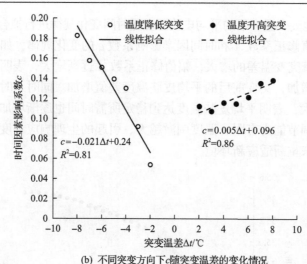

(b) 不同突变方向下 c 随突变温差的变化情况

图 3.19　不同突变方向下幅值修正系数和时间因素影响系数的变化规律

3.2.4　偏冷环境下人体皮肤温度调节

1. 冷环境下人体局部皮肤温度分布

人体的生理响应是热感觉的基础[21,22]，其中平均皮肤温度是反映人体散热状态的重要因素之一[23-26]，有很多热舒适模型都是建立在皮肤温度的基础之上[27-29]。冷暴露下人体生理调节机制会造成人体局部皮肤温度(local skin temperature, LST)形成较大差异，部分原因是人体躯干的表面积占人体总面积的 35%，但坐姿状态的躯干(包括内脏)产热量却占人体总产热量的 50%~70%，因此必然会造成人体不同部分产热散热不均衡，从而造成表面皮肤温度的不均匀性。因此，作者研究团队对冬季工况下三种不同温度(22℃、16℃和 10℃)的人体九种不同服装组合(服装热阻范围为 0.7~1.6clo)的局部皮肤温度特征及差异性进行了研究，揭示了人体局部皮肤温度的"躯干(核心)-躯干周边部位-下肢与手"聚类分布特征，并通过本研究的皮肤温度测试结果对原有的平均皮肤温度计算公式的权重系数进行了修正。最后，使用冬季工况的皮肤温度测试数据，通过人体局部热阻及传热系数的优化计算方法，对身体各局部区域的散热量差异进行了研究，给出了人体坐姿状态时热环境各分层的差异性换热效率比例，为冬季对流末端热分层的气流组织形式优化提供参考。

图 3.20 给出了不同温度工况下人体局部皮肤温度分布特征。可以看出，在大部分工况下，手部的皮肤温度最低，主要是由于手部没有服装遮挡，即没有服装热阻来减少热损失，散热量大且得到身体的产热量和传热量较少。头部虽然也暴

露在冷空气中，但大部分工况下其皮肤温度相对于手部和四肢的温度要更高，主要是由于体内传热和躯干血管的传热量较大。在所有冷环境工况中，甚至包括下身增衣系列，躯干的皮肤温度都要高于其他身体部位。总的来说，上半身的皮肤温度要高于下半身的皮肤温度。在上身增衣系列下，躯干的皮肤温度明显升高，而冷环境10℃和16℃时手臂和头部的皮肤温度略微升高。在下身增衣系列下，大腿、小腿和脚的皮肤温度明显升高，而冷环境10℃和16℃时头部和下臂的皮肤温度也略微升高。

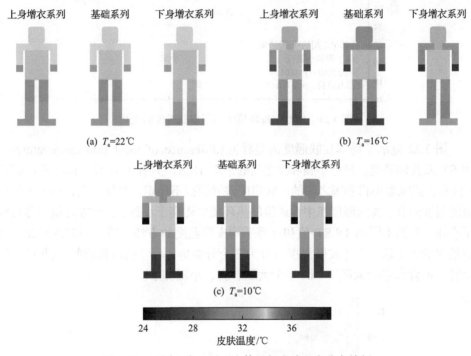

图 3.20　不同温度工况下人体局部皮肤温度分布特征

图 3.21 显示了中性偏冷环境中(空气温度为 10～22℃，且服装热阻为 0.7～1.6clo)局部皮肤温度的差异性和波动性。局部皮肤温度的分布范围为 28～34.4℃，其平均值从高到低的部位分别是胸口、背部、上臂、头部、前臂、大腿、脚、小腿和手。显著性检验显示，不同局部皮肤温度之间具有显著差异，除了小腿和脚之间。小腿和脚之间的独立 t 检验的显著性没有差异，但是配对 t 检验却具有显著差异，综合考虑所有工况和时间，小腿和脚的平均皮肤温度并没有显著差异，但是各个工况在同一时间的测量数据(同一时间的数据配对)却有显著不同。这也意味着脚的皮肤温度波动较大，不能轻易用小腿的测点皮肤温度取代来计算平均皮肤温度。

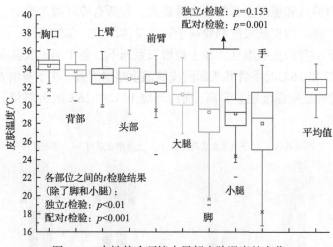

图 3.21　中性偏冷环境中局部皮肤温度的变化

图 3.22 显示了局部皮肤温度的差异值(difference of local skin temperatures，DLST)及其标准差。虽然小腿和脚之间的平均 DLST 只有 0.16℃，标准差却高达 2.51℃，意味着小腿和脚之间的皮肤温度差异值很不稳定。具体来说，由于人体血流的温度调节，脚的温度在中性或暖的热环境中要高于小腿，而在冷环境中逐渐低于小腿。根据不同的 DLST 值和计算平均皮肤温度的方法中需要局部皮肤温度测点最少的 3 点法，人体皮肤温度可分为三个分类集：(Ⅰ)胸口和背部；(Ⅱ)头部、上臂、前臂和半个大腿；(Ⅲ)半个大腿、脚、小腿和手。

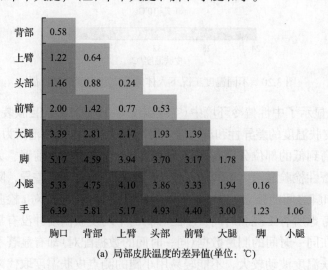

(a) 局部皮肤温度的差异值(单位：℃)

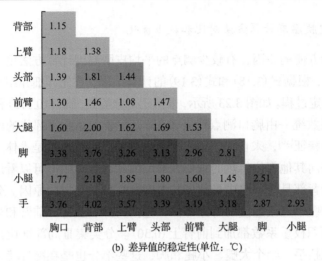

(b) 差异值的稳定性(单位：℃)

图 3.22　局部皮肤温度差异值及其标准差

采用两个标准来选取分类集 Ⅱ 和 Ⅲ 中最优的测点位置：最小 DLST 法和最小标准差法，计算公式分别如式(3.18)和式(3.19)所示：

$$\min(f(i)) = \sum_{j=1}^{n-1} w_j \times \mathrm{DLST}_{i,j} \tag{3.18}$$

$$\min(f(i)) = \sum_{j=1}^{n-1} w_j \times \mathrm{SD}_{i,j} \tag{3.19}$$

式中，i 为需要计算的(或优选的)人体局部测点；j 为同一系列的其他测点；w_j 为测点 j 的面积权重系数；$\mathrm{DLST}_{i,j}$ 为测点 i 和 j 之间的局部皮肤温度差异值；$\mathrm{SD}_{i,j}$ 为 $\mathrm{DLST}_{i,j}$ 的标准差；n 为同一系列的测点数量。

表 3.7 列出了根据以上公式计算得到的分类集 Ⅱ 和 Ⅲ 的最小 DLST 法和最小标准差法的结果。根据最小化 DLST 和标准差的目标，前臂和小腿分别是分类集 Ⅱ 和 Ⅲ 中的最优测点，这些测点在相应分类集中有着和其他身体部位皮肤温度最小的偏差和最大的稳定性。

表 3.7　由式(3.18)和式(3.19)得出的最小 DLST 法和最小标准差法的结果　　(单位：℃)

局部	分类集 Ⅱ				分类集 Ⅲ			
	上臂	头部	前臂	半个大腿	半个大腿	脚	小腿	手
式(3.18)	−0.27	−0.19	−0.03	0.38	−0.49	0.10	0.15	0.49
式(3.19)	0.32	0.36	0.32	0.34	0.49	0.75	0.42	0.84

2. 平均皮肤温度计算方法对比和权重优化

出于实验方便的原因，有较少测点的平均皮肤温度计算方法更符合人们的使用偏好。因此，根据式(3.18)和式(3.19)的计算结果，首先详细介绍新3点法的面积权重系数确定过程。如图3.23所示，根据三个分类集，胸口(0.175)和背部(0.175)的面积权重系数统一由胸口测点代表(0.35)，代表人体躯干部位的面积比例。根据人体热调节特征[30]，来自人体躯干包括内脏的产热传热量是人体重要的热源，同时血流也是向其他部位传热的重要因素。因此，人体躯干可以看成核心热源，这也是胸口和背部是冷环境中局部皮肤温度最高且很稳定的原因。分类集Ⅱ局部部位是那些和躯干直接连接的身体部位，包括头部、上臂、前臂和半个大腿，这部分的体表面积权重系数都加到前臂上(0.30)。分类集Ⅲ局部部位是那些远离躯干的部位，包括手、半个大腿、小腿和脚，这些部分也是在冷环境中皮肤温度最低的部位(图3.21)，它们同时也通常没有服装或服装热阻比上身小，这部分的局部皮肤面积权重系数加到小腿上(0.35)。

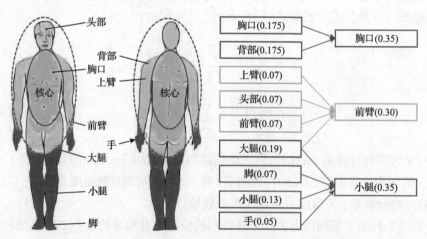

图3.23　新3点法中局部身体部位的面积权重系数聚合路径

使用类似的方法，新5点法、新4a点法和新4b点法也列在表3.8中。在原5点法中，背部、上臂和前臂的面积权重系数都加到胸口上，但在新5点法中，前臂的面积权重系数加到大腿。这是因为前臂和大腿的DLST要更小。新4a点法和原4a点法差异不大，只有手的面积权重系数(0.05)加在小腿上而不是大腿上。新4b点法和新4a点法比较类似，主要差别是测点在上臂而不是前臂。为了进一步分析这些方法是否提高了平均皮肤温度估算的准确性和一致性，在后面的方法验证中使用不同实验数据进行验证。

表 3.8　新提出的方法中局部测点皮肤温度聚类的面积权重系数

方法	头部	胸口	背部	上臂	前臂	手	大腿	小腿	脚
新 5 点法	0.07	0.42	—	—	—	0.05	0.26	0.20	—
新 4a 点法	—	0.35	—	—	0.14	—	0.26	0.25	—
新 4b 点法	—	0.35	—	0.14	—	—	0.26	0.25	—
新 3 点法	—	0.35	—	—	0.30	—	—	0.35	—

3. 方法验证

首先选择国内大学生群体，冬季工况服装热阻约为 1.32clo。实验中，受试者暴露于 4 种不同的冷环境中：7℃、9℃、11℃和 15℃，每个工况实验时间都为 2h。测试了八个点的局部皮肤温度每 10min 数值，包括头部、胸口、背部、上臂、前臂、手、大腿和小腿。在实验稳定工况中(实验开始 30min 之后)，共有 40 组有效数据，因此采用 8 点法计算值作为参考平均皮肤温度。将新 5 点法、新 4a 点法、新 4b 点法和新 3 点法和原方法进行对比，图 3.24 显示了在冷环境中不同平均皮肤温度计算方法的绝对误差和一致频率。结果显示，所有新方法的误差都小于原方法，且一致频率也提高到了较高水平，表明新方法的准确度并没有随着测点减少而下降。对于 4 点法，原 4a 点法要比原 4b 点法表现好很多，这是由于腿部比胳膊有较大权重，其更符合冬季工况人体皮肤温度分布特点。新 3 点法和原方法相比绝对误差最大下降了 77.6%[31]。

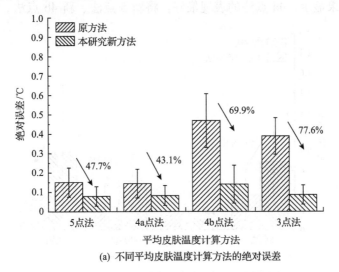

(a) 不同平均皮肤温度计算方法的绝对误差

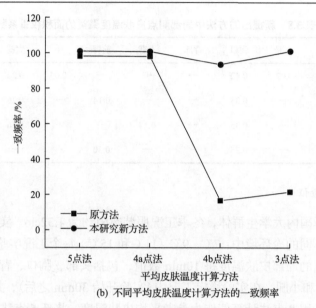

(b) 不同平均皮肤温度计算方法的一致频率

图 3.24 中国案例研究中使用不同平均皮肤温度计算方法的绝对误差和一致频率

选择国外芬兰大学生群体进行对比验证[32]。实验中受试者两个不同季节分别暴露于 22℃和 10℃长达 24h，服装热阻大约为 0.7clo，是典型的芬兰夏季和冬季室内的服装热阻水平。研究报告了实验最后时刻九个点的局部皮肤温度，包括头部、胸口、背部、上臂、前臂、手、大腿、小腿和脚。图 3.25 显示了芬兰实验案例的不同皮肤温度计算方法的绝对误差。由于工况数量(4 组)较少，一致频率没有比较。结果显示，4a 点法的表现最好。将新 5 点法、新 4b 点法、新 3 点法和

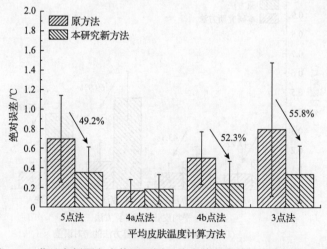

图 3.25 芬兰案例研究中使用不同平均皮肤温度计算方法的绝对误差

原方法进行对比，绝对误差最大下降了 55.8%。

Liu 等[33]在夏季服装工况下对比了不同皮肤温度估算方法的差异，温度范围为 21~29℃。研究表明，7 点法和 4b 点法的表现最好，5 点法、4a 点法和 3 点法的表现较差。因此，为了实验方便，之后的热舒适研究很多时候都采用测点较少的 4b 点法：胸口、上臂、大腿、小腿。作者研究的冬季冷环境中，4b 点法的误差相对较大，一致频率很低。一个重要的原因是冬季工况时，上半身通常穿着较厚服装（热阻值较大），使得上半身身体部位（躯干和胳膊）的皮肤温度远高于裸露皮肤部位（头和手）。而下半身部位（大腿和小腿）由于服装热阻相对更低，且远离心脏血流的热传导[30]，平均皮肤温度更接近于裸露皮肤部位（头和手）。

因此，新的权重法将更多的权重系数加在下半身，更适用于冬季服装工况的平均皮肤温度估算。上述分析显示，原 4b 法比原 4a 法和新 4b 法的误差明显更大。更重要的是，4a 法的鲁棒性要明显好于其他方法，不论在国内还是国外，受试者在不同冷气候环境工况下，误差都在 0.2℃之内（图 3.25），基本接近于测量误差。而其他方法，特别是 5 点法受到具体实验的较大影响，误差时大时小。因此，4a 点法（胸口、前臂、大腿和小腿）最适合在冬季服装工况下用来对平均皮肤温度进行估算。老人的皮肤温度和年轻人比较接近，但其他个体因素等也可能会对结果造成一定的影响，不同人群的适用性还需要进一步研究。

3.3　人体生理调节动态预测

3.3.1　人体生理模型研究发展

热环境中人体生理反应模型一般是指在人体体温调节学说和传热学的基础上，通过描述人体的体温调节过程及人体与环境间的换热过程，有效地反映人体在热环境中的生理反应规律[34]的模型。数学模型可以定量地描述一个系统的各个组分，并能将纯粹的描述转化为更具针对性的逻辑规则，因此对于描述非常复杂的人体体温调节系统，数学模型的方法提供了一个较好的途径。基于此，大量从事自然科学研究的人员通过建立人体生理调节的数学模型，将人体生理调节用简练、精确的数学逻辑描述出来，从而加深了人们对于人体体温调节的认识和应用。

最初对于人体体温调节的模型研究集中在人体温度分布上，Machle 和 Hatch 于 1947 年利用中央核心和皮肤壳体温度的概念建立了人体能量平衡方程，将人体温度表示为核心和壳体温度，即现在通用的直肠温度和皮肤温度。人体的储热变化表示为核心和壳体温度的线型函数[35]。1948 年，Pennes 提出了人手臂径向温度分布计算模型，在该模型中，人体的前臂被抽象为一个圆柱体，其中血流量和产热均匀。该模型不仅考虑了人体几何特征对人体散热和温度分布的影响，还考虑了人体组织中血液对体内导热过程的影响，给出了灌注血流量同人体组织进行对流换热量的计算方法[36]，Pennes 生物热方程奠定了人体体温调节研究的基础。Wyndham 等[37]于 1960 年首先提出了人体温度分布的动态响应模型，在该模型中人体被认为由中心层、肌肉层、皮肤层组成，人体内传热属于一维、非稳态，且温度沿径向分布。1985 年，Wissler[38]建立了 6 节段人体体温调节的数学模型。在该模型中，人体被分为 6 个节段，即头部、躯干、手臂（左右）、腿（左右），每个节段又由核心、肌肉、皮下脂肪和皮肤组成。1988 年，Werner 等[39]通过摄影测量建立了复杂的人体温度分布模型，使得人体温度由部分研究向更真实描述人体生理特征的方向迈进了一步。

1961 年，Crosbie 等[40]首次建立了顾及人体生理调节功能的体温调节闭环控制模型，由此提出了体温调定点理论的初步思想。在阿波罗登月计划实施期间，为了满足工程需要，Stolwijk 等[41]于 1966 年提出了一维人体体温调节模型。该模型是第一个针对人与热环境相互作用较为完善的人体生理模型，它将人体的生理分为被动受控和主动控制两个系统。在受控系统中，人体被分为头部、躯干和四肢三个部分，每部分分别由核心层、肌肉层和皮肤层组成，主要是从能量平衡的角度描述人体各部分热量交换和传递的过程与状态；而在控制系统中，采用了控制论的反馈原理来建立人体生理的闭环控制，该系统主要是从生理学的角度描述人体体温调节的原理和方式。在该模型的基础上，Stolwijk 等[42]于 1971 年对受控系统和控制系统进行了较大改进，并提出了 25 节点生理模型。在该模型中，人体被分为头部、躯干、双臂、双腿六个节段，并通过中心血液循环系统将这六个节段相互联系起来，其中头部被看成一个球体，而其他部位作为圆柱体看待，每个节段又细分为核心、肌肉、脂肪和皮肤四层，这样算上中心血液，人体一共被分成 25 个单元；在主动控制系统中，Stolwijk 等对人体体温调节的作用模式、数学描述方法进行了详尽的阐述，形成了一套完善的模型框架。

Stolwijk 模型被认为是生理调节系统研究的一个里程碑，后续学者对人体生理的研究都是在该模型的基本框架上进行进一步的探索和优化。1999 年，Fiala 等[43]建立了 15 节段人体生理模型，将人体受控系统分为 15 节段：头部、面部、颈部、双肩、双臂、双手、胸部、腹部、双腿和双脚，每个节段又由 7 种不同组织中的 4~5 个组成，这 7 个组织包括脑、肺、骨头、肌肉、内脏、脂肪和皮肤；其中皮肤又分为里层和外层，里层有血管和代谢产热，外层则没有。除了面部和肩部，大部分节段在横截面的周向上分为前部、中部和候补，这种划分有助于处理身体两侧的热舒服不对称状况；当人体处于热中性状态附近时，人体控制系统的传入信号为人体局部热中性状态偏差的加权平均值[44]，该模型中各局部的权重与 Stolwijk 模型有所不同。2001 年，Huizenga 等[45]提出了 Berkeley 人体生理模型，用于预测人体在各种复杂环境中的热反应。与 Stolwijk 模型相比的改进在于，该模型将人体分为 16 节段，每个节段增加了一个服装边界层；在血液换热方面加入了逆流换热模块；采用稀疏计算方法计算人体和环境之间的辐射换热量；考虑了人体与外界物体接触时的热传导换热量等。2002 年，Tanabe 等[46]基于 Stolwijk 模型提出了 65 节点模型，在该模型中人体也分为 16 节段，每节段由核心、肌肉、脂肪和皮肤四层组成，中心血液是模型的第 65 个节点，通过血液循环作用将人体组织的 16 节段 64 节点联系起来。2009 年，Munir 等[47]将人体实验结果与 Stolwijk 模型对比发现，Stolwijk 模型能比较准确地预测从事低活动水平下非稳态过程中人体平均皮肤温度的变化，但局部皮肤温度的实测值与预测值有一定差异，Munir 通过修正 Stolwijk 模型中的皮肤基础血流量、血管收缩系数及局部权重系数，使新的修正模型的预测精度大为提高。1971 年，Gagge[48]在 Stolwijk 模型的基础上进行简化，将原本模型中的多个节点缩减为两个，即在模型中假定人体的受控系统只有核心层和皮肤层两个受控单元，控制系统由皮肤传感器和核心传感器组成，输出信号来调节皮肤血流量、出汗和冷颤，并在该模型的基础上提出了热舒适指标 ET*。其后，Gagge 等又对该模型进行了更新，调整了一些控制参数，并据此提出了热舒适指标 SET*[28]。至今为止，Gagge 的二节点模型由于其简单实用的特性，仍被广泛应用于热舒适领域。

此外，还有很多学者针对人体体温调节过程的不同方面开展了大量工作，1968 年，Mitchell 等[49]建立了静脉和动脉之间的逆流换热模型及血管与相邻组织间的热交换模型。1980 年，Chen 等[50]研究了血液灌注组织的传热模式，并提出了相应的生物热方程。1984 年，Arkin 等[51]提出了 14 节段二维人体生理模型，该模型首次引入了临界出汗度的概念。1984 年，Smith 等[52]运用有限差分法提出了动态人体生理模型。1985 年，Wissler[38]提出了 15 节段人体生理模型，该模型可计算 225 个温度值，可用于冷环境和热环境的预测。1988 年，Tikuisis 等[53]建立了人在冷水中浸泡时的生理模型，并给出了冷颤产热的经验公式。1992 年，Wang 等[54]提出了 6 节段人体生理模型，该模型可以预测人体在新陈代谢变化、着装变化、环境参数突变等各种非稳态条件下的热舒适情况。1997 年，Xu 等[55]提出了 6 节段动态人体生理调节数学模型，该模型的人体控制系统采用分布在全身的热感受器检测温度的加权平均值作为传入信号，该信号与临界阈值的差异决定了人体热调节反应；模型还考虑了人体在高温环境下的血流量分配及代谢量变化；此外，Werner 等[56]还在模型中加入了服装的热湿传递模型，用以预测着装人体在各种环境下的温度分布。这些模型主要从人体体温调节作用的角度对人与环境的相互作用进行了描述，继而有学者指出，服装作为人体体温调节系统的边界条件，对人体在环境中的生理反应有着与体温调节同等重要的作用。

随着研究的深入，一些学者针对性地研究了服装的热湿传递性能，并与前述着重于体温调节作用的模型结合，提出了更为复杂的基于人体、服装、环境的人体生理模型。1955 年，Burton 等[57]首先引进了服装传热效率的概念来描述服装对人体与环境之间热交换的影响，并建立了考虑服装的人体与环境的热交换模型，使人体温度分布的计算更接近于实际情况。1970 年，Nishi 等[58]提出了服装渗透系数的概念，并建立涉及服装的人体体温调节模型，该模型考虑了服装对人体皮肤表面蒸发散热的影响。1992 年，Jones[59]将服装的动态热湿传递模型与二节点模型在人体皮肤层边界进行耦合，以模拟人在热环境中的动态热反应，该模型不仅考虑了皮肤表面及服装内部湿气的聚散过程，同时还考虑了服装的热容作用。1998 年，Li 等[60]将二节点模型与服装的动态热湿传递模型相结合，并考虑了服装材料在热湿传递过程中纤维的吸湿与解湿作用，提出了人体、服装、环境系统的热交换模型，用以预测人体的动态生理反应。2004 年，Li 等[61]将 Stolwijk 模型与 Jones 的服装模型相结合，提出了更为复杂的人体、服装、环境系统热交换模型。2008 年，Wan 等[62]将 Tanabe 等[46]的 16 节段模型与 Jones 的服装模型相结合，充分考虑了服装材料中的传热传湿过程，包括皮肤表面及内衣里层湿气的聚集、人体活动产生的鼓风作用、服装内部空气渗透、液态水传递、热湿传递等一系列过程的交互作用。Fu 等[63]在 Berkeley 人体生理模型的基础上，结合服装的热湿传递特性，提出了一个更全面的人体-服装-环境一体模型。2017 年，Yang 等[64]通过将体温调节模型与服装模型相结合，开发了一种新的人体-服装-环境模型。体温调节模型用于计算人体和体内热传递的体温调节，服装模型可用于模拟微环境、织物和环境之间的热量和质量传递。模拟和测量结果之间的比较表明，所提出的模型可以合理准确地预测核心和皮肤温度。此外，该模型还定量分析了气隙厚度对核心和皮肤温度的影响。因此，人体-服装-环境模型可以成为预测人类生理反应的有力工具，应用于人体热舒适评估和服装设计。

此外，有研究者针对在相同环境中个体生理反应的差异，对个性化的人体生理模型进行了研究，大体包括两个方面：一是受控系统的个性化，主要考虑个性化的因素，包括基础新陈代谢、体格和生理参数（如热容、体表面积、体重、年龄等）[65-69]；二是控制系统的个性化，包括出汗调节和皮肤血流量调节等[67-70]。但是，目前的模型在预测某些身体部位的皮肤温度时表现较差。2018 年，Davoodi 等[71]基于 Pennes 方程和 Gagge 的二节点模型提出了一种新的个性化体温调节生物热模型，以确定活体组织层的热传递。在开发该模型时，考虑了年龄、性别、体重指数和基础代谢率等个体参数对确定皮肤温度感受器位置的温度及其衍生物的影响。之后，根据已发表的经验数据，模拟标准模型结果和各种环境条件下的分析结果验证了本模型，表明具有良好的一致性。在非均匀环境下，人体热感知取决于在不同的身体部位的皮肤热感受器的热响应，然而皮肤热响应包括分别取决于响应温度及其变化率的静态和动态两个部分，因此有必要评估不同身体部位中皮肤响应时间依赖性温度。Khiavi 等[72]通过考虑每个节段的适当热/生理特性，解决了 16 个身体部位的 Pennes 方程，通过应用 65 节点模型的体温调节机制，将控制系统添加到 Pennes 方程中；通过求解局部温度调节生物热方程，得到 16 节段的皮肤温度，使用公布的实验数据进行模型验证，表明具有良好的一致性。

　　总体而言，随着生理学、传热学及其他相关学科的发展，人体生理模型的研究内容已从有限节点发展到无限节点，从一维发展到多维，从简单控制系统发展到复杂控制系统，从单一生理模型发展到人体、服装、环境的复合模型，使得数学模型的描述更加趋于人体的真实状态，人体生理调节的研究也相应越来越深入。然而，目前在热舒适领域，并没有一个模型能成为标准或得到公认，主要是因为以下问题：①模型的物理结构无法统一。简易的物理结构便于模型应用，但其预测结果的准确性可能会受到影响；物理结构复杂的模型通常更趋近于真实情况，但过多的输入参数可能使得模型难以推广和应用。②对体温调节作用的数学描述尚不成熟。由于目前各模型生理调节模块的结果都是基于不同生理实验数据统计得到的半经验公式，已有模型的生理调节模块(用于描述体温调节系统)在数学形式和系统等方面的差异都较大，如在某些模型中皮肤血管扩张只与核心温度信号有关，而在另一些模型中该量与核心温度信号和皮肤温度信号都有关。③对模型的研究对象缺乏细致的划分。已有模型大多采用"标准人"的概念以表征人群的平均水平，然而实际情况中，不同特征的人体的生理反应存在差异，尤其在人种、性别等方面存在的差异可能更为显著。目前虽然有少量体现了群体差异的人体模型，但该方面的研究依然较为匮乏，主要体现在没有在众多因素中寻找到造成生理差异的主要因素。

3.3.2　人体生理热调节简化预测模型

　　现有研究表明，人体模型建立的数据基础主要来源于欧美人种的生理实验，鲜有基于中国人群数据的生理模型，而中国人相对于欧美人无论在生理、体格方面还是在体温调节作用方面都可能存在差异。2013 年，Zhou 等[68]为中国成年人建立了个体化的人体温度调节模型，用于预测皮肤温度，根据中国人的人体测量数据和生理数据建立了标准的中国模型，然后根据身高、体重、年龄和性别四个参数建立了个性化中国模型。敏感性分析显示，身高和重量的差异可能导致计算的平均皮肤温度的差异为 1.2℃。标准中国模型和个性化中国模型均用中国成年人在不同环境条件下进行测试，再将个性化中国模型与标准中国模型进行比较，得到了进一步的改进。对于个性化中国模型，预测和测量之间的皮肤温度的平均偏差范围为 0.20~0.38℃，并且平均偏差以及大多数局部皮肤温度的标准偏差小于1℃。通过与其他研究人员对中国受试者的实验结果的比较，验证了预测结果的准确性，通过对具有中国生理特征的体温调节模型的修改和个性化可以提高中国成年人皮肤温度预测的准确性。而在 2017 年，Ma 等[73]基于此模型以及其他一些年轻人模型对中国老年人建立了标准和个性化的体温调节模型，并对标准模型的个性化设置了四个参数(身高、体重、性别和年龄)，以便更准确地预测体温。

作者研究团队提出了一种简化的人体体温调节模型[30]，构建了基于中国人群生理特性的人体生理调节模型。该研究通过建立人体生理模型的理论架构，再结合基于实验数据优化的经验公式，最终获得了一个符合群体特征的人体生理模型，可在均匀的热环境中模拟人体的瞬态温度，表征总体的平均水平。新模型在预测温暖环境中的平均皮肤温度方面具有统计学上的准确性，并且已通过三组实验验证。

人体体温调节模型由三部分组成：①物理模型，是真实身体的抽象；②受控系统，用于模拟身体和环境的热传递；③控制系统，描述人体的体温调节控制机制。下面针对该模型进行具体介绍。

1. 物理模型

为了从数学模型的角度研究热环境中的人体生理反应，首先应通过物理模型将实际情况简化，该物理模型需要既能简化人体复杂的结构或多变的环境，又能充分反映人体在热环境中热反应的主要特性。对于日常的热环境，将其简化为一个以平均空气温度、平均相对湿度、平均黑球温度、平均空气流速四个热物理参数表征的三维均匀热环境，而对于真实的人体则按照一定的方式将其抽象为一个物理对象。

在模型中，核心层主要包括人体的大脑、内脏和一些相应的结缔组织；肌肉层包括人体的肌肉组织和骨骼；脂肪层即人体皮下的脂肪组织；皮肤层包括真皮和表皮部分；对于中心血液，则假设人体中有一节点，血液由该节点流出，分别流向核心层、肌肉层、脂肪层和皮肤层，经过热量交换后再各自返回并流入该节点。此外，对于着装的人体，在该物理模型的描述中，还应在人体与热环境的物理抽象之间加入一组对服装的抽象，具体的做法是：在人体圆柱体抽象的最外层，即皮肤层外侧，添加一个同轴心圆筒作为服装层，该层包括服装与人体表间的空气和服装材料两部分。

对于人体组织的物性参数，假定人体每层组织的物性参数都均匀，其值见表 3.9。

表 3.9　人体各层组织物性参数

参数	核心层	肌肉层	脂肪层	皮肤层
密度/(kg/m³)	977	1115	850	1000
比热容/[J/(kg·℃)]	2968	3105	2510	3760
导热系数/[W/(m·K)]	0.424	0.6575	0.21	0.21

该研究中所有有关人体生理模型的论述就是基于上述抽象后的物理模型，为使表述方便和统一，后续文本中以下标 a 表示环境空气的变量；以下标 i 表示人体组织，i=c,m,f,s，分别代表核心层、肌肉层、脂肪层和皮肤层；此外，需强调的是，在数值表达中，为了表达方便，也用下标 i=1,2,3,4 分别表示核心层、肌肉层、脂肪层和皮肤层；对于着装人体的服装层，则用下标 cl 表示；对于血液，则用下标 b 表示。

物理模型的几何尺寸可根据人体的基本信息(性别、身高、体重、体脂率等)求得。中国人群的人体表面积 A_0(单位为 m²)可根据式(3.20)和式(3.21)计算[74]；圆柱体的高度 $l_{h,0}$ 和 i 层的外径 $r_{s,i}$(单位均为 m)可由式(3.22)和式(3.23)得到。

$$A_0 = 0.0057H_b + 0.0121W_b + 0.0882, \quad 男性 \tag{3.20}$$

$$A_0 = 0.0073H_b + 0.0127W_b - 0.2106, \quad 女性 \tag{3.21}$$

式中，H_b 为人体身高，cm；W_b 为人体体重，kg。

$$l_{h,0} = \frac{A^2}{4\pi \sum_{i=1}^{4} V_i} \tag{3.22}$$

$$r_{s,i} = \sqrt{\frac{\sum_{i=1}^{4} V_i}{\pi l_h}} \tag{3.23}$$

$$m_i = \alpha_{m,i}W_b \tag{3.24}$$

$$V_i = \frac{m_i}{\rho_i} \tag{3.25}$$

式中，$\alpha_{m,i}$ 为各层组织质量占人体体重的比例，其值由文献[42]数据计算汇总得来，这里认为核心层和皮肤层占人体体重的比例不会发生明显变化，而脂肪层占人体体重的比例因人而异，剩余部分则为肌肉层所占比例，据此得到表 3.10。

表 3.10　人体各层组织的比例

成分	核心层（$\alpha_{m,c}$）	肌肉层与脂肪层（$\alpha_{m,m}+\alpha_{m,f}$）	皮肤层（$\alpha_{m,s}$）	总计
比例/%	22	73	5	100

因此，性别、身高、体重和体脂率可以作为人体生理模型的输入参数，中国男女的默认值分别为：男性身高 170cm，体重 70kg，体脂率 20%；女性身高 160cm，体重 55kg。

2. 受控系统

受控系统以传热学为基础，用于描述某一状态下热量从人体内部传至周边环境的物理过程，原理如图 3.26 所示。

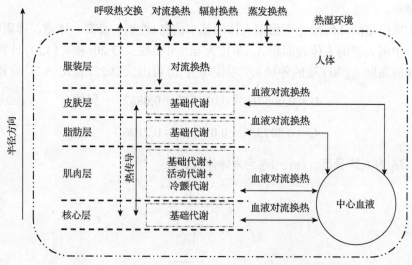

图 3.26　热量从人体内部传至周边环境的物理过程原理图

1）能量方程

一维圆柱体径向传热的能量方程为

$$\rho_i c_i \frac{\partial T_i}{\partial \tau} = \lambda_i \left(\frac{\partial^2 T_i}{\partial r^2} + \frac{1}{r}\frac{\partial T_i}{\partial r} \right) + q_i \tag{3.26}$$

$$q_i = M_{b,i} + M_{w,i} + M_{s,i} + Q_i c_b (T_b - T_i) \tag{3.27}$$

式中，T_i 为组织 i 的温度，℃；q_i 为组织 i 单位体积的内热源，W/m³；$M_{b,i}$ 为组织 i 单位体积的基础代谢率，W/m³；$M_{w,i}$ 为组织 i 单位体积的活动代谢率；$M_{s,i}$ 为组织 i 单位体积的冷颤代谢率，W/m³；Q_i 为组织 i 单位体积的血流量，m³/(s·m³)；

T_b 为中心血液温度，℃。

$M_{b,i}$ 可由人体基础代谢总量 M_b 计算得到，即

$$M_{b,i} = \frac{\delta_i M_b A}{V_i} \tag{3.28}$$

式中，δ_i 为组织 i 的基础代谢在各层的分布占比，通过文献[75]数据计算的一组参考值见表 3.11。

表 3.11　各层组织基础代谢率比例

成分	核心层（δ_c）	肌肉层（δ_m）	脂肪层（δ_f）	皮肤层（δ_s）	总计
比例/%	4	75	1	20	100

假定活动代谢产热只发生在肌肉层中，$M_{w,i}$ 可表示为

$$M_{w,c} = M_{w,f} = M_{w,s} = 0 \tag{3.29}$$

$$M_{w,i} = M_{w,m} = \frac{(M - M_b)A}{V_m} \tag{3.30}$$

$M_{s,i}$ 与 Q_i 是由控制系统控制的变量，可表示为

$$M_{s,i} = \frac{M_{shi,i} A}{V_i} \tag{3.31}$$

$$Q_i = 0.278 \times 10^{-6} BF_i \tag{3.32}$$

式中，$M_{shi,i}$ 为组织 i 总体积对应的冷颤代谢率，W/m³。

对中心血液建立能量方程，可得

$$\rho_b c_b Q_b \frac{dT_b}{d\tau} = \sum_{i=1}^{4} \int_{r_{s,i-1}}^{r_{s,i}} \rho_b c_b Q_i (T_{v,i} - T_b) dr \tag{3.33}$$

式中，$r_{s,i}$ 为圆柱体轴心的外径；$T_{v,i}$ 为静脉血液温度，在此假定与邻近的组织温度相等，即 $T_{v,i} = T_i$；Q_b 为流向全部组织的总血流量，m³/s，可通过对圆柱体积分计算得到：

$$Q_b = \sum_{i=1}^{4} 2\pi l_n \int_{r_{s,i-1}}^{r_{s,i}} Q_i r dr \tag{3.34}$$

2) 边界条件

圆柱体轴心的边界条件为

$$\left.\frac{\partial T_i}{\partial r}\right|_{r=0} = -C_{\text{res}} - E_{\text{res}} \tag{3.35}$$

$$E_{\text{res}} = 0.0000173M(5867 - P_{\text{a}}) \tag{3.36}$$

$$C_{\text{res}} = 0.0014M(34 - T_{\text{a}}) \tag{3.37}$$

两层组织交界处的温度和热流边界条件为

$$T_i(r_{s,i} - 0, t) = T_{i+1}(r_{s,i} + 0, t), \quad i=1,2,3 \tag{3.38}$$

$$\lambda_i\left(\frac{\partial T_i}{\partial r}\right)_{r_{s,i}-0} = \lambda_{i+1}\left(\frac{\partial T_{i+1}}{\partial r}\right)_{r_{s,i}+0}, \quad i = 1,2,3 \tag{3.39}$$

根据前述对皮肤表面热量传递的分析，其边界条件为

$$\lambda_i\frac{\partial T_i}{\partial r} = -f_{\text{cl}}\frac{T_i - T_{\text{cl}}}{0.155I_{\text{cl}}} - E_{\text{sw}} - E_{\text{diff}}, \quad i=4, \quad r=r_{s,4} \tag{3.40}$$

对于服装层，同样存在热量平衡，可表示为

$$m_{\text{cl}}c_{\text{cl}}\frac{\mathrm{d}T_{\text{cl}}}{\mathrm{d}\tau} = Af_{\text{cl}}\frac{T_i - T_{\text{cl}}}{0.155I_{\text{cl}}} - Af_{\text{cl}}(C + R), \quad i=4, \quad r=r_{s,4} \tag{3.41}$$

式中，m_{cl} 为服装的质量，kg，轻薄服装质量的默认值设为 0.2kg[61]；c_{cl} 为服装的比热容，J/(kg·℃)，文献[76]给出了一些常见服装材料的参考值，棉质材料的比热容为 1210J/(kg·℃)。

对于服装面积系数，一般成套的服装可通过文献[77]查表获得。若无法获得合适的参考数据，则可采用经验公式估算，即[78]

$$f_{\text{cl}} = 1 + 0.3I_{\text{cl}} \tag{3.42}$$

在 27℃ ≤ T_{sk} ≤ 37℃ 时，饱和水蒸气分压可近似为皮肤温度 T_{sk} 的线性函数，则有

$$E_{\text{diff}} = 0.00305(256T_{\text{sk}} - 3373 - P_{\text{a}}) \tag{3.43}$$

着装人体的服装外表面与周围环境之间存在对流换热作用，实际中该过程是非常复杂的，在模型中服装外表面向环境的对流换热量简化为

$$C = f_{\text{cl}}h_{\text{c}}(T_{\text{cl}} - T_{\text{a}}) \tag{3.44}$$

式中，C 为服装外表面与环境的单位体表面积对流换热量，W/m²；h_{c} 为对流换热

系数，$W/(m^2 \cdot {}^\circ\!C)$。

对于自然对流：

$$h_c = 2.38(T_{cl} - T_a)^{0.25} \tag{3.45}$$

对于强迫对流：

$$h_c = 12.1\sqrt{V_a} \tag{3.46}$$

式中，V_a 为空气流速，m/s。

由于自然对流和强制对流的过程在实际中并没有明确的区分方式，Fanger 建议：

当 $2.38(T_{cl} - T_a)^{0.25} > 12.1\sqrt{V_a}$ 时，$h_c = 2.38(T_{cl} - T_a)^{0.25}$；

当 $2.38(T_{cl} - T_a)^{0.25} \leqslant 12.1\sqrt{V_a}$ 时，$h_c = 12.1\sqrt{V_a}$。

$$R = \frac{A_{eff}\varepsilon\sigma[(T_{cl} + 273)^4 - (\overline{T_r} + 273)^4]}{A} \tag{3.47}$$

式中，R 为着装人体外表面与环境单位体表面积的辐射换热量，W/m^2；A_{eff} 为着装人体的有效辐射面积，m^2；ε 为着装人体外表面发射率（人体外表面的发射率，人体皮肤约为 1，大多数服装可取 0.95）；σ 为斯特藩-玻尔兹曼常量，取值 $5.67 \times 10^{-8} W/(m^2 \cdot K^4)$；$\overline{T_r}$ 为环境的平均辐射温度，${}^\circ\!C$。

3. 控制系统

控制系统是指受到体温调节作用控制的系统，用于描述与热量传递有关的生理状态参数，反映了人体的体温调节作用。研究所提出的控制系统是基于 Stolwijk[42]所提出的传统控制系统及进一步发展后得到的经验公式。

Stolwijk 在其模型中选取了皮肤温度和下丘脑温度对控制系统的输入信号进行描述。

$$Err_c = T_c - T_{set,c} + RF_c \tag{3.48}$$

$$Err_s = T_s - T_{set,s} + RF_s \tag{3.49}$$

式中，Err_c、Err_s 分别为核心层（在 Stolwijk 模型中特指头部的核心层）和皮肤层的输入信号，${}^\circ\!C$；T_c、T_s 分别为核心层（在 Stolwijk 模型中特指头部的核心层）和皮肤层的温度，${}^\circ\!C$；$T_{set,c}$、$T_{set,s}$ 分别为核心层（在 Stolwijk 模型中特指头部的核心层）和皮肤层的设定点温度；F_c、F_s 分别为核心层（在 Stolwijk 模型中特指头部的核心层)和皮肤层的温度变化率，℃/s；R 为一常数，反映温度变化率对输入信号的影响，s。

温度设定点 $(T_{set,c}$、$T_{set,s})$ 可模拟人体在热中性环境中不工作和无控制下的情况，稳定后的环境参数及人体热中性温度设定点记录在表 3.12 和表 3.13 中，得到的人体热中性环境参数见表 3.12，基于模型输出数据得到的人体设定点温度见表 3.13(依次为核心层、肌肉层、脂肪层、皮肤层、血液、全身的温度设定点)。

表 3.12　人体热中性环境参数

热中性环境参数	$T_a/℃$	RH/%	$V_a/(m/s)$	$T_g/℃$	$M/(W/m^2)$	I_{cl}/clo	i_{cl}
男性	26	74.11	0.05	26.47	58.15	0.4	0.34
女性	26.2	73.55	0.06	26.42	55.15	0.4	0.34

表 3.13　人体设定点温度　　　　　　　　(单位：℃)

温度设定点	$T_{set,c}$	$T_{set,m}$	$T_{set,f}$	$T_{set,s}$	$T_{set,b}$	$T_{set,h}$
男性	36.94	36.47	35.29	34.16	36.74	36.63
女性	36.67	36.36	35.08	33.80	36.50	36.36

1)血液调节

$$BF_c = 255 L/h \tag{3.50}$$

$$BF_m = 14.74 + (M_b + M_{shi}) \times \frac{A}{1.16} \tag{3.51}$$

$$BF_f = 3.5 L/h \tag{3.52}$$

$$BF_s = \frac{11.89 + DL}{1 + ST} \times 2^{\frac{Err_s}{10}} \times \frac{A}{1.89} \tag{3.53}$$

$$DL = 117 Err_c + 7.5(Wrm_s - Cld_s), \quad 若 DL < 0, 则 DL = 0 \tag{3.54}$$

$$ST = -0.63 Err_c - 0.63(Wrm_s - Cld_s), \quad 若 ST < 0, 则 ST = 0 \tag{3.55}$$

式中，BF 为血流量，L/h，下标 c、m、f、s 分别为核心层、肌肉层、脂肪层、皮肤层。

因此

$$Q_i = 0.278 \times 10^{-6} BF_i \tag{3.56}$$

2)出汗调节

显汗蒸发调节模块如下：

$$E_{sw} = \frac{(223\text{Err}_c + 20\text{Err}_s)2^{\frac{\text{Err}_s}{10}}}{A}, \quad 男性 \tag{3.57}$$

$$E_{sw} = \frac{(111\text{Err}_c + 10\text{Err}_s)2^{\frac{\text{Err}_s}{10}}}{A}, \quad 女性 \tag{3.58}$$

男性和女性在优化出汗调节模块中的差别表明，在同等情况下，女性单位面积的显汗蒸发散热量小于男性。

3) 冷颤调节

人体冷颤产热量可由式(3.59)得出：

$$M_{shi} = \frac{22.4\text{Err}_s}{A}, \quad 如果\text{Err}_c > 0或\text{Err}_s > 0，那么M_{shi} = 0 \tag{3.59}$$

模型采用有限中心差分法对能量微分方程(3.33)进行数值求解，空间上在半径方向以间距 $\Delta r = 0.002\text{m}$ 为离散节点；时间上取间隔 $\Delta t = 1\text{s}$。

针对模型的数值求解，采用软件 MATLAB 2010a 编译程序，流程如图 3.27 所示。程序包括五个部分，即输入(INPUT)、物理模型(PHYSICAL)、控制系统(CONTROLLING)、受控系统(CONTROLLED)、输出(OUTPUT)，其功能如下。

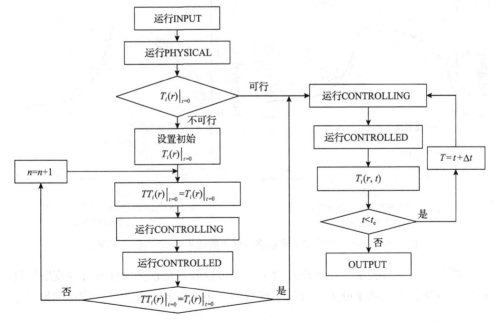

图 3.27　模拟程序流程

n 为计算次数；t 为计算时刻；Δt 为时间间隔；t_e 为模拟时长

INPUT：将输入参数导入程序，包括人体体征参数、模拟初始条件和过程变量，如 $T_a(\tau)$、$T_r(\tau)$、$V_a(\tau)$、$RH_a(\tau)$、$I_{cl}(\tau)$、$M(\tau)$、$V_w(\tau)$、$i_{cl}(\tau)$、$T_i(r)|_{t=0}$ 及对象性别、年龄、身高、体重、体脂率等。

PHYSICAL：建立人体抽象模型，并根据人体参数计算模型的几何尺寸和物性参数。

CONTROLLING：计算控制系统的参数。

CONTROLLED：根据受控系统的公式计算人体温度。

OUTPUT：输出瞬态的人体温度。

4. 模型验证

基于实验研究中的人体平均皮肤温度数据，对该模型的预测效果进行评价。利用人体生理模型对实验温度变化后第二阶段的瞬态皮肤温度进行预测(第一阶段暴露作为人体达到稳态的初始条件)，并对比实测数据。根据模型效果评价方法，在实验Ⅰ[①]所有的热条件下，模型的预测值与总体均值都不存在显著性差异，因此模型的预测效果为Ⅰ级，即模型在统计上的预测效果能满足准确性要求。模型对男性和女性的预测效果如图 3.28 所示。该结果说明此模型适用于轻薄着装的人体在温度变化环境中的情况。

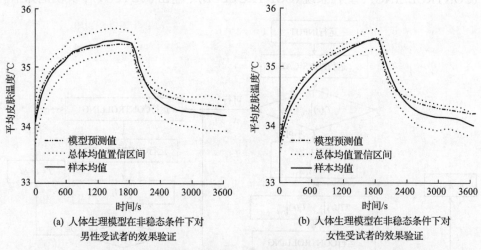

(a) 人体生理模型在非稳态条件下对
男性受试者的效果验证

(b) 人体生理模型在非稳态条件下对
女性受试者的效果验证

图 3.28　人体生理模型在非稳态条件下的效果验证(实验Ⅰ工况 5)

通过上述模型验证，在动态环境下模型可以较好地预测男性和女性皮肤温度的连续变化，相比基于欧美人群的生理模型，主要差异表现为：①物理抽象模型

---

① 实验Ⅰ为突变实验，用于生理模型及热感觉模型的建立与验证，实验处于非稳态条件下，工况数为 5，受试者共 100 人次，暴露时长为 90min/人次。

中人体的体格参数采用了基于中国人体数据获得的经验公式；②在受控系统中，人体的代谢产热量依据中国人的统计数据；③控制系统中各模块及参数的选择和优化是基于中国人的生理实验数据获得的经验结果。因此，模型具有较强的针对性，相比其他以欧美人群为对象的模型，该模型能对中国人群进行更准确的预测，可以更好地应用于中国人群，此外，该人体生理模型是一个满足精确度要求的简化模型。在物理结构和输入参数等方面比已有模型更为简易，使用户或研究者的应用更为方便。虽然该模型是一个简化模型，但对模型效果的验证表明，该模型能在热舒适领域的研究范围内对研究对象进行足够准确的预测。

3.3.3　基于人体生理调节的热感觉预测模型

目前虽然有一些瞬态热感觉模型可以用于稳态或非稳态条件下人体热感觉的预测，但研究多基于欧美人群的数据，模型对于中国人群的适用性并未得到验证，同时这些模型涉及的生理参数较多且不易得到，对于一般使用者而言过于复杂。基于此，作者研究团队根据人体温度感受器受到刺激后的反应特性，提出了一个适合中国人群、使用方便且对于日常环境具备足够准确性的热感觉预测模型。可将热感觉模型分为两个部分，即静态项和动态项[79]。静态项用于描述当人体处于稳态条件时热感觉与生理参数的关系；动态项则反映了非稳态条件下生理参数变化对热感觉影响的特征。首先对稳态条件下的热感觉进行研究，建立热感觉模型的静态项；再通过分析非稳态条件下热感觉的动态特性，寻找热感觉模型的动态项。

1. 人体热感觉模型静态项

人体热感觉模型的静态项即为在稳态条件下的热感觉模型。由于人体并不能直接对环境的温度等参数产生相应的感知，而是通过身体的温度感受器感知，在其受到冷热刺激时，发出脉冲信号，从而使人产生热感觉，因此对温度感受器的刺激才是影响热感觉的直接因素。如前所述，人体中的温度感受器包括外周温度感受器和中枢温度感受器两种，多数外周温度感受器分布于全身皮肤的表层，中枢温度感受器则主要分布于体内深处，并承担了对全身信号整合的作用。

选取实验最后时刻的热感觉（thermal sensation，TS）和人体平均皮肤温度（mean skin temperature，MST）的数据，对每一个工况中的样本数据取均值，即得到各工况人体在稳态下的实际平均投票（actual mean vote，AMV）和人体平均皮肤温度的均值。对各工况在选取时刻 1min 内的变化率数据进行分析，其值均小于 0.01℃/min，即认为人体在各工况的选取时刻均已近似达到稳态（准稳态）。所有分析工况的实际平均投票已对应列于散点图 3.29 中。可以看出，实际平均投票与平均皮肤温度存在明显的相关关系，总体而言，随着平均皮肤温度的升高，实际平均投票相应提升；在中性状态（0 ≤ AMV < 0.5）和极端状态（AMV ≥ 2）附近，热感觉对皮肤温度的敏感性较弱；而在中间阶段（0.5 ≤ AMV < 2），平均皮肤温度的变化对热感觉的影响十分显著。由于在前述人体生理热反应的研究中发现性别对结果有非常显著的影响，此处也分别对男性和女性的数据进行研究。根据实际平均投票与平均皮肤温度均值的关系特点，采用玻尔兹曼方程对男性和女性的数据分别进行回归分析，并对男性和女性玻尔兹曼回归进行显著性检验，表明该回归在统计上具有显著性。

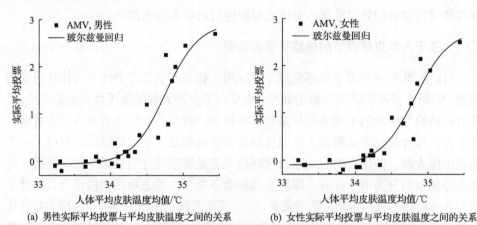

(a) 男性实际平均投票与平均皮肤温度之间的关系　　　(b) 女性实际平均投票与平均皮肤温度之间的关系

图 3.29　稳态条件下实际平均投票与平均皮肤温度之间的关系

　　回归关系式即为稳态条件下基于平均皮肤温度的实际平均投票预测模型（式（3.60）、式（3.61））。该模型可用于均匀偏热环境中稳态条件下人体热感觉的预测。图 3.29 显示了男性和女性的热感觉模型，在热感觉敏感的阶段，相同平均皮肤温度下男性的热感觉略高于女性，但男性和女性的热感觉随平均皮肤温度的变化趋势是一致的。

$$AMV = 2.94 - \frac{3}{1 + \exp[(MST - 34.76)/0.23]}, \quad 男性 \qquad (3.60)$$

$$AMV = 2.76 - \frac{2.86}{1 + \exp[(MST - 34.82)/0.24]}, \quad 女性 \qquad (3.61)$$

式中，AMV 为稳态条件下人体的实际平均投票；MST 为人体的平均皮肤温度，℃。

2. 人体热感觉模型动态项

　　与稳态条件不同，在动态过程中，许多研究发现人体的热感觉与人体的皮肤温度不存在一一对应的关系。与皮肤温度保持不变的情况相比，当皮肤温度上升或下降时，人体感觉更冷或更热，即非稳态下的热感觉偏离稳态时的规律，在热舒适中这一现象称为"超越"现象。研究表明，在非稳态条件下，人体的热感觉与温度感受器对动态刺激的反应特性有关。已有文献[25]给出了温度突变过程中温度感受器作用规律，当温度突然变化时，温度感受器受到刺激而发出一个高频脉冲信号，该信号在随后逐渐衰弱，达到稳态时信号趋于稳定。因此可以推断，"超越"现象应与温度感受器受动态刺激而发出的高频脉冲信号相关。

人体热感觉模型的动态项是指由于温度感受器受到动态刺激而产生的热感觉，反映了人体心理对动态刺激的反应。变化率是一个能较好地反映温度感受器所受动态刺激的变量，在 Zhang 和 Lomas 提出的瞬态热感觉模型中，均采用了皮肤温度变化率或核心温度变化率的概念对热感觉的动态项进行描述，另一篇文献中则采用了蓄热变化率对热感觉进行动态描述。

选取实验各工况的逐时 TS 和 MST，对于有热感觉的数据时刻，计算对应时刻（1min 内）的平均皮肤温度变化率，如式(3.62)所示。对每一个工况中样本的逐时数据取均值，即得到各工况下的逐时人体平均热感觉、人体平均皮肤温度的均值和人体平均皮肤温度变化率的均值。

根据式(3.60)和式(3.61)计算热感觉静态项 TS_s，由式(3.63)计算逐时平均热感觉的动态项 AMV_d。在此将皮肤感受器受到的动态刺激阈值设为 $0.000167℃/s$，取 $|\overline{r_{MST}}|>0.000167\ ℃/s$ 的数据，根据性别将对应时刻的 $\overline{r_{MST}}$ 与 AMV_d 作散点图，考察动态刺激对热感觉的作用。从中可以看出，AMV_d 与 $\overline{r_{MST}}$ 的关系在 $\overline{r_{MST}}$ 大于零和小于零时有所区别，因此将其分开处理，可以理解为温度升高的动态信号与温度降低的动态信号有所不同，这与冷热感受器的特性有关。

$$r_{MST} = MST' \tag{3.62}$$

$$AMV_d = AMV - TS_s \tag{3.63}$$

当 $\overline{r_{MST}}>0$ 时，用对数方程对 $\overline{r_{MST}}$ 与 AMV_d 数据进行拟合。当 $0<\overline{r_{MST}}<0.0005$ 时，男性相关数据中 $\overline{r_{MST}}$ 与 AMV_d 的相关性不显著，故将男性在温度升高时的动态信号阈值提高为 $0.0005℃/s$，得到男性和女性的热感觉动态项可表示为

$$TS_d = 5.9 + 0.74\ln(r_{MST} - 0.000145), \quad r_{MST} > 0.0005，男性 \tag{3.64}$$

$$TS_d = 6.2 + 0.76\ln(r_{MST} - 0.000151), \quad r_{MST} > 0.000167，女性 \tag{3.65}$$

式中，TS_d 为非稳态条件下人体热感觉投票的动态项；r_{MST} 为人体的平均皮肤温度变化率，$℃/s$。

当 $\overline{r_{MST}}<0$ 时，对 $\overline{r_{MST}}$ 与 AMV_d 数据进行二次项拟合，对男性和女性玻尔兹

曼回归分析表明，该回归在统计上具有显著性。由此得到男性和女性的热感觉动态项可表示为

$$TS_d = -124729r_{MST}^2 + 256r_{MST} - 0.27, \quad r_{MST} < -0.000167, \text{ 男性} \quad (3.66)$$

$$TS_d = -190182r_{MST}^2 + 58r_{MST} - 0.13, \quad r_{MST} < -0.000167, \text{ 女性} \quad (3.67)$$

人体热感觉为热感觉静态项与动态项之和，两者相结合即可得到均匀环境中的人体热觉预测模型 TS_m。

$$TS_m = TS_s + TS_d \quad (3.68)$$

根据前两节归纳可以得到男性与女性热感觉模型。

对于男性：

$$TS_m = 8.84 - \frac{3}{1 + \exp[(MST - 34.76)/0.23]} + 0.74\ln(r_{MST} - 0.000145), \quad r_{MST} > 0.0005$$

$$(3.69)$$

$$TS_m = 2.94 - \frac{3}{1 + \exp[(MST - 34.76)/0.23]}, \quad -0.000167 \leqslant r_{MST} \leqslant 0.0005 \quad (3.70)$$

$$TS_m = 2.67 - \frac{3}{1 + \exp[(MST - 34.76)/0.23]} - 124729r_{MST}^2 + 256r_{MST}, \quad r_{MST} < -0.000167$$

$$(3.71)$$

对于女性：

$$TS_m = 8.96 - \frac{2.86}{1 + \exp[(MST - 34.82)/0.24]} + 0.76\ln(r_{MST} - 0.000151), \quad r_{MST} > 0.000167$$

$$(3.72)$$

$$TS_m = 2.76 - \frac{2.86}{1 + \exp[(MST - 34.82)/0.24]}, \quad -0.000167 \leqslant r_{MST} \leqslant 0.000167 \quad (3.73)$$

$$TS_m = 2.63 - \frac{2.86}{1 + \exp[(MST - 34.82)/0.24]} - 190182r_{MST}^2 + 58r_{MST}, \quad r_{MST} < -0.000167$$

$$(3.74)$$

现有 PMV 稳态模型无论在稳态条件还是在非稳态条件下，其预测值均与真值存在显著且不可接受的偏差，PMV 模型对中国群体预测的准确性并不能满足要求。TS_m 模型理论上来说是一个通用模型，可用于均匀环境中各种条件下热感觉

的预测，同时适用于处于稳态和非稳态条件下的人体热感觉预测。但由于研究涉及的工况类型有限，无法对该模型在所有热条件下的预测效果进行验证，对于更多的热条件，TS$_m$模型的适用性还有待后续进一步研究。

参 考 文 献

[1] Sawka M N, Wenger C B. Physiological Responses to Acute Exercise-Heat Stress[M]//Pandolf K B, Sawka M N, Gonzalez R R. Human Performance Physiology and Environmental Medicine at Terrestrial Extremes. Indianapolis: Benchmark Press, 1988: 97-151.

[2] Périard J D, Travers G J S, Racinais S, et al. Cardiovascular adaptations supporting human exercise-heat acclimation[J]. Autonomic Neuroscience, 2016, 196: 52-62.

[3] Shen D D, Zhu N. Influence of the temperature and relative humidity on human heat acclimatization during training in extremely hot environments[J]. Building and Environment, 2015, 94 (2): 1-11.

[4] ASHRAE. ASHRAE Handbook-Fundamentals[M]. Atlanta: American Society of Heating, Refrigerating and Air-Conditioning Engineers, 2009.

[5] 姚泰. 生理学[M]. 上海: 复旦大学出版社, 2005.

[6] Ken P. Human Heat Stress[M]. Boca Raton: CRC Press, 2019.

[7] Guyton A C, Hall J E. Textbook of Medical Physiology[M]. London: Saunders Company, 2016.

[8] Arens E, Zhang H. The Skin's Role in Human Thermoregulation and Comfort[M]//Pan N, Gibson P. Thermal and Moisture Transport in Fibrous Materials. Cambridge: Woodhead Publishing Ltd., 2006: 560-602.

[9] Kenshalo D R. Temperature Receptors Some Operating Characteristics for Model[M]//Hardy J D, Gagge A P, Stolwijk J A. Physiological and Behavioral Temperature Regulation. Springfield: Charles C Thomas Publisher, 1970: 802-818.

[10] Parsons K C. Human Thermal Environments: The Effect of Hot, Moderate and Cold Environments on Human Health, Comfort and Performance[M]. London: CRC Press, 2007.

[11] 刘红. 重庆地区建筑室内动态环境热舒适研究[D]. 重庆: 重庆大学, 2009.

[12] Wang G H, Stein P, Brown V W. Brainstem reticular system and galvanic skin reflex in acute decerebrate cats[J]. Journal of Neurophysiology, 1956, 19 (4): 350-355.

[13] 丁文彦. 谈人体电阻及其安全因素[J]. 农业机械化与电气化, 1997, (1): 24.

[14] Lee D H K. 环境与健康: 生产、生活环境因素对人体的作用[M]. 陈炎磐, 张国高, 译. 北京: 人民卫生出版社, 1986.

[15] 卢祖能. 实用肌电图学[M]. 北京: 人民卫生出版社, 2000.

[16] 伊亨云. 概率论与数理统计[M]. 重庆: 重庆大学出版社, 1995.

[17] Li B Z, Li W J, Liu H, et al. Physiological expression of human thermal comfort to indoor

operative temperature in the non-HVAC environment[J]. Indoor and Built Environment, 2010, 19(2): 221-229.

[18] McIntyre D A. Indoor Climate[M]. London: Applied Science Publishers, 1980.

[19] Lv Y G, Liu J. Effect of transient temperature on thermoreceptor response and thermal sensation[J]. Building and Environment, 2007, 42(2): 656-664.

[20] Kelly L, Parsons K. Thermal comfort when moving from one environment to another[C]// Proceedings of Conference: Adapting to Change: New Thinking on Comfort, Windsor, 2010: 9-11.

[21] Li B Z, Du C Q, Liu H, et al. Regulation of sensory nerve conduction velocity of human bodies responding to annual temperature variations in natural environments[J]. Indoor Air, 2019, 29(2): 308-319.

[22] Son Y J, Chun C. Research on electroencephalogram (EEG) to measure thermal pleasure in thermal alliesthesia in temperature step-change environment[J]. Indoor Air, 2018, 28(6): 916-923.

[23] Metzmacher H, Wölki D, Schmidt C, et al. Real-time human skin temperature analysis using thermal image recognition for thermal comfort assessment[J]. Energy and Buildings, 2018, 158: 1063-1078.

[24] Chaudhuri T, Zhai D Q, Soh Y C, et al. Thermal comfort prediction using normalized skin temperature in a uniform built environment[J]. Energy and Buildings, 2018, 159: 426-440.

[25] Cheng X G, Yang B, Hedman A, et al. NIDL: A pilot study of contactless measurement of skin temperature for intelligent building[J]. Energy and Buildings, 2019, 198: 340-352.

[26] Wu Y X, Liu H, Chen B F, et al. Effect of long-term thermal history on physiological acclimatization and prediction of thermal sensation in typical winter conditions[J]. Building and Environment, 2020, 179: 106936.

[27] Gagge A P, Stolwijk J A J, Hardy J D. Comfort and thermal sensations and associated physiological responses at various ambient temperatures[J]. Environmental Research, 1967, 1(1): 1-20.

[28] Gagge A P, Fobelets A P, Berglund L G. A standard predictive index of human response to the thermal environment[J]. ASHRAE Transactions, 1986, 92(2): 709-731.

[29] Yang Y, Yao R M, Li B Z, et al. A method of evaluating the accuracy of human body thermoregulation models[J]. Building and Environment, 2015, 87: 1-9.

[30] Li B Z, Yang Y, Yao R M, et al. A simplified thermoregulation model of the human body in warm conditions[J]. Applied Ergonomics, 2017, 59: 387-400.

[31] Liu H, Tan Q, Li B Z, et al. Impact of cold indoor thermal environmental conditions on human thermal response[J]. Journal of Central South University of Technology, 2011, 18(4):

1285-1292.

[32] Makinen T M, Paakkonen T, Palinkas L A, et al. Seasonal changes in thermal responses of urban residents to cold exposure[J]. Comparative Biochemistry and Physiology Part A: Molecular & Integrative Physiology, 2004, 139(2): 229-238.

[33] Liu W W, Lian Z W, Deng Q H, et al. Evaluation of calculation methods of mean skin temperature for use in thermal comfort study[J]. Building and Environment, 2011, 46(2): 478-488.

[34] Cheng Y D, Niu J L, Gao N P. Thermal comfort models: A review and numerical investigation[J]. Building and Environment, 2012, 47: 13-22.

[35] Machle W, Hatch T F. Heat: Man's exchanges and physiological responses[J]. Physiological Reviews, 1947, 27(2): 200-227.

[36] Pennes H H. Analysis of tissue and arterial blood temperatures in the resting human forearm[J]. Journal of Applied Physiology, 1948, 1(2): 93-122.

[37] Wyndham C J, Atkins A R. Approach to solution of human biothermal problem with aid of an analog computer[C]//Proceedings of the Third International Conference on Medical Electronics, London, 1960.

[38] Wissler E. Mathematical simulation of human thermal behavior using whole body models[J]. Heat Transfer in Medicine and Biology, 1985, 1(13): 325-73.

[39] Werner J, Buse M. Temperature profiles with respect to inhomogeneity and geometry of the human body[J]. Journal of Applied Physiology, 1988, 65(3): 1110-1118.

[40] Crosbie R J, Hardy J D, Fessenden E. Electrical analog simulation of temperature regulation in man[J]. IRE Transactions on Bio-Medical Electronics, 1961, 8(4): 245-252.

[41] Stolwijk J, Hardy J D. Temperature regulation in man—A theoretical study[J]. Pflüger's Archiv Für Die Gesamte Physiologie Des Menschen und Der Tiere, 1966, 291(2): 129-162.

[42] Stolwijk J. A mathematical model of physiological temperature regulation in man[R]. Washington D C: National Aeronautics and Space-Administration, 1971.

[43] Fiala D, Lomas K J, Stohrer M. A computer model of human thermoregulation for a wide range of environmental conditions: The passive system[J]. Journal of Applied Physiology, 1999, 87(5): 1957-1972.

[44] Fiala D, Lomas K J, Stohrer M. Computer prediction of human thermoregulatory and temperature responses to a wide range of environmental conditions[J]. International Journal of Biometeorology, 2001, 45(3): 143-159.

[45] Huizenga C, Hui Z, Arens E. A model of human physiology and comfort for assessing complex thermal environments[J]. Building and Environment, 2001, 36(6): 691-699.

[46] Tanabe S I, Kobayashi K, Nakano J, et al. Evaluation of thermal comfort using combined

multi-node thermoregulation (65MN) and radiation models and computational fluid dynamics (CFD) [J]. Energy and Buildings, 2002, 34 (6): 637-646.

[47] Munir A, Takada S, Matsushita T. Re-evaluation of Stolwijk's 25-node human thermal model under thermal-transient conditions: Prediction of skin temperature in low-activity conditions[J]. Building and Environment, 2009, 44 (9): 1777-1787.

[48] Gagge A P. An effective temperature scale based on a simple model of human physiological regulatory response[J]. ASHRAE Transactions, 1971, 77: 247-262.

[49] Mitchell J W, Myers G E. An analytical model of the counter-current heat exchange phenomena[J]. Biophysical Journal, 1968, 8 (8): 897-911.

[50] Chen M M, Holmes K R. Microvascular contributions in tissue heat transfer[J]. Annals of the New York Academy of Sciences, 1980, 335 (1): 137-150.

[51] Arkin H, Shitzer A. A model of thermoregulation in the human body[C]//ASME Winter Annual Meeting, Los Angeles, 1984.

[52] Smith P, Twizell E H. A transient model of thermoregulation in a clothed human[J]. Applied Mathematical Modelling, 1984, 8 (3): 211-216.

[53] Tikuisis P, Gonzalez R R, Pandolf K B. Thermoregulatory model for immersion of humans in cold water[J]. Journal of Applied Physiology, 1988, 64 (2): 719-727.

[54] Wang X L, Peterson F K. Estimating thermal transient comfort[J]. ASHRAE Transactions, 1992, 98: 182-188.

[55] Xu X J, Werner J. A dynamic model of the human/clothing/environment-system[J]. Applied Human Science, 1997, 16 (2): 61-75.

[56] Werner J, Webb P. A six-cylinder model of human thermoregulation for general use on personal computers[J]. The Annals of Physiological Anthropology, 1993, 12 (3): 123-134.

[57] Burton A C, Edholm O G. Man in a Cold Environment: Physiological and Pathological Effects of Exposure to Low Temperatures[M]. London: Edward Arnold Ltd., 1955.

[58] Nishi Y, Gagge A. Moisture permeation of clothing—A factor governing thermal equilibrium and comfort[J]. ASHRAE Transactions, 1970, 76 (1): 137-145.

[59] Jones B. Transient interaction between the human and the thermal environment[J]. ASHRAE Transactions, 1992, 98 (2): 189-195.

[60] Li Y, Holcombe B V. Mathematical simulation of heat and moisture transfer in a human-clothing-environment system[J]. Textile Research Journal, 1998, 68 (6): 389-397.

[61] Li Y, Li F Z, Liu Y X, et al. An integrated model for simulating interactive thermal processes in human-clothing system[J]. Journal of Thermal Biology, 2004, 29 (7-8): 567-575.

[62] Wan X F, Fan J T. A transient thermal model of the human body-clothing-environment system[J]. Journal of Thermal Biology, 2008, 33 (2): 87-97.

[63] Fu M, Yu T F, Zhang H, et al. A model of heat and moisture transfer through clothing integrated with the UC Berkeley comfort model[J]. Building and Environment, 2014, 80: 96-104.

[64] Yang J, Weng W G, Wang F M, et al. Integrating a human thermoregulatory model with a clothing model to predict core and skin temperatures[J]. Applied Ergonomics, 2017, 61: 168-177.

[65] Zhang H, Huizenga C, Arens E, et al. Considering individual physiological differences in a human thermal model[J]. Journal of Thermal Biology, 2001, 26(4-5): 401-408.

[66] van Marken L W D, Frijns A J, van Ooijen M J, et al. Validation of an individualised model of human thermoregulation for predicting responses to cold air[J]. International Journal of Biometeorology, 2007, 51(3): 169-179.

[67] Havenith G. Individualized model of human thermoregulation for the simulation of heat stress response[J]. Journal of Applied Physiology, 2001, 90(5): 1943-1954.

[68] Zhou X, Lian Z W, Lan L. An individualized human thermoregulation model for Chinese adults[J]. Building and Environment, 2013, 70: 257-265.

[69] Takada S, Kobayashi H, Matsushita T. Thermal model of human body fitted with individual characteristics of body temperature regulation[J]. Building and Environment, 2009, 44(3): 463-470.

[70] Gonzalez R R. SCENARIO revisited: Comparisons of operational and rational models in predicting human responses to the environment[J]. Journal of Thermal Biology, 2004, 29(7-8): 515-527.

[71] Davoodi F, Hassanzadeh H, Zolfaghari S A, et al. A new individualized thermoregulatory bio-heat model for evaluating the effects of personal characteristics on human body thermal response[J]. Building and Environment, 2018, 136: 62-76.

[72] Khiavi N M, Maerefat M, Zolfaghari S A. A new local thermal bioheat model for predicting the temperature of skin thermoreceptors of individual body tissues[J]. Journal of Thermal Biology, 2018, 74: 290-302.

[73] Ma T, Xiong J, Lian Z W. A human thermoregulation model for the Chinese elderly[J]. Journal of Thermal Biology, 2017, 70: 2-14.

[74] Hu Y M, Wu X L, Hu Z H, et al. Study of formula for calculating body surface areas of the Chinese adults[J]. Acta Physiologica Sinica, 1999, 51(1): 45-48.

[75] Gordon R G, Roemer R B, Horvath S M. A mathematical model of the human temperature regulatory system-transient cold exposure response[J]. IEEE Transactions on Biomedical Engineering, 1976, (6): 434-444.

[76] Morton W E, Hearle J W S. Physical Properties of Textile Fibres[M]. 4th ed. Cambridge: Woodhead Publishing Ltd., 2008.

[77] ASHRAE. ASHRAE Handbook-Fundamentals[M]. Atlanta: American Society of Heating, Refrigerating and Air Conditioning Engineers, 2001.

[78] McCullough E A, Jones B W, Huck J. A comprehensive data base for estimating clothing insulation[J]. ASHRAE Transactions, 1985, 91(2): 29-47.

[79] 杨宇. 室内均匀热环境中的人体热反应(偏热条件)[D]. 重庆: 重庆大学, 2015.

第4章 室内热环境与热舒适评价

为了营造适合人们工作、生活和活动的安全、健康、舒适的室内热环境，首先需要能够对人体热舒适进行准确的评价和预测。20 世纪伊始，大量学者开始针对室内热环境和人体热舒适展开研究，并取得了显著成果，也相继制定了一系列评价人体热舒适的指标和标准，如《人类居住热环境条件》(ASHRAE 55-2004)、《热环境的人类工效学 通过计算 PMV 和 PPD 指数与局部热舒适标准对热舒适进行分析测定和解释》(ISO 7730:2005)、《民用建筑室内热湿环境评价标准》(GB/T 50785—2012)等，用于指导采用合理的指标参数对室内热环境进行设计与评价。随着气候变化带来的全球挑战，节能减排、"双碳"目标、室内热环境绿色低碳营造需求日益迫切。如何评价室内热环境和人员热舒适？如何确定人体热环境安全阈值？营造舒适室内热环境应采用什么样的评价指标与方法？不同地域、不同环境条件、人员存在动态热舒适和适应性调节下，热环境评价指标与标准是否存在差异，如何科学度量？围绕上述问题，本章对现有国内外标准进行系统对比分析，从而明确采用哪些指标参数来合理地进行室内热环境设计与评价，为建筑热环境舒适节能绿色营造提供理论支撑。

4.1　热环境和热舒适评价方法

影响人体热舒适的因素很多，寻求简单便捷且能综合多种因素的评价指标和科学评价方法，从而简化对人体热舒适和热环境的评价，一直是热舒适领域研究的重点。总结起来，其评价方法一般可分为三类：①依据简单的仪器对热环境单个参数或者组合参数进行直接测量，作为评价热环境的指标；②利用人体热平衡方程及人体体温调节数学模型来建立人体-环境的换热模型，预测人体在各种热环境条件下的热反应，从而对其所处热环境进行评价；③大量调研和实验，研究特定环境下人员的主观评价，采用数理统计等方法建立数据库，拟合得到人员主观评价热舒适和热环境参数关系的经验模型，从而得到一个热环境的综合性指标或评价方法。相比而言，第一类方法最简单直接，本书第 1 章已经介绍过，但单纯物理参数未能和人员评价建立联系，无法有效衡量人们所述热环境的舒适度。因此，本章将对第二类和第三类评价指标和方法进行介绍。

4.1.1　有效温度和标准有效温度

Gagge 等建立了人体热调节系统数学模型，并以稳定热环境为条件，以人体主观热感觉处于中性、风速不大于 0.15m/s、相对湿度 50%为最佳舒适的热环境，提出了有效温度(effective temperature，ET)指标和标准有效温度(standard effective temperature，SET)指标。

1. 有效温度

1) 旧有效温度

有效温度为室内空气温度、空气湿度和室内风速在一定组合下的综合指标，其最早是由 ASHRAE 通过实验建立的指标，目的在于研究湿度对热感觉的影响程度。Houghton 和 Yaglou 在 1923 年建立有效温度指标时[1]，共进行了 1440 次实验，受试者为裸体，室内空气静止且平均辐射温度等于空气温度，涉及的温度变化范围为 0～69℃，最后确定了热感觉是空气温度和湿度的函数。其定义是将干球温度、湿度、空气流速对人体温暖感或冷感的影响综合成一个单一数值的任意指标，数值上等于产生相同热感觉的静止饱和空气温度，即当实际环境和饱和空气环境中衣着与活动情况均相同，且平均辐射温度等于空气温度时，如果人们在两个环境中的热感觉相同，那么饱和空气的温度就是有效温度。1932 年，Warner 提出了用黑球温度计测定黑球温度来代替空气温度以确定有效温度，从而修正环境的辐射影响，建立了修正有效温度(corrected effective temperature，CET)，它可以用于辐射温度与空气温度差异较大的热环境。

有效温度在实际应用的过程中也存在一些问题，主要是在低温区过高估计了湿度对热感觉的影响程度，而在高温区又过低估计了湿度对热感觉的影响程度。原因是在实验过程中，当受试者从标准房间进入对比房间时被要求立即报告自己的对比结果，没有允许一定的物理和生理调节过程，因而其感觉会偏离在该环境下经过若干小时适应后的真实感觉。

2) 新有效温度

新有效温度 ET*是在旧有效温度的基础上发展起来的热指标，通过把皮肤湿润度的概念引进 ET*，提供一个适用于穿标准服装和坐着工作的人的舒适指标。ET*定义为一个具有一致温度且相对湿度为 50%的黑体封闭空间的温度，在该假想环境中，人体的全热损失与真实环境相同。该指标综合了温度、湿度对人体热舒适的影响，适用于穿标准服装和坐着工作的人群，并已被 ASHRAE 55-74 舒适标准所采用。采用 ET*指标的优点在于它的指标值更接近人们的实际经验感觉。例如，ET*=23.5℃属于舒适，ET*=41.5℃为极不舒适，这与通常的热感觉比较接近，因而新有效温度更接近理论指标，而不像有效温度那样主要依据实验来建立。

但是新有效温度只适用于着装轻薄、活动量小、风速低的环境，因此在应用上存在局限性，且计算比较烦琐，需要借助计算机迭代计算出新有效温度，如果将新有效温度绘制在焓湿图上，那么每条新有效温度线的数值就是其与 50%等相对湿度线交点处的空气温度坐标值，而不是如同 ET 线那样，以相对湿度 100%来定值。

　　2. 标准有效温度

　　19 世纪 80 年代，Gagge 等[2]建立了人体二节点模型，并提出了另一个与新有效温度相关的热舒适评价指标——标准有效温度，其定义为一个假想等温环境中的干球温度，该假想标准环境的相对湿度为 50%，受试者在该环境中穿着实际活动水平下对应的标准服装，此时将产生与在实际环境中相同的皮肤湿润度和皮肤散热量。该假想标准环境的空气温度就是上述实际环境的标准有效温度。计算公式为

$$Q_{sk} = h'_{cSET}(T_{sk} - SET) + wh'_{eSET}(P_{sk} - 0.5P_{SET}) \tag{4.1}$$

式中，Q_{sk} 为皮肤的总散热量；T_{sk} 为皮肤温度；w 为皮肤湿润度；Q_{sk}、T_{sk}、w 均可利用 Gagge 的二节点模型进行求解；P_{SET} 为标准有效温度下的饱和水蒸气分压力，kPa；h'_{cSET} 为标准环境中考虑了服装热阻的综合对流换热系数，W/(m²·℃)；h'_{eSET} 为标准环境中考虑了服装潜热热阻的综合对流质交换系数，W/(m²·kPa)，即 h'_e 在标准环境下的数值。

　　SET 模型的热平衡公式考虑了风速对汗液蒸发的影响，因此 ASHRAE 55 标准引入了 SET 模型作为计算基础，用于确定在温暖条件下保持舒适性时增加的空气流速所产生的冷却效果，可以直接通过计算 SET 值来评价风速的作用。对于着装热阻为 0.6clo、坐态活动的人，在低风速下，相应的标准环境与新有效温度的定义条件相同，因此标准有效温度与新有效温度在这种条件下就一致了。不同的是，新有效温度的适用范围比较小，而标准有效温度可以适用不同着装条件、活动量及环境变化组合，可以对更大范围的真实环境(包括人为因素在内)进行评价。

　　ASHRAE 55-2013 标准[3]中采用了 SET 模型来评价风速对温度的补偿作用，如图 4.1 所示。图中 δT_{op} 实际上表示的就是由风速差异引起的温度差。例如，当 T_{op}=30℃、RH=50%、v=0.8m/s、I_{cl}=0.5clo、MET=1.0met 时(MET 为人体代谢率)，SET_1=26.17℃，保持其他条件相同，将风速降至 0.15m/s 时，SET_2=29.23℃，则风速对温度的补偿作用为 $\delta SET=SET_2-SET_1$=29.23–26.17=3.06℃。由于 SET 是根据人体生理反应模型为基础导出的一项合理的热舒适指标，该指标中包含空气温度、相对湿度、风速、辐射温度等热环境参数以及服装热阻和活动水平对人体热感觉的影响。SET 可以用于评价风速影响的原因是，SET 相等的两个环境的平均皮肤温度、皮肤湿润度相等(SET 的定义)，而人体热感觉主要是由平均皮肤温度和皮

肤湿润度决定的，所以相应的热感觉也应相等。

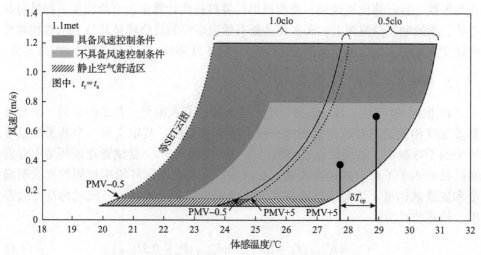

图 4.1　风速对空气温度的人体可接受区大小的影响[3]

服装热阻为 0.5clo 和 1.0clo，含湿量为 10g/kg 干空气

只要给定活动量、服装和空气流速，就可以在湿空气焓湿图上画出等标准有效温度线。对于坐着工作、穿轻薄服装和较低空气流速的标准状况，SET 就等于ET*。尽管 SET 的最初设想是预测人体排汗时的不舒适感，但经过发展却能表示各种衣着条件、活动强度和环境变量的情况。标准有效温度反映的是人体的感觉，而并不与空气的温度直接有关，例如，一个穿轻薄服装的人坐在 24℃、相对湿度50%和较低空气流速的房间里，根据定义他是处于标准有效温度为 24℃ 的环境中。如果他脱去衣服，标准有效温度就降至 20℃，因为他的皮肤温度与一个穿轻薄服装坐在 20℃ 空气中的人皮肤温度相同。尽管标准有效温度反映了人的热感觉，但它需要计算皮肤温度和皮肤湿润度，因此应用比较复杂，反而不如只能描述坐着活动的 ET* 应用广泛。

4.1.2　预测平均投票-预测不满意率评价指标及修正

1. 预测平均投票-预测不满意率(PMV-PPD)评价指标

人体作为一个复杂的有机整体，与外界环境之间不断进行着物质和能量的交换，这是生命赖以存在的根本因素。人体为了维持正常的体温调节，必须使产热量和散热量保持动态平衡，若将人体看成一个系统，则人体的产热与散热同样遵守热力学第一定律，因此可以用热平衡方程来描述人体与环境的热交换，其详细描述见 3.1.1 节，人体热平衡方程计算公式为

$$M - W = (C + R + E_{\text{dif}} + E_{\text{rsw}}) + (C_{\text{res}} + E_{\text{res}}) + S$$

　　热平衡方程左侧产热量若大于右侧失热量，则等式右侧的 S 值为正值，人体此时蓄热；反之等式右侧的 S 值为负值，人体不断散失热量。如果人体产热量等于失热量，则 S 为零，从动态平衡角度看，人体处于热平衡状态。如果人体处于热不平衡状态，如得热量大于散热量，多余的热量将在体内积蓄，导致体温上升。当然，只要蓄热量不是很大，经过一段较长时间，由于人体自身的体温调节机能及体温上升造成对流热交换、辐射热交换等项的增加，可以使 S 重新变为零，即达到新的热平衡状态。在短时间内，由于人体本身具有较大的热容量，加上人体体温调节系统的调节功能（如血管运动、代谢产热、出汗），可以保证人体在热不平衡状态下只有很小的体温变化。但是，由于早期的人体热平衡方程是以大量实验观察测试结果为依据，实验中的各有关参数可改变的数量有限，再加上各参数之间存在很多耦合关系，结论难以推广。

　　19 世纪 70 年代，Fanger[4]以实验室实验为基础，根据人与环境热平衡，并进行适当的简化，推导出了热舒适方程，并给出满足人体热舒适条件的各种变量组合。该方程的前提条件是：第一，人体必须处于热平衡状态；第二，皮肤平均温度应具有与舒适相适应的水平；第三，为了满足舒适要求，人体应具有最适当的排汗率。随后，Fanger 在热舒适方程的基础上建立了 PMV 来反映大多数人对所处热环境的一种主观评价，是指具有舒适皮肤平均温度、舒适排汗率、人体蓄热率为 0 的“热中性”条件下的各变量之间的热平衡关系，其理论依据是通过人体热平衡偏离程度来确定人体的舒适状态，即当人体处于稳态的热环境时，人体的热负荷越大，人体偏离热舒适状态就越远。其 PMV 值与 7 级热感觉相对应，即−3（冷）、−2（凉）、−1（微凉）、0（中性）、+1（微暖）、+2（暖）、+3（热）。正值越大，人就觉得越热；负值绝对值越大，人就觉得越冷。Fanger 通过收集 1936 名美国和丹麦的受试者冷热感资料，并假定人体平均皮肤温度和出汗造成的潜热散热是人体保持舒适状态下的数值，对方程进行简化，得到 PMV 的计算公式如下：

$$PMV = [0.303\exp(-0.036M) + 0.0275] \times \{M - W - 3.05[5.733 - 0.007(M-W) - P_a]$$
$$- 0.42(M - W - 58.15) - 1.73 \times 10^{-2} M(5.876 - P_a) - 0.0014(34 - t_a)\}$$

$$(4.2)$$

　　PMV 模型是在传热学理论和实验研究基础上推导出来的，其对人体热感觉的影响因素考虑得较为全面，对稳态环境下室内人体热感觉的预测也具有一定的可靠度。它是迄今为止最全面、应用最广泛的室内热环境评价指标，其综合考虑了 4 个热环境参数（空气温度、相对湿度、风速、平均辐射温度）和 2 个人体参数（服装热阻、代谢率）。

　　PMV 指标代表了同一环境下绝大多数人的感觉，但是人与人之间存在个体差异，因此 PMV 指标并不一定能够代表所有个人的感觉。因此，Fanger 又提出了

PPD 指标来表示人群对热环境不满意的百分数，并利用概率分析方法，得到了 PMV 与 PPD 之间的定量关系：

$$PPD = 100 - 95\exp[-(0.03353PMV^4 + 0.2179PMV^2)] \tag{4.3}$$

PMV-PPD 关系图如图 4.2 所示。1984 年，国际标准化组织提出了室内热环境评价与测量的新标准化方法 ISO 7730:2005，它对 PMV-PPD 指标的推荐值为–0.5～+0.5，相当于人群中允许有 10%的人感觉不满意。

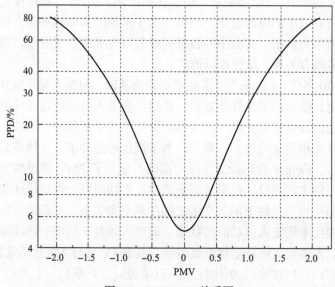

图 4.2　PMV-PPD 关系图

2. 基于 PMV 模型的修正模型

PMV 模型在推导的过程中需要满足一些前提条件，从而导致其应用存在一定的问题。

（1）PMV 模型推导过程中人体平均皮肤温度和实际显性出汗蒸发热损失计算公式是在接近热舒适状态下得出的，需要保持在一个较小的范围内，对于偏离舒适的热环境，其公式并没有进行修正。

（2）没有考虑到人体自身的生理调节功能。当人体处于中性偏热环境中时，首先会引起血管的扩张，增加血液流量，提高皮肤温度，从而增加皮肤向环境的散热量。如果这样仍不能抑制身体内部的温度上升，人体皮肤表面就会出汗，通过蒸发带走身体的热量。这种情况下减少服装热阻和增加风速就会使对流换热系数增大，加强传热，从而增强人体向周围环境的散热量，减少人体的热不舒适感；当人体处于中性偏冷环境中时，首先通过皮下血管收缩来减少身体表层的血流量，降低皮肤温度以减少人体辐射和对流热损失。

因此，当偏离热舒适环境较大时，如 PMV<–2 或者 PMV>2，就会产生较大偏差。例如，偏热环境下空气相对湿度过高会抑制皮肤表面的汗液蒸发，增大人体热感觉。此外，虽然 PMV 模型中也考虑了不同风速下的对流换热系数，在人体无显性出汗时，PMV 模型可以准确反映风速对人体热感觉的影响，但是当人体存在显性出汗时，由于风速会影响皮肤表面汗液蒸发速率，汗液蒸发换热系数随风速的提高而提高，不再满足 PMV 的推导条件，从而使得 PMV 在偏离中性环境的情况下无法真实预测各环境因素对人体热感觉的影响。

基于此，一些学者基于 PMV 提出了修正模型。

1) 扩展预测平均投票 (extended predicted mean vote，ePMV) 模型

Fanger 等[5]发现 PMV 模型不能准确描述偏热气候下自然通风建筑中人员的热感觉。因此，他们根据当地空调建筑的普及程度引入一个期望因子，同时降低了 PMV 模型的输入参数 (MET) 的数值，从而引出了修正模型 ePMV。该模型是由曼谷、布里斯班、雅典和新加坡四个城市 3200 次观测数据建立的，其预测值与观测值吻合良好。

ePMV 模型可由式 (4.4)～式 (4.6) 得出

$$\text{MET}_{\text{new}} = (1 - 6.7\%)\,\text{MET} \tag{4.4}$$

$$\text{PMV}_{\text{new}} = f\left(T_{\text{a}}, T_{\text{r}}, \text{RH}, v, I, \text{MET}_{\text{new}}\right) \tag{4.5}$$

$$\text{ePMV} = e \times \text{PMV}_{\text{new}} \tag{4.6}$$

式中，MET_{new} 为修正后的人体代谢率，用于模型输入；e 为期望因子，具体取值见表 4.1[5]。

表 4.1　偏热气候非空调建筑中的期望因子 e

期待值	非空调建筑分类		期望因子 e
	地域特点	偏热的时期	
高	普遍存在空调建筑的地区	在夏季短暂发生	0.9～1.0
中等	有一些空调建筑的地区	夏季	0.7～0.9
低	没有空调建筑的地区	四季	0.5～0.7

ePMV 模型是针对温暖气候下的自然通风建筑而提出的，因此它在其他气候区的混合建筑和空调建筑中的适用性可能与其自然通风条件下的适用性相冲突。变量 MET 值降低了 6.7%，并未有任何令人信服的证据或推导过程；而且期望因子 e 的决定过程不够明确，无法获得具体数值。

2) 新预测平均投票 (new predicted mean vote，nPMV) 模型

Nicol 等[6]指出，使用 ISO 7730 中的 PMV 模型来评估建筑内人员的热舒适性可能产生"严重误导"。因此，他们提出了 nPMV 模型，以减少原始 PMV 模型预测的偏差。该模型是基于 ASHRAE RP-884 数据库，使用 16762 个样本建立的，其验证结果表明，nPMV 模型在自然通风和暖通空调建筑的预测偏差与原始 PMV 模型相比有很大降低。

nPMV 模型计算公式如下：

$$D_{\text{PMV-ASHRAE}} = -4.03 + 0.0949T_{\text{op}} + 0.00584\text{RH} + 1.21(\text{MET} \times I) + 0.000838T_{\text{out}}^2 \quad (4.7)$$

$$\text{nPMV} = 0.8(\text{PMV} - D_{\text{PMV-ASHRAE}}) \quad (4.8)$$

式中，$D_{\text{PMV-ASHRAE}}$ 为新引入的参数；T_{op} 为操作温度；T_{out} 为室外空气温度；RH、MET 和 I 为 PMV 模型的原始输入参数。

nPMV 模型的计算过程考虑了原始 PMV 模型中没有关注的室外空气温度，但是 nPMV 模型的生成数据主要来源于办公楼，在其他类型建筑中的应用有待进一步验证。

3) PMV_{n} (a new predicted mean vote) 模型

由于适应性模型没有考虑湿度问题，Orosa 等[7]利用 PMV 模型和适应性模型各自的优点，提出了加入水蒸气分压力的 PMV_{n} 模型。他们在夏季用西班牙 25 栋办公楼的数据对模型进行验证，发现该模型与原始 PMV 模型和适应性模型相比，精度更高。

PMV_{n} 模型计算公式如下：

$$\text{PMV}_{\text{n}} = -5.151 + 0.202T_{\text{a}} + 0.533P_{\text{n}} \quad (4.9)$$

式中，T_{a} 为干球温度，℃；P_{n} 为水蒸气分压力，kPa。

使用 PMV_{n} 模型的前提条件：干球温度低于 25℃；水蒸气分压力为 1~1.8kPa；风速低于 0.2m/s；着装热阻约为 0.5clo；运动量处于坐姿；目标人群为年轻人；有效 PMV_{n} 值为 -0.4~0.8。

PMV_{n} 模型的设计充分利用了 PMV 模型和适应性模型的优点，然而，适应性模型的关键变量"室外空气温度"没有被引入，却只使用了 PMV 模型的两个原始输入量。此外，PMV_{n} 只能在非常严格的物理环境中使用，输出值范围也很窄，这些都限制了 PMV_{n} 的进一步应用。

4) 调整的预测平均投票 (adjusted predicted mean vote，PMV_{adj}) 模型

由于 PMV 模型建议在风速低于 0.2m/s 的情形下使用，当风速较高时，可以使用高风速 (elevated air speed，EAS) 模型来扩展可接受的工作温度。基于此理念，

Schiavon 等[8]提出了 PMV_{adj} 模型，它可以更好地利用 SET 模型来计算风速的拓展效果，并且提高了原 EAS 模型的精度。ASHRAE 55-2017 采用了 PMV_{adj} 模型来计算风速的冷却效果。

PMV_{adj} 模型计算公式如下：

$$\text{SET}(t_a, t_r, v_{\text{elev}}, *) = \text{SET}(t_a - \text{CE}, \overline{t_r} - \text{CE}, v_{\text{still}}, *) \tag{4.10}$$

$$\text{PMV}_{\text{adj}} = \text{PMV}(t_a - \text{CE}, \overline{t_r} - \text{CE}, v_{\text{still}}, *) \tag{4.11}$$

式中，t_a 为空气温度，℃；$\overline{t_r}$ 为平均辐射温度，℃；v_{elev} 为提升后的平均风速，m/s，$v_{\text{elev}} > 0.1\text{m/s}$；$v_{\text{still}}$ 为静止风速，$v_{\text{still}} = 0.1\text{m/s}$；* 代表 SET 和 PMV 模型的其他输入量；CE 为冷却效果温度；PMV_{adj} 表示模型输出。

4.1.3　适应性模型

自 20 世纪 70 年代能源危机以来，有学者开始提出相比于实验室营造的稳态热环境，人们实际生活的动态热环境有更大的节能潜力。研究人员指出，不同于稳态热舒适模型，处于动态环境中的人们不再是热环境的被动接受者，而是一个积极的适应者。在热环境中如果有导致不舒适的因素存在，人们会积极采取适应性的措施来恢复其舒适状态，而这将有利于实现能源的节约。基于这种人与热环境相互动态作用的概念，学者提出了适应性热舒适理论，即用热适应性的方法解释人在动态环境中的热舒适问题。

在现实的建筑环境内，人不是给定热环境的被动接受者，而是通过多重反馈循环与环境系统交互作用的主动参与者。影响动态热舒适的因素很多，客观因素主要包括室内空气温度、相对湿度、风速、室内平均辐射温度等热环境参数，其中室内空气温度和风速的变化是主要因素。人们常常处于动态热环境中，如室外自然环境就是典型的动态热环境，一年和一天之内的室外各气候参数都有较大变化，而人体与环境不停地进行能量交换，所以环境气象条件、人的生理调节、心理影响等因素都会影响人体的热感觉。因而，人体热舒适是客观因素和主观因素综合作用的结果。除客观环境外，人体生理、心理特点及服装热阻是影响室内动态热舒适的主要主观因素。人体活动量等其他因素对动态热舒适也有一定的影响，因此生理习服、心理适应、行为调节等热适应性在动态热舒适方面发挥着作用。

人员的文化背景、性别、年龄、认知水平、气候条件、社会经济状况等因素与人的舒适性密切相关，而这些因素在严格的人工气候室研究中都没有涉及，适应性则将这些因素均考虑在内进行综合研究，认为是人对所处热环境的刺激逐渐减小使机体反应趋于减小的过程[6]，在适应性过程中人既有行为调节过程也有生理调节过程，通过调节将热环境对人体的刺激逐渐降低，同时人的心理反应也发生相应的变化，是一个多种调节过程及效应相互叠加的过程。

为了研究各种过程的综合叠加效应，适应性研究最重要的研究手段是在实际建筑内采用现场测试和问卷调查相结合的方法进行热舒适研究。具体来讲，研究者通过在现场研究和测试收集热环境以及室内人员热反应的数据，采用诸如 ASHRAE 标度或者 Bedford 标度为基础的热舒适投票来量化被调查者的热反应值。通过对热环境和投票数据进行统计分析，计算得到不同地区的室内热舒适温度，通过分析发现室内热舒适温度与室外空气温度相关，进而建立适应性模型。Humphreys[9]在英国采用问卷调查和现场测试相结合的方法提出了自然通风房间的热舒适温度应不同于空调房间，并获得了空调房间和自然通风条件下室内热舒适温度随室外温度变化的关系，如图 4.3 所示。这种认为室内舒适温度或可接受温度范围随室外空气温度的变化而变化，通过热适应模型将室内舒适温度（中性温度）和室外空气温度（如室外月平均温度、室外平滑周平均温度等）通过线性回归联系起来的观点提出后得到了世界各地不少学者的支持，许多研究者通过对不同地区的人体热舒适进行现场问卷调查研究，获得了各地区的热适应模型，其中一些被国际标准采纳作为自由运行建筑的热环境评价方法。

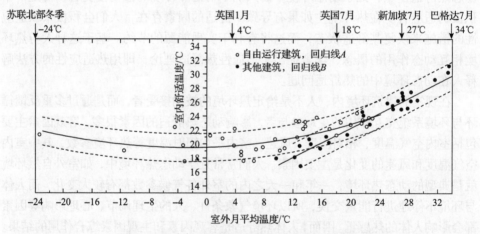

图 4.3 室内舒适温度随室外月平均温度的变化

美国 ASHRAE 对自由运行建筑中人体热舒适进行了大范围调研。de Dear 等[10]在全世界范围内对四大洲不同气候区域的自由运行民用建筑进行现场调研，得到了 21000 份现场数据，形成了 ASHRAE RP-884 数据库，在此基础上建立了自由运行建筑适应性模型，并被美国 ASHRAE 55-2004 标准采纳。该模型将所有建筑的中性温度与对应的室外月平均温度进行线性回归，获得热中性温度回归线，并根据所有建筑室内人员的热感觉与室内温度的回归系数计算平均回归系数 G。以 PMV-PPD 模型为基础，δTSV=±0.5、±0.85 分别对应的舒适可接受率为 90%和

80%，根据 δTSV=$G·\delta T$，分别计算 90%和 80%可接受率温度对室内舒适温度（中性温度）的偏移量，即对应可接受率下可接受区边界对中性温度的平移带宽。

　　适应性过程涉及生理、心理和行为的变化过程，为此，研究者从理论角度对适应性过程进行了解析。Nicol 和 Humphreys 提出了人体适应性热调节框图[11]，如图 4.4 所示。

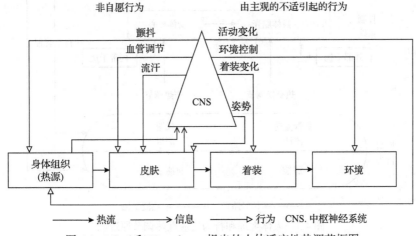

图 4.4　Nicol 和 Humphreys 提出的人体适应性热调节框图

　　Hensen[12]以人体与环境的换热过程为出发点，结合人的自主性热调节和行为性热调节，对人体的热适应过程进行了更详细的解析，如图 4.5 所示。

　　基于 Humphreys 的研究，我国高校和科研机构的研究者对国内不同地区建筑进行了现场问卷调查，获得了相应的适应性模型。杨柳[13]对哈尔滨、北京、西安、上海、广州 5 个代表城市住宅建筑的实测调查结果进行统计分析，得出适用于我国不同气候区的人体中性温度与室外平均温度的线性关系式。茅艳[14]在我国四个气候区选取典型的 12 个城市进行现场调研测试，最终回归得到我国严寒地区、寒冷地区、夏热冬冷地区、夏热冬暖地区等不同气候区人体热舒适气候适应性模型。叶晓江等[15]通过环境参数测量与问卷调查相结合的方式研究上海地区人体热感觉和适应性热舒适现状，对比不同文献中服装热阻与操作温度的关系以及平均热感觉投票和操作温度的关系，并回归出室内平均舒适温度与室外空气温度之间的关系。Yao 等[16]对夏热冬冷地区中重庆的学校建筑进行热舒适研究，对 AMV 和 PMV 进行比较，并计算实际不满意率和预测不满意率，提出了重庆市自然气候条件下的适应性舒适区间。Song 等[17]研究了空调在中国住宅环境中的使用模式和适应性舒适行为，对天津市 43 户家庭进行了实地测量，与办公室相比，天津居民对室内空气温度的敏感度较低，同时也推导出统计模型来预测适应性行为的可能性（即打开空调/风扇/门窗），并且得出行为与室外空气温度有关的结论。

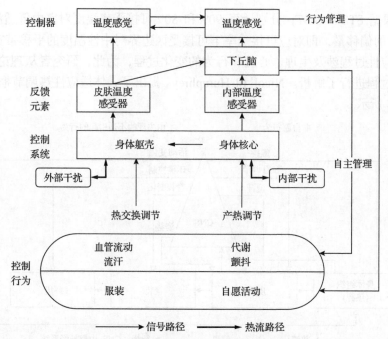

图 4.5　人体生理和行为适应性热调节原理图

Yang 等[18]对中国华东地区 4 个气候区 8 个代表性城市进行热舒适实地调查和测试，建立了不同的气候和室内舒适度的适应性模型，分别在北京、上海、广州进行了室内设计温度降温(有自适应模型和无自适应模型)的节能计算，分别节能 5%、6.5%和 8%左右。Yan 等[19]也以华东地区 4 个气候区为代表，在 12 个城市对 120 栋住宅建筑冬夏热舒适进行了实地研究，探索不同气候区的热适应能力，提出不同的气候区域应开发自己的热适应模型。

　　在东南亚湿热条件下，Nguyen 等对东南亚地区的自然通风建筑进行了大量的现场调研，对平均中性温度(操作温度、有效温度和标准有效温度)进行了比较，利用 Griffith 常数建立适应性舒适模型，并对其适应性进行了讨论，得到的自然通风建筑的舒适方程略高于 ASHRAE 55-2004 标准，更接近 EN15251 标准(自由运行建筑)。虽然与自适应舒适温度相关的方法和自变量不同，但得到了相似的舒适方程，表明了大数据库自适应舒适研究的收敛趋势。Manu 等对印度 5 个气候区的 16 栋建筑和 5 个城市进行实地调查，利用瞬时热舒适性调查，从自然通风、混合模式和空调办公楼收集了 6330 份热舒适问卷，提出了印度适应性舒适度模型 (India model for adaptive comfort，IMAC)。Schweiker 等[20]比较了 9 个热舒适指标相对于总体均值和个体投票的预测性能，还分析了自适应热平衡模型中利用心理适应系数对建筑水平自定义指标的潜力。Gallardo 等将 EN15251 标准和传统 PMV 模型中所包括的自适应模型的性能与办公室所有人员提交的热环境满意度调查报告进行比较，以确定两种舒适模型中哪一种最适合评估热环境，结果表明，EN15251 标准中所包括的适应模型应用是评估自然条件下建筑热舒适性的最佳方法。国际主要热适应性模型研究见表 4.2。

表 4.2 国际主要热适应性模型研究

作者	年份	建筑类型	研究方法	模型形式
Humphreys	1978	自然通风建筑	回归分析	$T_{comf}=0.53T_{out,m}+11.9$
Auliciems	1981	自由运行建筑、空调建筑	回归分析	$T_n=0.48T_i+0.14T_m+9.22$
Fanger	2002	自由运行建筑	回归分析	$ePMV=e\times PMV$
Humphreys 等	2002	空调建筑	回归分析	$nPMV=0.8(PMV-D_{PMV\text{-}ASHRAE})$ $D_{PMV\text{-}ASHRAE}=-0.43+0.0949T_{op}+0.00584$ $\times RH+1.201(MET\times I)+0.000838T_{out}^2$
Bouden	2005	空调建筑	Griffith 法、de Dear 和 Brager 方法	$T_{c\text{-}Griffith}=0.518T_{o\text{-}Avg}+10.35$ $T_{c\text{-}Brager}=0.680T_{o\text{-}Avg}+6.88$
Ye	2006	自然通风建筑	回归分析	$T_n=0.42T_{out}+15.12$
Nguyen	2012	（炎热和潮湿）自然通风建筑	统计分析	$T_{comf}=0.341T_{a,out}+18.83$
Indraganti	2014	自然通风建筑、空调建筑	回归分析	$T_{comf}=0.26T_{rm}+21.4$ $T_{comf}=0.15T_{rm}+22.1$
Yang	2015	—	回归分析	严寒：$T_n=0.121t_o+21.489(16.3<T_n<26.2)$ 寒冷：$T_n=0.271t_o+20.014(15.8<T_n<29.1)$ 夏热冬冷：$T_n=0.326t_o+16.862(16.5<T_n<27.8)$ 夏热冬暖：$T_n=0.554t_o+10.578(16.2<T_n<28.3)$
Desogus	2015	自由运行建筑	回归分析	$T_{comf}=0.32T_{e,ref}+17.8$
Gallardo	2016	自然通风建筑	回归分析	$AMV=1.712+0.074T_{op}$ $PMV=5.562+0.231T_{op}$
Pérez-Fargallo	2018	自由运行建筑	回归分析	$T_n=0.678T_{rm}+13.602(T_{rm}>6.5)$ $T_n=0.115T_{rm}+17.075(5<T_{rm}\leqslant6.5)$
López-Pérez	2019	自然通风建筑、空调建筑	回归分析	$T_{comf}=0.32T_{rm}+18.45$ $T_{comf}=0.13T_{rm}+22.70$

4.2 人体热舒适自适应 aPMV 理论和模型

PMV-PPD 热舒适评价模型基于稳态环境人员热舒适状态下的热平衡，主要用于评价中性热环境下的热舒适，对于偏离中性环境和动态热环境下的预测则存在较大偏差。前述适应性模型则独立于 PMV-PPD 理论，强调了人员在真实热环境中的主动适应性，但从表 4.2 对现有适应性模型的总结可以看出，主要都是基于建筑室内现场测试和问卷调查，通过数据统计和回归来建立各种适应性模型，这些模型基本上都是简单的线性回归。作者研究团队开展的为期 3 年的夏热冬冷地区不同城市全年室内可接受温度调研结果显示，不同气候、不同地域的人们的适应性有着较大差异，而且不同功能建筑的室内人员行为差异也较大，因此不同地区、不同功能建筑内的人员舒适温度表现出较大差异。采用统计分析回归建立的线性适应性模型(表 4.2)虽然形式简单且对应关系清楚，但是不同城市、不同建筑类型的适应性模型的中性温度和舒适温度区间差别很大，导致模型使用中会受到城市、建筑类别等的限制，如图 4.6 所示。

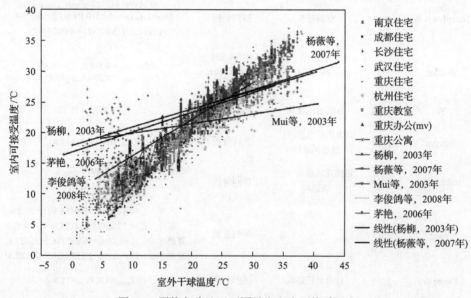

图 4.6　夏热冬冷地区不同城市室内可接受温度

　　人体在室内环境中的反应，无论面对动态还是静态的环境，其适应机制基本相同。因此，需要结合动态和静态环境，综合考虑热舒适的评价和预测方法，以适应不同环境下的人体热舒适需求。

4.2.1　人体热舒适自适应理论

　　作者提出了适应性热舒适的机理，如图 4.7 所示[21]。人-室内环境-建筑本体-室外气候作为一个有机整体，室内热环境受各种外扰和内扰因素影响，主要包括室外气候、围护结构热工性能、室内散热散湿、设备系统运行调控、人员行为等。人作为建筑的主要使用者，人的着装和在室内的活动与室内热环境共同作用，通过人与环境的热交换使人员之间产生不同的热感觉。如果室内热环境偏离人员舒适区间，就会引起人员热不舒适，从而促使人员采用各种适应性调节手段，积极适应室内环境变化。这些适应性包括行为调节、生理响应、心理期望，以及人员自身的热经历等。同时，人员的经济、社会、文化等背景因素也会影响其适应性调节的选择。当然，这些因素并不是独立存在的，而是相互耦合、相互影响，综合反映出来的结果则是人员实际处在一个动态热环境中，时刻表现出对环境的动态适应性过程。但建筑不能脱离室外环境而存在，因此室内热环境的动态变化、舒适室内热环境的营造都与建筑室外气候密切相关。良好的建筑被动设计和围护结构性能可以使建筑较好地适应室外气温、风速、太阳辐射等变化，同时减小室内热环境的较大波动，营造适宜的室内热环境。

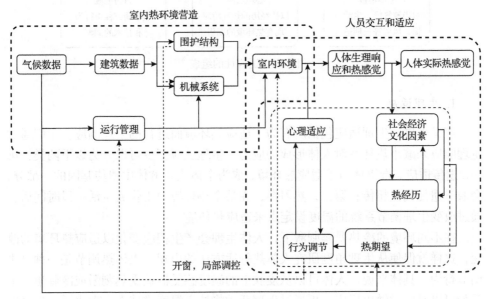

图 4.7 适应性热舒适的机理[21]

上述人体动态适应性机理表明，无论在空间(地域)上还是在时间(季节)上，人员对环境都具有较强的适应性，表现为生理适应、心理适应和行为适应[22]，如图 4.8 所示。这种适应能力表现在多个方面：在生理上，人体可以通过激素分泌、改变血液流速、出汗和寒颤等方式来调整人体温度以维持其相对稳定；在行为上，可以适当增减衣物从而控制散热量大小，也可以改变活动量来控制新陈代谢；在心理上，同样也存在适应性，如长期在自然环境下生活的人群，因调节和控制环境的能力有限，在温度较高或较低的热环境中，对所在环境的心理期望也不是很高。实际上，建筑和在室人员之间的关系极为复杂，人体对热环境的适应性或满意度是这三个方面共同作用的结果。首先是人体对实际所处的热环境进行主观评价，如果是舒适的，则维持其现状；如果是不舒适的，则通过人体自身调节和对环境的技术性调节等手段达到对环境的满意。在这一过程中，人体原来所经历的热环境、生活习惯、文化背景、气候条件、社会经济状况等也会使人体对环境的热期望值发生改变，从而影响对所处热环境的期望和满意度。

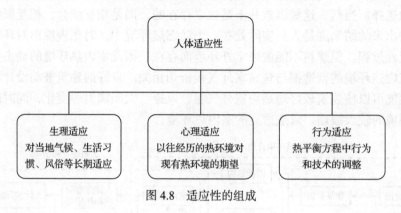

图 4.8　适应性的组成

1. 生理适应

广义来讲，生理适应包括所有为了适应热环境而进行的生理响应。人们通过生理响应来减小热环境对人体形成的应力。生理适应至少可以分为以下两类：第一，遗传适应，指机体由于适应热环境，成为个体或者群体中遗传基因的一部分，会通过遗传代代相传；第二，热习惯，在某个热环境中工作或生活一段时间后，通过改变生理调节系统的温度设定点来适应热环境。

在不同环境的冷热暴露刺激下，人体生理会产生相应变化以适应热环境的改变，这样就促使从生理角度研究人体热舒适方法的出现。人体热调节是一种自主调节行为。具体来说，人体可以从皮肤上的温度感受器接受热刺激或冷刺激，下丘脑可以对刺激做出反应，再通过生理活动将核心温度维持在合理水平。生理适应的常见形式主要包括汗液、血管收缩和血管舒张。这种复杂的反应制约着人体的散热率，有时还制约着其产热率，虽然人体表面的热交换取决于皮肤与环境之间的温度差及水蒸气压力差等物理因素，但人体还是能够通过各种生理系统和举止形态的动态调节来主动控制这种热交换，从而维持热平衡。在温度适中的环境中，人体的生理调节是无知觉的。而当人体处于高温环境时，人体对热应力的反应同时体现在其生理反应与感觉反应之中。生理反应主要有血液循环调节血管的舒张和收缩及脉动率、皮肤温度及体内温度的变化、体重的减轻、排汗变化。感觉反应主要有热感觉、温热感及皮肤湿度的感觉。这些反应虽然均受到环境条件及体力活动量变化的影响，但有些反应对内部热应力新陈代谢率较敏感，有些则对外部环境的应力较敏感，受湿度的影响较大，还有些又受环境温度的影响较大等。

2. 心理适应

人体适应性热舒适理论的核心是人在自由运行的建筑中不仅是环境热刺激的被动接受者，同时还是积极的适应者。因此，国内外在热舒适的研究中，除了把空气温度、风速、相对湿度、辐射温度、新陈代谢率和衣着热阻作为热舒适的主要影响因素外，心理对适应性热舒适的影响也逐步得到了重视。

热环境的心理适应是人们对热环境刺激的认知和接受过程，它以生理适应为基础和前提，以往的热经历和当前热暴露的感知控制是影响心理适应的重要因素。对环境的适应会使人对该环境的不满意性降低。热环境的心理适应性让人们由于自己的经历和期望而改变了对客观环境的感受和反应，并随着时间和地点的变化，影响着人对舒适温度的要求。一些研究认为[23]，心理适应可能在解释实际热响应与预测值之间的差异上起到非常重要的作用，不同的环境背景之间尤其明显，如在实验室、家和办公室之间，或是在空调环境和自然通风环境之间进行比较时。

人体与环境之间在不停地进行能量交换，环境变化对心理适应造成的影响虽然不持续，但却具有潜移默化的作用。人体对环境的心理适应性可表现为，在春秋季节相同的环境参数下人体的热感觉和中性温度存在显著差异。由于受到前一个季节热经历的影响，秋季的中性温度高于春季。同样，在一年中，冬夏季节冷热不舒适和容忍度也存在不对称性。除季节性热感知的变化外，先前的热环境经验还将通过心理适应对热环境的期望发挥关键作用。如果长时间暴露在一定的环境中，人体的热敏性将会降低，其热适应能力会动态变化以优化热感觉，使人体能够适应它们所暴露的环境。虽然其内在机制还没完全弄明白，但大量的证据表明，环境能够显著影响人的心理反应。

1) 热经历

作者研究团队在适应性热舒适的研究中发现[24]，人对既定环境的适应性热经历会显著影响人对该环境的热感受，对偏热偏冷环境适应后，热感觉对温度的变化较不敏感。其中，偏热环境适应后，对偏热环境具有更强的耐受性，高温环境下的热感觉较低，中性温度较高，对偏热环境的接受能力增强。偏冷环境适应后，对偏冷环境具有更强的耐受性，低温环境下的冷不舒适感显著减少，中性温度降低，对偏冷环境的接受能力增强。而在突变环境中，人的热经历也会对环境突变后的热感觉产生影响。实验发现，在偏冷-中性-偏冷环境突变下，从中性环境突变到偏冷环境，热感觉立即出现超越现象，即环境突变后，热感觉投票显著低于在偏冷环境中稳定后的投票值。

2) 热期望

人的热期望也可以直接影响人对环境的热感受。当人们对环境的冷热程度有心理预期时，因期望降低而更容易满足。早期 McIntyre 在工作中发现心理期望对热舒适感的作用[25]，同时由于个体的心理素质、对环境的期望值及心理适应能力存在差异，不同背景下同一个体对同一环境的感受也可能不同，相同背景下不同个体对同一热环境的主观感受也会不一样，从而对热环境的综合评价也不尽相同。这就对适应性热舒适的评价和个性化热舒适调节措施提出了更高的要求。

个性化环境控制能力对期望感知的影响在热响应中的体现表明了心理适应的作用。1989 年，Paciuk[26]对可得控制（适应机会）、运动控制（行为调节）和感知控制（预期）的分析揭示了对环境控制的被感知程度是办公建筑中评价热舒适最好的指标，对热舒适和满意度有显著的影响。随后的研究[27]也支持这个观点，当越感知自己对环境有良好的控制时，办公室人员表现出越高的满意度。另有研究者[28]通过对空调的感知和控制、预期热响应和实际热感觉的影响调查发现，如果对室内热环境有一定的控制机会，居住者对室内热环境的变化就会有一个很宽的耐受范围，如在自然通风建筑中。相反，在空调建筑中，人们普遍缺乏对环境的控制机会，并对室内热环境有更高的预期，当没有达到预期时会导致满意度严重偏低。

3. 行为适应

行为适应是指人们通过物理调节手段来改变热交换条件以适应环境，如改变衣着、活动量或有意识地利用外界能量以消减外环境热湿环境对机体的生理热应激作用，使体温调节维持在正常范围内。行为调节包括：①在感到冷时增加活动强度以提高新陈代谢率，感到热时适当休息以降低新陈代谢率；②增加或减少着装；③饮用冷饮或热饮；④通过开窗、关窗、使用手摇扇、开电风扇或拉上窗帘等方式来改变局部环境的通风量和风速；⑤通过离开阳光直射的区域等方式来改变所处环境等。行为调节是改善人体热舒适重要而直接的调节手段。Fanger 发现即使在中性温度下，人群中仍有 5%的人感到不满意，只有个人针对自身环境积极地采取行为调节措施，才可能实现所有人员的热舒适[29]。

人们根据环境温度调节服装热阻是一种常见的行为调节方式。在热舒适相关标准中，如 ASHRAE 55 和 ISO 7730，服装热阻在夏季和冬季为固定值，分别为0.5clo 和 1clo。然而，根据一年中季节性服装热阻变化的研究，实际生活中随着室内空气温度的增加，人们的衣着会减少。在中国炎热的夏季，当室内温度较高特别是高于 25℃时，服装热阻主要集中在 0.2～0.4clo。在寒冷环境中，服装热阻往往会显著增加，而当室内气温低于 14℃时，衣物热阻在 1.2～1.4clo 几乎保持不变。此外，同一件衣服的服装热阻甚至会因穿着方式而变化，如衬衫扣上全部纽扣和敞开 1～2 个纽扣可能导致不同的热感觉。

除服装调节外，改变室内风速是行为调节的另一种手段。室内人员倾向于接受较高的风速来补偿温度和湿度在偏热环境下的升高。随着室内气温的升高，室内人员会采取各种措施调节热舒适性, 如打开电风扇和打开窗户。因此, 在夏季, 风扇使用比例与室内风速有较大的相关性。一项对中国夏热冬冷地区的研究发现, 电风扇大多在夏季使用, 当室内气温从 25℃到 36℃变化时, 风扇使用比例在 0～0.7 变化。此外, 在过渡季节, 虽然室内平均气温相似, 但由于他们在夏季使用的习惯和热经历, 秋季人们使用风扇的频率比春季更高[30]。

4.2.2　人员行为适应性调节

本书第 1 章对人员热舒适的度量指标进行了介绍, 第 2 章介绍了居住建筑和办公建筑室内热舒适问卷调查方法。由于调研居住建筑多存在自然通风和供暖空调混合运行模式, 人员会随着季节、气候、室内外环境变化等进行主动调节, 从而更好地适应环境动态变化, 改善自身热舒适。因此, 调研获得的人员主观热舒适评价和适应性调节行为可以充分反映人员对室内热环境的热适应性。

相比公共建筑, 居住建筑中人员的适应性调节行为更加多样灵活, 可以最大限度地改善自身热状态以适应环境变化。因此, 这里主要考虑居住建筑中人员的典型适应性行为。

1. 服装调节

服装调节是居民适应环境满足热舒适要求的重要手段, 通常也是居民最方便、最具有个性化的热适应调节手段之一[31]。衣着热阻通过影响人体与环境之间的换热能力, 增加人体表面散热热阻, 起到保温和阻碍湿扩散的作用, 保持人体与外部环境之间的热湿平衡, 调节人体的热舒适性。通过对五个气候区住宅居民的全年衣着热阻进行统计, 得到人员服装热阻全年基本分布情况。

夏热冬冷地区: 重庆居民的服装热阻在 0.18～2.06clo, 平均服装热阻为 0.74clo, 标准偏差为 0.46clo; 武汉居民的服装热阻在 0.16～2.55clo, 平均服装热阻为 0.61clo, 标准偏差为 0.38clo; 成都居民的服装热阻在 0.18～1.98clo, 平均服装热阻为 0.67clo, 标准偏差为 0.45clo。

夏热冬暖地区: 福州居民的服装热阻在 0.18～2.06clo, 平均服装热阻为 0.69clo, 标准偏差为 0.41clo; 广州居民的服装热阻在 0.17～1.18clo, 平均服装热阻为 0.43clo, 标准偏差为 0.19clo。

严寒和寒冷地区: 沈阳居民的服装热阻在 0.18～2.05clo, 平均服装热阻为 0.75clo, 标准偏差为 0.47clo; 哈尔滨居民的服装热阻在 0.18～1.97clo, 平均服装热阻为 0.53clo, 标准偏差为 0.39clo; 西安居民的服装热阻在 0.16～2.06clo, 平均服装热阻为 0.72clo, 标准偏差为 0.50clo。

温和地区: 昆明居民的服装热阻在 0.17～1.25clo, 平均服装热阻为 0.48clo, 标准偏差为 0.17clo。

图 4.9 给出了夏热冬冷地区和严寒地区居民服装热阻全年变化差异。总体上，居民服装热阻主要受到室内温度的影响，且人员对温度的敏感性较高。夏季由于各个气候区室内温度都较高，通过服装调节来改善热感觉的能力有限，服装热阻都集中在 0.3clo 及以下，差异不大。而在冬季，夏热冬冷地区由于大部分室内空间无供暖，室内外温度之间存在明显的共线性，即两者之间的线性关系明显，而居民服装热阻和室内温度或室外温度的线性关系较明显，说明这个地区服装热阻是当地居民主要的热舒适性调节手段。而对于北方严寒地区，由于冬季供暖，室内外温度之间的线性关系不明显，居民服装热阻主要受到室内温度的影响，室内采暖使得室内温度相对较高，所以整体服装热阻分布较集中，且对温度的敏感性低，个体差异大。总的来说，各个气候区人员都会根据所处气候区特点，选择相适宜的调节行为来适应环境变化，从而影响热感觉。

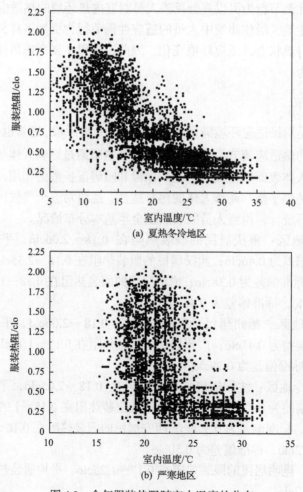

(a) 夏热冬冷地区

(b) 严寒地区

图 4.9　全年服装热阻随室内温度的分布

　　由于各地区居民全年衣着变化范围很大，服装热阻随季节变化特征明显。为了明确居民服装调节的季节性差异，以夏热冬冷地区为例，该地区不同季节室内空气温度对服装热阻的影响如图 4.10 所示。冬季、春季、秋季和夏季服装热阻的平均值分别为 1.30clo、0.69clo、0.60clo 和 0.26clo。当天气逐渐变暖时，居住者调整到更轻便服装模式，特别是在 13～25℃。然而，服装调节在夏季(高于 25℃)和冬季(低于 13℃)受到限制。当环境温度低于或者高于这个限值时，即使温度升高或降低，衣物的保温效果几乎保持不变，这与其他研究结果一致[32-34]。

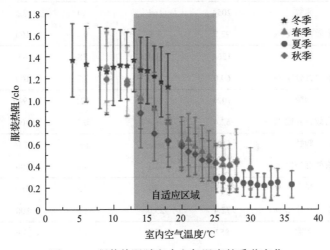

图 4.10　服装热阻随室内空气温度的季节变化

2. 开窗通风

　　住宅建筑居民大部分喜欢采取自然通风的方式来促进室内外热交换，从而快速、有效地改变室内热环境状况，使人达到热舒适状态。为了解居民全年通风状况和通风习惯，比较各建筑气候区通风模式和通风习惯的差异，对五个气候区不同城市住宅建筑居民的开窗频率进行分析，具体见表 4.3。

　　表 4.3 中夏热冬冷地区和温和地区，"经常开窗"的比例达到 73%以上，占绝对大的比例，而"几乎不开窗"的比例小于 2.5%，这说明通过开窗调节室内环境是夏热冬冷地区及温和地区的一种常态。对于夏热冬暖地区的福州和广州，"经常开窗"的比例在 52.4%～69.0%，仍然占到一半以上，但是明显比夏热冬冷地区有所降低，而"几乎不开窗"的比例也很小，低于 6.5%。对于北方地区的沈阳和西安，"经常开窗"占的比例仍然最大，达到 49.3%～61.0%，且"几乎不开窗"的比例小于 10%。从全年来看，无论南方还是北方，居民的开窗习惯都很明显，开窗是住宅居民调节室内环境的重要手段。

表 4.3　自然通风情况下住宅开窗频率分布

城市	个案统计	有效个案				无效缺省	总计
		经常开窗	偶尔开窗	几乎不开窗	总计		
重庆	频数	1793	214	34	2041	32	2073
	有效百分比/%	87.8	10.5	1.7	100		
武汉	频数	1334	451	42	1827	10	1837
	有效百分比/%	73.0	24.7	2.3	100		
成都	频数	2054	164	10	2228	16	2244
	有效百分比/%	92.2	7.4	0.4	100		
福州	频数	1264	509	58	1831	17	1848
	有效百分比/%	69.0	27.8	3.2	100		
广州	频数	1021	807	121	1949	23	1972
	有效百分比/%	52.4	41.4	6.2	100		
沈阳	频数	1102	941	193	2236	4	2240
	有效百分比/%	49.3	42.1	8.6	100		
哈尔滨	频数	565	179	36	780	20	800
	有效百分比/%	72.4	23.0	4.6	100		
西安	频数	852	480	64	1396	14	1410
	有效百分比/%	61.0	34.4	4.6	100		
昆明	频数	1584	415	24	2023	11	2034
	有效百分比/%	78.3	20.5	1.2	100		

　　进一步分析各个城市开窗频率在不同月份的变化，如图 4.11 所示。各城市逐月"经常开窗"的比例基本呈倒 V 形分布，在 8 月左右出现峰值，通常在 12 月和 1 月出现最低值，显然其分布与季节性温度变化有关。

　　北方寒冷地区在寒冷季节 11 月至次年 3 月气温较低时间段，"经常开窗"的比例在所有气候区中是最低的，这与北方地区寒冷季节室外环境严寒恶劣有关。沈阳和哈尔滨从 11 月到次年 3 月"几乎不开窗"的比例为 10%～20%，这与 11 月到次年 3 月属于北方寒冷地区的冬季，室外气温过低，建筑处于供暖期是密切相关的。其余城市各月"几乎不开窗"的比例通常都在 10%以下，尤其在全年气温较高的月份更低。而对于在冬季气温较低的地区，尤其是西安，居民"经常开窗"的比例高会对当地的建筑节能产生很大的影响。相比之下，南方地区重庆、武汉、成都和昆明除 12 月外，各月"经常开窗"的比例都在 50%以上，尤其是重庆和成都各月基本在 80%以上。昆明"经常开窗"的比例在上半年比较平缓，在

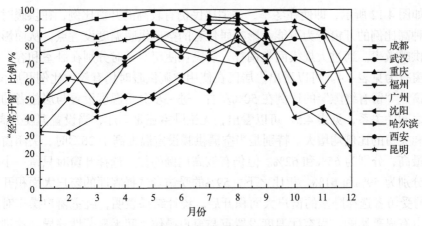

图 4.11　各城市"经常开窗"比例逐月分布

下半年出现一些波动。福州和广州属于夏热冬暖地区，由于沿海台风及海陆风的影响，常年风速较大。总体上，开窗频率体现的是居民对室内通风的诉求，各地"经常开窗"的比例高，说明我国各建筑气候区居民在各种季节都有很强的通风愿望。

由于不同城市全年不同月份开窗分布存在较大差异，这与室外气候变化有关。因此，以夏热冬冷地区为例，不同季节开窗比例随室外空气温度的变化如图 4.12 所示。在冬季，当温度从 2℃升至 17℃时，开窗比例从 0.3 上升到 0.8，但夏季在 0.8~1.0 范围内波动，不随外界温度明显变化。此外，秋季的开窗比例普遍高于春季。利用逻辑回归将开窗比例与全年室外空气温度进行拟合，R^2 值为 0.92，说明拟合程度良好。

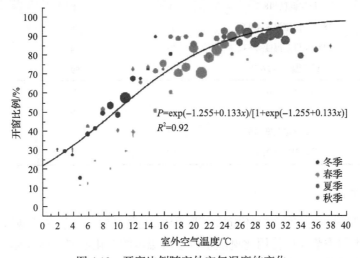

$$P=\exp(-1.255+0.133x)/[1+\exp(-1.255+0.133x)]$$
$$R^2=0.92$$

图 4.12　开窗比例随室外空气温度的变化

如图 4.12 所示，即使在冬季，住宅居民仍有较高的开窗比例，在供暖时，住户这种高比例的开窗行为可能会影响居住者的空调供暖温度设置点，从而影响房间的供暖效率。通过大规模问卷调查，居民在使用空调时分别在卧室和客厅的习惯开窗行为见表 4.4。可以看出，居民在使用空调供暖时仍有较大比例开启窗户，其中窗户"留有缝隙"的比例在 50%左右。进一步分析温度设置与居住者的窗户开启之间的关系，见表 4.5。可以看出，无论卧室还是客厅，当设置温度升高时，开窗和关窗的比例均增大。特别是当空调供暖设定温度高于 26℃时，关闭窗口的比例最高，分别为 65%和 62%。但仍有较高比例的住户选择开窗时只留一小段空隙，分别为 59%和 61%。相比之下，59%的受访者选择客厅的窗户大面积开启，36%的受访者选择卧室的窗户大面积开启。统计结果表明，卧室窗户操作对温度设置点有显著影响，而客厅温度设置点与窗户操作之间无显著性差异。这进一步证实了住宅居民有一个重要习惯，即在供暖时，让窗户保持开启(留有缝隙或大面积开启)，以获得新鲜空气，改善室内空气品质。

表 4.4　使用空调时窗户开启情况

窗户开启情况	卧室/%	客厅/%
完全关闭	49	40
留有缝隙	49	57
大面积开启	2	3

表 4.5　空调温度设定与窗户开启之间的关系

房间类型	空调温度设定	完全关闭/%	留有缝隙/%	大面积开启/%
客厅	设定温度<18℃	1	1	0
	18℃≤设定温度<24℃	11	16	12
	24℃≤设定温度<26℃	23	24	29
	设定温度≥26℃	65	59	59
卧室	设定温度<18℃	1	1	0
	18℃≤设定温度<24℃	16	19	12
	24℃≤设定温度<26℃	21	19	52
	设定温度≥26℃	62	61	36

3. 风扇使用

风扇是居民改善室内热环境的主要手段，尤其是对于夏热冬冷地区住宅居民。调研期间不同季节风扇使用比例随室内空气温度的变化如图 4.13 所示。可以看出，冬季和春季风扇使用比例几乎为零，而在秋季，当温度高于 20℃时，风扇使用比例在 10%左右。相比之下，夏季居民风扇使用比例与室内空气温度有很强的相关性，室内空气温度从 25℃到 36℃变化时，风扇使用比例从 0 迅速增加到 70%。逻辑回归模型显示，全年风扇使用比例随室内空气温度变化具有较好的拟合关系，表明通过风扇增加空气流动是该地区居民夏季改善热舒适的有效手段。

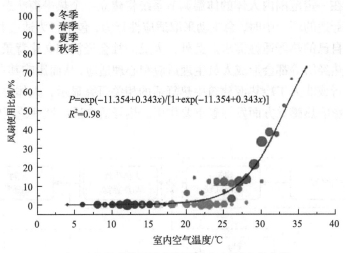

图 4.13　风扇使用比例随室内空气温度的变化

夏热冬冷地区的问卷调查显示，居民使用风扇和空调行为之间的相互影响不可忽视，部分用户对室内环境不满，首要原因是长时间使用空调抑制通风带来的空气质量差，并且有少数住户认为空调存在启动慢、部分区域过冷等情况，相比之下，风扇则比较灵活，且能与开窗通风行为匹配，弥补上述空调的不足。

各房间风扇与空调使用优先度分布见表 4.6。可以看出，居民对风扇的使用比例和优先度很高，且在房间封闭度更低的客厅，风扇的使用要优于空调。但当室外温度超过 31℃时，风扇的制冷效果不能很好地满足需求，故大部分人选择在早晚气温未达至顶峰的时段使用风扇并配合自然通风，以降低对空调的依赖，或者在短时间内同时开启风扇和空调让房间尽快达到舒适要求。这说明住宅通过改进风扇设备性能或通过政策引导风扇的更广泛使用，以降低居民对空调的依赖，从而降低建筑能耗，这种手段具有较大的潜力。

表 4.6　各房间风扇与空调使用优先度分布

风扇与空调使用情况	卧室/%	客厅/%
优先使用风扇	33.9	53.3
同时开启风扇和空调	5.1	4.8
优先使用空调	61.0	41.9

4.2.3 人体热舒适自适应模型

人体对热环境的适应能力和主观热感觉受上述三种适应方式的综合作用。当人体处于某一室内热环境时，其生理机制会迅速做出反应，对应于人体产生相应的热感觉，在一定范围内人体的体温调节系统将建立一个热平衡状态。而当人体处于某个不舒适的环境中时，会主动采取适应性行为，包括行为适应和心理适应，以尽量满足自己的热舒适性需求。此外，人员的社会经济和文化背景，以及前期生活环境和热经历等都会形成人员生理适应和心理适应，从而影响其自身热感觉。大量自由运行或非人工冷热源建筑中热舒适的相关研究显示，人体心理适应性和行为调节在影响热感觉方面发挥着重要作用。热舒适自适应性理论逻辑如图 4.14 所示。

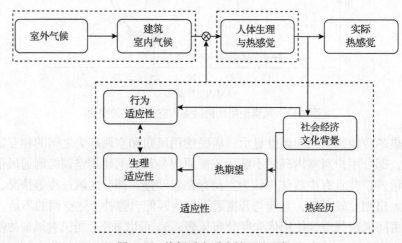

图 4.14　热舒适自适应性理论逻辑

适应是一种与许多因素有关的复杂现象，分为主动适应和被动适应[35]。被动适应是指机体通过适应来改变机体生存的功能界限，而主动适应是指机体改变对自身内环境稳定的耐性。适应性可以表达为当外部条件变化时，人体自身保持相对稳定的机制，也就是"负反馈调节"机制。从控制过程原理而言，人体对环境变化的应变调节过程就是通过人体皮肤表面温度感受器监测环境状况，将其与自身舒适健康的目标值进行比较，然后将信息反作用于大脑，指导人体进行各种类型的热调节措施，减小输出值与目标值的差距，尽可能接近人体热舒适的要求，负反馈调节过程示意图如图 4.15 所示。其中，aPMV 为热感觉预测值，δ 表示物理刺激量，K_{δ} 为大于 0 的系数，受到气候、季节、建筑形式和功能以及社会文化背景、其他瞬时物理环境中的相关因素影响；G 表示人体感受量。

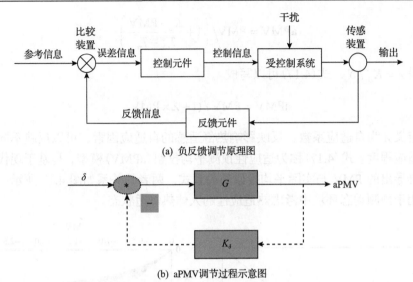

(a) 负反馈调节原理图

(b) aPMV调节过程示意图

图 4.15　负反馈调节过程示意图

如图 4.15 所示，热舒适模型可写成

$$\text{aPMV} = \delta G - \text{aPMV} \cdot K_\delta \cdot G \tag{4.12}$$

变形可得

$$\text{aPMV}/\delta = G / (1 + K_\delta \cdot G) \tag{4.13}$$

根据现代控制理论，可以得到热舒适静态模型与 PMV 之间的关系，得到的模型框图如图 4.16 所示。

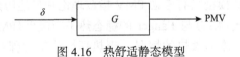

图 4.16　热舒适静态模型

因此，相关的热舒适模型为

$$\text{PMV} / \delta = G \tag{4.14}$$

将式(4.14)代入(4.13)可得

$$\text{aPMV}/\delta = \text{PMV} / (\delta + K_\delta \cdot \text{PMV}) \tag{4.15}$$

这里假设物理刺激量 $\delta = T_\text{m} - T_\text{n}$，$T_\text{m}$ 为室内空气综合温度，T_n 为中性温度。因此，式(4.15)可以写成

$$aPMV = PMV \Big/ \left(1 + \frac{K_\delta \cdot PMV}{T_m - T_n}\right) \qquad (4.16)$$

设 $\lambda = K_\delta / \delta$，式(4.17)可以写成

$$aPMV = PMV / (1 + \lambda \times PMV) \qquad (4.17)$$

　　定义 λ 为自适应系数，反映影响热舒适感的自适应因素，可以反映不同人群的热适应程度。式(4.17)称为适应性预测平均投票(aPMV)模型，是基于现代控制理论推导出的 PMV 与实际平均投票的关系式，两者的关系如图 4.17 所示。该模型可用于预测动态环境中考虑热适应性的人体热舒适状态。

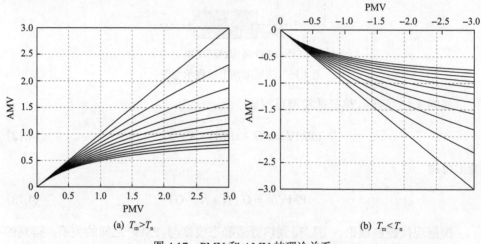

图 4.17　PMV 和 AMV 的理论关系

　　可以看出，aPMV 模型具有考虑 PMV 指数理论和自适应热舒适性机理的耦合效应。当 λ=0 时，式(4.17)与 Fanger 的稳态热平衡模型(PMV 指数)相同，表示没有适应性行为或人体不蓄热的情况。当热环境稳定并保持在舒适范围内时，aPMV 接近 PMV。因此，一方面，当室内环境得到良好控制和装有空调时，可以通过 aPMV 来评估热舒适性。另一方面，当室内环境总是在变化特别是在自由运行的建筑物中时，实际建筑中的热环境是动态的(即非稳态)，室内热参数以及人们的行为和期望都在变化。在这种情况下，PMV 指数无法精确评估室内环境。相比之下，aPMV 模型中灵活的 λ 值可以修正冷热侧 PMV 的偏差，以及影响室内环境和人员感知的动态因素。在温暖的条件下，即 PMV>0 时，aPMV 将小于 PMV；在凉爽的条件下，即 PMV<0 时，aPMV 将大于 PMV。这意味着在温暖的条件下，人员在特定环境条件下的热舒适感可能会比 PMV 指数预测得要低；反之，在凉爽的条件下，在一定环境条件下的热舒适感可能比 PMV 指数预测得要高。另外，

较高的 λ 绝对值意味着人员有更强的适应性，而不是使用大量的能量来加热/冷却环境。

由式(4.16)可知，在夏季或天气较热时，即 $T_m > T_n$ 时，$\alpha = \dfrac{K_\delta}{T_m - T_n}$，此时 PMV>AMV，即预测平均投票大于实际平均投票。也就是说，要达到相同的热感觉投票，PMV 模式下的室内温度要低于实际情况下的温度，即对夏季采用空调作为降温方式的房间来说，必须采用更低的设定温度才能使室内人员获得舒适的热感觉。而在实际情况下，并不需要采用前者那么低的设置温度即可达到舒适状态，这就为建筑节能提供了可能。

在冬季或者较冷的天气，即 $T_m < T_n$ 时，$\alpha = \dfrac{K_\delta}{T_m - T_n}$，可得 PMV<AMV，即预测平均投票小于实际平均投票。从前面的分析可知，要达到相同的热感觉，实际情况下的温度要求比 PMV 预测模型下的温度低。在冬季采暖或使用其他方式取暖时可以将设定温度调高一些，这样既可以满足舒适的要求，又能达到节能的目的。

作者分别采用印度尼西亚学者和英国雷丁大学的实验结果对夏季和冬季的情况进行验证，其 PMV 和 AMV 的情况如图 4.18 所示[36]。可以看到，夏季在相同的温度下，PMV>AMV；而在冬季工况下，$T_{AMV} < T_{PMV}$，即 PMV 模式下要求的舒适温度高于 AMV 模式，与调节模型所提到的情况一致。

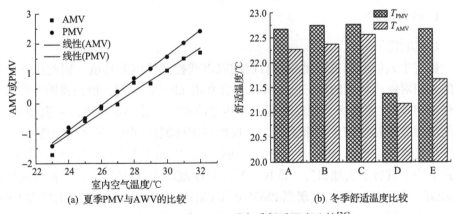

(a) 夏季PMV与AWV的比较　　　　　　　(b) 冬季舒适温度比较

图 4.18　PMV 与 AMV 及冬季舒适温度比较[36]

刘晶[35]通过对教室现场研究的实验结果对该调节模型进行验证。同时，利用最小二乘法对热舒适调解，得到适合重庆市的调节系数值为 0.1615，如图 4.19 所示。可以看出，当室温较低时，热舒适静态调节模型过高估计了低温对人体主观热感觉的影响，但是当室温偏暖时，热舒适调节静态模型预测值与实际情况的 AMV 吻合得较好[35]。

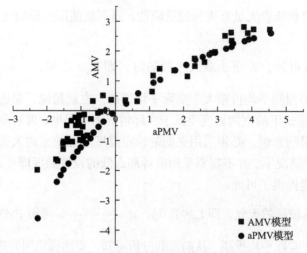

图 4.19　重庆市的热舒适调节静态模型

4.2.4　aPMV 模型应用

aPMV 模型综合了文化、气候、社会、心理和行为等因素，可以灵活地反映不同建筑类型中人员的适应特征。对不同地区给出了 aPMV 模型中适宜的自适应系数值，从而预测建筑中人员的热感觉，并被引用参考。

1. 国内应用

1）住宅建筑

住宅中人们可以灵活地调整自己的衣着或控制周围的环境，因此比办公室中的人们对室内环境的容忍度更高。作者利用 aPMV 模型，得到我国五个气候区住宅建筑（严寒地区、寒冷地区、夏热冬冷地区、夏热冬暖地区和温和地区）不同温湿度可接受范围的舒适区，并提出制定区域热环境评价标准的建议。为了评估夏热冬冷地区 aPMV 模型的预测效果，Chen 等[37]在浙江省杭州市的 11 座住宅楼中进行了实地研究，居民的舒适温度范围为 15～27℃。他们重新计算了 aPMV 模型中的 λ 值，发现当 PMV<0 和 PMV≥0 时，λ 值分别为−1.37 和 0.08。与《民用建筑室内热湿环境评价标准》（GB/T 50785—2012）中建议的 λ 值−0.49和 0.21 相比，可以发现杭州市居民对寒冷环境的接受度更高，对高温环境的接受度更低。同时，Liu 等[30]使用《民用建筑室内热湿环境评价标准》（GB/T 50785—2012）中推荐的 λ 值对夏热冬冷地区中六个城市的 505 座住宅楼进行了为期一年的调查以构建 aPMV 模型，结果发现与 PMV 模型相比，aPMV 模型的预测更为准确。由于中国的夏热冬冷地区涵盖各种气候特征，一个城市的问卷调查结果可能无法反映整个气候区的特征，Liu 等在六个不同城市进行了更广泛的研究

(11524 个样本)，结果显示与《民用建筑室内热湿环境评价标准》(GB/T 50785
—2012)推荐的 λ 值更好匹配。

　　aPMV 通过引入自适应系数 λ 来量化人们的适应程度。自 2009 年 aPMV 模型
首次发表以来，已有大量研究证实了 aPMV 可以很好地预测人体实际热感觉，很
多学者也通过定制化求解 λ 来进行热舒适评估。当 λ=0 时，aPMV 等价于 PMV；
当 λ>0 时，aPMV 一般用于缩小 PMV 高估的热感幅度；当 λ<0 时，aPMV 一般
用于缩小 PMV 高估的冷感幅度。λ 绝对值的大小表示高估的幅度，绝对值越大，
PMV 高估的情况越明显。整体上，研究中负 λ 的绝对值高于正 λ，体现出人们在
寒冷条件下有更多适应空间，热感觉满意度整体高于 PMV 预测。这与 Yao 等[38]
调研自然通风建筑中的学生热舒适以及 Li 等[39]对 ASHRAE 公共数据库的分析结
果相一致：人们在寒冷侧的实际不满意率低于炎热侧，与 Fanger 的 PMV-PPD 曲
线中冷热两侧的绝对对称矛盾。还有其他学者试图为特定气候带或情景中的
aPMV 模型建立 λ 值，如 Ren 等[40]、Song 等[41]、Singh 等[42]。

　　由于老年人的热敏感性较低，欠佳的居住环境可能会对他们的健康构成潜在
威胁[43]。Wang 等[44]应用 aPMV 模型评估中国贵阳市老年人在冬季的热舒适度，
发现老年人的中性温度(20.54℃)高于 PMV 预测值(18.30℃)。这意味着基于 PMV
的温度设定点无法满足老年人的热量需求。而且，老年人对热环境的敏感性较低，
可能会导致他们无法及时调节环境温度或自身衣着。Wang 等应用 aPMV 模型的
研究结果与老年人的实际中性温度显示出良好的一致性。

　　2)学校建筑

　　在教室内，学生在上课时通常要求穿着相同的服装并保持久坐的姿势，因此
学生被描述为环境的被动接受者可能更适合，而不是主动调控者。Wang 等[45]研
究了来自华北寒冷地区陕西、甘肃和青海三个省份的农村中小学热环境。他们采
用 aPMV 评估学生的热感觉并重新计算相应的 λ 值：当 PMV≤0 时，λ 等于-0.42、
-0.52 和-0.53，相应的中性温度分别为 14.2℃、14.3℃和 13.4℃。当 PMV≥0 时，
λ 等于 0.28、0.22 和 0.30。这些 λ 的绝对值大于国家标准中的-0.29 和 0.21，这表
明学生对本地的冷/热环境有很强的适应能力。Liu 等[46]还对中国天津(寒冷地区)
的大学教室进行了实地研究，得出冬天的 λ 值为-0.57，其绝对值大于 Wang 的案
例[45]。这证明与中小学相比，大学学生可以更灵活地按照自己的喜好调整自己的
服装以适应热环境，具有更强的热适应性。

　　3)办公建筑

　　办公室需要满足多人的热环境需求，考虑到其他建筑使用者的舒适度或态度，
人们可能无法真实地表达对热环境的感受[47]。Ming 等[48]在中国重庆市的三栋办
公楼中进行了实地研究，并引入了 aPMV 模型来预测热舒适度，该模型在不同季

节的预测值显示出与人员的实际热感觉良好的一致性。

　　4)其他建筑类型

　　其他建筑类型包括车站、文娱中心、工厂等。Liu 等[49]在中国沧州和德州的两个火车站进行了热舒适性研究。Li 等[50]研究了中国北京(寒冷地区)冬季的大学活动中心,人们在活动中心通常呈现"运动状态"和"静止状态",因此 aPMV模型生成了两个 λ 值以评估这两种状态的人员热舒适。Yang 等[51]计算出中国河南省同一家棉纺织厂中有经验的工人和实习学生的 λ 值,结果表明具有多年工作经验的工人会更易适应工厂高强度的劳动和炎热潮湿的环境,而实习学生却很难忍受恶劣的高温环境,λ 值可以很好地体现出这种差别。

　　2. 国际应用

　　van Hoof 等[52]通过文献研究、温度测量和建筑性能模拟的案例研究,发现在温和的海洋气候条件下,引入自适应模型可以使自然条件建筑或高度人为控制建筑的年能耗降低 10%,而采用集中控制暖通空调系统建筑的供暖和制冷能耗每年增加 10%。Singh 等[42]在印度东北部的三个不同气候带:温暖潮湿、凉爽潮湿、寒冷多云地带进行舒适度调查,反映了特定气候带不同季节的各种适应水平。研究表明,如果能够对空调系统设定的温度(基于自适应模型)进行动态控制,则节能潜力巨大。Conceição 等[53]对地中海地区自然通风式幼儿园建筑空间内冬季和夏季的热舒适进行现场调研和问卷调查,采用 aPMV 模型对热舒适等级进行评价。Mishra 等[54]对在印度热带地区进行的调查中发现的舒适温度与从五个不同的自适应舒适方程计算出的舒适温度进行了比较。Barbadilla-Martín 等[55]对西班牙混合办公建筑进行了为期 17 个月的实验研究,提出了适应性控制算法,明确了该算法的有效性,但是该算法适用于夏季炎热、冬季温和地区的混合建筑,在其他气候类型下的适用性及节能效果还有待进一步研究。Rupp 等[56]为了研究自适应热舒适理论是否适用于混合模式建筑的运行模式以及运行模式是否会影响人员的热舒适感觉评价等问题,在巴西南部气候温和湿润的弗洛里亚诺波利斯市的三座混合模式的办公建筑中进行现场调查研究,针对混合模式的自然通风和空调模式,建立了自适应热舒适模型,这是建立巴西亚热带气候适应性热舒适模型的第一步,还需扩展到不同的气候区。Kim 等[57]使用 aPMV 模型作为评估指标,在韩国首尔的办公室中进行了热舒适性研究,计算出寒冷和温暖条件下 λ 值分别为–5.76 和–1.40。Cardoso 等[58]利用 aPMV 模型研究了葡萄牙波尔图市一个公交车站的乘客的热舒适性,并推断出在凉爽和温暖的条件下,λ 值分别为–1.02 和 0.77。上述 λ 的绝对值较高,表明乘客在换乘等短暂的过渡状态下对热环境要求相对较低。

　　上述有关 λ 的研究总结见表 4.7。可以看出,aPMV 模型可以通过自适应系数

λ 来灵活地反映不同类型建筑中人员的行为和心理适应特征。

表 4.7　世界各地已发表关于自适应系数 λ 的研究

建筑类型	来源	地区	λ 值
住宅建筑	Ren 等[40]	中国吐鲁番	−0.48, 0.62
	Song 等[41]	中国广州	−0.37, −0.06, 0.64, 1.07
	Yu 等[39]	中国西藏	−0.34
	Liu 等[30]	中国南京、长沙、重庆、成都、武汉、杭州	−0.49, 0.21
	Cheng 等[38]	中国西藏	−0.32
	Chen 等[37]	中国杭州	−1.37, 0.08
	Singh 等[42]	印度三个气候区	−1.68, 0.44
办公建筑	Ming 等[48]	中国重庆	−0.49, 0.21
	Kim 等[57]	韩国首尔	−5.76, −1.40
学校建筑	Wang 等[45]	中国陕西、甘肃、青海	−0.42, 0.28 −0.52, 0.22 −0.53, 0.30
	Liu 等[46]	中国天津	0.25, 0.57
大学活动中心	Li 等[50]	中国北京	−0.131, 0.064
棉纺织厂	Yang 等[51]	中国郑州	−0.1187, 0.2189
火车站	Liu 等[49]	中国沧州、德州	0.40, 0.55
汽车站	Cardoso 等[58]	葡萄牙波尔图	−1.02, 0.77

4.3　民用建筑室内热湿环境评价标准

根据住房和城乡建设部《关于印发〈2008 年工程建设标准规范制订、修订计划(第一批)〉的通知》(建标〔2008〕102 号)的要求,《民用建筑室内热湿环境评价标准》列入国家标准编制计划。自 2008 年开始,编制组总结了我国科研和实践经验,经过广泛的调查研究,参考有关国际标准和国外先进标准,在全国范围内针对民用建筑室内热环境进行了大样本现场调研测试和实验室实验研究,并广泛征求了国内建筑设计、施工、科研、高校等相关单位和专家的意见与建议,在此基础上完成了《民用建筑室内热湿环境评价标准》的编制工作,该标准于 2011 年 12 月 11 日通过审查,经住房和城乡建设部批准,于 2012 年 10 月 1 日起实施。国家标准《民用建筑室内热湿环境评价标准》(GB/T 50785—2012)是我国建筑室内热环境领域具有独立知识产权的标准。该标准不仅给出了人工冷热源环境下室内适宜温湿度区间及热舒适评价方法和指标,更重要的是,标准基于中国国情和气候特点,针对非人工冷热源环境提出了分气候区、分级室内热环境评价方法,不仅有图示法,还有计算法,实现了人工冷热源环境和非人工冷热源环境评价形式的一致。该标准被现行标准《绿色建筑评价标准》(GB/T 50387—2019)、《健康建筑评价标准》(T/ASC 02—2021)以及专业设计和评价相关标准等直接引用或参考,为国内绿色建筑和建筑节能领域低碳营造及相关标准的制定提供依据和指导。此外,该标准提出的人体对热环境的自适应理论和方法受到国际上该领域专家学者越来越多的关注和引用。

《民用建筑室内热湿环境评价标准》(GB/T 50785—2012)根据建筑室内热环境营造方式,将室内热湿环境分为人工冷热源热湿环境和非人工冷热源热湿环境。其中,人工冷热源热湿环境是指使用采暖、空调等人工冷热源进行热环境调节的房间或区域,而非人工冷热源热湿环境是指未使用采暖、空调等人工冷热源,只通过自然调节或机械通风进行热环境调节的建筑房间或区域。以下介绍该标准的主要内容和编制思路。

4.3.1　评价基本规定

1. 评价对象

民用建筑室内热湿环境的评价宜以建筑物内主要功能房间或区域为对象,也可以单栋建筑为对象。当建筑中90%以上的主要功能房间或区域满足某评价等级条件时,判定该建筑达到相应等级,适用于居住建筑和办公建筑、商店建筑、旅馆建筑、教育建筑等的室内热湿环境评价。

2. 评价阶段

民用建筑室内热湿环境评价可分为设计阶段的评价(简称设计评价)和使用阶段的评价(简称工程评价)。设计评价应在建筑的施工图设计完成后进行,申请设计评价的建筑应提供下列材料:①相关政府部门的审批文件,如立项批文、规划许可证、建筑红线图等;②施工图设计文件,包括各有关专业(主要是建筑和暖通空调专业)的施工图纸、计算书等;③施工图设计审查合格的证明文件,如施工图设计文件审查记录和审查报告等。工程评价应在建筑投入正常使用一年后进行,申请工程评价的建筑除应提供设计评价所需材料外,尚应提供工程竣工验收资料和室内热湿环境运行资料。

4.3.2　人工冷热源热湿环境评价方法

根据《民用建筑室内热湿环境评价标准》(GB/T 50785—2012),民用建筑室内热湿环境评价等级可划分为Ⅰ级、Ⅱ级、Ⅲ级三个等级。Ⅰ级热湿环境是指人群中 90%感觉满意的热湿环境；Ⅱ级热湿环境是指人群中 75%感觉满意的热湿环境；Ⅲ级热湿环境是指人群中低于 75%感觉满意的热湿环境。

对于人工冷热源热湿环境，设计评价应采用计算法或图示法（表 4.8），工程评价宜采用计算法或图示法。当工程评价不具备采用计算法和图示法的条件时，可采用大样本问卷调查法。

表 4.8　人工冷热源热湿环境的评价方法

冬季评价条件		夏季评价条件		评价方法
空气流速/(m/s)	服装热阻/clo	空气流速/(m/s)	服装热阻/clo	
$v \leqslant 0.20$	$I_{cl} \leqslant 1.0$	$v \leqslant 0.25$	$I_{cl} \geqslant 0.5$	计算法或图示法
$v > 0.20$	$I_{cl} > 1.0$	$v > 0.25$	$I_{cl} < 0.5$	图示法

1. 计算法评价

采用计算法进行人工冷热源热湿环境等级评价时，设计评价应按其整体评价指标进行等级判定，工程评价应按其整体评价指标和局部评价指标进行等级判定，且所有指标均应满足相应等级要求。

整体评价指标应包括预测平均投票（PMV）、预测不满意率（PPD）；局部评价指标应包括冷吹风感引起的局部不满意率（LPD_1）、垂直温差引起的局部不满意率（LPD_2）和地板表面温度引起的局部不满意率（LPD_3）。对于人工冷热源热湿环境的评价等级，整体评价指标应符合表 4.9 的规定，局部评价指标应符合表 4.10 的规定。

表 4.9　整体评价指标

等级	整体评价指标	
Ⅰ级	PPD ≤ 10%	$-0.5 \leqslant PMV \leqslant +0.5$
Ⅱ级	10% < PPD ≤ 25%	$-1 \leqslant PMV < -0.5$ 或 $+0.5 < PMV \leqslant +1$
Ⅲ级	PPD > 25%	$PMV < -1$ 或 $PMV > +1$

表 4.10　局部评价指标

等级	局部评价指标		
	LPD_1	LPD_2	LPD_3
Ⅰ级	$LPD_1 < 30\%$	$LPD_2 < 10\%$	$LPD_3 < 15\%$
Ⅱ级	$30\% \leqslant LPD_1 < 40\%$	$10\% \leqslant LPD_2 < 20\%$	$15\% \leqslant LPD_3 < 20\%$
Ⅲ级	$LPD_1 \geqslant 40\%$	$LPD_2 \geqslant 20\%$	$LPD_3 \geqslant 20\%$

2. 图示法评价

人体代谢率为 1.0～1.3met、服装热阻为 0.5clo 和 1.0clo 的室内热湿环境可采用图示法进行等级评价，如图 4.20 所示。不同服装热阻所对应的体感温度上限和下限可分别按式(4.18)和式(4.19)进行线性插值计算：

$$T_{\max, I_{cl}} = \left[(I_{cl} - 0.5)T_{\max, 1.0clo} + (1.0 - I_{cl})T_{\max, 0.5clo} \right] / 0.5 \tag{4.18}$$

$$T_{\min, I_{cl}} = \left[(I_{cl} - 0.5)T_{\min, 1.0clo} + (1.0 - I_{cl})T_{\min, 0.5clo} \right] / 0.5 \tag{4.19}$$

式中，$T_{\max, I_{cl}}$ 为在服装热阻为 I_{cl} 时的体感温度上限，℃；$T_{\min, I_{cl}}$ 为在服装热阻为 I_{cl} 时的体感温度下限，℃；I_{cl} 为服装热阻，clo。

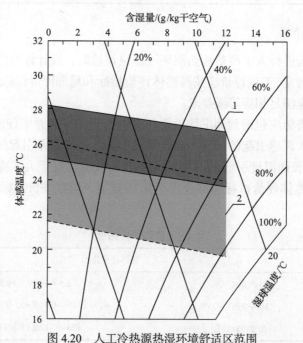

图 4.20　人工冷热源热湿环境舒适区范围
1. 服装热阻为 0.5clo 的 I 级区(实线区域)；2. 服装热阻为 1.0clo 的 I 级区(虚线区域)

同时标准采用与 ASHRAE 55 标准中相同的方法，利用 SET 评价任意均匀热环境中风速对人体热感觉的影响以及风速对人体热感觉的补偿作用(图 4.1)。采用图示法对人工冷热源热湿环境等级进行评价时，不同服装热阻、不同空气流速对应的体感温度(T_{op})应符合如下规定：

$$T_{\min, I_{cl}} \leqslant T_{op} \leqslant T_{\max, I_{cl}} \tag{4.20}$$

4.3.3　非人工冷热源热湿环境评价方法

《民用建筑室内热湿环境评价标准》（GB/T 50785—2012）针对中国气候、地区特点，对于非人工冷热源热湿环境，标准给出的评价等级与准则同样包含图示法和计算法，由此进行 I 级、II 级或 III 级的判定。当工程评价不具备采用计算法和图示法的条件时，可采用大样本问卷调查法。

1. 计算法评价

采用计算法评价时，应以适应性预测平均投票指标作为评价依据。适应性预测平均投票指标的计算公式为

$$aPMV = PMV/(1 + \lambda \times PMV)$$

式中，aPMV 为适应性预测平均投票；λ 为自适应系数，按表 4.11 取值；PMV 为预测平均投票。

表 4.11　自适应系数取值

建筑气候区		居住建筑、商店建筑、旅馆建筑及办公室自适应系数	教育建筑自适应系数
严寒、寒冷地区	PMV ≥ 0	0.24	0.21
	PMV<0	−0.50	−0.29
夏热冬冷、夏热冬暖、温和地区	PMV ≥ 0	0.21	0.17
	PMV<0	−0.49	−0.28

采用计算法评价时，非人工冷热源室内热湿环境评价等级的判定应符合表 4.12 的规定。

表 4.12　非人工冷热源室内热湿环境评价等级

等级	评价指标
I 级	−0.5 ≤ aPMV ≤ 0.5
II 级	−1 ≤ aPMV<−0.5 或 0.5<aPMV ≤ 1
III 级	aPMV<−1 或 aPMV>1

2. 图示法评价

采用图示法评价时，非人工冷热源室内热湿环境应符合表 4.13 和表 4.14 的规定。室外平滑周平均温度计算公式如下：

$$T_{rm} = (1-\alpha)\left(T_{od\text{-}1} + \alpha T_{od\text{-}2} + \alpha^2 T_{od\text{-}3} + \alpha^3 T_{od\text{-}4} + \alpha^4 T_{od\text{-}5} + \alpha^5 T_{od\text{-}6} + \alpha^6 T_{od\text{-}7}\right) \quad (4.21)$$

式中，T_{rm} 为室外平滑周平均温度，℃；α 为系数，取值范围为 0～1，推荐取 0.8；$T_{od\text{-}n}$ 为评价日前 7 日室外日平均温度，℃。

表 4.13　严寒及寒冷地区非人工冷热源室内热湿环境评价等级

等级	评价指标	限定范围
I 级	$T_{opI,b} \leqslant T_{op} \leqslant T_{opI,a}$ $T_{opI,a}=0.77T_{rm}+12.04$ $T_{opI,b}=0.87T_{rm}+2.76$	$18℃ \leqslant T_{op} \leqslant 28℃$
II 级	$T_{opII,b} \leqslant T_{op} \leqslant T_{opII,a}$ $T_{opII,a}=0.73T_{rm}+15.28$ $T_{opII,b}=0.91T_{rm}-0.48$	$18℃ \leqslant T_{opII,a} \leqslant 30℃$ $16℃ \leqslant T_{opII,b} \leqslant 28℃$ $16℃ \leqslant T_{op} \leqslant 30℃$
III 级	$T_{op}<T_{opII,b}$ 或 $T_{opII,a}<T_{op}$	$18℃ \leqslant T_{opII,a} \leqslant 30℃$ $16℃ \leqslant T_{opII,b} \leqslant 28℃$

注：本表限定的 I 级和 II 级区如图 4.21 所示。

表 4.14　夏热冬冷、夏热冬暖、温和地区非人工冷热源室内热湿环境评价等级

等级	评价指标	限定范围
I 级	$T_{opI,b} \leqslant T_{op} \leqslant T_{opI,a}$ $T_{opI,a}=0.77T_{rm}+9.33$ $T_{opI,b}=0.87T_{rm}-0.31$	$18℃ \leqslant T_{op} \leqslant 28℃$
II 级	$T_{opII,b} \leqslant T_{op} \leqslant T_{opII,a}$ $T_{opII,a}=0.73T_{rm}+12.72$ $T_{opII,b}=0.91T_{rm}-3.69$	$18℃ \leqslant T_{opII,a} \leqslant 30℃$ $16℃ \leqslant T_{opII,b} \leqslant 28℃$ $16℃ \leqslant T_{op} \leqslant 30℃$
III 级	$T_{op}<T_{opII,b}$ 或 $T_{op}>T_{opII,a}$	$18℃ \leqslant T_{opII,a} \leqslant 30℃$ $16℃ \leqslant T_{opII,b} \leqslant 28℃$

注：本表限定的 I 级和 II 级区如图 4.22 所示。

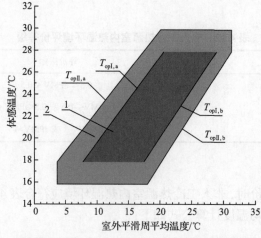

图 4.21　严寒及寒冷地区非人工冷热源室内热湿环境体感温度范围

1. I 级区；2. II 级区；T_{op}. 体感温度

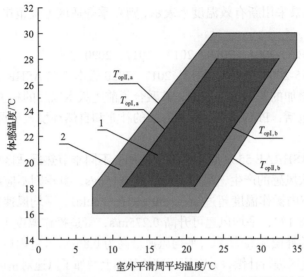

图 4.22　夏热冬冷、夏热冬暖、温和地区非人工冷热源室内热湿环境体感温度范围
1. Ⅰ 级区；2. Ⅱ 级区；T_{op}. 体感温度

4.4　国内外热环境评价相关标准

4.4.1　ASHRAE 热环境评价相关标准

1. ASHRAE 55 系列热环境标准《人类居住热环境条件》

ASHRAE 下设 10 个委员会，其中环境质量委员会负责室内环境方面的标准，技术委员会 2.1—生理学与人类环境负责 ASHRAE 55 系列的标准制定。

ASHRAE 55 标准是 ASHRAE 系列标准中的热环境评价标准，该标准不断更新修正，其不同版本对室内热环境的评价如下。

1) ASHRAE 55-1992

由于有效温度 ET 在低温区过高估计了湿度对热感觉的影响，而在高温区又过低估计了湿度对热感觉的影响。ASHRAE 55-1992 采用新有效温度 ET*代替了原有版本中使用的有效温度 ET，从而更接近于人们的实际感觉。

ASHRAE 55-1992 舒适标准的适用条件是人员坐姿、从事轻体力活动（新陈代谢率 $M \leqslant 1.2met$），所穿着服装的热阻夏季为 0.5clo，冬季为 0.9clo，平均风速 $v \leqslant 0.15m/s$。在此条件下，ASHRAE 55-1992 给出了舒适区范围。

（1）冬季。相对湿度 $\varphi = 60\%$，$t_o = 20 \sim 23.5℃$；当露点温度 $t_{dp} = 2℃$ 时，$t_o = 20.5 \sim 25.5℃$。如果采用新有效温度来表示，则冬季舒适区温度范围为：$ET^* = 20 \sim 23.5℃$。

（2）夏季。相对湿度 $\varphi = 60\%$，$t_o = 22.5 \sim 26℃$；当露点温度 $t_{dp} = 2℃$ 时，舒适区 $t_o =$

22.5～26℃。如果采用新有效温度来表示，则夏季舒适区温度范围为：ET*= 23～26℃。

2) ASHRAE 55-2004、2010、2013、2017、2020 系列

ASHRAE 55-2004、2010、2013、2017、2020 版本是在 ASHRAE 55 系列原标准版本修订和增加的基础上形成的，其融合了前述版本以后的相关研究成果和经验，主要变化包括：PMV/PPD 计算方面的补充和自然环境人员调节行为及适应性的规定。

2010 年，ASHRAE 55 新版本标准中增加了不同季节热舒适区中风速的范围：冬季为避免冷吹风感的产生，风速不应超过 0.15m/s，夏季则不应超过 0.25m/s。但是，若夏季室内操作温度超过 26℃（50%RH、0.5clo），平均风速则可相应提高，操作温度每升高 1℃，平均风速可升高 0.275m/s，舒适操作温度可升至 28℃，风速对舒适温度的补偿最高为 3℃，平均风速最高为 0.8m/s。若室内风速大于 0.2m/s，则可对室内舒适区进行补偿，并在原标准的基础上增加了风速对室内舒适温度的补偿方法——标准有效温度（SET），即通过计算 SET 来评价风速对舒适温度的补偿。

2020 年，ASHRAE 55 新发布的标准对舒适温湿度区间进行了新的修改，进一步拓展给出了不同服装热阻（0.65clo、1.0clo）、不同代谢率（1.3met、2.0met）及不同风速（0.1m/s、0.5m/s）下的适宜温度-湿度区间。此外，在 ASHRAE 55-2010、2013、2017 版本中，标准给出的舒适温度-湿度区间仍以空气含湿量 0.12kg/kg 干空气作为湿度上限，而在 2020 年新发布的版本中则取消了这一限值，舒适区间中湿度上限可达 100%，并注明湿度的限值建议参考《可接受室内空气质量的通风》ASHRAE 62.1 标准的规定。

此外，标准还规定使用者控制的自然调节空间为主要通过开关窗户来实现调节的空间，并且人可以根据室内外气候自由增减衣服。在一定使用限制条件的基础上，根据 ASHRAE RP-884 数据库，可以确定允许的室内操作温度，如图 4.23 所示，分别对应人员 80% 和 90% 可接受区间。需要注意的是，允许操作温度限值不能在室外温度高于或者低于曲线端点时进行插值，如果月平均室外温度低于 10℃或者高于 33.5℃，则不能使用，在这个范围外的环境已远不能满足人员的舒适需求，此时需要辅助供暖供冷来调节室内热环境。此外，图 4.23 在建立回归模型时采用室外月平滑周平均温度，其已经考虑了人们在这类自然通风建筑中根据室内温度和室外气候条件调节衣服以及适应性的问题，因此不用再单独考虑着装效应。

标准还规定了自由运行建筑及空调/采暖建筑室内的热舒适条件，指出在确定热舒适条件时，必须考虑到局部热不舒适，包括辐射温度不对称性、局部通风降温或接触冷暖地板造成的头、脚间的垂直温差等局部热不舒适，并对每种局部热不舒适的限值都做出了明确规定，其相关限值规定如表 4.15、图 4.24～图 4.26 所示。同时，引入标准有效温度 SET 来评价风速对温度的补偿作用，并且界定热舒

适风速限值大于 0.15m/s，提出了将气流的补偿作用应用于自然通风和机械通风区域，并分别给出了两种情况下热舒适区的修正因子。

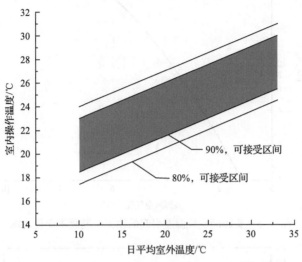

图 4.23　人员 80%和 90%可接受区间[59]

表 4.15　辐射温度不对称温差允许限值

不对称辐射温差允许限值/℃	顶棚辐射采暖	辐射墙冷却	顶棚辐射冷却	辐射墙采暖
	<5	<10	<14	<23

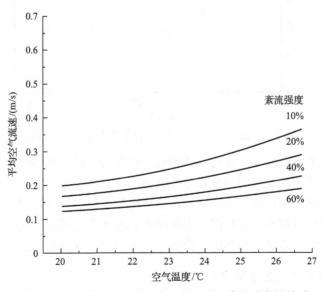

图 4.24　允许平均空气流速与空气温度和紊流强度的关系

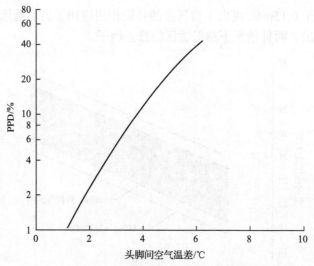

图 4.25　头脚间空气温差引起的预测不满意率变化曲线

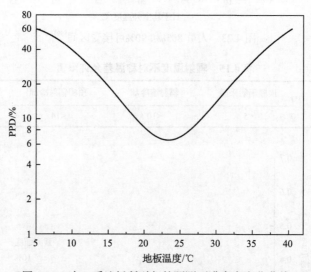

图 4.26　凉、暖地板所引起的预测不满意率变化曲线

同时，新版 ASHRAE 55 标准依据适应性评价自然通风环境，给出了可接受温度范围，其适用的建筑类型或者热环境更广泛，不仅可以用于供暖、空调等手段营造的稳态热环境评价，还可用于自然环境等非稳态热环境评价。但其局限性在于对自然环境下热环境评价仅有根据问卷和现场实测评价、通过统计分析的图表法，而没有用于暖通空调环境评价的计算法（如 PMV-PPD 方法）。

2. ASHRAE 其他热环境相关标准手册

ASHRAE 55 主要为建筑室内热环境评价标准，除此之外，美国采暖、制冷与空调工程师学会编制的《暖通空调系统设计手册》同样也包含热环境设计和热舒适评价相关内容。此外,《通风和可接受的室内空气质量》(ASHRAE 62.1-2022)、《除低层居住建筑外的建筑节能设计标准》(ASHRAE 90.1-2019)等也都不同程度地涉及了室内热环境相关内容和要求,这里不再赘述。

4.4.2　欧洲热环境评价相关标准

1.《建筑物的能源性能》prEN 16798-1 标准

欧洲标准 prEN 16798-1 是原热舒适标准《用于设计和评估建筑物的能源性能以解决室内空气质量、热环境、照明和声学问题的室内环境输入参数》(EN 15251:2007)的修订版本,由欧洲标准化委员会颁布,最新版发布于 2019 年,主要涉及室内热环境设计,并用于与能耗相关的室内空气品质、室内热环境、光照、噪声等参数评估。欧洲标准 EN 15251 于 2007 年首次发布,包括 PMV/PPD 模型及欧洲智能控制和热舒适项目(SCATs)开发的适应性舒适方法。2015 年,EN 15251 修订草案发布,并更名为 prEN 16798-1。在 prEN 16798-1 的 2019 年版本中,对适应性模型进行了修改:一是最优操作温度下限,比前一个版本低 1℃;二是热舒适区平均室外运行温度的可用范围由 15~30℃扩展到 10~30℃。如果室外运行平均温度超出该范围,必须按照 Fanger 的 PMV 模型计算的设定值条件安装和运行机械冷却或加热系统。prEN 16798-1 有三个热舒适类别,并且适应性模型主要应用于办公大楼,和其他类似的建筑(住宅建筑和会议室、礼堂、食堂、餐厅、教室)不配备机械冷却系统,在其从事近乎久坐活动的人员可以自由地适应室内/室外的温度条件,允许使用无空调的机械通风,但可开关的窗户必须是调节热条件的主要手段。

在该标准中关于室内热环境评价,依据建筑是否使用采暖空调设备分别提出了等级划分方法。针对使用供暖空调等人工冷热源环境的评价,依据 ISO 7730 标准规定的 PMV-PPD 指标划分了 4 个等级,见表 4.16。

表 4.16　人工冷热源环境等级划分

类别	整体热状态	
	预测不满意率 PPD/%	预测平均投票 PMV
Ⅰ	<6	−0.2<PMV<+0.2
Ⅱ	<10	−0.5<PMV<+0.5
Ⅲ	<15	−0.7<PMV<+0.7
Ⅳ	>15	PMV<−0.7 或 PMV>+0.7

　　针对非人工冷热环境的评价，如在过渡季节期间，采用自适应标准，依据室外平滑周平均空气温度，划分了 3 个等级。自由运行建筑室内操作温度如图 4.27 所示。

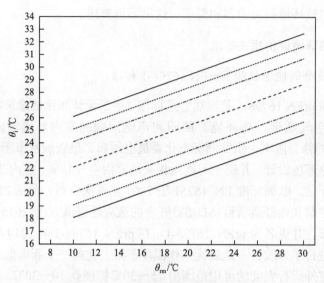

图 4.27　自由运行建筑室内操作温度

　　图 4.27 中，θ_{rm} 为室外平滑日平均空气温度，℃；θ_i 为操作温度，℃。中间的虚线表示最佳操作温度，其余每条线所代表的方程如下。

第 I 类（点划线）。

$$上限：\theta_{i,max} = 0.33\theta_{rm} + 18.8 + 2$$

$$下限：\theta_{i,min} = 0.33\theta_{rm} + 18.8 - 2$$

第 II 类（虚线）。

$$上限：\theta_{i,max} = 0.33\theta_{rm} + 18.8 + 3$$

$$下限：\theta_{i,min} = 0.33\theta_{rm} + 18.8 - 3$$

第 III 类（实线）。

$$上限：\theta_{i,max} = 0.33\theta_{rm} + 18.8 + 4$$

$$下限：\theta_{i,min} = 0.33\theta_{rm} + 18.8 - 4$$

式中，θ_i 为室内操作温度，℃；θ_{rm} 为室外平滑日平均空气温度，℃，上述方程适用于 $10℃ < \theta_{rm} < 30℃$ 的温度范围。

2. 欧洲其他热环境评价标准

1980～2007 年，英国有 16 家机构共出版了暖通空调设计相关导则 160 多部，其中，最主要的机构为英国皇家屋宇装备工程师学会(Chartered Institution of Building Services Engineers，CIBSE)，其出版量约占出版总量的 3/4。其中，该学会出版的《CIBSE 导则》分为三卷，第一卷 A 环境设计主要涉及建筑室内热环境营造相关内容和要求。和现有国际标准一样，该导则强调了影响热舒适的四个环境要素和两个人体自身因素，指出应采用空气温度和辐射温度加权的操作温度来评价热环境，并在导则表 1.5 和表 1.7 中分别给出了供暖空调环境和非供暖空调环境下的温度设计参数要求。同样该导则也对风速、相对湿度、服装热阻、代谢率等其他因素做了介绍和规定，同时包含了 PMV-PPD 等整体热舒适评价指标和吹风感(draught rate，DR)等局部热不舒适预测模型等，另外，还介绍了影响热舒适的其他因素，包括温度变化、水平温差、垂直温差、冷墙体/壁面、不对称辐射、短波辐射等，以及年龄、性别、建筑室内灯光和色彩等，导则在设计标准条文中更详细地规定了不同情况下热环境各设计参数要求，包括夏季温度设计、过热风险温度阈值和预防等。此外，该导则也阐述了建筑实际环境中的热舒适和适应性调节行为，对于适应性模型，同样采用欧洲 prEN 16798-1 标准中适应性模型方法和适应性可接受舒适区间。总体上看，《CIBSE 导则》第一卷 A 相比其他标准规定更详细，可操作性更强，便于暖通设计和管理人员参考与执行。

除了英国，荷兰也制定了本国标准《新版荷兰热舒适指南》ISSO 74-2004 和 ISSO 74-2014。自适应热舒适理论是荷兰标准 ISSO 74 的基础，它可以应用于空调和无空调空间。该标准在术语中规定：α 空间指的是"夏季的自由运行情况，可操作的窗户和对居住者的非严格的服装政策"，而 β 空间是指"在夏季主要依靠中央控制的冷却"。2014 年修订版本相比前一个版本，主要差异有以下四点：①2004 年的版本是针对整个建筑而言的，而 2014 年的版本则考虑了构成建筑的不同空间；②新版本中的自适应舒适度方程是从 SCAT 的欧洲舒适度研究数据库而不是 ASHRAE RP-884 全球实地研究数据库开发的，导致自适应舒适度方程在本监管文件的版本之间有所不同；③温度要求在新版本中分为四类(即 A、B、C 和 D)，而旧版本中是三类；④室外参考温度的计算方法有很大不同，新版本的室外参考温度按照 EN 15251 制定。

4.4.3　ISO 热环境评价相关标准

1. ISO 7730

ISO 7730 系列标准是由国际标准化组织 ISO/TC 159/SC5 物理环境人类工效

学分技术委员会制定的关于热舒适的国际标准，ISO 7730 系列标准有 ISO 7730:1984、ISO 7730:1994、ISO 7730:2005，目前有效的版本是 ISO 7730:2005[60]，最新版本尚未发布。对 ISO 7730 系列标准的简要介绍见表 4.17。

表 4.17　ISO 7730 系列标准

标准版本	中文名称	我国等效引用标准名称
ISO 7730:1984	中等热环境 PMV 和 PPD 指数的测定及热舒适条件的规定	—
ISO 7730:1994	中等热环境 PMV 和 PPD 指数的测定及热舒适条件的规定	GB/T 18049—2000 中等热环境　PMV 和 PPD 指数的测定及热舒适条件的规定；（一致程度：等效采用）
ISO 7730:2005	热环境的人类工效学 利用 PMV 和 PPD 指数和局部热舒适标准对热舒适进行分析测定和解释	—

ISO 7730 于 1984 年首次发布，该标准引入了 PMV-PPD 热舒适模型[61]，并给出了热舒适指数 PMV-PPD 的计算公式，提供了由不对称辐射、风速和垂直空气温差引起的局部热不舒适的评估方法。该标准在 1994 年和 2005 年进行了两次修订[62]，在最新版本中提出 PPD 的三个水平：A. PPD<6%，–0.2<PMV<+0.2；B. PPD<10%，–0.5<PMV<+0.5；C. PPD<15%，–0.7<PMV<+0.7。此外，该标准还提供了一个图表，可以估计所需的风速范围，以补偿工作温度的增加，改善热舒适。ISO 7730 系列标准发展对比如图 4.28 所示，下面对 ISO 7730:1994 和 ISO 7730:2005 做详细分析。

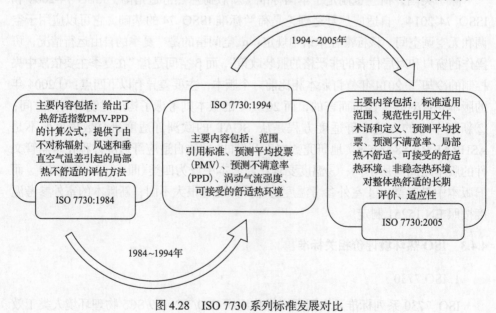

图 4.28　ISO 7730 系列标准发展对比

1)ISO 7730:1994

ISO 7730:1994 标准由正文和附录组成，正文包括范围、引用标准、预测平均投票(PMV)、预测不满意率(PPD)、涡动气流强度、可接受的舒适热环境。我国标准《中等热环境 PMV 和 PPD 指数的测定及热舒适条件的规定》(GB/T 18049—2000)等效采用了国际标准 ISO 7730。

ISO 7730:1994 给出的舒适标准的适用条件是:人员坐姿,从事轻体力活动(人体代谢率 MET ≤ 1.2met)，所穿着服装的热阻夏季为 0.5clo，冬季为 1.0clo。ISO 7730:1994 中以附录的形式给出了适用于标准条件即主要活动为坐姿的轻体力活动、穿着典型季节服装的舒适区范围及条件。

(1)冬季:操作温度在 20~24℃;颈部和脚踝处高度的垂直温差 $T_{1.1}-T_{0.1} \leqslant 3℃$(下标表示测量位置距地面高度,单位为 m),地板表面温度通常控制在 19~26℃,但是如果采用地板供暖系统可以将该值升至 29℃,垂直方向不对称辐射温差应不超过 5℃,水平方向不对称辐射温差不超过 10℃;同时,相对湿度应该介于 30%~70%，平均风速 $v \leqslant 0.15\text{m/s}$。

(2)夏季:操作温度在 23~26℃,颈部和脚踝处高度的垂直温差 $T_{1.1}-T_{0.1} \leqslant 3℃$,相对湿度应该介于 30%~70%，平均风速 $v \leqslant 0.25\text{m/s}$。

2)ISO 7730:2005

目前的热舒适标准 ISO 7730:2005 是在 ISO 7730:1994 基础上增加了最新研究成果之后修订而成的。

ISO 7730:2005 标准正文的主要内容包括标准适用范围、规范性引用文件、术语和定义、预测平均投票、预测不满意率、局部热不舒适、可接受的舒适热环境、非稳态热环境、对整体热舒适的长期评价、适应性。值得注意的是，与 ISO 7730:1994 相比，ISO 7730:2005 增加了热舒适等级划分、整体热舒适长期评价、局部热不舒适、非稳态热环境与适应性等内容。

为了可以按季节或者年等长周期对实际运行建筑中的设计工况热环境的整体舒适性状况进行评价和比较，以便更好地设计和运行管理，标准增加了整体热舒适环境的长期评价，主要通过给出附录来进行说明。为了可以长期评价热舒适条件(按季或年)，所有参数必须是在通过对建筑进行实测或计算机模拟所获得数据基础之上进行，针对不同的目的，给出了以下 5 种方法。

(1)在建筑的使用时数内，计算 PMV 和操作温度在规定范围之外时所占的小时数或百分数。

(2)对实际操作温度超过规定范围的小时数进行加权,权重因数根据超出规定范围的程度确定。

当 $T_{o}=T_{o,\text{limit}}$ 时，权重因数 $w_{f}=1$。其中，$T_{o,\text{limit}}$ 为热舒适各个等级上下限对应的作业温度值。

当 $|T_o| > |T_{o,limit}|$ 时，w_f 的计算公式为：$w_f = 1 + |T_o - T_{o,limit}| / |T_{o,optimal} - T_{o,limit}|$，其中，$T_{o,optimal}$ 为最优操作温度，即 PMV=0 时对应的温度取值。当实际热环境偏热或者偏冷时，应该分开计算 $\sum w_f \times t$，偏热时 $T_o > T_{o,limit}$，偏冷时 $T_o < T_{o,limit}$。

(3)实际 PMV 超过舒适边界的时间内，根据每年 PMV 的分布以及 PMV 和 PPD 的关系，需加权（PPD 的函数）。

当 PMV=PMV$_{limit}$ 时，权重因数 w_f =1。其中，PMV$_{limit}$ 为热舒适各个等级上下限对应的 PMV 值。

当 $|PMV| > |PMV_{limit}|$ 时，$w_f = PPD_{actualPMV} / PPD_{PMVlimit}$，其中，$PPD_{actualPMV}$、$PPD_{PMVlimit}$ 分别为根据实际 PMV、PMV$_{limit}$ 计算得到的 PPD 值。

当实际热环境偏热或者偏冷时，应该分开计算 $\sum w_f \times t$，偏热时 PMV>PMV$_{limit}$，偏冷时 PMV<PMV$_{limit}$。

(4)计算建筑在整个使用时间内的平均 PPD。

(5)计算建筑在整个使用时间内的 PPD 总和。

在实际运用过程中具体选择何种方法，首先需要根据确定的 PMV-PPD 范围或者操作温度来划分热环境等级，再对应选择适宜的评价方法。

此外，ISO 7730:1994 在气流流动条款基础上扩充了局部热不舒适的条文内容，而 ISO 7730:2005 在 ISO 7730:1994 规定的冷吹风感的基础上又增加了对其他 3 种局部热不舒适情况，即垂直空气温差、冷暖地板、不对称辐射的规定，与 ASHRAE 55-2004 标准中的规定基本相同(表 4.18)，对不同等级热环境中局部热不舒适给出了相应的规定值。

表 4.18　ISO 7730:2005 局部热不舒适规定[4]

ISO 7730:2005	ANSI/ASHRAE 55-2004
气流感	冷吹风感
垂直空气温差	垂直空气温差
冷暖地板	地板表面温度
不对称辐射	辐射温度不对称性

ISO 7730:2005 首次明确规定了非稳态环境的定义，包括温度的周期性波动、温度漂移或者斜变、温度突变或者瞬变三种情况，具体内容见表 4.19。标准规定，热环境中温度波动值不超过 1K 时，可以视为稳态环境。温度的漂移或者斜变不超过 2.0K/h，其环境可视为稳态，具体值见表 4.20。如果操作温度的变化是瞬时的，当操作温度突升时立刻会产生新的稳态热感觉，可以用 PMV-PPD 进行预测；当操作温度突降时热感觉会低于 PMV-PPD 预测值，30min 后达到稳态。

表 4.19　ISO 7730:2005 关于稳态和非稳态热环境的界定

条款	条文内容
温度周期性波动	温度波动值不超过 1K 可以视为稳态热环境
温度漂移或斜变	温度的漂移或者斜变不超过 2.0K/h，可视为稳态环境
温度突变或瞬变	作业温度的变化可以瞬时感觉到；当作业温度突升时，会经历新的稳态热感觉，可以用 PMV-PPD 进行预测；当作业温度突降时，热感觉会先下降并低于 PMV-PPD 预测值，大约 30min 后上升并逐步达到新的稳态（即在 30min 内，PMV-PPD 预测的热感觉值会比实际高）。达到新稳态的时间与初始状态有关

表 4.20　ISO 7730:2005 中温度漂移和斜变极限

时间段/h	0.25	0.50	1	2	4
允许最大操作温度变化/℃	1.1	1.7	2.2	2.8	3.3

　　ISO 7730:2005 增加了适用性的说明性条文，指出由于服装热阻与当地的习惯及气候密切相关，在确定可接受操作温度范围时必须予以考虑。在温暖或者寒冷环境中，由于热适应，服装热阻会成为一个重要的影响因素。除服装热阻外，其他形式的热适应（如身体姿势、活动量）都难以量化，而这些都会导致较高温度也可以被接受。热带气候区生活、工作的人们比生活在较冷气候区的人们更容易适应高温环境。ISO 7730:2005 规定，自然通风建筑、热带气候区或气候炎热季节的建筑中人们主要通过开关窗户控制热环境时，允许将可接受热环境范围适当扩展，但是没有给出定量规定。这些变化体现了热舒适研究由稳态向动态的转变，但局限在于标准还未充分考虑人体的适应性，尤其是对动态环境下的评价存在欠缺。

　　ISO 7730:2005 对不同等级热环境局部热不舒适条件也给出了相应的规定，见表 4.21，并通过附录给出了热环境等级划分的示例。通过图表给出了不同等级环境操作温度与服装和活动的函数关系及不同等级环境最大风速与局部空气温度计湍流度的函数图，以便更好地确定和修正热环境参数范围。

表 4.21　ISO 7730:2005 中热环境分类

等级	人体的整体热状态		局部热不舒适			
	PPD/%	PMV	气流不满意率/%	热不满意率/%		
				垂直温差	冷热地板	热辐射温度不对称性
A	<6	−0.2<PMV<+0.2	<10	<3	<10	<5
B	<10	−0.5<PMV<+0.5	<20	<5	<10	<5
C	<15	−0.7<PMV<+0.7	<30	<10	<15	<10

2. ISO 其他相关标准

国际标准化组织除制定了 ISO 7730 标准外，还制定了与室内热环境评价相关的配套标准，如图 4.29 所示。

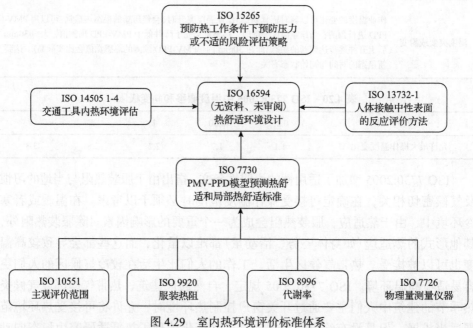

图 4.29　室内热环境评价标准体系

ISO 7726[63]是针对进行热环境评价时的物理量测量仪器要求以及测试方法的标准，适用于作用于人体的炎热、温和、舒适及寒冷环境，其目的是作为制造商及用户使用仪器测量环境参数的说明以及合同双方测量环境物理量合同撰写内容的规范。ISO 7726 主要内容包括：已发行标准和在拟标准中涉及的测量中的专业术语的定义；表征热环境的物性参数及测量方法的相关规定；解释参数的一种或多种方法的选择；舒适区的推荐范围和极端环境区的限定阈值以及测试冷暖设备或系统的方法规定。

《热环境的人类工效学 代谢率的测定》（ISO 8996:2021）[64]是关于新陈代谢量确定方法的标准，该标准介绍了使用不同的方法测定工效学背景下气候的工作环境，它也可以用于其他应用程序示例中。其主要是从以下几个方面来估计代谢率：身体参与工作的部分（双手、一只手臂、两只手臂、整个身体）；各部分工作负荷（轻型、中型、重型、由受试者主观评判）；身体姿势（坐着、跪着、蹲着、站着、弯腰）以及劳动速度，该代谢率计算使用时间加权平均代谢率，即分别把每段活动的代谢率乘以各自的持续时间，相加求和再求平均。除此之外，还采用心率估计代谢率以及通过耗氧量估计代谢率。

《热环境的人类工效学　服装组合的隔热性和水蒸气阻力的估计》(ISO 9920:2007)[65]是用于热环境研究的国际标准之一，它是针对衣着的热特性估计的标准，是评价一套服装的热特性(隔热性和耐水汽性)的基本文件。该标准确定的热特性是稳态条件下的值，在依据标准化方法评价物理环境的热应力和舒适时，有必要了解衣着的热特性。该标准不处理人体不同部位的局部隔热，也不处理由于服装在人体上分布不均匀而引起的不适。人在中性、冷暖环境中的热平衡受所穿衣服的影响。在评价热应力对人类在寒冷(需求的服装热阻，见 ISO/TR 11079 绝缘指数)、中性(PMV-PPD，见 ISO 7730 指标)和热环境的影响(预测热应变，见 ISO 7933)时，有必要知道服装整体的热特性，即保温和水蒸气阻力。

《物理环境的工效学　评估物理环境的主观判断量表》(ISO 10551:2019)[66]是工作环境热应力和应变评定的一系列标准的一部分，主要涉及建立气候环境特征物性参数、服装热性能和代谢性产热的测量与估算方法规范以及建立热、冷、温环境热应力评价方法。该标准提出了一套专家直接评估在工作场所不同气候条件下受到不同程度热应力的人员所表示的热舒适/热不舒适的规范。该评估提供的数据极有可能用于补充评估热负荷的物理和生理方法。这些方法属于一种心理学方法，包括酌情收集所考虑的情况(诊断)影响的人的现场意见。在实践中，具体案例与一般案例往往存在空间异质性、局部差异性以及时间波动、服装安排、个人特征等方面的差异。因此，有必要通过直接确定工作人员对气候环境及其相应个人状态的主观经验来补充最初预测方法中提出的值，这些人可以判断和表达这种经验。

《热环境的人类工效学　使用 WBGT 指数(湿球黑球温度)评估热应力》(ISO 7243:2017)主要用于高温环境下的热评价，可依据湿球黑球温度 WBGT 指标。如果 WBGT 参数值超出范围，可根据热平衡方程，对炎热地区出汗要求进行计算，由此对应标准 ISO 7233:1995[67]。如果需对个人或某组人对极热环境的反应进行研究，则需测试其生理效应，对应的标准为 ISO 9886:2004[68]。

《热环境的人类工效学　热工作条件下预防压力和不适的风险评估政策》(ISO 15265:2004)[69]旨在为职业健康专家提供规范化的方法，用来解决工作热环境下产生的热应激与不适感，以及如何收集必要的信息来控制或预防相关问题。主要是关于预防工作热环境下产生热应激或不适感的风险评估策略，其适用范围与 ISO 7730 不同，ISO 7730 是 PMV-PPD 模型预测热舒适和局部热舒适标准，研究基于欧洲和北美人群，适用于健康成人，适用于稳态室内热舒适或稍偏离舒适的环境；而 ISO 15265 是在给定工作热环境下人体生理阈值或不适感的评价方法，适用于气候、代谢率或服装热阻稳定或变动时的任何工作环境。ISO 15265 的主要参数是平均条件下和极端条件下持续时间、空气温度、湿度、辐射、空气流速、代谢率、服装热阻以及冷环境下的所需服装热阻(required clothing insulation，IREQ)、舒适与非舒适环境下的 PMV-PPD 指数、热应激条件下的预测热应力。

《热环境的人类工效学 人对表面接触的反应的评定方法——第 2 部分：人与适中温度表面接触》(ISO/TS 13732-2:2001)[70]是有关人体接触中性表面的反应评价方法，主要是预测人体部分接触中性温度(10~40℃)的固体表面时的热感觉和不舒适的程度，适用于手、脚及坐姿接触地板的热感觉。其主要参数是皮肤温度和环境温度、接触的身体部位和物体类型、接触时间和接触压力、有热源和无热源的表面、接触系数和热扩散率。

《热环境的人类工效学 车辆热环境评估 第 4 部分：通过数字人体模型确定等效温度》(ISO 14505-4:2021)[71]是有关交通工具内热环境评估，主要是对交通工具(陆地、海洋和高空运输)内环境提供评价方法，为偏热环境、偏冷环境、中性环境提供不同方法，主要适用于交通工具车厢内。其评价原理是偏热环境中采用热应力评价方法、中性环境中采用热不舒适评价方法、偏冷环境中采用冷应力评价方法。评价方法包括热舒适评价指标(PMV-PPD 指数、等效温度等)、热应力评价指标(太阳辐射量、空气流速、蒸发换热等)，通过分析热平衡状态进行冷应力评价，测试参数考虑新陈代谢和服装热阻等参数，是以人员为受试者的评价方法。

4.4.4　国内热环境评价相关标准

1. 《室内人体热舒适环境要求与评价方法》(GB/T 33658—2017)

《室内人体热舒适环境要求与评价方法》(GB/T 33658—2017)规定了用于日常工作生活的中等热条件下室内人体热舒适环境的技术要求和评价方法，也可用于房间空气调节系统热舒适性评价。室内热环境的评价项目和权重分配为温度波动(15%)、温度均匀度(10%)、垂直空气温差(20%)、吹风感指数(15%)、PMV(30%)和基于暖体假人的等效空间温度(10%)。其中，温度波动是指室内环境达到热稳定状态后，规定时间内室内温度的变化幅度。当室内环境 1h 内的温度波动不超过 0.6℃时，温度波动项取 5 分；大于 2℃时，取 1 分。温度均匀度是指室内环境达到稳定状态后，同一时刻不同测点温度的差异状况。整个室内的温度均匀度为采集时间内瞬时温度均匀度的平均值，当室内环境的温度均匀度不超过0.2℃时，温度均匀性项取 5 分；大于 2℃时，取 1 分。垂直空气温差是测量采集时间内人员坐姿状态下的头和脚踝位置处的温度值，计算垂直空气温差导致的人员不满意百分率(percentage dissatisfied, PD)，当 PD 不超过 3%时，垂直空气温差项取 5 分；当 PD 大于 20%时，取 1 分。吹风感指数是指由于气流带走人体热量导致的不满意人群百分数。吹风感指数 DR 与局部平均空气温度、局部平均空气流速、局部紊流强度相关，当 DR 不超过 10 时，吹风感指数项取 5 分；当 DR 大于 40 时，取 1 分。PMV 指标项计算的 PPD 不超过 6%时，PMV 项取 5 分；大于 25% 时，取 1 分。暖体假人评价指标使用等效空间温度进行热环境舒适性评价，暖体假人指标中代谢率取 $70W/m^2$，服装热阻取 0.50clo 和 1.00clo 两种状态，对应的舒适的等效空间温度分别为 23.3~28.5℃ 和 19.5~26.7℃.

　　根据各评价项目的权重进行加权求和，得出室内热环境舒适性评价得分。室内热环境评价等级采用五星级制，五星为最好，对应室内热环境舒适性评价得分不低于 4.5 分。

2.《热环境的人类工效学 通过计算 PMV 和 PPD 指数与局部热舒适准则对热舒适进行分析测定与解释》(GB/T 18049—2017)

　　我国在 2017 年参考国际标准 ISO 7730:2005，制定了标准《热环境的人类工效学 通过计算 PMV 和 PPD 指数与局部热舒适准则对热舒适进行分析测定与解释》(GB/T 18049—2017)，标准等效采用国际标准《热环境的人类工效学 利用 PMV 和 PPD 指数和局部热舒适标准对热舒适进行分析测定和解释》(ISO 7730:2005)，其中的规定值与 ISO 7730:2005 完全相同。标准中规定采用 PMV 指标评价中等热环境的热舒适等级，PMV 的确定方法分为计算法和查表法，并推荐了以坐姿从事轻度活动的供热、空调环境的热舒适作业温度、湿度区间，适用于室内工作环境的设计或对现有室内工作环境进行评价。

3. 其他相关标准

　　其他有关设计规范和标准，例如，2003 年 11 月发布的《采暖通风与空气调节设计规范》(GB 50019—2003)标准新增了室内热舒适性要求，在 3.1.4 条中规定：采暖与空气调节室内的热舒适性应按照《中等热环境 PMV 和 PPD 指数的测定及热舒适条件的规定》(GB/T 18049—2017)采用预计的 PMV 和 PPD，其值宜为 $-1 \leqslant PMV \leqslant +1$；$PPD \leqslant 25\%$。此外，我国也制定了其他室内热湿环境参数的测试标准和规范，如《通风与空调工程施工质量验收规范》(GB/T 50243—2016)、《公共场所卫生检验方法 第 1 部分：物理因素》(GB/T 18204.1—2013)、《公共场所卫生检验方法 第 2 部分：化学污染物》(GB/T 18204.2—2014)、《健康建筑评价标准》(T/ASC 02—2016)等。

4.5　热环境评价相关标准对比

4.5.1　国际热环境评价相关标准对比

1. ISO 7730 与其他 ISO 热环境评价相关标准对比

ISO 7730 中列举了四种局部热不舒适，即吹风感、垂直温差、辐射不对称性、冷热地板温度相关的局部热不舒适不满意率。《热环境的人类工效学 车辆热环境评估 第4部分：通过数字人体模型确定等效温度》(ISO 14505-4:2021)在评价局部热舒适时给出了测定生理等效温度(physiological equivalent temperature，PET)的实验方法。两者的局部评价指标等效温度均适用于评价吹风感、热不对称和辐射不对称造成的局部热不舒适。除此之外，ISO 14504-4还提出了因相对湿度造成的局部热不舒适评价方法，而ISO 7730中不满意率评价指标不适用于因相对湿度造成局部热不舒适的情况，且ISO 7730提供了在接触热表面造成局部热不舒适的评价方法。ISO 7730是用人的整体热不舒适的不满意率进行评价，没有对身体部位进行具体划分，而ISO 14505-4是采用针对人体不同部位的指标——局部等效温度来评价局部热不舒适。ISO 7730针对每一个可能带来局部热不舒适的因素都给出了评价局部热不舒适的公式，适用于已知导致局部热不舒适的因素的情况。ISO 14505-4则未考虑影响局部热不舒适的不同因素，而是对综合环境造成的局部热不舒适进行评价。ISO 7730在评价局部热不舒适时对于每种局部热不舒适的情况都给出了环境参数的适用范围，而ISO 14505-4中没有规定测量参数的有效范围，但等效温度在0~40℃时得到的结果才能有效地评价热感觉。

对于评价接触热感觉，ISO 7730给出了室内环境下穿着轻便鞋时处于站立或静坐的人群的不满意率与地板温度的函数关系，即地板温度在5~40℃，给出的冷热地板温度与不满意率的表达式适用于穿着轻便鞋处于静坐或站立的人群。相比之下，ISO/TS 13732-2适用于表面温度在10~40℃的接触热感觉评价，且仅适用于身体小面积部位接触的评价，评价时针对不同部位的接触时间也有所限制，此外，ISO 7730中用PPD来评价接触冷热地板引起的热不舒适，ISO/TS 13732-2对不同部位的接触热感觉所用的评价方法不同，故评价指标也不相同。

对于非稳态热环境的评价，ISO 7730给出了对于三种典型的非稳态热环境的评价方法或预测偏差，ISO 15265则给出了对于非稳态热环境的风险评估以及防止热环境造成热不舒适的措施，根据改善环境的复杂程度，将风险评估分为三个阶段，并给出三个阶段评价所需的评价指标及指标适用范围。因此，ISO 7730适用的非稳态热环境有一定的限制性，当非稳态热环境偏离热舒适条件较远时，ISO 7730便不再适用，而ISO 15265提供了评价较为复杂的热环境的方法。对于评价指标，ISO 7730评价规范中限定的三种非稳态热环境所用指标为PMV/PPD，而ISO 15265评价非稳态热环境时所用的指标为各个环境参数和生理参数等，暖通工作人员能够通过这些指标发现热环境中引起热不舒适的因素，从而有针对性地改善工作热环境的舒适性。

2. EN 15251 与其他标准的关系

EN 15251 标准既可以作为欧洲其他标准的输入，也可以作为其他标准的输出。EN 15251 与建筑能源性能导则有关的其他标准的关系如图 4.30 所示。

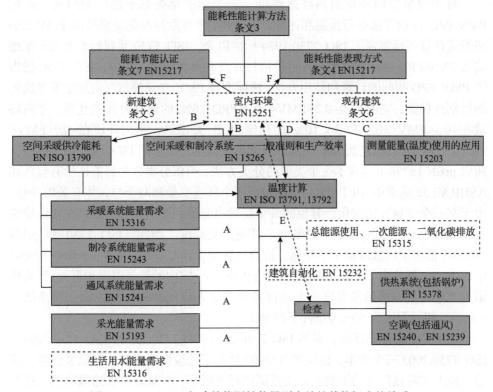

图 4.30　EN 15251 与建筑能源性能导则有关的其他标准的关系

欧洲标准 EN 15251 于 2007 年首次发布，包括 PMV-PPD 指数和欧洲 SCATs 项目[72]开发的适应性舒适方法[73]。2015 年，EN 15251 修订草案发布，并更名为《建筑物的能源性能》prEN 16798-1[73]。在 prEN 16798-1 中，对适应性模型进行了两项修改：一是最优操作温度下限比前一个版本低 1℃；二是热舒适区下限由 15~30℃扩展到 10~30℃时，即模型拓展了评估时室外温度的有效范围，如果室外运行平均温度超出该范围，则必须按照 PMV 模型计算的设定值条件安装和运行机械冷却或加热系统。与 EN 15251 一样，prEN 16798-1 中有三个热舒适类别，并且适应性模型主要应用于办公大楼和其他不使用机械供冷系统的建筑(如住宅建筑、会议室、礼堂、食堂、餐厅、教室等[73])，近乎久坐的人员在这些建筑室内可以自由地适应室内/室外的温度条件，允许使用机械通风，且可操作的开关窗是调节热环境的主要手段。

3. ISO 7730、ASHRAE 55、prEN 16798-1 热环境标准对比

ISO 7730、ASHRAE 55 和 prEN 16798-1 是目前国际上广泛使用的热舒适评价标准，三个标准有相同点，也有针对不同情况下的个性化条文制定。

对于建筑空调环境的热舒适评价，三个标准都是基于热平衡理论，采用 PMV-PPD 评价方法进行预测和评价。自 1984 年国际标准化组织采用 PMV-PPD 热舒适评价指标制定了 ISO 7730:1984 标准以来，ISO 7730 系列标准的理论基础均为 PMV-PPD 热舒适模型，且评价指标并没有太大变化。其中，ISO 7730 指出了 PMV/PPD 指标的计算和使用方法，该标准在 PMV 变化的范围内规定了建筑物的级别或种类：室内环境–0.2<PMV<+0.2（PPD ≤ 6%）的建筑为 A 类建筑，室内环境在–0.5<PMV<+0.5（PPD ≤ 10%）的建筑为 B 类建筑，室内环境在–0.7<PMV<+0.7（PPD ≤ 15%）的建筑为 C 类建筑。其他的国际标准采用 ISO 7730 作为模板，所以 prEN 16798-1 包含了一个类似的分类方法，但该分类方法目前还没有包含在 ASHRAE 55 标准中。由于 PMV 指数包括四个环境变量和两个与人体有关的变量，由于某一个变量发生变化，其他的五个变量也会受到影响，所以难以在实际建筑中使用，而建筑类别的划分更增加了其应用的难度。因此，ISO 7730 和 prEN 16798-1 都对室内温度给出了举例，适合在环境设计时参考。例如，prEN 16798-1 中的表 B2 就给出了冬天（服装热阻为 1.0clo）办公室内的最低温度和夏天（服装热阻为 0.5clo）室内的最高温度。上述都是在假定人体代谢率为 1.2met、风速低于 0.1m/s、相对湿度为 50%等条件下得到的。

对于非供暖空调环境，虽然 ISO 7730 已有 ISO 7730:1984、ISO 7730:1994、ISO 7730:2005 三个版本，ISO 7730:2005 增加了适应性的内容，对服装热阻、其他适应形式对热舒适的影响及适用范围进行了说明，并规定自然通风建筑、热带气候区或气候炎热季节的建筑中人们主要通过开关窗户控制热环境时，允许将可接受热环境范围进行适当扩展，但是没有给出定量规定，没有提出准确的指标和模型对自然通风建筑进行评价。因此，适应性热舒适理论在最近的修订中仍然是缺失的。

而 ASHRAE 标准却是第一个包括适应于自然通风环境的适应性模型的标准。ASHRAE 55 标准采用操作温度作为室内热环境指标，室外月平均温度作为室外气候指标。在该标准的最新修订本中，室外月平均温度形式的选择在一定程度上取决于使用者，并且室外月平均温度形式的选择包括不同形式的运行平均温度。prEN 16798-1 中相关适应性的模型和标准与 ASHRAE 55 中的相似，但使用的数据不同。ASHRAE 标准所用的数据来自世界不同国家，由不同的团队通过不同的方法从 30 个不同的建筑调研中得到。prEN 16798-1 标准采用的数据来自欧洲 SCATs 项目，是同一个调研团队对欧洲五个国家采用统一的实验方法和实验仪器

得到的。虽然 SCATs 数据库包含的舒适数据较少，但它们都是通过同一时期以相同方式使用同一标准的设备收集得到的。尽管如此，两个适用标准得到的适应性模型基本相似，采用舒适性公式计算的可接受温度范围大部分是相同的。不同点在于，两个标准中采用室外平均温度的计算方法不同，在 ASHRAE 标准中，采用室外月平均平滑温度，而在 prEN 16798-1 标准中，室外温度公式采用连续变化加权的平均温度。

不同标准中空调建筑的 PMV 限值和 PPD 限值分别如图 4.31 和图 4.32 所示。

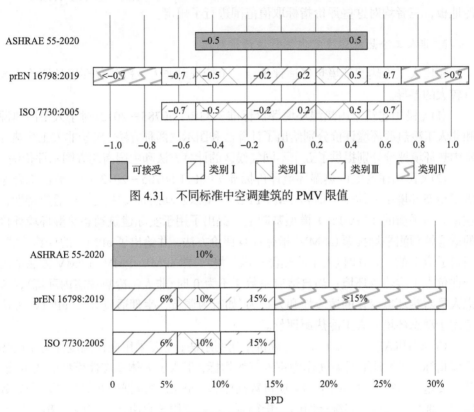

图 4.31 不同标准中空调建筑的 PMV 限值

图 4.32 不同标准中空调建筑的 PPD 限值

4.5.2 国内外热环境评价相关标准对比

下面针对 GB/T 50785—2012、ASHRAE 55-2020 和 ISO 7730:2005 三个标准的异同点进行介绍。

1. 人工冷热源环境室内热舒适评价对比

对三个热环境评价标准关于人工冷热源环境的热舒适评价进行比较，可以看出评价指标和方法有许多相似或重合的地方，主要体现在国内外通用室内环境热舒适评价标准的分析与比较。

(1)三个标准对于人工冷热源环境评价所依据的热舒适基础理论都为 Fanger 提出的 PMV-PPD 模型。

(2)三个标准均包含整体热舒适评价指标和局部热不舒适评价指标，都采用了 PMV、PPD 等指标，且 PMV 的确定方法均包括计算法。

(3)对于局部热不舒适评价指标中的子项有所重合，即吹风感、垂直温差、热/冷地板，三者均对这些评价指标取值范围进行了规定。

2. 非人工冷热源环境室内热舒适评价对比

相比人工冷热源环境热舒适评价，三个标准对非人工冷热源环境的评价内容有较大的差异。

(1)《民用建筑室内热湿环境评价标准》(GB/T 50785—2012)对于人工冷热源和非人工冷热源环境评价分别给出了计算法和图示法两种方法，对于非人工冷热源室内热环境评价分别提供了五个不同气候区的计算方法和中国南北方图示评价法。

(2)《民用建筑室内热湿环境评价标准》(GB/T 50785—2012)中计算法综合考虑了稳态环境中人体热平衡和 PMV-PPD 模型以及动态环境中人体自适应特性，在稳态热平衡的 PMV-PPD 模型基础上，提出了用于实际建筑动态热湿环境评价的适应性预测平均投票(aPMV)指标计算评价方法，并给出了 aPMV 的计算公式。当自适应系数 λ 为 0 时(人工冷热源室内环境)，即 aPMV=PMV，aPMV 方法适用于评价人工冷热源环境；当自适应系数 λ 不为 0 时(非人工冷热源室内环境)，考虑人员对热环境变化的适应性和人行为(如行为调节、生理适应等)，aPMV 方法适用于动态环境非人工冷热源评价。

(3)ASHRAE 55-2020 适应性评价采用图示法，主要采用操作温度作为室内热环境指标、室外月平滑温度作为室外气候指标，引入了人体适应性模型的图示法，其主要基于 ASHRAE 的 RP-884 项目数据库和 ASHRAE 数据库 Ⅱ 的热环境调研数据库，通过数据整合和统计回归分析得到，主要应用于自由运行室内环境的评价。

(4)ISO 7730:2005 对供暖空调室内环境采用 PMV-PPD 评价，但是对自然通风建筑评价，标准没有提出准确的指标和适应性模型；标准增加了适应性的内容，对服装热阻、其他适应形式对热舒适的影响及适用范围进行了说明[23]，并规定自然通风建筑、热带气候区或气候炎热季节的建筑中人们主要通过开关窗户控制热环境时，允许将可接受热环境范围适当扩展，但是没有给出定量规定[24]。

3. 不同标准的适用范围

ASHRAE 55 采用的热适应模型是 de Dear 通过对 ASHRAE 的 RP-884 项目数

据库进行整合分析得到。RP-884 项目数据库中包含来自不同地区 160 栋建筑约 21000 份原始数据，具体分布可参考文献[74]。RP-884 数据库中，夏季非空调环境下室内相对湿度和风速的波动范围均较大，表明不同气候地区的气候特点和居民的热适应行为均存在较大差异。然而，该模型在计算室内舒适温度时，仅以室内操作温度为唯一指标，并没有单独考虑夏季相对湿度和风速的影响，从夏季室内相对湿度和风速的平均值可以看出，ASHRAE 55-2020 热舒适区的可接受温度上限仅适用于夏季有一定风速且湿度较适中的热环境。此外，ASHRAE 55-2020 将所有不同气候区的数据进行统一处理，建立统一的热适应模型，即对不同国家和气候区的数据进行"平均"处理，所建立的热适应模型也仅适用于"平均"的国家和气候区，且数据库中缺少中国数据。

prEN 16798-1 的热适应模型采用的是 SCATs 数据库，是对欧洲五个国家(法国、希腊、葡萄牙、瑞典和英国)的 26 个办公建筑中选定的工作区域进行热舒适现场调查所得的数据。Nicol 和 Humphreys 的分析结果表明，SCATs 数据库中，非空调环境下室内平均风速范围为 0~2.1m/s，平均值为 0.09m/s，而且室内平均风速与操作温度之间的线性关系并不显著(R^2=0.023)。有些居民并没有采用提高室内风速的方法来补偿环境温度的升高。虽然有些居民通过提高室内风速的方法来补偿环境温度的升高，但是仅 38%的室内风速大于 0.1m/s，而且这部分数据中平均风速也仅为 0.17m/s。也就是说，SCATs 数据库中非空调环境下室内平均风速水平较低，所以在此基础上建立的热适应模型也仅适用于室内低风速(<0.2m/s)的情况。

《民用建筑室内热湿环境评价标准》(GB/T 50785—2012)的适应性模型是在中国民用建筑(包括居住建筑、办公建筑、教育建筑、宾馆/酒店等)进行大范围室内热湿环境现场测试和问卷调查的基础上建立的，所调研的 18 个城市覆盖了 5 大气候区。标准中将夏热冬暖、夏热冬冷地区及温和地区统一归类为南方地区，而将寒冷地区、严寒地区统一归类为北方地区。通过调研数据分析，《民用建筑室内热湿环境评价标准》(GB/T 50785—2012)中南方热舒适区夏季可接受温度上限适用的风速范围要比北方稍高些。考虑到中国北方冬季低温时间较长，大部分时间人们在室内度过；而南方冬季低温时间相对较短，且由于在室内人们的着装习惯和活动导致的新陈代谢水平高于北方，在条件允许的情况下，南方冬季室内可接受的舒适温度可低于北方。

参 考 文 献

[1] Houghton F C, Yaglou C P. Cooling effect on human beings produced by various air velocities[J]. ASHVE, 1924, 30: 169-184.

[2] Gagge A P, Fobelets A P, Berglund L G. A standard predictive index of human response to the

thermal environment[J]. ASHRAE Transactions, 1986, 92 (2B): 709-731.

[3] ANSI/ASHRAE. ANSI/ASHRAE Standard 55-2013 Thermal Environmental Conditions for Human Occupancy[S]. Atlanta: American Society of Heating, Refrigerating and Air-Conditioning Engineers, 2013.

[4] Fanger P O. Thermal Comfort: Analysis and Applications in Environmental Engineering[M]. Copenhagen: Danish Technical Press, 1970.

[5] Fanger P O, Toftum J. Extension of the PMV model to non-air-conditioned buildings in warm climates[J]. Energy and Buildings, 2002, 34(6): 533-536.

[6] Nicol F, Humphreys M. Derivation of the adaptive equations for thermal comfort in free-running buildings in European standard EN15251[J]. Building and Environment, 2010, 45(1): 11-17.

[7] Orosa J A, Oliveira A C. A new thermal comfort approach comparing adaptive and PMV models[J]. Renewable Energy, 2011, 36(3): 951-956.

[8] Schiavon S, Hoyt T, Piccioli A. Web application for thermal comfort visualization and calculation according to ASHRAE Standard 55[J]. Building Simulation, 2014, 7(4): 321-334.

[9] Humphreys M. Outdoor temperatures and comfort indoors[J]. Batiment International, Building Research and Practice, 1978, 6(2): 92.

[10] de Dear R, Brager G, Cooper D. Developing an adaptive model of thermal comfort and preference-final report ASHRAE RP-884[R]. Sydney: Macquarie Research Ltd., 1997.

[11] Nicol J F, Humphreys M A. Thermal comfort as part of a self-regulating system[J]. Building Research and Information, 1973, 1(3): 174-179.

[12] Hensen J L M. Literature review on thermal comfort in transient conditions[J]. Building and Environment, 1990, 25(4): 309-316.

[13] 杨柳. 建筑气候分析与设计策略研究[D]. 西安: 西安建筑科技大学, 2003.

[14] 茅艳. 人体热舒适气候适应性研究[D]. 西安: 西安建筑科技大学, 2007.

[15] 叶晓江, 连之伟, 文远高, 等. 上海地区适应性热舒适研究[J]. 建筑热能通风空调, 2007, 26(5): 86-88.

[16] Yao R M, Liu J, Li B Z. Occupants' adaptive responses and perception of thermal environment in naturally conditioned university classrooms[J]. Applied Energy, 2010, 87(3): 1015-1022.

[17] Song Y R, Sun Y X, Luo S G, et al. Indoor environment and adaptive thermal comfort models in residential buildings in Tianjin, China[J]. Procedia Engineering, 2017, 205: 1627-1634.

[18] Yang L, Zheng W X, Mao Y, et al. Thermal adaptive models in built environment and its energy implications in eastern China[J]. Energy Procedia, 2015, 75: 1413-1418.

[19] Yan H Y, Mao Y, Yang L. Thermal adaptive models in the residential buildings in different climate zones of eastern China[J]. Energy and Buildings, 2017, 141: 28-38.

[20] Schweiker M, Wagner A. A framework for an adaptive thermal heat balance model(ATHB)[J].

Building and Environment, 2015, 94: 252-262.

[21] Li B Z, Yao R M, Wang Q Q, et al. An introduction to the Chinese evaluation standard for the indoor thermal environment[J]. Energy and Buildings, 2014, 82: 27-36.

[22] 刘红. 重庆地区建筑室内动态环境热舒适研究[D]. 重庆: 重庆大学, 2009.

[23] Schweiker M, Brasche S, Bischof W, et al. Explaining the individual processes leading to adaptive comfort: Exploring physiological, behavioural and psychological reactions to thermal stimuli[J]. Journal of Building Physics, 2013, 36(4): 438-463.

[24] Liu H, Liao J K, Yang D, et al. The response of human thermal perception and skin temperature to step-change transient thermal environments[J]. Building and Environment, 2014, 73(5): 232-238.

[25] McIntyre D A. Chamber studies—reductio ad absurdum? [J]. Energy and Buildings, 1982, 5(2): 89-96.

[26] Paciuk M T. The role of personal control of the environment in thermal comfort and satisfaction at the workplace[D]. Milwaukee: The University of Wisconsin-Milwaukee, 1989.

[27] Raja I A, Nicol J F, McCartney K J, et al. Thermal comfort: Use of controls in naturally ventilated buildings[J]. Energy and Buildings, 2001, 33(3): 235-244.

[28] Fountain M, Brager G, de Dear R. Expectations of indoor climate control[J]. Energy and Buildings, 1996, 24(3): 179-182.

[29] van Hoof J. Forty years of Fanger's model of thermal comfort: Comfort for all[J]. Indoor Air, 2008, 18(3): 182-201.

[30] Liu H, Wu Y X, Li B Z, et al. Seasonal variation of thermal sensations in residential buildings in the hot summer and cold winter zone of China[J]. Energy and Buildings, 2017, 140: 9-18.

[31] Liu H, Wu Y X, Lei D N, et al. Gender differences in physiological and psychological responses to the thermal environment with varying clothing ensembles[J]. Building and Environment, 2018, 141: 45-54.

[32] Nicol J F, Raja I A, Allaudin A, et al. Climatic variations in comfortable temperatures: The Pakistan projects[J]. Energy and Buildings, 1999, 30(3): 261-279.

[33] Liu W W, Zheng Y, Deng Q H, et al. Human thermal adaptive behaviour in naturally ventilated offices for different outdoor air temperatures: A case study in Changsha China[J]. Building and Environment, 2012, 50: 76-89.

[34] de Carvalho P M, da Silva M G, Ramos J E. Influence of weather and indoor climate on clothing of occupants in naturally ventilated school buildings[J]. Building and Environment, 2013, 59: 38-46.

[35] 刘晶. 夏热冬冷地区自然通风建筑室内热环境与人体热舒适的研究[D]. 重庆: 重庆大学, 2007.

[36] Mui K W H, Chan W T D. Adaptive comfort temperature model of air-conditioned building in Hong Kong[J]. Building and Environment, 2003, 38 (6): 837-852.

[37] Chen S Q, Wang X Z, Lun I, et al. Effect of inhabitant behavioral responses on adaptive thermal comfort under hot summer and cold winter climate in China[J]. Building and Environment, 2020, 168: 106492.

[38] Yao R, Liu J, Li B. Occupants' adaptive responses and perception of thermal environment in naturally conditioned university classrooms[J]. Applied Energy, 2010, 87 (3): 1015-1022.

[39] Li P, Parkinson T, Brager G, et al. A data-driven approach to defining acceptable temperature ranges in buildings[J]. Building and Environment, 2019, 153: 302-312.

[40] Ren Y M, Yang L, Zheng W X, et al. Levels of adaptation in dry-hot and dry-cold climate zone and its implications in evaluation for indoor thermal environment[J]. Procedia Engineering, 2015, 121: 143-150.

[41] Song X J, Yang L, Zheng W X, et al. Analysis on human adaptive levels in different kinds of indoor thermal environment[J]. Procedia Engineering, 2015, 121: 151-157.

[42] Singh M K, Mahapatra S, Atreya S K. Adaptive thermal comfort model for different climatic zones of North-East India[J]. Applied Energy, 2011, 88 (7): 2420-2428.

[43] Jiao Y, Yu H, Wang T, et al. Thermal comfort and adaptation of the elderly in free-running environments in Shanghai, China[J]. Building and Environment, 2017, 118: 259-272.

[44] Wang Z, Xia L A, Lu J. Development of adaptive prediction mean vote (aPMV) model for the elderly in Guiyang, China[J]. Energy Procedia, 2017, 142: 1848-1853.

[45] Wang D J, Jiang J, Liu Y F, et al. Student responses to classroom thermal environments in rural primary and secondary schools in winter[J]. Building and Environment, 2017, 115: 104-117.

[46] Liu G, Jia Y H, Cen C, et al. Comparative thermal comfort study in educational buildings in autumn and winter seasons[J]. Science and Technology for the Built Environment, 2020, 26 (2): 185-194.

[47] Gupta S K, Kar K, Mishra S, et al. Incentive-based mechanism for truthful occupant comfort feedback in human-in-the-loop building thermal management[J]. IEEE Systems Journal, 2018, 12 (4): 3725-3736.

[48] Ming R, Yu W, Zhao X Y, et al. Assessing energy saving potentials of office buildings based on adaptive thermal comfort using a tracking-based method[J]. Energy and Buildings, 2020, 208: 109611.

[49] Liu G, Cen C, Zhang Q, et al. Field study on thermal comfort of passenger at high-speed railway station in transition season[J]. Building and Environment, 2016, 108: 220-229.

[50] Li X D, Wang J, Zhang W Q, et al. Thermal comfort of motion and stationary states for recreational spaces of colleges and universities in the cold regions of China[J]. Indoor and Built

Environment, 2021, 30(3): 334-346.

[51] Yang R L, Liu L, Ren Y. Thermal environment in the cotton textile workshop[J]. Energy and Buildings, 2015, 102: 432-441.

[52] van Hoof J, Hensen J L M. Quantifying the relevance of adaptive thermal comfort models in moderate thermal climate zones[J]. Building and Environment, 2007, 42(1): 156-170.

[53] Conceição E, Gomes J, Antão N, et al. Application of a developed adaptive model in the evaluation of thermal comfort in ventilated kindergarten occupied spaces[J]. Building and Environment, 2012, 50: 190-201.

[54] Mishra A K, Ramgopal M. An adaptive thermal comfort model for the tropical climatic regions of India (Köppen climate type A)[J]. Building and Environment, 2015, 85: 134-143.

[55] Barbadilla-Martín E, Guadix M J, Salmerón L J, et al. Assessment of thermal comfort and energy savings in a field study on adaptive comfort with application for mixed mode offices[J]. Energy and Buildings, 2018, 167: 281-289.

[56] Rupp R F, de Dear R, Ghisi E. Field study of mixed-mode office buildings in Southern Brazil using an adaptive thermal comfort framework[J]. Energy and Buildings, 2018, 158: 1475-1486.

[57] Kim J T, Lim J H, Cho S H, et al. Development of the adaptive PMV model for improving prediction performances[J]. Energy and Buildings, 2015, 98: 100-105.

[58] Cardoso V E M, Ramos N M M, Almeida R M, et al. A discussion about thermal comfort evaluation in a bus terminal[J]. Energy and Buildings, 2018, 168: 86-96.

[59] ANSI/ASHRAE. ANSI/ASHRAE Standard 55-2010 Thermal Environmental Conditions for Human Occupancy[S]. Atlanta: American Society of Heating, Refrigerating and Air-Conditioning Engineers, 2010.

[60] ISO. ISO 7730:2005 Ergonomics of the Thermal Environment-Analytical Determination and Interpretation of Thermal Comfort Using Calculation of the PMV and PPD Indices and Local Thermal Comfort Criteria[S]. Geneva: International Organization for Standardization, 2005.

[61] Olesen B W. International standards and the ergonomics of the thermal environment[J]. Applied Ergonomics, 1995, 26(4): 293-302.

[62] Olesen B W, Parsons K C. Introduction to thermal comfort standards and to the proposed new version of EN ISO 7730[J]. Energy and Buildings, 2002, 34(6): 537-548.

[63] CEN. BS EN ISO 7726:2001 Ergonomics of the Thermal Environment-Instruments for Measuring Physical Quantities[S]. London: British Standards Institution, 2001.

[64] ISO. ISO 8996:2021 Ergonomics of the Thermal Environment-Determination of Metabolic Rate[S]. Geneva: International Organization for Standardization, 2021.

[65] ISO. ISO 9920:2007 Ergonomics of the Thermal Environment-Estimation of Thermal Insulation and Water Vapour Resistance of a Clothing Ensemble[S]. Geneva: International Organization for

Standardization, 2007.

[66] ISO. ISO 10551:2019 Ergonomics of the Thermal Environment-Assessment of the Influence of the Thermal[S]. Geneva: International Organization for Standardization, 2019.

[67] ISO. ISO 7233:1995 Rubber and Plastics Hoses and Hose Assemblies-Determination of Suction Resistance[S]. Geneva: International Organization for Standardization, 1995.

[68] ISO. ISO 9886:2004 Ergonomics of the Thermal Environment-Evaluation of Thermal Strain by Physiological Measurements[S]. Geneva: International Organization for Standardization, 2004.

[69] ISO. ISO 15265:2004 Ergonomics of the Thermal Environment-Risk Assessment Strategy for the Prevention of Stress or Discomfort in Thermal Working Conditions[S]. Geneva: International Organization for Standardization, 2004.

[70] ISO. ISO/TS 13732-2:2001 Ergonomics of the Thermal Environment. Methods for the Assessment of Human Responses to Contact with Surfaces-Human Contact with Surfaces at Moderate Temperature[S]. Geneva: International Organization for Standardization, 2001.

[71] ISO. ISO 14505-4:2021 Ergonomics of the Thermal Environment-Evaluation of Thermal Environments in Vehicles-Part 4: Determination of the Equivalent Temperature by Means of a Numerical Manikin[S]. Geneva: International Organization for Standardization, 2021.

[72] Nicol J F, McCartney K. Final report of smart controls and thermal comfort (SCATs) project [R]. Oxford: Oxford Brookes University, 2001.

[73] CEN. BS EN 16798-1:2019 Energy Performance of Buildings-Part 1: Indoor Environmental Input Parameters for Design and Assessment of Energy Performance of Buildings Addressing Indoor Air Quality, Thermal Environment, Lighting and Acoustics[S]. London: British Standards Institution, 2019.

[74] Humphreys M, Nicol F. Understanding the adaptive approach to thermal comfort[J]. ASHRAE Transactions, 1998, 104 (1): 991-1004.

第5章 空气湿度与人体热舒适

室内热环境参数包括空气温度、湿度、风速和壁面辐射温度等，其中最重要的是空气温度和湿度。供暖空调的主要目的是营造适宜的室内温湿度环境，满足生产、生活、科研活动以及室内人员的舒适健康需求。由于人员在较大一个范围内对空气湿度不敏感，加上湿度对空气处理和控制系统更加复杂困难，一般室内热环境营造中往往被忽略。然而，室内空气湿度的处理对供暖空调运行能耗有着显著影响：在夏季，空调房间热湿比较大，采用露点送风降低相对湿度且不需要再热的条件下，室内设计相对湿度每降低 10%，空调系统能耗减少约 12%[1]；相反，空调房间热湿比较小，降低相对湿度并需要再热的条件下，室内设计相对湿度每提高 10%，空调系统能耗减少约 20%[2]。而且过高或过低的空气湿度对人体热舒适影响较大。因此，进行合理的温湿度设计是实现空调系统节能运行的基础和保障。

5.1 空气湿度简要介绍

空气中水蒸气含量多少直接反映了空气的潮湿程度，而湿度是用来表示空气中水蒸气含量的物理量。

5.1.1 空气湿度度量指标

湿度指标按其对空气中水蒸气含量描述程度及性质的不同,可分为基本指标、直接指标和间接指标三大类。基本指标是指从宏观上最能直接反映水蒸气含量多少，且其他湿度指标都取决于该指标，即均与该指标有关的物理量。直接指标是指在定义上能直观表示水汽含量多少的物理量，而间接指标是指从定义或字面意思上似乎不是描述湿度，但实质上仍间接地表示湿度的物理量。直接指标又可分为表示空气中水蒸气绝对含量多少的绝对量和表示空气中水蒸气相对含量多少的相对量。表 5.1 中列出了目前常用的三大类八种湿度指标及定义。

1. 水蒸气分压力 P_q

水蒸气分压力(水汽分压)虽是压力参数，但实质上是衡量空气潮湿程度的基本指标。从气体分子运动论的观点来看，压力是由气体分子撞击容器壁而产生的宏观效果，所以水汽分压大小直接反映了水蒸气含量的多少。

表 5.1   湿度指标及定义

分类		指标名称	符号	单位	定义	物理意义及应用
基本指标		水蒸气分压力（水汽分压）	P_q	Pa	湿空气中，水蒸气单独占有湿空气的容积，并具有与湿空气相同的湿度时所产生的压力	水蒸气分压力是由气体分子撞击容器壁而产生的宏观效果，直接反映了水蒸气含量的多少
直接指标	绝对量	绝对湿度	ρ_g	kg/m³	每立方米湿空气中所含水蒸气的质量	绝对湿度随温度变化而变化，不能确切反映空气中水蒸气含量的多少，一般只用于导出其他参数
		含湿量	d	g/kg 干空气	内含 1kg 干空气的湿空气中所含水蒸气的质量	含湿量确切而方便地表示空气中水蒸气含量的多少，从而克服了绝对湿度的不足
		组成成分	ρ_q	%	湿空气中水蒸气的密度与湿空气总密度的比值	采用混合气体成分即水蒸气的质量成分的概念描述水蒸气所占份额的多少
	相对量	吸湿能力	$\Delta\rho$	kg/m³	空气的绝对湿度和同湿度饱和状态下的绝对湿度之差的绝对值	是从差值概念引出的，用它反映空气的吸湿能力或空气的潮湿程度
		相对湿度	φ	%	空气的绝对湿度(水蒸气密度)和同湿度饱和状态下绝对湿度(饱和水蒸气密度)的比值	在一定温度下，相对湿度越大，表示空气越潮湿；反之该值越小，说明空气越干燥，常用于大气环境的研究
间接指标		露点温度	t_{dp}	℃	未饱和空气在水蒸气分压力不变的情况下冷却至饱和空气时的温度，或湿空气在湿量不变的情况下冷却达到饱和状态时所对应的温度	露点温度是空气结露与否的临界温度，常被用作计算引起结冰以及出现雾的可能性
		湿球温度	t_q	℃	在干湿球温度计上的湿球温度计的读数下降至某数值时，热湿交换达到平衡、湿球温度计的读数将在某一位置上稳定下来，这时测得的温度为湿球湿度	湿球温度就是当前环境仅通过蒸发水分所能达到的最低温度，常用于干燥、冷藏及某些生产工艺和科学实验

注：表中给出的八种湿度指标各自都有一定的物理意义，指标之间也存在着密切的联系。

2. 绝对湿度 ρ_g、含湿量 d 及组成成分 ρ_q

绝对湿度是表示每立方米湿空气中所含水蒸气的质量。由于容积随温度变化而变化，即使空气中的水蒸气质量不变，空气的温度变化也会使绝对湿度发生变化，因而该指标不能确切反映空气中水蒸气的含量多少，一般只用于导出其他更有用的参数。

由于绝对湿度不能确切反映空气中水蒸气量的多少，因而引出含湿量的概念，以 1kg 干空气作为计算基础。干空气在温度和湿度变化时其质量不变，含湿量仅随水蒸气量多少而改变。因此，用含湿量可以确切而方便地表示空气中水蒸气含量的多少，从而克服了绝对湿度的不足。

组成成分是从热力学中关于混合气体性质分析中提出的。混合气体的性质取决于混合气体中各组成气体的成分及其热力性质。混合气体中各组成气体所占的份额称为混合气体的组成成分。对应于不同的物量单位，组成成分也不相同，通常有三种表示方法：质量成分、容积成分和摩尔成分。湿空气是混合气体的一个特殊实例，它是由干空气和水蒸气组成的，因而可以采用混合气体成分即水蒸气的质量成分的概念来描述水蒸气所占份额的多少。

以上三个湿度指标均可用来表示空气中水蒸气绝对含量的多少，即绝对量，但它们不能反映空气接近饱和的程度或吸湿能力。为此，需引出吸湿能力和相对湿度这一组表示水蒸气相对含量的湿度指标，即相对量。

3. 吸湿能力$\Delta \rho$与相对湿度φ

通常表示相对概念的方法有两种：一种是差值法；另一种是比值法。吸湿能力即是从差值概念引出的，用它反映空气的吸湿能力或空气的潮湿程度是比较明确的。但是用它反映空气的湿度还不够理想，因为差值$|\rho_q-\rho_q b|$越大，空气越干燥（湿度小）；而差值$|\rho_q-\rho_q b|$越小，空气越潮湿（湿度大），在概念上似乎逻辑关系恰好相反，不便于记忆，易产生误解。为了弥补这一缺点，引出了相对湿度这个参数，它也和ρ_q及$\rho_q b$有关，不过是比值关系。在一定温度下，相对湿度越大，表示空气越潮湿；反之，该值越小说明空气越干燥。这样逻辑关系比较明确，确切地反映了空气接近饱和的程度。但相对湿度和吸湿能力却不能表示水蒸气的绝对含量多少，这组相对量与前一组绝对量指标不能相互替代。

4. 露点温度t_{dq}与湿球温度t_q

露点温度与湿球温度从字面上看是描述温度的物理量，但实质上都是间接反映湿度的物理量。露点温度是空气结露与否的临界温度，它具有等湿性和饱和性（φ=100%）。露点温度只取决于空气的含湿量，即它是含湿量的单值函数，因此称露点温度与含湿量是两个互相联系的参数。湿球温度是从测量空气相对湿度的实用装置干湿球温度计上引出的。湿球温度与干球温度相配合使用，可间接求出相对湿度。它具有绝热性和饱和性，由公式$P_q = P_b - A(t-t_d)B$计算得到。根据空气的干球温度t、湿球温度t_d和水汽分压P_q三者中的任意两个，就可以得到第三个参数，进而可求出其他参数。因此，湿球温度是确定空气状态的又一独立参数。由于该参数容易测量，它是湿空气的重要状态参数，也是常用的湿度指标之一。

5.1.2 湿空气处理过程

空气是多种气体的混合物，通常把除水蒸气外的气体混合物称为干空气，干空气和水蒸气的混合物称为湿空气。从某种意义上讲，空气调节过程就是一系列不同的空气状态变化过程的组合。常见的空气状态变化过程包括空气冷却减湿过程(空气在表冷器或喷水室中的冷却减湿过程)、空气干冷却过程(当用表冷器处理空气，且其表面温度高于空气露点温度时，空气在表冷器中的冷却过程，d=常数，$\varepsilon=-\infty$)、空气冷却加湿过程(热空气送入空调房间的空气状态变化过程，$\varepsilon<0$)、空气等焓加湿过程(喷水室中喷淋循环水的空气冷却加湿过程接近此过程，$\varepsilon=0$)、空气等温加湿过程(喷蒸汽加湿过程接近此过程)、空气升温加湿过程(冷空气送入空调房间的空气状态变化过程)、空气加热过程(d=常数，$\varepsilon=+\infty$)、空气减湿增焓过程(如转轮式除湿机对空气的除湿过程)、空气减湿减焓过程(喷淋盐溶液的空气除湿过程，其方向与溶液温度有关)等。

在建筑全空气系统和空气-水系统等空调系统中，为了使房间内的空气达到设定的温度和湿度，需要对空气进行冷却、减湿、加热、加湿等各种处理。其常见的6种处理过程如图5.1所示。

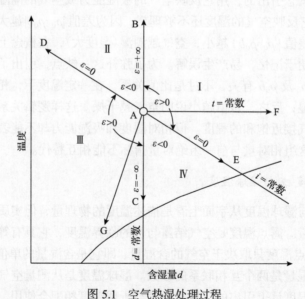

图 5.1　空气热湿处理过程

1. 等湿加热 (A→B)

使用以热水、蒸汽等作热媒的表面式换热器及某些换热设备，通过热表面对湿空气加热，使其温度升高、焓值增大，相对湿度降低。在这一过程中水分没有变化，含湿量不变，因而又称为"干加热"，热湿比为$+\infty$。表面式换热器具有设备紧凑、机房占地面积小、冷源热源可密闭循环不受污染及操作管理方便等优点。其主要缺点是不便于严格控制和调节被处理空气的湿度。风机盘管是典型的表面式换热器，可以在冬天送暖气，也可以在夏天送冷气。

2. 等湿冷却（A→C）

使用以冷水或其他流体作热媒的表面式冷却器冷却湿空气，冷媒吸收了空气的一部分热量，空气温度降低，焓值减小。当冷却器换热管表面温度高于被处理空气的露点温度时，空气在冷却过程中不会有凝水，空气含湿量保持不变，这一过程又称为"干冷却"，其热湿比为-∞。在某些场合，有时不用冷媒，直接让制冷工质流过表面式冷却器，对空气进行冷却。此时换热器就是制冷剂循环系统中蒸发器的一部分，制冷剂在换热器管内汽化吸热，空气在管外流过被直接冷却，这种方式称为直接蒸发式空气冷却。窗式空调、分体式空调等小型空调机组多为这种方式。

3. 等焓加湿（A→E）

使用喷水室以适量的水对湿空气进行循环喷淋，水滴及其表面饱和空气层的温度将稳定于被处理空气的湿球温度，空气温度降低、含湿量增加而焓值基本不变。水分在空气中自然蒸发亦可使空气产生同样的状态变化。这一过程又称为"绝热加湿"，热湿比近似为 0。喷水室是利用水与空气直接接触对空气进行处理的设备，主要用于对空气进行冷却去湿或加湿处理。喷水室的优点是：只要改变水温即可改变对空气的处理过程，它可实现对空气进行冷却去湿、冷却加湿(降焓、等焓或增焓)、升温加湿等多种处理过程；水对空气还有净化作用。其缺点是喷水室体型大，约为表冷器段的 3 倍；水系统复杂，且是开式的，易对金属腐蚀；水与空气直接接触，易受污染，需定期换水，耗水多。目前民用建筑中较少使用，主要用于有大湿度或对湿度控制要求严格的场合，如纺织厂车间的空调、恒温恒湿空调等。

4. 等焓减湿（A→D）

使用固体吸湿装置来处理空气，湿空气的含湿量降低、温度升高而焓值基本不变，热湿比近似为 0。固体吸湿剂是能从空气中吸附水蒸气的一种固体物质，亦称固体干燥剂。利用表面积很大的多孔物质，在表面吸附和毛细管凝结下吸收空气的水分。由于固体吸湿剂表面的水蒸气分压力低于空气中的水蒸气分压力，从而吸收空气中的水分，达到空气除湿的目的。最常用的固体吸湿剂是硅胶和氯化钙。在焓湿图上，使用固体吸湿剂的空气处理过程为等焓升温。当固体吸湿剂和湿空气接触时，固体吸湿剂吸收湿空气中的水分，同时放出汽化潜热，使空气升温，而空气减湿前后的焓值不变。固体吸湿剂在蒸发冷却空调技术中的典型应用是用在转轮中，转轮除湿机利用固体吸湿剂吸收空气中的水分来达到空气除湿的目的。转轮除湿机的关键部件是转轮，它由特殊复合耐热材料制成的波纹状介质构成，波纹状介质中载有固体吸湿剂。使用固体吸湿剂的优点是设备比较简单，投资和运行成本较低。缺点是固体吸湿剂吸湿到一定程度后，需要再生，除湿的性能也不稳定，适合使用在除湿量较小的场所。

5. 等温加湿(A→F)

如果用加水汽装置将水汽喷入被处理的空气中，则达到加湿效果。使用各种热源产生蒸汽，通过喷管等设备使之与空气均匀混合，空气含湿量和焓值增加而温度基本不变，该过程近似等温变化。蒸汽加湿适用于空调配套及风管加湿系统、高精度加湿场所等。如果蒸汽直接经喷管的小孔喷出，由于蒸汽在管内流动过程中被冷却而产生凝结水，喷出蒸汽将夹带凝结水，从而出现细菌繁殖、产生气味等问题。空调机组目前都采用干蒸气加湿器，可以避免夹带凝结水。其使用的蒸汽压力范围为 0.02～0.4MPa。蒸汽压力大，噪声大，因此宜选用压力较低的蒸汽。干蒸汽加湿器加湿迅速、均匀、稳定、不带水滴，加湿量易于控制，适用于对湿度控制严格的场所，但也只能用于有蒸汽源的建筑物中。

6. 冷却去湿(A→G)

利用喷水室或表冷器冷却空气，当水滴或换热表面温度低于湿空气露点温度时，空气将出现凝结、脱水，温度降低且焓值减小，需要在表冷器下部设集水盘，以接收和排除凝结水。

在实际空调使用中，根据空气处理的要求，可以选择一个或者几个空气处理过程的组合进行系统设计，如在夏季，一般需要对空气进行降温降湿处理，这可用低于空气露点温度的水喷淋或者保持冷却器换热管外表温度低于露点温度实现，而在冬季，一般采用升温或者加湿过程，可以用加热器来加热空气，用喷蒸汽的方法加湿。总之，在了解空气热力性质和各参数之间的关系后，可以根据工程实际情况选择适宜的空气处理和调节手段，从而营造舒适的室内热环境。

5.1.3 室内湿度设计相关标准

1. 湿度相关国外标准

湿度作为室内环境设计和评价的重要环境参数，国内外相关标准均对空调采暖环境湿度限值进行了规定。ASHRAE 55-2013[3]对湿度限制为：当使用图形化舒适区方法时，系统的湿度应保持或低于含湿量 12g/kg 干空气，此情况对应的水蒸气分压力为 1.910kPa，露点温度为 16.8℃。热舒适没有最低湿度极限，此标准也没有指明湿度的最小值。然而，一些非热舒适因素，如皮肤干燥、过敏反应、眼睛干燥、静电反应等可能会对过低的湿度环境设置湿度下限。

ASHRAE 55 标准中对于最佳舒适湿度的规定随着热舒适标准的更新而更新。1966 年，ASHRAE 55-1966[4]出于人体热感觉方面的考虑，将相对湿度的上限规定为 60%，出于湿感觉和静电等方面的考虑，将相对湿度的下限规定为 20%。1974 年，ASHRAE 55-1974[5]将湿度的上限和下限分别修正为 12.0g/kg 干空气和 4.3g/kg 干空气（含湿量）。1992 年，ASHRAE 55-1992[6]将湿度的上限重新修正为 60%（相对湿度），下限规定为 4.3g/kg 干空气（含湿量）不变。1995 年，ASHRAE 55a-1995[7]则将湿度的上限和下限分别设置为夏季湿球温度 20℃和 2℃，冬季湿球温度 18℃和 2℃。而在 2004 年，ASHRAE 55-2004[8]则取消了舒适区间湿度下限，上限修正为 12.0g/kg 干空气。之后的热舒适标准 ASHRAE 55-2010[9]与 ASHRAE 55-2013[3]均采用这一湿度上限规定，主要基于防止室内结露和霉菌繁殖等方面的考虑。

ASHRAE 55 标准对湿度限值的反复修正表明，湿度对人体热舒适的影响并不是很明确，这同样反映在国际上不同室内环境有关的标准中对湿度限值规定的差异。美国室内通风标准 ASHRAE 62.1-2016[10]对湿度规定：当在除湿设计条件（即设计露点和平均干球温度一致）和空间内部负荷（均合理）下用室外空气分析系统性能时，空间的相对湿度应限制在 65%或以下，并解释在没有附加湿度控制设备的情况下，系统配置和/或气候条件可能会在这些条件下充分限制空间相对湿度。国际热舒适标准 ISO 7730:2005[11]则没有对室内环境湿度进行任何规定，认为适中温度环境中湿度对人体热舒适的影响有限，相对湿度增加 10%相当于温度升高 0.3℃带来的热感觉补偿。有些地区和国家空气品质相关标准或规定中设定湿度的范围则主要考虑到高湿环境中人体通过排汗来降低体温的能力和细菌的滋长等方面，低湿环境可能引起身体各部位干燥和静电。类似于 ASHRAE 55 标准，澳大利亚的室内空调环境设计标准《潮湿热带地区的空气调节》（AIRAH DA 20-2009)[12]在设置湿度限值时，只考虑了防霉的要求。新加坡标准《办公建筑良好室内空气品质指南》（SS 554:2016)[13]从舒适健康的角度，在特定物理参数的指导值表格中对相对湿度的规定值为 ≤ 70%。

此外，欧洲的建筑室内环境设计和评估标准 EN 15251:2007[14]同样综合考虑了热感觉、湿感觉以及防霉的要求，将环境湿度划分为不同等级。标准提到通常不需要对室内空气进行加湿、久坐的房间中，湿度对热感觉和感知空气质量的影响很小，但是室内长期保持高湿度会导致微生物生长，湿度极低（<20%）也会导致干燥和对眼睛的刺激。对湿度的要求也影响除湿（制冷负荷）和加湿系统的设计，从而影响能耗。该标准一方面考虑到对热舒适性和室内空气质量的要求，另一方面考虑到建筑物的物理要求（冷凝、霉菌等）。通常仅在博物馆、某些医疗设施、洁净室、造纸厂房等特殊建筑物中才需要加湿或除湿，此外建议将含湿量限制为 12g/kg 干空气。如果使用加湿或除湿，建议在设计条件下将表 5.2 中的值作为设

计值。一些其他国家或地区标准中对湿度的要求汇总见表 5.3。

表 5.2　安装加湿或除湿系统的居住空间中建议湿度设计标准示例

建筑/空间类型	类别	设计除湿相对湿度/%	设计加湿相对湿度/%
由人员占用设定湿度标准的空间、特殊空间(博物馆、教堂等)可能需要其他限制	Ⅰ	50	30
	Ⅱ	60	25
	Ⅲ	70	20
	Ⅳ	>70	<20

表 5.3　国际湿度标准

国家/地区	年份	标准	湿度限值	基于考虑的因素
国际	2005	ISO 7730	无规定	
美国	2013	ASHRAE 55	12g/kg 干空气	防霉
美国	2013	ASHRAE 62.1	<65%(有除湿)	—
新加坡	1996	办公建筑良好室内空气品质指南	<70%	热舒适、健康
加拿大	1991	建筑空气品质:业主和设备管理人员指南	30%~60%	热舒适
欧洲	2007	EN 15251	30%~50%(Ⅰ) 25%~60%(Ⅱ) 20%~70%(Ⅲ) 且小于 12g/kg 干空气	部分根据热舒适,部分根据防结露和防细菌增长
澳大利亚	2009	AIRAH DA20	<13℃(露点)	防霉
日本	2004	建筑环境卫生管理标准	40%~70%	健康、热舒适

2. 湿度相关国内标准

我国的室内环境相关标准同样提供了不同室内环境相对湿度限值。例如,《民用建筑室内热湿环境评价标准》(GB/T 50785—2012)[15]对室内环境湿度的规定与 ASHRAE 55-2013[3]规定一致,《室内空气质量标准》(GB/T 18883—2002)[16]则分别规定了夏季和冬季空调环境室内相对湿度范围分别为40%~80%和30%~60%。我国推荐标准《热环境的人类工效学 通过计算 PMV 和 PPD 指数与局部热舒适准则对热舒适进行分析测定与解释》(GB/T 18049—2017)[17]与 ISO 7730:2005[11]保持一致,基于健康和舒适方面的考虑,《健康建筑评价标准》(T/ASC 02—2016)[18]设置的相对湿度范围为 30%~70%,目的是减少潮湿或干燥皮肤及眼睛的刺激、静电、细菌生长和呼吸性疾病的危害。总体看来,现有标准对热舒适没有规定最低湿度水平,但一些非热舒适因素,如皮肤干燥、过敏反应、眼睛干燥、产生静电等可能会对过低的湿度环境设置湿度下限。室内环境设计标准《民用建筑供暖通风与空气调节设计规范》（GB 50736—2012）[19]在此基础上考虑了建筑能耗的影响，将相对湿度范围划分为两个等级。此外，该标准中对人员长期逗留区域空调室内设计参数的规定，见表 5.4。

表 5.4　人员长期逗留区域空调室内设计参数

类别	热舒适度等级	温度/℃	相对湿度/%	风速/(m/s)
供热工况	Ⅰ级	22～24	≥30	≤0.2
	Ⅱ级	18～22	—	≤0.2
供冷工况	Ⅰ级	24～26	40～60	≤0.25
	Ⅱ级	26～28	≤70	≤0.3

注：Ⅰ级热舒适度较高，Ⅱ级热舒适度一般。

工业企业室内环境条件的改善对于提高劳动生产率、保证产品质量和人身安全及合理利用和节约能源与资源具有重要意义。对于新建、扩建和改建的工业建筑物及构筑物，《工业建筑供暖通风与空气调节设计规范》（GB 50019—2015）[20]中对舒适性空气调节室内设计参数做出了规定，见表 5.5。

表 5.5　空气调节室内设计参数

参数	冬季	夏季
温度/℃	18～24	25～28
风速/(m/s)	≤0.2	≤0.3
相对湿度/%	—	40～70

生产厂房不同相对湿度下空气温度的上限值应符合表 5.6 的规定。

表 5.6　生产厂房不同相对湿度下空气温度的上限值

相对湿度/%	55≤φ<65	65≤φ<75	75≤φ<85	φ≥85
温度/℃	29	28	27	26

5.2　空气湿度与人体热舒适

湿度对人体热舒适的影响研究最早于 1923 年见于文献报道，它主要体现在人体热感觉、湿感觉和可感知空气品质等方面。从 20 世纪 60 年代起，随着热舒适研究逐渐成为热点，大量的学者开始对相对湿度对人体热舒适的影响开展大量的实验室研究。最初的研究主要是针对不同温湿度组合下的人体主观热反应，随后沿用相似的研究方法，不断引入其他相关变量，如代谢、风速、服装等，研究不同因素间的耦合作用对人体热舒适的影响。这一研究主要集中在 60～80 年代，其研究结果表明在中性温度范围内，湿度的影响并不显著，高温环境下高湿对人体生理和主观有一定的影响。

5.2.1 空气湿度相关研究概述

1923 年，Houghten 等[21]基于人工气候室不同干球温度、湿球温度和风速组合作用下人体等效热舒适实验，建立了 ET 指标，该指标可以表征环境温度和相对湿度耦合作用对人体热舒适的影响。根据 Makokha[22]定义的 ET 数学关系式，环境相对湿度增加 10%对人体热感觉的影响相当于温度增加 1℃时的影响。Koch 等[23]通过偏冷-中性-偏热环境中温度和相对湿度耦合作用对热感觉的影响研究，获得了等热感觉曲线，表明相对湿度对人体热感觉几乎没有影响。Nevins 等[24]同样通过偏冷-中性-偏热环境中热舒适实验，获得了类似的等热舒适曲线，结果表明，相对湿度对人体热感觉的影响介于 Houghten 等与 Koch 等的研究结果之间，相同热感觉条件下相对湿度增加 10%，在环境温度约 18.9℃(有点冷)时，相当于温度增加 0.2℃；在环境温度约 27.8℃(有点热)时，相当于温度增加 0.3℃。

除 ET 可以表征温度与相对湿度耦合作用对人体换热和热感觉的影响外，SET*也起到类似的作用。Tanabe 等[25,26]通过夏季温度与相对湿度及冬季温度对日本受试者热感觉的影响实验，采用线性回归的方法获得了两个季节 SET*与人体热感觉的关系。通过对比发现，不同季节、不同国家或地区之间，SET*与人体热感觉的关系存在差异。这意味着相对湿度和温度耦合作用对人体热感觉的影响可能存在地域和季节差异，但相同季节和地域，相同的 SET*条件下，温度和相对湿度的不同组合对人体热感觉的影响可能相同。

空气相对湿度对服装的影响也会间接影响到人体的热舒适水平。服装除影响人体与环境之间的显热散热外，还会影响潜热散热，主要体现在对皮肤表面蒸发散热起到一定的阻碍作用。服装从两个方面影响人体皮肤蒸发散热：一方面，它给离开皮肤表面的水蒸气的扩散带来额外的阻力；另一方面，当人体出汗时，服装会吸收皮肤表面的汗液，这样汗液蒸发离开皮肤表面时并不是所有的潜热都用来冷却皮肤。服装对蒸发的阻碍作用与服装的渗透系数有直接的关系，不同服装的渗透系数不同。对于紧密织物制成的服装，如尼龙、法兰绒，其渗透系数约 0.20；对于棉织物，其渗透系数可达 0.70。由皮肤湿度造成的不舒适在某种程度上还与服装和皮肤表面之间直接的摩擦有关。Gwosdow 等[27]曾做过这样的实验，他将不同的纺织材料接触皮肤，使二者之间发生摩擦，结果发现，随着皮肤表面汗液的增多，二者之间的摩擦力越大，人体感到越不舒适。

对相关湿度研究进行文献综述，部分研究结果见表 5.7[28]。

表 5.7　建筑环境湿度对人体热舒适的影响[28]

年份	作者	湿度设置	温度设置	实验时长	对热舒适的影响
1923	Houghten	22.8~45℃ (湿球温度)	26.7~69.4℃ (偏冷-偏热)	15min	10% RH ≈ 1℃ (热)
1960	Koch	20%~90%	22.8~45℃ (偏冷-偏热)	195min	几乎没有影响 (热)
1966	Nevins	15%~85%	18.9~27.8℃ (偏冷-偏热)	3h	18.9℃: 10% RH ≈ 0.2℃; 27.8℃: 10% RH ≈ 0.3℃ (热)
1967	McNall	25%~65%	12.2~25.6℃ (适中)	55min	低、适中活动水平: 无影响; 高活动水平: 对男性受试者无影响, 对女性受试者有影响
1970	Sprague	45% (均值)	25.6℃ (均值, 适中)	180min	相对湿度波动对热感觉影响有限
1973	Andersen	10%~70%	23℃ (偏冷)	8h	相对湿度突变及不同相对湿度水平对人体热感觉影响显著, 但对湿感觉无影响
1974	Andersen	9%	23℃ (偏冷)	78h	热感觉随时间没有显著变化, 湿感觉随时间逐渐变干燥, 接近第 48h 时感觉最干燥
		20%~75%	23℃ (适中), 28℃ (偏热)	6h	23℃: 对热感觉没有影响, 对湿感觉影响显著, 低湿和高湿比常湿感觉更冷; 28℃: 10% RH ≈ 0.5℃, 对湿感觉影响显著
1975	McIntyre	20%~70%	23℃ (适中)	1.5h	热感觉在 30% RH 和 70% RH 有显著差异, 并与相对湿度呈现出显著的线性关系, 但不同相对湿度水平差异不显著
		20%~60%	23 ℃ (适中)	6h	无明显影响 (热、湿)
1987 1994	Tanabe	40%~80% (夏) 50% (冬)	22.8~30.9℃ (偏冷-偏热, 夏) 27.8~31.3℃ (偏冷-偏热, 冬)	3h	相对湿度与温度对热感觉的影响可以通过 SET* 来预测
1989	de Dear	20%~80% 80%~20%	23.3℃ (偏冷) 28℃ (偏热)	3h	相对湿度突变时, 热感觉和皮肤温度变化非常明显, 且这种影响可以归于因干服装的吸湿和解湿作用

续表

年份	作者	湿度设置	温度设置	实验时长	对热舒适的影响
1993	Palonen	12%~39%	20~26℃(适中-偏热)	1周	无影响(热)
1995	Xu	50%~80%	26℃(ET*)	1.5h	无影响(热、湿)
1998 2000	Fang	30%, 70%	20~28℃(适中-偏热)	20min 4.6h	感知空气品质可接受温度和相对湿度的增加而下降，且与空气焓值呈负的线性关系
1999	Fountain	60%~90%	20~26℃(ET*)	3h	对静坐人体的热感觉和湿感觉影响很小，人体活动水平增加时影响增加
2002	Enomoto-Koshimizu	6%~45%	20~26℃	3m	显著影响人体湿感觉和热感觉，相对湿度增加30%，相当于温度增加2℃(热)
2005	Gavhed	15%, 43%	20~22℃(适中)	4周	低湿环境明显感觉更干燥
2006	Givoni	50%~80%	22~35℃(自然通风建筑)	—	无影响(热)
2006	Sunwoo	10%~50%	25℃(适中)	3h	相对湿度对人体皮肤温度和局部热感觉影响很小，对鼻子和喉咙的湿感觉有明显影响，且这种影响在年轻人和老年人之间存在差异
2007	Tsutsumi	2g/kg干空气，10g/kg干空气(含湿量) 30%~70%	20~30℃(偏冷-偏热) 25℃(SET*)	1.5h 3h	对热感觉无影响，对湿感觉无显著影响(热、湿)
2011	Matsumoto	20%~80%	22℃(适中，冬季) 28℃(适中，夏季)	30min	热感觉和湿感觉随相对湿度增加而显著变化，且夏季更明显
2012	谈美兰	40%~80%	26~30℃(适中-偏热)	1.5h	偏热环境中对热感觉和湿感觉影响显著，适中环境无影响
2017	张宇峰	50%~90%	29~32℃(偏热)	1.5h	偏热环境中对热感觉和湿感觉影响显著，温度越高，影响越大

注："(热)"表示热感觉方面的影响，"(湿)"表示湿感觉方面的影响。

对于自然通风建筑，由于相对湿度本身通常与其他环境因素耦合在一起，难以明确其对人体热舒适的影响。Givoni 等[29]通过对泰国、新加坡和印度尼西亚等热湿气候地区的自然通风建筑环境中热舒适调研数据进行回归分析，发现热感觉与相对湿度及含湿量无关，但该研究中他们将相对湿度作为单独的变量进行考虑，而实际情况则更为复杂，因为相对湿度通常与温度、风速、代谢率和服装特性等因素综合作用，影响人体生理和心理反应。另外，他们把相对湿度的无影响归于热湿环境区域居民对高湿环境的适应性。实际上，这也可能是由于自然通风环境中相对湿度相对于温度而言并不是一个很好的独立环境参数，两者之间可能存在较强的相关关系[30]。Chow 等[31]在香港人工气候室内进行的实验研究同样表明这一耦合关系的存在使得相对湿度对人体热感觉的影响并不明显。

2000 年以来，随着民航事业的发展，越来越多的人选择飞机出行，而机舱的低湿环境成为人们频繁接触的内环境，因此机舱内低湿度环境逐渐成为研究热点。飞机巡航过程中，客舱内相对湿度非常低，甚至可能低至10%及以下，如此低的相对湿度通常会对乘客的湿感觉和可感知空气品质产生显著的负面影响。但是，对于机舱内的舒适湿度范围，相关的国家标准《商用飞机内部的空气质量》（ASHRAE 161-2013)[32]并未给出推荐。Grün 等[33]研究表明，机舱的低湿环境会引起眼睛刺激、呼吸道黏膜、皮肤干燥等近似病态建筑综合征（sick building syndrome，SBS）。Lindgren 等[34]发现人员对于空气品质抱怨最多的是空气太干燥，且通过对比 71 趟航班有无除湿条件下的人员舒适性发现，湿度增加 3%～10%，其引起人员的湿感觉、空气新鲜感、可感知空气品质就会明显改善。其他一些关于低湿环境的研究，例如，Sunwoo 等[35]比较了中等温度环境下 10%RH 和 50%RH 条件下人员的主观反应，发现受试者在低湿环境下表现出来更明显的鼻腔和喉咙干燥不适；而增加座舱环境的相对湿度通常可以改善乘客的湿感觉，缓解干燥感[36]，但同时也可能降低感知空气品质的满意度[37]。

5.2.2　湿度对人体换热的影响

从空气湿度对人体热感觉影响的研究中不难发现，在舒适温度范围内，空气相对湿度对人体热感觉的影响很小，但随着空气温度、相对湿度、代谢率等参数的升高，空气湿度的影响也会有所升高。偏热环境下，空气湿度尤其是高空气湿度对人体热感觉的影响是不容忽视的。这主要是因为偏热环境下皮肤表面湿度与热不舒适密切关联，高湿增大皮肤表面的湿度，从而增大热不舒适率。空气湿度增大皮肤表面湿度主要是因为其与皮肤表面水分的蒸发（包括皮肤表面水分扩散和汗液蒸发)及其分布情况有关,高湿会抑制皮肤表面水分的蒸发速率,增大皮肤表面湿度,进而造成人体不舒适。此外,高湿造成人体不舒适还可能与皮肤表面的溶盐特性有关,因为汗液成分中除包含大量的水外,还有氯化钠晶体,其溶解成液滴的湿度下限是 67%,当空气中相对湿度较高时,溶盐黏着在皮肤表面,从而造成人体的不舒适。

根据人体热平衡方程各项散热量的计算公式,可知皮肤总蒸发散热量 E_{sk}、呼吸潜热散热量 E_{res} 是与空气湿度直接相关的,而呼吸显热散热量 C_{res} 与空气湿度无关,皮肤显热散热量表面上也与空气湿度无关,但是它与皮肤温度有关,而皮肤温度又与人体散热量有关,因此皮肤显热散热量与空气湿度存在间接关系。结合二节点模型,作者研究团队计算了不同空气操作温度和相对湿度作用下人体各项散热量,其中假设代谢率为 1.0met,服装热阻为 0.32clo(棉质短袖 T 恤、棉质短裤以及凉拖鞋、无袜,基本为夏季日常最少着装),静风(v=0.1m/s),平均辐射温度等于空气温度。图 5.2 给出了不同空气相对湿度水平下人体皮肤散热量随室内操作温度的变化。可以看出,空气相对湿度对人体皮肤散热量的影响与室内操作温度和相对湿度大小均有关,并可将其分为三个阶段:隐性出汗阶段、显性出汗阶段和蓄热阶段,即夏季空气相对湿度对人体皮肤散热量的影响与皮肤表面的出汗情况有关[38]。

当操作温度小于 26℃时,人体处于隐性出汗阶段,此时人体皮肤显热散热量随相对湿度的升高略呈上升趋势,而皮肤潜热散热量随相对湿度的升高略呈下降趋势(由于在该阶段,人体皮肤表面无显性出汗,主要为皮肤表面水分扩散散热量),但相对于人体总散热量而言,相对湿度影响较小。此外,显热散热量会随操

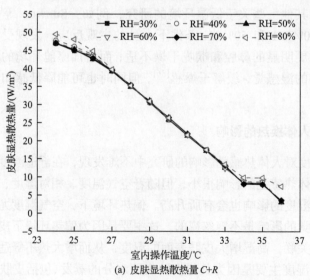

(a) 皮肤显热散热量 $C+R$

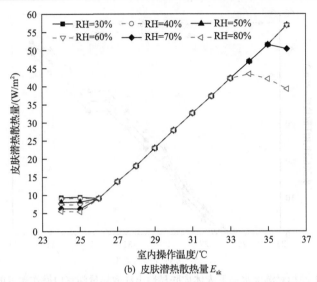

图 5.2　不同空气相对湿度水平下人体皮肤散热量随室内操作温度的变化[38]

作温度升高呈下降趋势，主要原因是随着环境温度的升高，人体与环境温度之间的温差逐渐减小，从而降低了人体与周围环境之间的对流换热量。然而，潜热散热量保持不变，这主要是由于皮肤表面水分扩散散热量与环境温度无关，而主要受皮肤表面与周围空气水蒸气分压力之间的压力差影响。

当操作温度在 26～33℃时，人体皮肤表面开始分泌汗液。在该阶段，皮肤显热散热量和皮肤潜热散热量反而几乎不受相对湿度变化的影响，操作温度是主要影响因素，皮肤显热散热量随操作温度升高而逐渐降低，而潜热散热量随操作温度升高而升高。

当操作温度大于 33℃时，高湿会抑制皮肤表面汗液的蒸发，人体热量不能及时散发出去，体内开始蓄热。在该阶段，高湿影响比较明显，使显热散热量明显上升，潜热散热量明显下降，并且操作温度和相对湿度越高，湿度的影响会越明显。

皮肤潜热散热量包括显性出汗散热量和隐性出汗散热量。在偏热环境下，显性出汗调节是人体主要的热调节方式，因此显性出汗散热量应更能反映夏季空气湿度对人体的影响。图 5.3 给出了不同相对湿度水平下人体皮肤显性出汗散热量随室内操作温度的变化。可以看出，当操作温度大于 26℃，即人体开始进行出汗调节时，相对湿度对人体有影响。当操作温度在 26～33℃时，皮肤潜热散热量随着相对湿度和操作温度的升高呈上升趋势，而当操作温度大于 33℃时，高湿则会使显性出汗散热量突然下降，主要原因是高湿抑制了汗液的蒸发，操作温度越高，高湿的影响越明显。

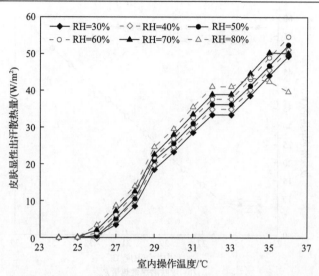

图 5.3　不同相对湿度水平下人体皮肤显性出汗散热量随室内操作温度的变化[38]

　　图 5.4 为不同相对湿度水平下人体呼吸散热量随室内操作温度的变化。可以看出，在整个操作温度范围内，呼吸显热散热量不受空气相对湿度的影响，仅随操作温度的升高而下降；呼吸潜热散热量则随相对湿度的升高而降低，同时随着操作温度的升高，相对湿度的影响略有提高。

　　不同操作温度和相对湿度作用下，人体蓄热量也有所不同。如图 5.5 所示，当操作温度在 26～33℃时，人体蓄热量为 0，此时相对湿度和操作温度对蓄热量均无影响；当操作温度小于 26℃时，蓄热量小于 0，即人体散热量大于产热量，

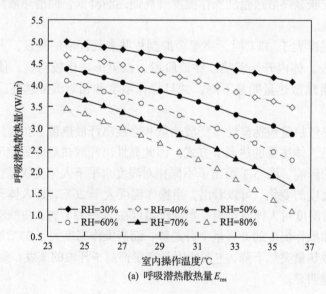

(a) 呼吸潜热散热量 E_{res}

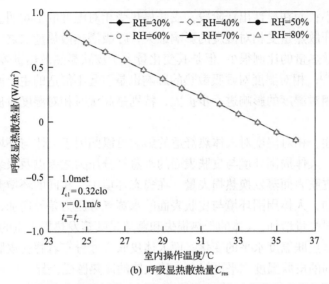

(b) 呼吸显热散热量 C_{res}

图 5.4　不同相对湿度水平下人体呼吸散热量随室内操作温度的变化[38]

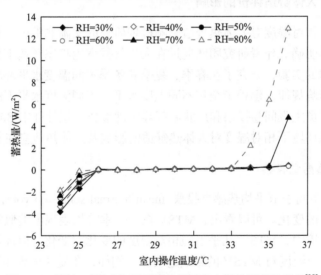

图 5.5　不同相对湿度作用下蓄热量随室内操作温度的变化[38]

此时相对湿度越高，蓄热量绝对值越小；而当操作温度大于 33℃时，蓄热量在高湿环境下明显上升，且操作温度和相对湿度越高，蓄热量上升越明显。

　　从以上分析可知，相对湿度对皮肤显热散热量、皮肤潜热散热量、呼吸潜热散热量以及呼吸蓄热量均存在不同程度的影响。除了呼吸潜热散热量以外，其他几项散热量随相对湿度的变化规律均可划分为以下三个阶段：隐性出汗阶段、显性出汗阶段、蓄热阶段。在不同阶段，相对湿度的影响程度也不同。在隐性出汗阶段，相对湿度对皮肤显热和潜热的影响程度基本相同，呼吸潜热受相对湿度的影响相对较小；而在显性出汗阶段，皮肤显热受相对湿度的影响明显有所下降，皮肤显性出汗散热量受相对湿度的影响最大，呼吸潜热散热量次之，虽然呼吸散热占人体总散热量的比例很少，但是其变化量大于皮肤显热散热量等其他散热量，有学者指出[39]，相对湿度对呼吸散热的影响也是引起不舒适的主要原因之一。在蓄热阶段，相对湿度的影响进一步扩大，特别是高湿时相对湿度对皮肤散热的影响急剧升高。

综上所述，相对湿度对人体热舒适的影响可以归因于人体与环境潜热交换所产生的影响。人体周围环境与皮肤表面的水蒸气分压力之差以及服装的湿阻直接决定了人体皮肤表面蒸发换热损失量。在稳态环境中，相同的环境温度条件下，相对湿度增加，人体周围环境与皮肤表面的水蒸气分压力差异增加，人体皮肤表面蒸发换热损失量增加，人体的干热损失和蓄热量随蒸发热损失量的变化而变化，进而导致人体皮肤温度水平的变化。而人体皮肤表面分布着感受皮肤温度的冷热感受器，不同的皮肤温度水平可能会导致人体的冷热感受差异。

5.2.3　湿度对人体舒适评价的影响

目前涉及相对湿度对人体热舒适影响机理研究的文献非常少，相对湿度的作用机制仍然不明确。作者研究团队通过在人工气候室内稳态环境下相对湿度对人体热舒适影响的实验，研究了在春季、夏季和冬季不同温度水平环境下相对湿度对热舒适的影响规律，涵盖了全年不同温度水平、不同湿度水平下的工况。实验室测试包括人员主观问卷投票和皮肤温度等生理参数，累计样本 800 余人次，客观分析了稳态环境下相对湿度对人体热舒适的影响及人体热适应在其中的作用。

1. 平均热感觉投票

图 5.6 为不同季节平均热感觉投票(mean thermal sensation vote，MTSV)随温度和相对湿度的变化。可以看出，MTSV 在三个季节均表现出类似的变化趋势。

在适中环境中，MTSV 几乎不随相对湿度的变化而变化。但环境温度越偏离适中温度，相对湿度对 MTSV 的影响越明显。例如，在夏季偏热环境中，当相对湿度由 15%增加到 85%时，29℃时，MTSV 由 0.2 显著增加到 1.1；32℃时，MTSV 由 1.0 显著增加到 3.0。冬季升高同样的相对湿度，在 24℃时，MTSV 变化很小，保持在 1.0 左右；而在 28℃时，MTSV 则由 1.8 显著增加到 2.7，表明在偏热环境中温度越高，相对湿度对热感觉的影响越明显。在偏冷环境中可以发现同样的影响规律，当相对湿度由 15%增加到 85%时，夏季 23℃时，MTSV 由−0.6 略微增加到−0.3；春季 20℃时，MTSV 则−1.5 明显增加到 0.9；冬季 16℃时，MTSV 则由−2.2 显著增加到−1.3。总体上，在偏热环境中，高相对湿度对人体热感觉起到负面作用，适中温度条件下的影响较小，偏冷环境中则起到正面的补偿作用，不同季节下相对湿度对热感觉的影响规律相同，且与温度水平相关。

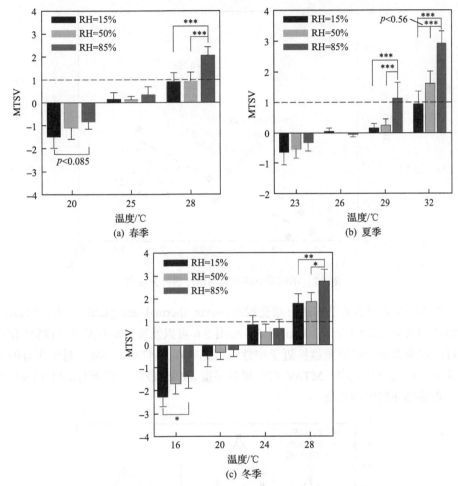

图 5.6 不同季节温度和相对湿度对热感觉的影响

*表示显著($p<0.05$)；**表示极显著($p<0.01$)；***表示极其显著($p<0.001$)[28]

夏季偏热环境下，受试者热感觉随相对湿度的变化最为敏感，其次为春季和冬季。在相同的"稍暖"热感觉条件下(MTSV 约为 1)，相对湿度由 15%增加到 85%时，MTSV 在冬季(24℃)几乎没有变化，春季(28℃)则显著增加了 1.1，夏季(32℃)则显著增加了 2.0，这可能是因为不同季节下人体的出汗反应存在差异，进而影响人体的蒸发冷却散热。如图 5.7 所示，在相同的热感觉条件下，出汗感在夏季最为强烈，其次为春季和冬季。这表明受试者在夏季相比于春季和冬季更容易出汗，与 Nakamura 等[40]研究结果相似。因此，在相同的热感觉条件下增加相对湿度时，夏季相比于春季和冬季，更多的汗液会停留在皮肤表面而不能及时蒸发，人体感受到的热应力也更为强烈，从而感觉更热。

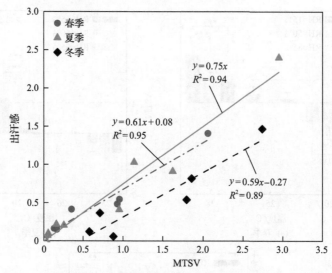

图 5.7　不同季节热感觉与出汗感的关系[28]

图 5.8 为不同季节平均热可接受投票（mean thermal acceptable vote，MTAV）随温度和相对湿度的变化。对比图 5.8 和图 5.6 可以发现，MTAV 与 MTSV 存在较好的对应关系。热感觉越接近于中性（MTSV=0），MTAV 越高。对于所有的三个季节，在偏冷环境中，MTAV 均在相对湿度 85%时最高，在相对湿度 15%时最低，在偏热环境中则相反。

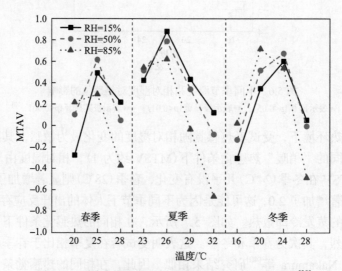

图 5.8　不同季节温度和相对湿度对热可接受的影响[28]

PMV 是目前最受认可的稳态空调环境人体热感觉的评价指标，根据 PMV 模型预测出的相同温度条件下相对湿度对人体热感觉的影响相对比较温和。对比相同工况条件下 PMV 预测值与 MTSV 实测值(图 5.9)，在 ASHRAE 55 热舒适区(–0.5<PMV<0.5)范围内，PMV 预测值与 MTSV 实测值符合较好。

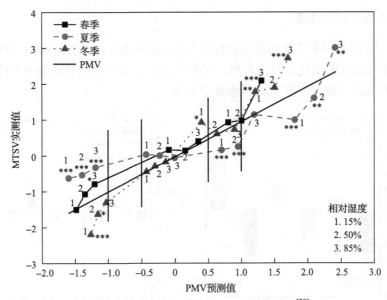

图 5.9　MTSV 实测值与 PMV 预测值对比[28]
*表示显著(p<0.05)；**表示极显著(p<0.01)；***表示极其显著(p<0.001)

在舒适区边界对 MTSV 与 PMV 进行配对样本 t 检验测试，两者表现出显著差异。夏季 26℃、相对湿度 15%和冬季 24℃、相对湿度 15%之间差异的显著水平分别为 p<0.05 和 p<0.001。这与 Humphreys 等[41]认为的 PMV 在–0.5～0.5 范围内时预测值可靠的结论基本相符，表明在热舒适标准的舒适区间温度范围内，PMV 可以较好地预测相对湿度对人体热感觉的影响。当 0.5<PMV<1 时，春季和冬季的 MTSV 值与 PMV 值符合较好，但 PMV 高估了夏季 29℃、相对湿度 50%和 15%工况下的 MTSV 值，这可能是由于夏热冬冷地区人群形成的对夏季热湿环境的适应性，这种适应性使得人体对偏热环境的热感觉评价更为温和。当 PMV>1 时，PMV 对 MTSV 的预测符合较差，低估了春季和冬季的人体热感觉，而高估了夏季的人体热感觉，当 PMV<–1 时，冬季的 MTSV 被高估，特别是相对湿度 15%时，但与过渡季节的 MTSV 符合较好，夏季的 MTSV 则被低估，这可能是由于季节适应性导致人体对温度和相对湿度的热反应的季节差异性。由此表明，ISO 7730[11]给出的 PMV 应用范围为–2～2，显然不适用于本实验人体热舒适的评价。此外，从图 5.9 还可以看出，在 PMV>1 时，相同温度情况下，MTSV 随相对湿度的变化曲线明显比 PMV 曲线更陡；在 PMV<–1 时，冬季同样存在类似的差异，但夏季和春季更接近于 PMV 曲线变化的趋势。这表明 PMV>1 时，PMV 预测的相同温度不同相对湿度水平条件下人体热感觉的差异被低估，PMV<–1 时冬季也表现出类似的差异。

2. 平均湿感觉投票

图 5.10 为不同季节平均湿感觉投票(mean humidity sensation vote，MHSV)随温度和相对湿度的变化。可以看出，三个季节中，偏冷和偏热环境中受试者在相对湿度 15%时比相对湿度 85%时感觉更干燥。

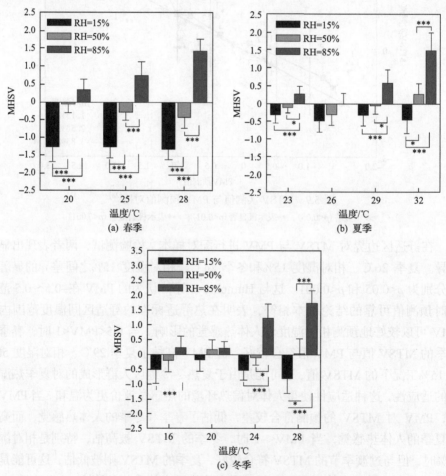

图 5.10　不同季节温度和相对湿度对湿感觉的影响[28]

*表示显著($p<0.05$)；**表示极显著($p<0.01$)；***表示极其显著($p<0.001$)

在适中温度环境中，只在春季发现这种类似的显著影响。Andersen 等[42]也发现类似的湿感觉季节差异。在他们的研究中，两组受试者分别于夏季和冬季暴露在相同的适中温度环境中(23℃)。受试者在冬季低湿环境中明显感觉更为干燥，而在夏季相同的低湿环境中湿感觉为中性，他们把这种差异归于季节变化的影响。上述分析综合表明，当考虑相对湿度对湿感觉的影响时，由于人体对相对湿度的季节适应性，即使处于适中温度的环境中，也不能忽略季节差异的影响。方差分析结果显示，三个季节相对湿度 85%条件下，不同温度水平之间的湿感觉存在显著的组间差异，在相对湿度15%的低湿环境中，春季相比于夏季(MHSV= -0.5)和冬季(MHSV= -1.0)明显感觉更为干燥，说明温度对湿感觉的影响主要反映在高湿环境，季节适应性的影响主要反映在低湿环境。图 5.11 为不同季节平均湿可接受度投票(mean humidity acceptable vote，MHAV)随温度和相对湿度的变化。在偏冷和适中环境中，不同相对湿度之间的 MHAV 差异在夏季和冬季非常小。而在春季，相对湿度 15%相比于相对湿度 50%和相对湿度 85%明显更不可接受。在偏热环境中，相对湿度 85%相比于其余两个相对湿度水平，湿可接受度更低，特别是在夏季 32℃和冬季 28℃的温度下。总体而言，三个季节相同温度环境中相对湿度 50%更能被受试者所接受。

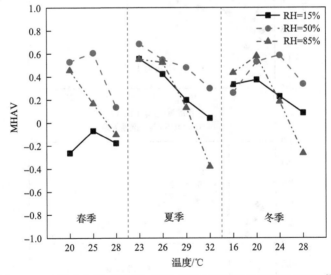

图 5.11　不同季节相对湿度和温度对平均湿可接受度投票的影响[28]

图 5.12 为 MHSV、MHAV 与含湿量的关系。如图 5.12 (a)所示，通过线性回归分析，可以获得 MHSV 与含湿量(HR)之间的线性关系，三个季节的回归关系式如下。

春季：

$$\text{MHSV} = -1.63 + 0.144\text{HR}, \quad R^2 = 0.91 \tag{5.1}$$

夏季：

$$MHSV = -0.724 + 0.065HR, \quad R^2 = 0.81 \tag{5.2}$$

冬季：

$$MHSV = -0.854 + 0.112HR, \quad R^2 = 0.83 \tag{5.3}$$

由式(5.1)和式(5.3)[28]可以计算得出湿感觉为中性时的含湿量分别为11.3g/kg 干空气(春季)、11.1g/kg 干空气(夏季)和7.6g/kg 干空气(冬季)。与对应季节的平均室外含湿量相比，可以推测在冬季和春季人体会经常感到干燥，在夏季则会经常感到潮湿。

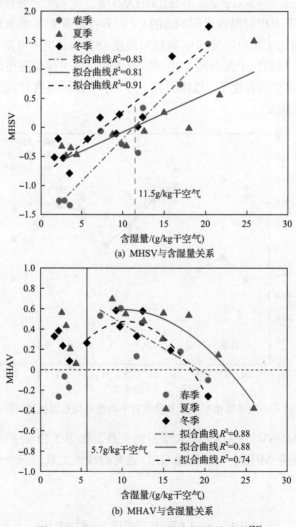

图 5.12 MHSV、MHAV 与含湿量的关系[28]

通过回归分析发现，当含湿量小于 5.7g/kg 干空气时，含湿量与湿可接受度投票的相关关系较差，且湿可接受度投票的分布偏离回归曲线的程度较大。因此，只对含湿量大于 5.7g/kg 干空气时的湿可接受度投票分布进行回归分析，通过三次曲线回归可以获得含湿量与湿可接受度投票的关系，如图 5.12(b)所示。可以看出，含湿量大于 5.7g/kg 干空气时，夏季相比于春季和冬季，湿可接受度投票更高。而在含湿量小于 5.7g/kg 干空气时，夏季和冬季相比于春季，湿可接受度投票更高。这可能是由于长期生活在冬季干燥(含湿量低)、夏季湿润环境的人，在冬季形成了对低含湿量环境的适应性，而在热湿的夏季环境，人体更容易出汗，低含湿量有助于保持皮肤的干燥和舒适。但人体经常暴露在适中含湿量的春季环境中时，对低含湿量的适应性可能减弱，这也进一步表明人体对湿度的感知具有季节性差异。

3. 相对湿度对标准有效温度的影响

标准有效温度 SET 是基于二节点模型提出的，其中包含了空气干球温度、相对湿度、风速、辐射温度等热环境参数以及服装热阻和代谢率的影响。它是根据生理条件(平均皮肤温度和皮肤湿润度)制定的一项合理的热舒适指标，并被美国采暖、制冷与空调工程师协会所采用且被大量实验及理论研究所验证。平均皮肤温度和皮肤湿润度是两个可以很好地诠释偏热环境下人体热舒适水平的生理参数，尤其是皮肤湿润度，所以理论上 SET 与人体热感觉应该有较好的对应关系。

当影响人体热舒适的六个参数除温度和相对湿度以外的参数保持不变时，如代谢率和服装热阻等保持不变，SET 可以反映温度和相对湿度耦合作用对人体热舒适的影响。图 5.13 给出了不同相对湿度作用下 SET 随室内操作温度 T_{op} 的变化

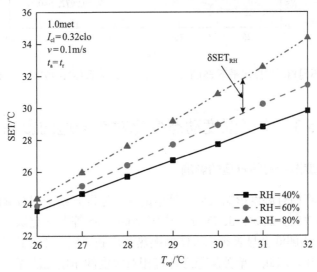

图 5.13　不同相对湿度下 SET 随 T_{op} 的变化规律[38]

规律，图中 δSET_{RH} 为不同相对湿度之间的标准有效温度差值。根据 SET 的定义可知，δSET_{RH} 反映的实际上就是相对湿度对热感觉的影响程度。可以看出，δSET_{RH} 与操作温度和相对湿度均有关。例如，当 $T_{op}=26℃$ 时，相对湿度从 40% 升至 80%，δSET_{RH} 仅为 0.81℃；而当 $T_{op}=32℃$ 时，相对湿度从 40% 升至 80%，δSET_{RH} 为 4.55℃。

以 40% 相对湿度为基准值，计算各操作温度下其他相对湿度与 40% 相对湿度之间的 SET 差值，得出不同相对湿度水平下 δSET_{RH} 随操作温度 T_{op} 的变化规律，如图 5.14 所示。可以看出，在操作温度为 26~32℃时，δSET_{RH} 与 T_{op} 之间呈显著的线性递增关系，且 δRH 越高，δSET_{RH} 随操作温度升高而增大的趋势越明显。结果表明，相对湿度对热感觉的影响不仅与相对湿度本身有关，还与操作温度有较大关系，相对湿度和操作温度的升高均会增大相对湿度对热感觉的影响，而且 SET 与实际热感觉之间也存在较好的关系。

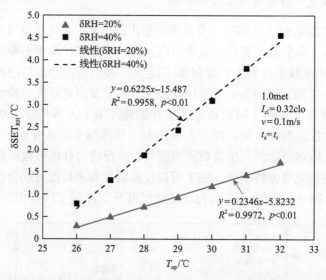

图 5.14　不同相对湿度水平下 δSET_{RH} 与 T_{op} 之间的关系（RH=40% 时，$\delta RH=0\%$）[38]

5.3　空气湿度动态变化对热舒适的影响

5.3.1　相对湿度渐变对热舒适的影响

部分学者将相对湿度影响人体热舒适的主要原因归结于相对湿度动态变化所产生的瞬态热效应。例如，de Dear 等[43]及 Andersen 等[44]研究认为，相对湿度突变时服装的吸湿/解湿会显著影响人体的换热和皮肤温度，进而引起人体主观热舒适感的明显变化。因此，单独从稳态环境相对湿度的角度无法深刻洞悉相对湿度对人体热舒适的影响，需从稳态环境相对湿度与动态环境相对湿度突变两种极端情况下的中间状态——相对湿度渐变出发，研究相对湿度动态变化对人体热舒适的影响，以获得对相对湿度更全面、更深入的理解。

作者研究团队通过在人工气候室内模拟相对湿度渐变，对实验中受试者的热感觉、湿感觉和可感知空气品质等主观热舒适感知及皮肤温度进行了测试。图 5.15 为实验过程中温度和相对湿度测试值随时间的变化。可以看出，在整个实验过程中温度波动较小，标准偏差为 0.2℃。50%→20%→50%相对湿度渐变工况中，稳定阶段相对湿度在 20%左右，上升和下降阶段相对湿度变化率均为 1%/min。80%→20%→80%相对湿度渐变工况中，稳定阶段相对湿度稍高于 20%，爬升和下降阶段相对湿度变化率大约为 1.8%/min。

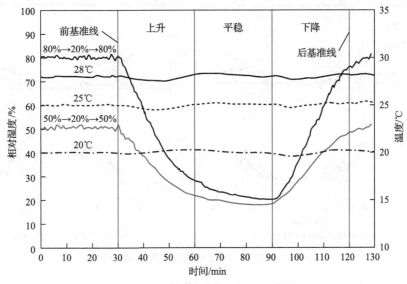

图 5.15　温度与相对湿度随时间的变化[28]

1. 人员热舒适投票

1)平均热感觉投票

图 5.16(a)为不同温度工况下 MTSV 随时间的变化规律。可以看出，受试者的热感觉表现出与相对湿度一致的变化趋势，MTSV 随相对湿度的逐渐降低而降低，随相对湿度的逐渐升高而升高。在偏热及更广的相对湿度渐变工况下，这种变化更为明显，特别是在相对湿度逐渐下降阶段。在 20℃偏冷环境中，两种不同的相对湿度渐变工况下 MTSV 变化曲线非常接近，在 30~60min 只有 0.1 个投票刻度的差异。而在适中温度 25℃，两者差异增加到 0.4 个投票刻度。在偏热环境 28℃，两者差异达到 1.2。此外，MTSV 的变化也受到温度的影响。尽管三个温度工况在其他环境条件相同时 MTSV 的变化没有显著差异，但对于 80%→20%→80%

相对湿度渐变工况，MTSV 的变化在 28℃时显著大于 20℃和 25℃时。不同温度工况下平均热舒适投票（mean thermal comfort vote，MTCV）随时间的变化规律如图 5.16(b) 所示。可以发现，MTCV 在湿度渐变阶段表现出与 MTSV 类似的对应变化趋势。热感觉越偏离热中性（MTSV=0），受试者感觉越不舒适。

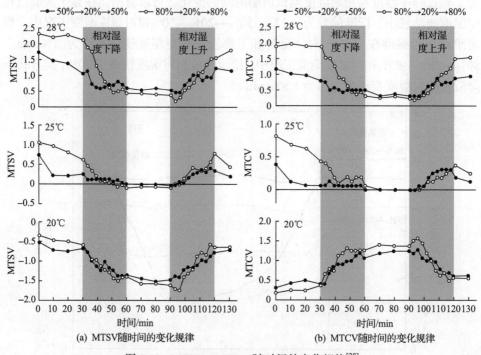

图 5.16　MTSV、MTCV 随时间的变化规律[28]

在偏冷及适中-偏热环境中，通过回归分析可以获得 MTSV 与 MTCV 的线性关系，如图 5.17 所示。两个相对湿度渐变阶段的 MTCV 分布基本重合，这表明两者在两个阶段的关系可以用统一的关系式表达。热舒适近似关于中性热感觉呈对称分布。当热感觉靠近中性时，受试者感觉最舒适，这与均匀稳态环境类似，表明湿度渐变环境中，热舒适可以很好地用热感觉来表征。

2) 平均湿感觉投票

不同温度水平下 MHSV 随时间的变化如图 5.18(a) 所示。类似于 MTSV，MHSV 也同样随相对湿度表现出一致的变化趋势，也同样在偏热、高湿环境中变化幅度更为明显。在 30~60min，20℃时，MHSV 在 80%→20%→80% 和 50%→20%→50% 两种工况的变化相同。在 25℃时，两者的差异增加到 0.3。而在 28℃，这种差异增加到 0.7。虽然当其他条件相同时，三个不同温度之间 MHSV 的变化值没有显著差异，但仍然表现出随温度增长的趋势。相对湿度渐变对湿感

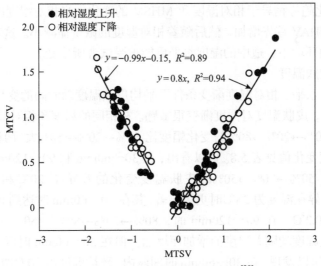

图 5.17　MTSV 与 MTCV 的关系[28]

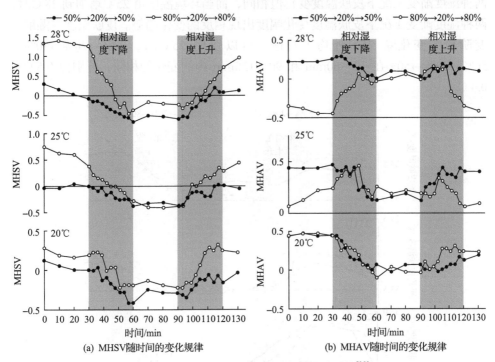

(a) MHSV随时间的变化规律　　　　　　(b) MHAV随时间的变化规律

图 5.18　MHSV、MHAV 随时间的变化规律[28]

觉最大的影响发生在 28℃、80%→20%→80%，在 30~60min 和 90~120min MHSV
的变化值分别为 1.3 和 0.9。图 5.18(b)为不同温度水平下 MHAV 随时间的变化。
MHAV 总体上表现出随相对湿度渐变对应的变化趋势。但在温度为 25℃时，

MHAV 的变化趋势稍异于相对湿度和 MHSV 的变化，当相对湿度由 80%减少到约 50%时，MHAV 首先增加，然后随着相对湿度的减少而减小。这表明适中温度且湿度渐变的环境中，适中的湿度水平更能被受试者所接受。

3)平均皮肤温度

不同温度水平、相对湿度渐变条件下平均皮肤温度随时间的变化如图 5.19 所示。可以看出，皮肤温度对湿度渐变很敏感。在相同的温度和相对湿度渐变阶段，皮肤温度在 80%→20%→80%的变化幅度比 50%→20%→50%大。两种湿度渐变工况下皮肤温度变化值见表 5.8。可以看出，在 30~60min 和 90~120min 时，80%→20%→80%与 50%→20%→50%的皮肤温度变化的差异在 20℃和 25℃时均为 0.1℃。这种差异在温度为 28℃时更为显著，其在 30~60min 时达到 0.5℃，在 90~120min 达到 0.2℃。在 90~120min 时，80%→20%→80%与 50%→20%→50%的皮肤温度变化幅度均随着温度的增加而增加。但在 30~60min 时两者并没有类似的变化趋势。可以发现，在 30~60min 时间段内，环境温度由 20℃增加到 25℃时，两种湿度渐变工况下皮肤温度变化值相同，而当环境温度由 25℃增加到 28℃时，两种湿度渐变工况下皮肤温度变化幅度出现相反的变化趋势。皮肤温度在湿度渐变阶段的变化除 25℃外均不对称，可以发现 25℃时，80%→20%→80%与 50%→20%→50%在 30~60min 和 90~120min 内的变化均相同，分别为 0.5℃和 0.4℃。

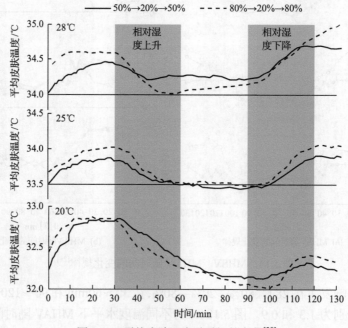

图 5.19 平均皮肤温度随时间的变化[28]

表 5.8　皮肤温度在不同相对湿度渐变阶段的变化　　　　　　　（单位：℃）

温度	湿度渐变工况 1（80%→20%→80%）		湿度渐变工况 2（50%→20%→50%）	
	30~60min[a]	90~120min[b]	30~60min[a]	90~120min[b]
28℃	0.6[***]	0.7[***]	0.1	0.5
25℃	0.5	0.5	0.4	0.4
20℃	0.5	0.3[***]	0.4	0.2

注：a 变化值为第 60min 与第 30min 皮肤温度差值的绝对值，b 变化值为第 120min 与第 90min 皮肤温度差值的绝对值。

***表示相同湿度渐变阶段，两个湿度渐变工况下皮肤温度差异极其显著（$p<0.001$）。

2. 皮肤温度、SET 变化对热感觉的影响

皮肤温度是反映人体热调节的重要生理指标，与人体热感觉密切相关。根据动态热舒适神经生理学理论模型，动态环境中热感觉可以表示为动态项加上稳态项，分别与皮肤温度和皮肤温度变化率相对应。稳态环境热感觉可以当成动态环境的一个特例，当动态项为零时，热感觉可以线性关联到皮肤温度。图 5.20 表示皮肤温度与 MTSV 在不同相对湿度渐变阶段呈良好的线性关系，表明相对湿度渐变环境中的热感觉可以近似用皮肤温度预测，但受限于相对湿度渐变的方向和环境条件。

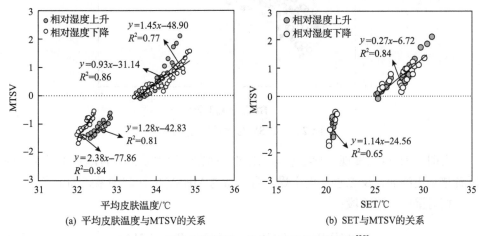

(a) 平均皮肤温度与MTSV的关系　　　　　(b) SET 与MTSV的关系

图 5.20　平均皮肤温度、SET 与 MTSV 的关系[28]

由图 5.20(a)还可以看出，在相对湿度逐渐下降阶段，两条曲线的斜率非常接近，表明受试者对皮肤温度变化的敏感性在整个温度范围内是相似的。但在相对湿度逐渐上升阶段，MTSV 随皮肤温度的变化率在偏冷环境中是中性-偏热环境的 2.5 倍，说明受试者在偏冷环境下的皮肤温度变化更为敏感，这可能是由于皮肤表

面冷感受器是热感受器的 10 倍，且更靠近于皮肤表面[45]。

通过回归分析 SET 与 MTSV 的关系，可以发现，热感觉在偏冷环境和中性环境两个阶段中几乎重合(图 5.20(b))，但在偏热环境中稍有偏差。偏冷环境中热感觉相对于 SET 的变化率几乎是中性-偏热环境的 4 倍，这意味着受试者对偏冷环境中 SET 的变化更为敏感。上述分析表明，SET 可以用作相对湿度渐变环境中的热感觉预测指标，而皮肤温度作为相对湿度渐变环境中人体热感觉预测指标时还需考虑环境条件和相对湿度渐变方向。

3. 含湿量对人员湿感觉的影响

相对湿度与温度对湿感觉的影响可用含湿量来表征，如图 5.21 所示，含湿量在相对湿度渐变环境中存在和前述热感觉/皮肤温度与空气湿度类似的相关关系。

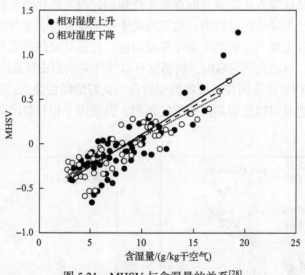

图 5.21 MHSV 与含湿量的关系[28]

由图 5.21 可以发现，含湿量与 MHSV 存在线性关系，当含湿量上升时，受试者感觉更湿润，反之感觉更干燥。含湿量与 MHSV 的回归关系式如下[28]。

相对湿度下降阶段：

$$\text{MHSV} = 0.077\text{RH} - 0.683, \quad R^2 = 0.71 \tag{5.4}$$

相对湿度上升阶段：

$$\text{MHSV} = 0.060\text{RH} - 0.534, \quad R^2 = 0.76 \tag{5.5}$$

两个阶段：

$$\text{MHSV} = 0.068\text{RH} - 0.605, \quad R^2 = 0.72 \tag{5.6}$$

5.3.2　相对湿度突变对热舒适的影响

上述研究可以发现，相对湿度渐变作为稳态环境相对湿度与相对湿度突变之间的过渡形式对人体热舒适的影响规律较接近于稳态环境，但也表现出明显不同的规律。例如，相对湿度渐变环境中皮肤温度随相对湿度变化而明显变化且皮肤温度与热感觉关系紧密，这种规律在稳态环境中并不存在。服装亲水性能是影响相对湿度突变条件下人体主观热反应和生理反应的关键因素。当人体从一个环境过渡到另一个环境时，通常可能经历相对湿度或温度或相对湿度和温度同时突变的过程。实际上在温度突变过程中，两个环境之间的水蒸气分压力存在差异，温度突变对人体热反应的影响也包含水蒸气分压力突变所带来的影响，但并不涉及服装吸湿/解湿作用引起的相对湿度变化产生的影响，因为服装层对水蒸气的吸附与解析主要受环境相对湿度的影响，而受环境温度的影响很小，因此相对湿度突变研究需要结合服装材质差异。

基于此，作者研究团队在人工气候室内开展了多种工况实验。实验温度设置为 20℃和 28℃，分别对应偏冷和偏热环境；相对湿度突变设置为 25%→85%，模拟低湿环境进入高湿环境的突变。实验选取三种典型材质服装，下身统一着装为长裤，上身为长 T 恤，服装材料分别采用 100%棉、60%棉+40%聚酯纤维和 100%聚酯纤维，服装信息见表 5.9。服装热阻和湿阻采用《纺织品　生理舒适性　稳态条件下热阻和湿阻的测定(蒸发热板法)》(GB/T 11048—2018)[46]中的蒸发热板法测量，根据《民用建筑室内热湿环境评价标准》(GB/T 50785—2012)[15]计算得到三种材质服装的热阻均约为 0.65clo(1clo=0.155m²·℃/W)。可以看出，1#服装材质湿阻与 2#服装材质较接近且明显大于 3#服装。

表 5.9　服装信息[28]

服装	类别	服装材质	厚度/mm	热阻/(m²·℃/W)	湿阻/(m²·Pa/W)
1#	裤子	100%棉	0.83	0.0615	4.92
	上衣	100%棉	1.39	0.0439	5.23
2#	裤子	60%棉+40%聚酯纤维	0.75	0.0518	4.64
	上衣	60%棉+40%聚酯纤维	1.22	0.0572	5.24
3#	裤子	100%聚酯纤维	1.22	0.0444	3.93
	上衣	100%聚酯纤维	0.92	0.0262	2.54

1. 热感觉投票

图 5.22 为偏冷与偏热环境中相对湿度突变时热感觉投票随时间的变化曲线。在 28℃偏热环境中，相对湿度突变之前，相同时刻不同服装材质着装的人体热感觉几乎相同；相对湿度突然增加时，热感觉投票均迅速增加，1#和 2#着装受试者热感觉投票变化幅度非常显著，分别为 1.2 和 1.0，明显大于 3#着装受试者热感觉投票变化值 0.7，且 1#和 2#着装受试者的热感觉投票达到峰值后稍微下降然后趋于稳定，而 3#着装受试者的热感觉投票在达到峰值后趋于平稳，最终三者的热感觉投票均高于初始状态值。在 20℃偏冷环境中，相对湿度突变之前，1#和 2#着装受试者的热感觉投票几乎相同，但均略小于 3#着装受试者，这可能是由于偏冷环境中受试者热感觉未达到稳定状态，仍然表现出下降趋势。相对湿度突然增加时，热感觉投票也均迅速增加，类似于偏热环境中的变化，1#和 2#着装受试者的热感觉投票变化幅度也都非常显著，分别为 1.4 和 1.2，明显大于 3#着装受试者，但三者在达到峰值后均表现出迅速下降趋势，稳定状态时，三者热感觉投票明显接近且低于初始状态值，这从一方面解释了夏热冬冷地区平常所说的"湿冷"，显然不同于稳态环境相对湿度对人体热感觉的影响规律。上述结果表明，相对湿度突变时，100%棉和 60%棉+40%聚酯纤维服装着装受试者的热感觉变化瞬态效应最为明显，而 100%聚酯纤维服装着装受试者的热感觉变化瞬态效应相对较弱，但上述服装均会显著影响受试者的热感觉。

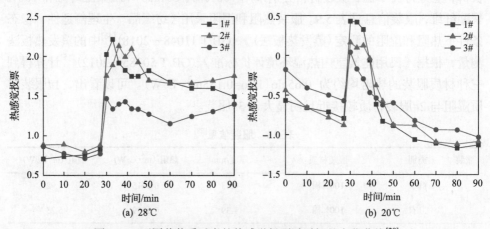

图 5.22　不同着装受试者的热感觉投票随时间的变化曲线[28]

de Dear 等[43]实验研究也表明，在相对湿度突然增加时，穿着亲水性的羊毛材质与偏疏水性的聚酯纤维服装的受试者热感觉投票均会跃变增加，且亲水性材质着装受试者的热感觉投票跃变幅度明显大于疏水性材质着装受试者。此外，他们的研究结果还表明，在温度为 28℃的偏热环境中，相对湿度突变后 90min 内，人体热感觉均保持相对稳定，并没有出现明显的衰减，这可能与服装的热湿性能有关。人体裸露时，皮肤表面热湿传递的热阻和湿阻低，热感觉投票增加幅度为 0.5 左右，与 3#着装受试者热感觉的变化规律类似，这可能是因为皮肤与服装表面空气层的影响，以及聚酯纤维服装的水汽吸附性能较弱，进而导致两者热湿传递的特性也更为接近。而由于服装的吸湿作用，1#和 2#着装受试者热感觉投票的变化幅度达到了 1.0 左右，偏冷环境中亲水性服装材质性能的影响则更为显著。

虽然温度突变与相对湿度突变对人体热感觉影响规律存在相似之处，但也存在明显的差异，图 5.23 为典型的温度突变与相对湿度突变后人体热感觉投票变化规律对比。

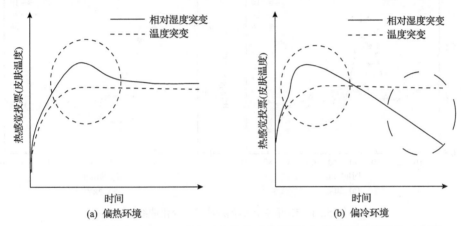

图 5.23 温度突变与相对湿度突变后人体热感觉投票(皮肤温度)变化规律对比[28]

在之前有关温度突变对人体热舒适影响的实验研究中，通常很少提及详细的服装材质信息，且虽然温度突变后，人体的热感觉投票均表现出跃变，但不同研究中热感觉投票变化规律也存在细微的差异。例如，Liu 等[47]的温度突变实验中，环境温度由 25℃突变到 28℃或者 30℃时，热感觉投票的变化规律与本实验 28℃时 1#和 2#着装受试者的规律类似，均出现峰值的变化后衰减。而 Zhang 等[48]的实验结果表明，从 26℃/50%突变到 32℃/50%和 32℃/70%时，热感觉投票跃变后保持稳定，而从 26℃/50%突变到 29℃/50%和 29℃/70%时，后者受试者的热感觉投票出现了跃变后微弱的衰减现象。Du 等[49]的研究也表明，偏冷环境中温度由 12℃/15℃/17℃突变到中性环境 22℃，人体热感觉投票增加后稳定在一个新的水平上。考虑到相对湿度突变对人体热感觉投票的影响规律，温度突变对人体热感觉投票影响规律的细微差异可能是之前的研究中没有考虑服装的材质以及突变时环境的相对湿度变化导致的，因此环境温度突变时，需综合考虑相对湿度的变化及服装材质的影响。

从图 5.24 可以看出，热可接受投票随时间的变化与热感觉投票的变化一致，且相对湿度突变的瞬态效应对 1#和 2#着装受试者的影响明显比对 3#着装受试者的影响更为显著。偏热环境中，相对湿度突然增加后，受试者感觉更热，热可接受投票降低，且 1#和 2#着装受试者降低的幅度稍大于 3#着装受试者，1#、2#、3#变化幅度分别为 0.8、0.7 和 0.6，但最终三者的热可接受投票趋近。而偏冷环境中，相对湿度突然增加后，人体感觉更暖和，热可接受投票先增加，且 1#和2#着装受试者升高的幅度明显大于 3#着装受试者，1#、2#、3#变化幅度分别为0.7、0.8 和 0.2，随着热感觉投票逐渐降低，三者热可接受投票逐渐降低并趋于接近。

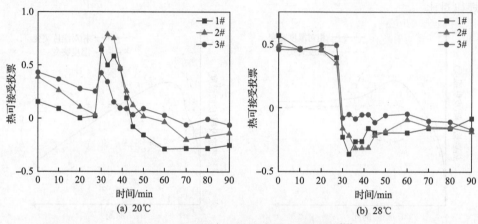

图 5.24　热可接受投票随时间的变化曲线[28]

热感觉投票与热舒适投票及热可接受投票的关系如图 5.25 所示。可以看出，三种服装材质着装的受试者热可接受投票和热舒适投票分布几乎重合，这说明相对湿度突变环境下，人体热感觉投票与热舒适投票存在很好的对应关系，且与服装材质无关。通过非线性回归可以获得热感觉投票与热舒适投票及热感觉投票与热可接受投票之间的定量关系，回归关系如下[28]：

$$TC = -0.09TS^3 + 0.53TS^2 - 0.04TS + 0.16, \quad R^2 = 0.91 \tag{5.7}$$

$$TA = 0.08TS^3 - 0.43TS^2 + 0.15TS + 0.5, \quad R^2 = 0.84 \tag{5.8}$$

式中，TS 为受试者整体的热感觉投票；TA 为热可接受投票；TC 为热舒适投票。

Zhang 等[48]实验结果则表明，稳态环境中热感觉投票与热舒适投票和热可接受投票的关系不能应用到突变的动态环境中，人体在偏冷的一侧感觉最舒适，热可接受投票最高，且偏冷环境中，人体热可接受对热感觉的变化最敏感。通过上述关系式及图 5.25 可以发现，在热感觉投票处于 0 附近时，人体感觉最舒适，热可接受投票最高。显然，在相对湿度突变环境实验中并没有得到类似的发现，这也是区别于温度突变的一个重要特征。

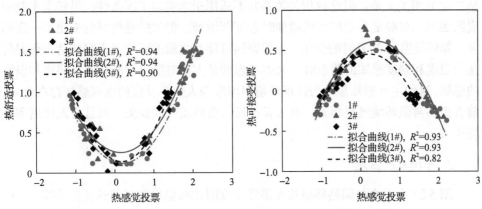

图 5.25　热感觉投票与热舒适投票及热可接受投票的关系[28]

2. 湿感觉投票

图 5.26 为相对湿度突变时湿感觉投票随时间变化的规律。可以看出,偏热环境中相对湿度突变时,湿感觉投票变化非常明显,且受服装材质影响不明显,湿感觉投票变化幅度在 0.8~0.9。而偏冷环境中,湿度突变时湿感觉投票只发生微小的变化,湿感觉投票变化幅度在 0.2~0.3。在 Zhang 等[48]研究中,温度突变或者温度和相对湿度同时突变时,即使突变温差达到 6℃,相对湿度变化 20%,环境水蒸气分压力发生突变,人体的湿感觉也几乎没有任何变化。Houchens[50]在研究皮肤与服装之间的微环境温湿度与人体热湿感知之间的关系时发现,在环境温度不变的情况下,通过交替改变人体的活动量营造动态变化的微环境温湿度时,人体的热感觉投票与湿感觉投票均与微环境的相对湿度呈正相关关系。同

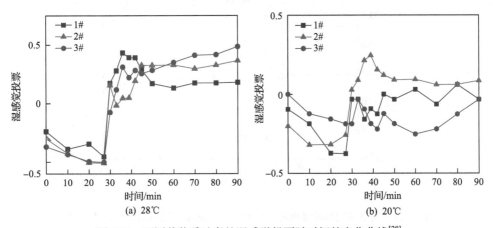

图 5.26　不同着装受试者的湿感觉投票随时间的变化曲线[28]

样，Li[51]在类似的实验工况条件下发现，人体湿感觉投票与皮肤表面相对湿度呈二次方相关关系。但这种相关关系并不适用于本实验工况条件，虽然本实验中皮肤表面相对湿度在湿度突然增加时会逐渐增加，但湿感觉投票的变化不一定明显，如环境温度20℃时的变化。主要原因可能是之前的研究考虑服装动态热湿传递与温度和湿度感知的关系时，大多考虑的是人体对所接触服装本身湿度和温度的感知，这种主观感知显然与体现环境温湿度与人体热反应的主观感知存在差异，前者更多与微环境气候相关，而后者不仅与微环境气候相关，而且与人体周围环境相关。

3. 平均皮肤温度

图 5.27 为偏冷与偏热环境相对湿度突变时皮肤温度随时间的变化曲线。可以看出，该实验工况条件下，相对湿度发生突变的时刻受试者皮肤温度已经基本趋于稳定。在相对湿度稳定阶段，三种服装材质着装人体皮肤温度几乎相同，这表明服装材质对相对湿度稳定阶段的受试者皮肤温度影响很小。

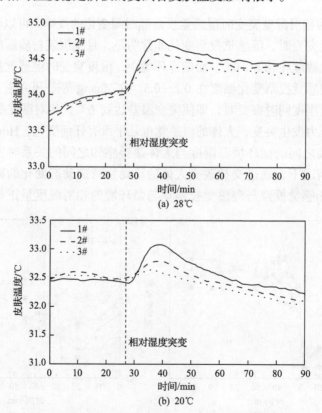

图 5.27　偏冷与偏热环境相对湿度突变时皮肤温度随时间的变化曲线[28]

　　在温度为 28℃的偏热环境中，相对湿度突变后不同着装受试者皮肤温度均迅速增加，1#着装受试者皮肤温度增加的幅度最大，其次是 2#着装受试者，最后是 3#着装受试者，其皮肤温度增加值分别为 0.8℃、0.5℃和 0.4℃。3#着装受试者皮肤温度增加到峰值后趋于稳定，而 1#与 2#着装受试者皮肤温度增加到峰值后开始下降，最终三者的皮肤温度接近，且都高于湿度突变前的皮肤温度，这与图 5.22 不同着装受试者的热感觉投票变化规律相同。

　　在温度为 20℃的偏冷环境中，相对湿度突变后人体皮肤温度同样均迅速增加，1#着装受试者皮肤温度增加的幅度最大，其次是 2#着装受试者，最后是 3#着装受试者。但三者均在皮肤温度达到峰值后开始逐渐下降，三者最终的皮肤温度均接近或者低于相对湿度突变前的皮肤温度，实验结束阶段人体皮肤温度并未达到稳定状态。以上结果综合表明，相对湿度突变对皮肤温度有明显影响，且影响程度最大的是亲水性的棉质服装着装，其次是 60%棉+40%聚酯纤维服装着装，最后是聚酯纤维服装着装，说明相对湿度突变对人体热生理和热感觉均会产生重要影响，且与服装材质密切相关。温度突变时，皮肤温度同样表现出类似的变化趋势，但在偏冷和偏热环境中，温度突变增加时，皮肤温度通常先增加到峰值后，基本保持不变或变动很小，这可能归因于相对湿度突变，服装吸湿/解湿对服装动态热湿传递的影响。

　　由于温度突变时，不仅温度发生剧烈变化，湿度（环境水蒸气分压力）也同样突然发生变化。在偏冷环境中，相对湿度突变和温度突变造成的皮肤温度变化规律不同（图 5.23），可能是由于温度突变时，温度变化的影响远远大于相对湿度变化的影响，相对湿度突变的瞬态热湿传递效应的影响被温度变化导致的热传递影响所掩盖，这可能是相对湿度突变对人体热舒适的影响常常被忽略的重要原因之一。因此，相对湿度突变时，服装材质会影响人体的热反应特性和生理反应特性，亲水性的棉质着装受试者的热感觉随皮肤温度变化的规律更接近于温度突变环境，适宜采用皮肤温度与皮肤温度变化率进行预测。而疏水性的聚酯纤维和偏疏水性的 60%棉+40%聚酯纤维材质着装受试者的热感觉随皮肤温度的变化规律更接近于相对湿度渐变环境或不同温度水平的稳态环境，更适宜采用皮肤温度进行预测。

　　综上所述，偏热环境中相对湿度突变增加时，棉质着装受试者相比于 60%棉+40%聚酯纤维及聚酯纤维着装受试者将在短时间内承受更强的热冲击，而在偏冷环境中棉质及 60%棉+40%聚酯纤维着装受试者相比于聚酯纤维着装受试者将在短时间内获得更大的热感觉补偿，但随后人体热感觉下降的幅度也最大。因此，在非热中性的过渡环境中，人体适中着装条件下，当环境相对湿度大幅度变化时，从热舒适的角度，宜穿着聚酯纤维材质服装。但实际上，人们通常喜欢穿着吸湿透气性好的棉质服装，这是因为棉质与聚酯纤维材质着装所针对的环境在服装湿传递上的不同导致服装材质要求的差异。前者适宜穿着的环境相对湿度一般变化较小或没有变化，服装主要吸收皮肤表面蒸发的汗液并散发到服装外面，汗液的蒸发主导了服装的湿传递，因而需要穿着吸湿性好的材质服装以确保人体舒适；而后者适宜穿着的过渡环境相对湿度变化幅度较大，服装不仅吸收人体皮肤表面蒸发的汗液，而且吸收外界环境中的水分，对环境中的水分吸收主导了服装的湿传递。因此，综合考虑人体由一个环境进入另一个过渡环境再到最终相对湿度稳定的稳态环境的着装要求，宜开发双层材质的服装，内层采用棉质，外层采用聚酯纤维，既吸汗透湿又防止吸收环境水分而阻止或减缓汗液蒸发。因为相对湿度突变后人体热感觉最终会稳定在与温湿度稳态环境类似的水平，在偏热环境中还可以参考稳态环境中热舒适区间图来根据室外环境条件设置室内环境相对湿度。从环境调控的角度，应尽可能避免室内外较大的相对湿度差异。

5.4 空气湿度对人体健康的影响

空气湿度不仅影响人体热舒适，而且室内表面结露、潮湿等对人体健康的影响也得到越来越多的重视。空气湿度对室内环境的一个显著影响就是能引起高湿度和空气水分聚集，进而导致室内表面潮湿、发霉，从而可能影响人体健康。

5.4.1 建筑潮湿表征

目前，尽管对建筑室内潮湿环境还没有统一的定义，但是建筑潮湿会对建筑围护结构(墙、窗等)和室内空气质量产生显著的可视和可感知的表征，如霉点、霉斑、湿点、窗户凝水等。同时，一些建筑出现的由于水泛滥而造成的损害也会造成可以看到或潜在的建筑潮湿问题，一般统称为水损。综合国内外的研究和文献，建筑潮湿对儿童哮喘的影响分析主要考虑以下潮湿表征[52]。

(1)当前建筑潮湿问题：发霉现象、潮湿现象、水损、窗户凝水、衣物被褥受潮、发霉气味。

(2)儿童出生时建筑潮湿问题：霉点湿点、窗户凝水、发霉气味。

主要潮湿表征的定义分别为：①发霉现象(霉点)，指在儿童卧室中的地板、墙和天花板上出现的明显的发霉现象(是或否)；②潮湿现象(湿点)，指在儿童卧室中的地板、墙和天花板上出现的明显的潮湿现象(是或否)；③水损，指住宅中出现的由水泛滥或者其他由于水造成的损害(是或否)；④窗户凝水，指冬天在儿童卧室中，窗户的内侧底部出现的凝结水现象(是或否)；⑤衣物受潮，是指近一年里住所内的衣物、被褥等的受潮现象(是或否)；⑥发霉气味，最近三个月，室内出现的发霉气味(是或否)。

5.4.2　建筑室内潮湿和儿童健康调研

1. 环境流行病学调研

关于空气湿度的研究，主要围绕空气湿度引起建筑室内潮湿，进而诱发敏感人群疾病、影响人体健康展开。从 20 世纪 80 年代后期，国内外已经对建筑潮湿影响儿童哮喘开展了较多的研究。来自于欧洲国家和地区的相关研究通过问卷调查，发现建筑潮湿表征(霉点湿点、窗户凝水、水损、发霉气味等)与儿童哮喘及过敏性症状(喘息、咽喉痛和流鼻涕)之间有着显著的相关性，包括瑞典、英国、意大利、荷兰、芬兰等[52]。同时，研究表明建筑潮湿与儿童哮喘患病关联，且其严重程度与哮喘发病的严重程度相关。北美地区也开展了相关研究，Dales 等[53]对加拿大 17962 名小学生家庭中影响健康的室内环境进行了问卷调查，研究发现，存在室内潮湿的家庭小学生发生呼吸道症状的概率都比较高。Brunekreef[54]对美国六个城市的 4625 名 8～12 岁儿童家庭进行了问卷调查，有超过 50%的家庭发现有潮湿问题，经过分析发现室内潮湿与儿童呼吸道症状有显著关系。

关于住宅室内环境建筑潮湿问题与儿童哮喘的研究在亚洲也逐步开展起来，Tham 等[55]对新加坡 6794 名 1.5～6 岁儿童家庭进行了问卷调查，报告中发现有室内潮湿问题的家庭占 5%，研究发现室内潮湿与儿童鼻炎症状有显著关系，该研究也显示在热带地区儿童哮喘及过敏性症状在建筑潮湿的环境中会显著增加。在韩国开展的一项流行病学调查发现，建筑潮湿是儿童哮喘等过敏性疾病和相关症状的危险因素[56]。综上所述，这些发现均表明早期和当前室内潮湿表征暴露是儿童哮喘和鼻炎的风险因素。然而，也有部分研究显示，建筑潮湿与儿童哮喘之间不存在显著的相关性。

国内在该方面的研究起步较晚，吴金贵等[57]采用横断面研究方法，调查了上海市城区 16 所中小学和幼儿园的 6551 名 4～17 岁儿童青少年，通过多因素逻辑回归分析，得到室内可见霉斑是现患哮喘的独立危险因素。天津大学开展的关于在校大学生宿舍潮湿问题和过敏性疾病以及呼吸道感染疾病的横断面调查中，潮湿是感冒和过敏性疾病的危险因素[58]。在香港、北京和广州的研究显示，住宅室内潮湿暴露是 10～10.4 岁学生"当前喘息"症状(近十二个月出现喘息症状)的显著危险因素[59]。台湾省高雄市研究显示，住宅潮湿是高雄地区 6～12 岁儿童呼吸道症状的显著预测因素和危险因素[60]。另外一项针对台湾省台北市 1340 名 8～12 岁儿童的研究显示，存在室内潮湿的家庭，儿童发生呼吸道症状的概率都比较高[61]。

目前，有较多的研究表明，建筑潮湿表征与哮喘患病之间存在显著的相关性，因此大部分建筑潮湿问题对人体健康的影响被越来越广泛地讨论。

2. 中国室内环境与儿童健康研究

2010 年，为了在中国系统地研究遗传及环境因素对儿童哮喘及过敏性疾病的影响，在国际室内空气领域著名专家 Jan Sundell 教授的帮助下，由重庆大学和清华大学共同发起，复旦大学、中南大学、上海理工大学、东南大学、华中师范大学及西安建筑科技大学等全国十余所高校联合开展了室内环境与儿童健康研究合作项目。根据父母问卷报告数据，项目主要探讨了室内环境与学龄前儿童曾经(从孩子出生到调查时期)和当前(在调查前的最后一年)哮喘和鼻炎的关联性，每个城市均使用的是经重庆地区试点研究验证后的标准问卷。问卷中关于儿童哮喘、过敏和相关症状的问题来源于儿童哮喘和过敏的国际研究(International Study of Asthma and Allergies in Childhood, ISAAC)标准问卷中的相关问题。问卷中关于建筑特性、家庭生活习惯和室内环境的问题主要来源于瑞典的建筑潮湿与健康(Dampness in Building and Health, DBH)研究，部分问题根据中国国情略有修改。在调查之前，得到了所有被调查儿童的父母或法定监护人的同意。研究采用多阶段整群抽样方法来选择被调查的幼儿园。首先对每个城市的所有行政区进行编码，并通过抽签随机选择 4～6 个地区。其次对选定行政区的所有幼儿园进行编码，并通过抽签随机选择 10～15 所幼儿园，选定的行政区和幼儿园的总数是根据每个城市的人口规模确定的。为避免选择性偏倚和误差，被选中的幼儿园中的所有儿童均被邀请参与本调查研究[62]。

2010 年 10 月至 2012 年 4 月，该研究在中国 7 大城市同时展开(乌鲁木齐、北京、太原、南京、上海、重庆、长沙)，最终共计调查 200 多所幼儿园和 59337 名儿童，有效回复问卷为 42666 份(答复率为 71.9%)。通过流行病学调研和全国问卷调查，就当前住宅而言，6.4%和 11.4%的家庭分别存在可见霉斑和湿斑，2.2%和 30%的家庭分别报告经常和有时衣物潮湿，6.7%和 7.5%的家庭分别报告过去 1 年中和过去 1 年前住宅水损现象，6.9%和 15.8%的家庭分别有>25cm 和 5～25cm 的冬季窗户结露，0.7%和 9.3%的家庭分别报告经常和有时霉味。就早期住宅而言，1.5%和 12%的家庭分别报告室内经常和有时霉斑，9.5%和 40.8%的家庭分别报告经常和有时冬季窗户结露，0.5%和 7.7%的家庭分别报告经常和有时霉味，建筑年代较早、居住位置位于建筑底层、建筑围护结构密闭性较差、住宅周围有湖/河分布等情况下建筑室内比较容易形成严重的潮湿问题。由此可见，国内儿童室内居住环境普遍存在一定的潮湿问题。

5.4.3　建筑潮湿对儿童过敏性疾病的影响

1. 建筑潮湿表征与过敏性疾病相关性

建筑室内潮湿环境是住宅室内环境的重要组成部分，其形成原因有两方面：一方面是由于室内较高的水汽含量和不足的室内换气量；另一方面是由于建筑不合理的建造和使用，过多的水或较高的水汽存在于建筑结构和建筑材料内部。潮湿为微生物的生长创造了必要的条件，是室内空气细菌污染的主要原因，微生物本身及其代谢产物会对室内环境产生极大的影响，增加疾病感染率，尤其是孩子出生时的早期暴露。因此，与建筑潮湿因素相关的住宅环境主要污染问题为高湿和生物污染[62]。

大部分研究都发现潮湿暴露与儿童健康效应有关（1~6 岁，芬兰；2 岁、3 岁、5 岁、7 岁，保加利亚；1.5~6 岁，新加坡；3~4 岁，加拿大；4 岁，英国）。瑞典的 DBH 研究发现，水损、地板潮湿、霉斑、湿斑和冬季窗户结露>5cm 与 1~6 岁儿童哮喘、喘息和鼻炎显著相关。Bornehag 等[63]对 2004 年前的相关研究综述发现，室内潮湿暴露表征与儿童哮喘和喘息关联性的风险比值比（odds ratio，OR）的范围为 1.40~2.20，该范围与本研究的范围相近。一项关于室内可见霉斑与儿童过敏性疾病的来自欧洲 8 项出生队列研究的分析指出，室内早期霉斑暴露与学龄前儿童哮喘和在读儿童的过敏性鼻炎相关[64]。Mendell 等[65]对不同年份下的同一课题展开了一系列综述，研究发现，室内潮湿暴露与哮喘、鼻炎和相关的过敏性疾病的发展显著相关。这些发现均表明早期和当前室内潮湿表征暴露是儿童哮喘和鼻炎的风险因素。

作者研究团队分析了重庆市室内潮湿对儿童健康的影响，被调研的 5229 名学龄前儿童中，51.1%的儿童自我报告曾经出现鼻炎症状，27%的儿童曾经出现喘息症状。结果显示，过去的 12 个月中出现鼻炎症状的自我报告结果最多（38.1%），其次为喘息症状（20.5%）。医生诊断的哮喘患病率为 8.3%，医生诊断的鼻炎患病率为 6.2%，11.3%的调查对象自我报告其家庭成员存在哮喘和过敏性问题。通过分析，"霉点"与近 12 个月出现鼻炎显著相关（OR：1.52；95%CI：1.15，2.00），这与新加坡[55]的研究结果十分一致。"发霉气味"是所有哮喘和过敏性疾病病症的危险因素，这与一些队列研究的研究结果也基本一致。"窗户凝水"与夜间干咳和鼻炎显著相关，这与苏格兰一项病例对照研究的结果一致[66]。瑞典研究发现，地板潮湿、湿点和窗户凝水是哮喘和过敏性疾病的显著危险因素[67]。但是，研究发现"水损"是经医生确诊的哮喘和鼻炎的危险因素，"窗户凝水"与医生确诊的鼻炎显著相关，但是"湿点"却不是危险因素[62]。这可能是不同的气候特点和建筑特点导致的。总体而言，潮湿问题普遍会增加哮喘和过敏性疾病患病风险。"被褥受潮"问题比较普遍，且与所有哮喘和过敏性疾病病症都有很强的相关性。

晾晒被褥的行为会显著降低所有症状患病的风险。晾晒被褥使得室内尘螨过敏源降低可能是降低患病风险的原因之一。根据以往研究发现，儿童有将近一半的时间在床上，而螨虫生存和繁殖需要较高的温度和湿度，受潮的被褥为螨虫生长繁殖提供了良好的环境，是螨虫滋生的温床。在晾晒被褥的过程中，太阳能保证被褥干燥，并通过紫外线的作用阻碍螨虫和细菌的生长。

总体上，中国室内环境与儿童健康研究中全国被调研的 40010 名学龄前儿童，51.9%的儿童为男孩，75.9%的儿童住在市区，20%的儿童存在家族遗传病史，48.3%的儿童母乳喂养持续时间≤6 个月，64.2%的家庭是当前住宅的拥有者，58.9%的儿童存在室内烟雾暴露，32.5%的家庭在早期进行过室内装修。7.5%、27.1%、9%和 54.9%的儿童分别报告曾经有哮喘、喘息、过敏性鼻炎和鼻炎。两元逻辑回归分析显示，当前住宅室内可见霉斑，可见湿斑和衣物潮湿暴露与儿童曾经哮喘的增加显著相关（调整后的风险比值比（adjusted odds ratio，AOR）范围为 1.15～1.40）。同时，儿童曾经哮喘的增加与当前住宅过去 1 年水损、冬季窗户结露>25cm、当前和早期住宅有时霉味、早期住宅有时霉斑、经常冬季窗户结露显著相关（AOR 范围为 1.20～1.44）。可见霉斑、湿斑（当前）和冬季窗户结露（当前和早期）与儿童曾经过敏性鼻炎的增加显著相关（AOR 范围为 1.18～1.46）。经常衣物潮湿、当前住宅过去 1 年前水损、当前住宅经常霉味和早期住宅有时霉斑与儿童曾经过敏性鼻炎的增加显著相关（AOR 范围为 1.15～1.73）。此外，所有研究涉及的潮湿表征暴露均与儿童曾经和最近 1 年的喘息与鼻炎的增加显著相关（AOR 范围为 1.16～2.64）。与有时处于存在室内潮湿暴露的儿童相比，经常处于室内潮湿暴露的儿童曾经及最近 1 年喘息和鼻炎的患病风险显著更高。

2. 室内潮湿表征和儿童患病的暴露-反应评价

尽管大量的研究发现室内潮湿会增加患哮喘和过敏性疾病的风险，但潮湿问题是否会导致哮喘或过敏性疾病还不太明确。一项来自中国台湾的关于 97 名 4～7 岁儿童的现场研究发现，室内霉斑暴露与儿童总的血清免疫球蛋白浓度具有显著的正相关剂量-应答关系[68]。在欧洲 12 个国家开展的呼吸健康调查研究发现，住宅室内潮湿表征（水损和室内霉斑）与青壮年的新发哮喘风险存在明显的剂量-应答关系[69]。在新西兰对 150 位 1～7 岁儿童开展的病例对照研究发现，住宅室内霉斑和霉味与喘息症状也存在明显的剂量-应答关系（AOR 范围为 1.30～3.56）[70]。中国室内环境与儿童健康研究关于室内潮湿表征暴露与儿童哮喘、喘息和鼻炎的关联性结果与现有一些类似研究一致，当前住宅和早期住宅室内不同类型的潮湿表征暴露与儿童哮喘、喘息、过敏性鼻炎和鼻炎显著相关。累计室内潮湿表征数与调研涉及的几乎所有的过敏性疾病在总体分析和敏感性分析中均存在显著的剂量-应答关系。处于持续潮湿暴露（早期和当前）的儿童的患病率基本均高于仅处于早期潮湿暴露或当前潮湿暴露的儿童，而累计室内潮湿表征数与过敏性疾病间的剂量-应答关系与之前的类似研究也相近。这些来自不同研究的剂量-应答关系从一定程度上说明室内潮湿暴露与儿童喘息和鼻炎可能存在因果关系。

　　作者研究团队基于全国调研数据分析，当前或早期住宅的累计室内潮湿表征数量与所有过敏性疾病(除儿童曾经哮喘外)的增加均显著相关，也存在剂量-应答关系(图 5.28)，而早期住宅的累计室内潮湿表征数量也与涉及的过敏性疾病存在显著的剂量-应答关系。与仅存在早期潮湿暴露和仅存在当前潮湿暴露相比，早期和当前均存在潮湿表征暴露的儿童的患病风险更高。对于无家族过敏性疾病的儿童(图 5.29)，近半数的室内潮湿表征暴露与医生诊断的哮喘和过敏性鼻炎显著相关(AOR 范围为 1.25～2.19)。大多数室内潮湿暴露与儿童曾经和问卷调查前 1 年喘息显著相关(AOR 范围为 1.24～2.97)。所有的室内潮湿暴露与儿童曾经鼻炎和问卷调查前 1 年鼻炎显著相关(AOR 范围为 1.18～2.91)。对于未被医生诊断的哮喘和过敏性鼻炎的儿童(图 5.29)，所有的室内潮湿表征暴露与儿童曾经和问卷调查前 1 年喘息与鼻炎的增加显著相关(除经常霉斑及儿童曾经和问卷调查前 1 年喘息外)(AOR 范围为 1.13～3.29)。当前或早期的累计室内潮湿表征数量与儿童喘息和鼻炎均存在

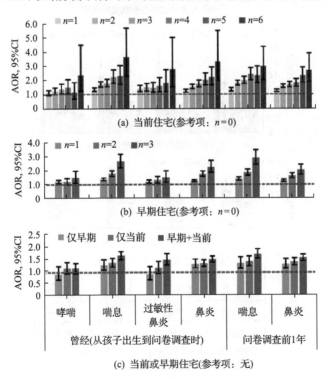

(a) 当前住宅(参考项：$n=0$)

(b) 早期住宅(参考项：$n=0$)

(c) 当前或早期住宅(参考项：无)

图 5.28　当前和早期住宅室内潮湿表征与儿童过敏性疾病的剂量-应答关系[62]

AOR 为调整后的风险比值比，CI 为置信区间。调整因素包括儿童性别、年龄、住宅所在行政区、住宅所有权、家族过敏性疾病史、母乳喂养时长、早期住宅装修和室内环境烟草烟雾暴露

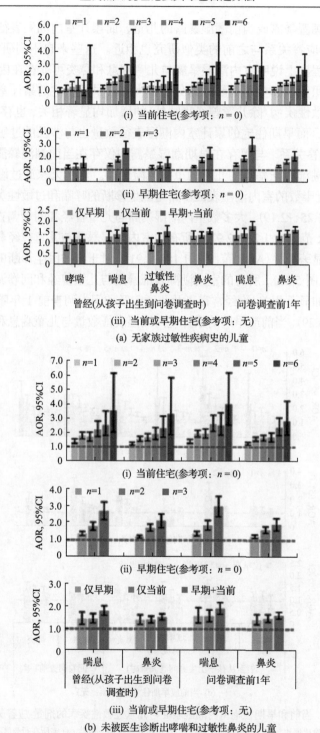

图 5.29　部分儿童群体中当前和早期住宅室内潮湿与健康效应的剂量-应答关系[63]

显著的剂量-应答关系。

3. 近十年住宅室内潮湿环境变化及影响

重庆市一年四季降水量(年平均降水量 1000~1350mm，年平均日照时数为 1000~1400h)、室外温度和湿度(年平均相对湿度为 70%~80%)都很高，很可能产生雨水渗漏到建筑内部、室内的相对湿度较高及其他潮湿或霉菌问题，致使建筑室内潮湿出现的风险增大。潮湿的住宅环境会产生霉菌、被褥受潮和屋尘螨等问题，对儿童健康产生威胁。2019 年，作者研究团队又对重庆市三个主城区选定的 34 所幼儿园的学龄前儿童展开重复问卷调查，主要采用通过和幼儿园园长或者相关负责人进行协商，让幼儿园各班级老师将问卷发放给儿童，孩子带回家由家长填写之后带回幼儿园交给老师，当问卷回收完成后，调研组成员再次到幼儿园取回问卷。调研共计发放 6547 份问卷，有效回收 4943 份问卷，回收率为 75.5%。与 2010 年相比，2019 年重复调研中住户自报告的住宅室内潮湿暴露相对较低。24.5%的家庭存在室内潮湿暴露，12.7%的家庭存在多种潮湿和霉菌污染情况，上述数据也证明了重庆住宅潮湿情况严重，而且当住宅出现潮湿问题时往往会伴随多种潮湿表征共存的现象。具体来看，衣物受潮发霉和发霉的气味这两项潮湿表征最为严重，有 13.1%家庭报告了衣物/被褥受潮发霉的情况，8.5%家庭报告了卧室发霉气味，其次是水损，占有效样本量的 6.7%，最后是可见霉斑、窗户结露和明显的湿斑，分别占有效样本量的 5.8%、5.0%和 4.5%。

两次重复调研中共同涉及的住宅室内潮湿表征共有 9 项。其中，关于近 12个月现居住宅有 6 项：可见霉斑、可见湿斑、窗户结露、水损、衣物潮湿和霉味；关于儿童出生时的住宅潮湿表征有 3 项：可见霉斑/湿斑、窗户结露和霉味。本节将围绕问卷时期的 6 项潮湿表征和孩子出生时的 3 项潮湿表征进一步对比分析两项研究中这些潮湿表征与儿童成长期 5 类疾病和现患 3 类疾病的关联性。

现居住宅室内潮湿与儿童患病风险的逻辑回归分析结果如图 5.30 所示。2010年的问卷调查数据显示，现居住宅内出现可见霉斑的儿童成长期出现湿疹、喘息和现在患有喘息的比例均显著高于现居住宅内无可见霉斑的儿童；现居住宅内出现可见湿斑的儿童成长期出现湿疹、喘息和现在患有湿疹均显著高于现居住宅内无可见湿疹的儿童；现居住宅内出现衣物潮湿的儿童成长期出现湿疹、鼻炎和现在患有鼻炎、湿疹均显著高于现居住宅内无衣物潮湿的儿童；现居住宅内出现水损的儿童成长期患有哮喘、喘息、鼻炎症状均显著高于现居住宅内无水损的儿童；现居住宅内出现窗户结露的儿童成长期患有鼻炎、湿疹和现在患有哮喘均显著高于现居住宅内无窗户结露的儿童；现居住宅内出现霉味的儿童成长期患有喘息、鼻炎症状和现在患有湿疹均显著高于现居住宅内无霉味的儿童。在 2019 年的重复调研中，现居住宅内出现可见霉斑的儿童成长期出现哮喘、鼻炎症状和现在患有鼻炎均显著高于现居住宅内无可见霉斑的儿童；现居住宅内出现可见湿斑的儿童成长期出现哮喘、喘息和现在患有喘息均显著高于现居住宅内无可见湿斑的儿童；现居住宅内出现衣物潮湿的儿童成长期出现哮喘、喘息、鼻炎症状和现在患有湿疹、鼻炎症状、喘息均显著高于现居住宅内无衣物潮湿的儿童；现居住宅内出现水损的儿童成长期患有哮喘、湿疹、喘息和现在患有湿疹、鼻炎症状均显著高于现居住宅内无水损的儿童；现居住宅内出现窗户结露的儿童成长期患有湿疹、鼻炎症状和现在患有鼻炎症状、喘息均显著高于现居住宅内无窗户结露的儿童；现居住宅内出现霉味的儿童成长期患有喘息、鼻炎、湿疹和现在患有鼻炎症状、喘息均显著高于现居住宅内无霉味的儿童。

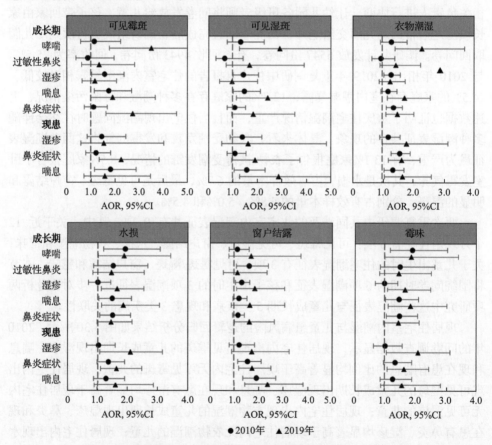

图 5.30　现居住宅室内潮湿与儿童患病风险的逻辑回归分析结果

进一步分析两次调研中儿童过敏性疾病的患病率（图 5.31），2019 年各潮湿表征对儿童成长期 5 类疾病和现患 3 类疾病的影响大部分比 2010 年严重，2010 年各潮湿表征与各疾病有显著关联（AOR>1）的有 34 对，2019 年各潮湿表征与各疾病有显著关联（AOR>1）的有 42 对，且有些潮湿表征对疾病的影响 2019 年的数据显著大于 2010 年的数据，例如，在现居住宅内出现可见霉斑对儿童成长期哮喘发病率的影响的 AOR 范围为 0.58～2.23(2010 年)和 1.76～6.96(2019 年)；在现居住宅内出现可见湿斑对儿童成长期哮喘发病率的影响的 AOR 范围为 0.77～2.27(2010 年)和 1.27～6.67(2019 年)；在现居住宅内出现衣物潮湿对儿童成长期哮喘发病率的影响的 AOR 范围为 0.93～1.8(2010 年)和 1.41～3.67(2019 年)；在孩子出生时住宅内出现可见霉斑/湿斑对儿童成长期哮喘发病率的影响的 AOR 范围为 0.78～1.87(2010 年)和 1.11～3.42(2019 年)；在现居住宅内出现可见霉斑对儿童成长期鼻炎症状发病率的影响的 AOR 范围为 0.73～1.67(2010 年)和 1.62～4.54(2019 年)；在现居住宅内出现可见湿斑对儿童成长期鼻炎症状发病率的影响的 AOR 范围为 0.77～1.52(2010 年)和 0.96～3.51(2019 年)。

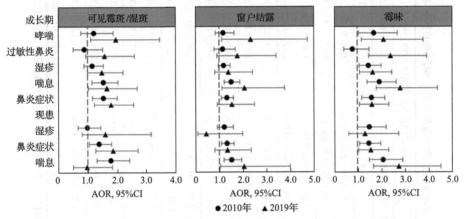

图 5.31　孩子出生时室内潮湿与儿童患病风险的逻辑回归分析结果

表 5.10 给出了两项研究中，在问卷调查时期和儿童出生时期住宅室内潮湿表征总数与儿童哮喘、过敏性鼻炎、湿疹及其相关症状的剂量-应答关系。对于现居住地的室内潮湿表征，在 2010 年的研究中，大部分成长期疾病患病风险与潮湿表征数量不存在明显的剂量-应答关系，同时以没有潮湿表征为参考，当潮湿表征数量为 1 时，其对所有现患疾病的影响也不显著，但当潮湿表征数量累加时，会显著增加儿童喘息和鼻炎症状的现患风险；但在 2019 年的研究中，可以发现的是当前住宅内现存的潮湿表征累加出现时，会显著增加除成长期湿疹之外其他过敏性疾病及症状的患病风险；且对比 2010 年，当前住宅内的潮湿表征数量与疾病的逻辑回归分析中，调整混淆因素后的比值比均有所增加。对于孩子出生时期住宅室内潮湿表征，儿童成长期湿疹、喘息和鼻炎症状患病风险与潮湿表征数量存在明显的剂量-应答关系，即随着潮湿表征数量增加，患病风险增加。2010 年，儿童现患喘息风险与儿童出生时期潮湿表征数量存在明显的剂量-应答关系；在 2019 年的研究中可以发现，对于儿童成长期过敏性鼻炎和现患喘息，与儿童出生时期前

表 5.10 住宅室内潮湿表征数量与儿童过敏性疾病患病风险的测量-应答关系

疾病		年份	调整混淆因素后的比值比 AOR, 95%CI（p值）			
			问卷调查时期室内潮湿表征总数量（参照项：n=0）		儿童出生时期室内潮湿表征总数量（参照项：n=0）	
			n=1	n>2	n=1	n>2
成长期疾病	哮喘	2010	1.19, 0.76~1.88 (0.446)	1.37, 0.84~2.24 (0.212)	0.90, 0.53~1.54 (0.710)	1.07, 0.61~1.88 (0.802)
		2019	2.08, 1.26~3.43 (0.004)	2.70, 1.55~4.70 (<0.001)	0.97, 0.59~1.57 (0.887)	1.74, 1.08~2.81 (0.024)
	过敏性鼻炎	2010	1.42, 0.98~2.06 (0.066)	1.39, 0.81~2.39 (0.237)	1.06, 0.70~1.61 (0.796)	1.10, 0.61~2.00 (0.751)
		2019	1.52, 0.85~2.71 (0.156)	3.14, 1.60~6.18 (0.001)	1.12, 0.67~1.87 (0.677)	3.00, 1.64~5.49 (<0.001)
	湿疹	2010	1.32, 1.00~1.74 (0.046)	1.34, 0.99~1.82 (0.059)	1.13, 0.90~1.42 (0.306)	1.41, 1.02~1.96 (0.040)
		2019	1.33, 0.96~1.83 (0.084)	1.47, 0.99~2.18 (0.054)	1.77, 1.24~2.52 (0.002)	1.63, 0.96~2.78 (0.071)
	喘息	2010	1.24, 0.92~1.66 (0.157)	1.32, 0.95~1.84 (0.093)	1.82, 1.43~2.31 (<0.001)	2.23, 1.58~3.13 (<0.001)
		2019	1.41, 0.93~2.14 (0.103)	2.39, 1.53~3.73 (<0.001)	1.58, 1.01~2.49 (0.046)	3.20, 1.80~5.71 (<0.001)
	鼻炎症状	2010	1.30, 0.86~1.41 (0.440)	1.30, 0.98~1.72 (0.065)	1.24, 1.00~1.52 (0.046)	1.84, 1.34~2.54 (<0.001)
		2019	1.46, 1.10~1.95 (0.010)	1.91, 1.34~2.74 (<0.001)	1.57, 1.13~2.20 (0.008)	1.77, 1.09~2.90 (0.022)
现患疾病	湿疹	2010	1.27, 0.88~1.82 (0.200)	1.27, 0.85~1.90 (0.248)	1.19, 0.88~1.61 (0.263)	1.40, 0.91~2.17 (0.126)
		2019	1.66, 0.92~3.00 (0.094)	2.39, 1.27~4.49 (0.007)	1.87, 1.03~3.39 (0.039)	0.81, 0.24~2.71 (0.732)
	喘息	2010	1.37, 0.99~1.91 (0.060)	1.54, 1.07~2.21 (0.019)	1.71, 1.31~2.24 (<0.001)	2.51, 1.75~3.60 (<0.001)
		2019	1.30, 0.80~2.11 (0.293)	2.36, 1.43~3.89 (0.001)	1.39, 0.81~2.36 (0.230)	2.46, 1.25~4.82 (0.009)
	鼻炎症状	2010	1.17, 0.90~1.52 (0.231)	1.60, 1.21~2.13 (0.001)	1.25, 1.01~1.55 (0.040)	1.75, 1.28~2.39 (<0.001)
		2019	1.68, 1.24~2.26 (0.001)	2.04, 1.41~2.96 (<0.001)	1.47, 1.03~2.09 (0.032)	1.82, 1.09~3.04 (0.022)

注：调整的因素包括儿童性别、年龄、家族遗传性过敏史、住宅所有权、母乳喂养时间、早期家庭装修和家庭环境烟草烟雾。

后的住宅潮湿表征数量为 0 相比，住宅室内存在 2 项以上的潮湿表征的儿童患病风险更高。两次的研究结果显示，当前住宅和早期住宅室内不同类型的潮湿表征暴露与儿童哮喘、喘息、过敏性鼻炎和鼻炎显著相关。累计室内潮湿表征数与文中涉及的几乎所有的过敏性疾病在总体分析和敏感性分析中均存在显著的剂量-应答关系。处于持续潮湿暴露（早期和当前）的儿童的患病率基本均高于仅处于早期潮湿暴露或当前潮湿暴露的儿童。

参 考 文 献

[1] 殷平. 空调节能技术和措施的辨识(1)："26℃空调节能行动"的误解[J]. 暖通空调, 2009, 39(2)：57-63, 112.

[2] 闫斌, 郭春信, 程宝义, 等. 舒适性空调室内设计参数的优化[J]. 暖通空调, 1999, 29(1)：44-45.

[3] ANSI/ASHRAE. ANSI/ASHRAE Standard 55-2013 Thermal Environmental Conditions for Human Occupancy[S]. Atlanta : American Society of Heating, Refrigerating and Air-Conditioning Engineers, 2013.

[4] ANSI/ASHRAE. ANSI/ASHRAE Standard 55-1966 Thermal Environmental Conditions[S]. Atlanta: American Society of Heating, Refrigerating and Air-Conditioning Engineers, 1966.

[5] ANSI/ASHRAE. ANSI/ASHRAE Standard 55-1974 Thermal Environmental Conditions[S]. Atlanta: American Society of Heating, Refrigerating and Air-Conditioning Engineers, 1974.

[6] ANSI/ASHRAE. ANSI/ASHRAE Standard 55-1992 Thermal Environmental Conditions[S]. Atlanta: American Society of Heating, Refrigerating and Air-Conditioning Engineers, 1992.

[7] ANSI/ASHRAE. ANSI/ASHRAE Standard 55a-1995 Thermal Environmental Conditions[S]. Atlanta: American Society of Heating, Refrigerating and Air-Conditioning Engineers, 1995.

[8] ANSI/ASHRAE. ANSI/ASHRAE Standard 55-2004 Thermal Environmental Conditions for Human Occupancy[S]. Atlanta: American Society of Heating, Refrigerating and Air-Conditioning Engineers, 2004.

[9] ANSI/ASHRAE. ANSI/ASHRAE Standard 55-2010 Thermal Environmental Conditions for Human Occupancy[S]. Atlanta: American Society of Heating, Refrigerating and Air-Conditioning Engineers, 2010.

[10] ANSI/ASHRAE. ANSI/ASHRAE Standard 62.1-2016 Thermal Environmental Conditions for Human Occupancy[S]. Atlanta: American Society of Heating, Refrigerating and Air-Conditioning Engineers, 2016.

[11] ISO. ISO 7730:2005 Ergonomics of the Thermal Environment-Analytical Determination and Interpretation of Thermal Comfort Using Calculation of the PMV and PPD Indices and Local Thermal Comfort Criteria[S]. Geneva: International Organization for Standardization, 2005.

[12] AIRAH DA20 Humid Tropical Air Conditioning[S]. Melbourne: Australian Institute of Refrigeration, Air Conditioning and Heating, 2009.

[13] ARID. SS 554:2016 Code of Practice for Indoor Air Quality for Air-Conditioned Buildings[S]. Singapore: SPRING Singapore, 2016.

[14] CEN. EN 15251:2007 Indoor Environmental Input Parameters for Design and Assessment of Energy Performance of Buildings Addressing Indoor Air Quality, Thermal Environment, Lighting and Acoustics[S]. Brussels: European Committee for Standardization, 2007.

[15] 中华人民共和国住房和城乡建设部. GB/T 50785—2012　民用建筑室内热湿环境评价标准[S]. 北京: 中国建筑工业出版社, 2012.

[16] 国家质量监督检验检疫总局, 卫生部. GB/T 18883—2002　室内空气质量标准[S]. 北京: 中国标准出版社, 2003.

[17] 中华人民共和国国家质量监督检验检疫总局, 中国国家标准化管理委员会. GB/T 18409—2017　热环境的人类工效学 通过计算 PMV 和 PPD 指数与局部热舒适准则对热舒适进行分析测定与解释[S]. 北京: 中国标准出版社, 2017.

[18] 中国建筑学会. T/ASC 02—2016　健康建筑评价标准[S]. 北京: 中国建筑工业出版社, 2016.

[19] 中华人民共和国住房和城乡建设部. GB 50736—2012　民用建筑供暖通风与空气调节设计规范[S]. 北京: 中国建筑工业出版社, 2012.

[20] 中华人民共和国住房和城乡建设部. GB 50019—2015　工业建筑供暖通风与空气调节设计规范[S]. 北京: 中国计划出版社, 2016.

[21] Houghten F C, Yaglou C P. Determining lines of equal comfort[J]. ASHRAE Transactions, 1923, 9: 163-176, 361-384.

[22] Makokha G L. Variations of the effective temperature index(ET) in Kenya[J]. GeoJournal, 1998, 44(4): 337-343.

[23] Koch W, Jennings B H, Humphreys C M. Environmental study Ⅱ-sensation responses to temperature and humidity under still air conditions in the comfort range[J]. ASHRAE Transactions, 1960, 66: 264-287.

[24] Nevins R G, Rohles F H, Springer W, et al. A temperature humidity chart for the thermal comfort of seated persons[J]. ASHRAE Journal, 1966, 8(4): 55-61.

[25] Tanabe S I, Kimura K I. Effects of air temperature, humidity, and air movement on thermal comfort under hot and humid conditions[J]. ASHRAE Transactions, 1994, 100(2): 953-969.

[26] Tanabe S I, Kimura K I. Thermal comfort requirements under hot and humid conditions[J]. ASHRAE Transactions, 1987, 93: 564-577.

[27] Gwosdow A R, Stevens J C, Berglund L G, et al. Skin friction and fabric sensations in neutral and warm environments[J]. Textile Research Journal, 1986, 56(9): 574-580.

[28] 李超. 相对湿度及其动态变化对人体热舒适的影响研究[D]. 重庆: 重庆大学, 2018.

[29] Givoni B, Khedari J, Wong N H, et al. Thermal sensation responses in hot, humid climates: Effects of humidity[J]. Building Research & Information, 2006, 34(5): 496-506.

[30] Djamila H, Chu C M, Kumaresan S. Field study of thermal comfort in residential buildings in the equatorial hot-humid climate of Malaysia[J]. Building and Environment, 2013, 62: 133-142.

[31] Chow T T, Fong K F, Givoni B, et al. Thermal sensation of Hong Kong people with increased air speed, temperature and humidity in air-conditioned environment[J]. Building and Environment, 2010, 45(10): 2177-2183.

[32] ANSI/ASHRAE. ANSI/ASHRAE Standard 161-2013 Air Quality within Commercial Aircraft[S]. Atlanta: American Society of Heating, Refrigerating and Air-Conditioning Engineers, 2013.

[33] Grün G, Trimmel M, Holm A. Low humidity in the aircraft cabin environment and its impact on well-being—results from a laboratory study[J]. Building and Environment, 2012, 47: 23-31.

[34] Lindgren T, Norbäck D. Health and perception of cabin air quality among Swedish commercial airline crew[J]. Indoor Air, 2005, 15: 65-72.

[35] Sunwoo Y, Chou C, Takeshita J, et al. Physiological and subjective responses to low relative humidity[J]. Journal of Physiological Anthropology, 2006, 25: 7-14.

[36] Lindgren T, Norbäck D, Wieslander G. Perception of cabin air quality in airline crew related to air humidification, on intercontinental flights[J]. Indoor Air, 2007, 17(3):204-210.

[37] Nagda N L, Hodgson M. Low relative humidity and aircraft cabin air quality[J]. Indoor Air, 2001, 11(3): 200-214.

[38] 谈美兰. 夏季相对湿度和风速对人体热感觉的影响研究[D]. 重庆: 重庆大学, 2012.

[39] Toftum J, Jørgensen A S, Fanger P O. Upper limits of air humidity for preventing warm respiratory discomfort[J]. Energy and Buildings, 1998, 28(1): 15-23.

[40] Nakamura Y, Okamura K. Seasonal variation of sweating responses under identical heat stress[J]. Applied Human Science Journal of Physiological Anthropology, 1998, 17(5): 167-172.

[41] Humphreys M A, Fergus-Nicol J. The validity of ISO-PMV for predicting comfort votes in every-day thermal environments[J]. Energy and Buildings, 2002, 34(6): 667-684.

[42] Andersen I, Lundqvist G R, Jensen P L, et al. Human response to 78-hour exposure to dry air[J]. Archives of Environmental Health, 1974, 29(6): 319-324.

[43] de Dear R, Knudsen H, Fanger P. Impact of air humidity on thermal comfort during step-changes[J]. ASHRAE Transactions, 1989, 95(2): 336-350.

[44] Andersen I, Lundqvist G R, Proctor D F. Human perception of humidity under four controlled conditions[J]. Archives of Environmental Health, 1973, 26(1): 22-27.

[45] Arens E, Zhang H. The Skin's Role in Human Thermoregulation and Comfort[M]//Pan N, Gibson P. Thermal and Moisture Transport in Fibrous Materials. Cambridge: Woodhead

Publishing Ltd., 2006: 560-602.

[46] 中华人民共和国国家质量监督检验检疫总局, 中国国家标准化管理委员会. GB/T 11048—2018　纺织品　生理舒适性　稳态条件下热阻和湿阻的测定(蒸发热板法)[S]. 北京: 中国标准出版社, 2018.

[47] Liu H, Liao J K, Yang D, et al. The response of human thermal perception and skin temperature to step-change transient thermal environments[J]. Building and Environment, 2014, 73: 232-238.

[48] Zhang Y F, Zhang J, Chen H M, et al. Effects of step changes of temperature and humidity on human responses of people in hot-humid area of China[J]. Building and Environment, 2014, 80: 174-183.

[49] Du X Y, Li B Z, Liu H, et al. The response of human thermal sensation and its prediction to temperature step-change(cool-neutral-cool)[J]. PLoS One, 2014, 9(8): e104320.

[50] Houchens K S. Moisture in the microclimate and its influence on comfort of apparel items[D]. Raleigh: North Carolina State University, 1998.

[51] Li Y. Perceptions of temperature, moisture and comfort in clothing during environmental transients[J]. Ergonomics, 2005, 48(3): 234-248.

[52] 王晗. 住宅室内环境对儿童哮喘的健康风险评估[D]. 重庆: 重庆大学, 2016.

[53] Dales R E, Zwanenburg H, Burnett R, et al. Respiratory health effects of home dampness and molds among Canadian children[J]. American Journal of Epidemiology, 1991, 134(2): 196-203.

[54] Brunekreef B. Associations between questionnaire reports of home dampness and childhood respiratory symptoms[J]. Science of the Total Environment, 1992, 127(1-2): 79-84.

[55] Tham K W, Zuraimi M S, Koh D, et al. Associations between home dampness and presence of molds with asthma and allergic symptoms among young children in the tropics[J]. Pediatric Allergy and Immunology, 2007, 18(5): 418-424.

[56] Choi J, Chun C, Sun Y, et al. Associations between building characteristics and children's allergic symptoms—A cross-sectional study on child's health and home in Seoul, South Korea[J]. Building and Environment, 2014, 75: 176-181.

[57] 吴金贵, 庄祖嘉, 钮春瑾, 等. 室内环境因素对儿童青少年呼吸道疾病影响的横断面研究[J]. 中国预防医学杂志, 2010, (5): 450-454.

[58] Sun Y, Zhang Y, Sundell J, et al. Dampness in dorm rooms and its associations with allergy and airways infections among college students in China: A cross-sectional study[J]. Indoor Air, 2009, 19(4): 348-356.

[59] Wang H Y, Chen Y Z, Ma Y, et al. Disparity of asthma prevalence in Chinese schoolchildren is due to differences in lifestyle factors[J]. Chinese Journal of Pediatrics, 2006, 44(1): 41-45.

[60] Yang C Y, Chiu J F, Chiu H F, et al. Damp housing conditions and respiratory symptoms in

primary school children[J]. Pediatric Pulmonology, 1997, 24(2): 73-77.

[61] Li C S, Hsu L Y. Home dampness and childhood respiratory symptoms in a subtropical climate[J]. Archives of Environmental Health: An International Journal, 1996, 51(1): 42-46.

[62] Cai J, Li B Z, Yu W, et al. Household dampness-related exposures in relation to childhood asthma and rhinitis in China: A multicentre observational study[J]. Environment International, 2019, 126(5): 735-746.

[63] Bornehag C G, Sundell J, Bonini S, et al. Dampness in buildings as a risk factor for health effects, EUROEXPO: A multidisciplinary review of the literature(1998-2000)on dampness and mite exposure in buildings and health effects[J]. Indoor Air, 2004, 14(4): 243-257.

[64] Tischer C G, Hohmann C, Thiering E, et al. Meta-analysis of mould and dampness exposure on asthma and allergy in eight European birth cohorts: An ENRIECO initiative[J]. Allergy, 2011, 66(12): 1570-1579.

[65] Mendell M J, Mirer A G, Cheung K, et al. Respiratory and allergic health effects of dampness, mold, and dampness-related agents: A review of the epidemiologic evidence[J]. Environmental Health Perspectives, 2011, 119(6): 748-756.

[66] Emenius G, Svartengren M, Korsgaard J, et al. Building characteristics, indoor air quality and recurrent wheezing in very young children(BAMSE)[J]. Indoor Air, 2004, 14(1): 34-42.

[67] Bornehag C G, Sundell J, Sigsgaard T. Dampness in buildings and health(DBH): Report from an ongoing epidemiological investigation on the association between indoor environmental factors and health effects among children in Sweden[J]. Indoor Air, 2004, 14: 59-66.

[68] Hsu N Y, Wang J Y, Su H J. A dose-dependent relationship between the severity of visible mold growth and lgE levels of pre-school-aged resident children in Taiwan[J]. Indoor Air, 2010, 20(5): 392-398.

[69] Norbäck D, Zock J P, Plana E, et al. Mould and dampness in dwelling places, and onset of asthma: The population-based cohort ECRHS[J]. Occupational and Environmental Medicine, 2013, 70(5): 325-331.

[70] Shorter C, Crane J, Pierse N, et al. Indoor visible mold and mold odor are associated with new-onset childhood wheeze in a dose-dependent manner[J]. Indoor Air, 2018, 28(1): 6-15.

第6章 高温环境热应力与人体热应激

高温环境一般是指环境温度高于32℃并逐渐升高的环境,可达到38℃甚至以上。高温环境下人体逐渐趋向于蓄热,当热量无法及时散失时,可能引起身体强烈的热应激反应,甚至可能造成身体不适,最终导致疾病甚至死亡。而随着全球气候变暖,高温环境出现的频率逐渐增加,一些人口密集的大型公共场所、锻造工厂、车间,以及一些突发紧急情况下的地铁站台、公共交通等,都可能会出现各种高温环境,危及人员健康安全。据统计,近年来由于高温、热浪等问题而引起的人群死亡率和各种心血管或呼吸系统疾病发病风险不断上升,高温环境以及由此引发的健康风险更加成为研究热点,高温环境下评价的重点也由普通热环境的舒适性评价变为安全性评价。为了对高温环境进行风险评估,研究人员提出了不同的热应力指标,并结合人体传热的物理模型和生理模型,有针对性地提出了大量高温环境下人体热应激的预测模型。因此,本章重点介绍高温环境下人体热安全与健康保障方面的相关研究,以及作者提出的针对动态劳动过程及突变环境下人体快速反应进行预测的相对完善的评价方法和预测模型。这些研究可以有效提高现有热应力预测模型的现场适应性,帮助确定高温热环境风险阈值。为制定高温环境下科学规范的劳动作息制度、补水补盐措施等提供科学支撑,降低高温环境下人员面临的热风险。

6.1 热应力相关参数测量

若要用影响热应力和确定热应变的因素来表示环境,需要考虑的因素至少有6个,包括空气温度、辐射温度、相对湿度、风速(反映了环境状态)、服装热阻和代谢率,这些因素都随时间变化而不断变化[1]。实际上,人们对环境的反应取决于因素之间的相互作用,而不是任意一个或多个因素独立起作用。对于空气温度、相对湿度、风速、辐射温度等物理参数的测量仪器和测量方法,由于其评价指标较多,可以通过一种或多种指标间接得到,如可以使用校准的电子(电容)传感器直接测量,也可以使用湿球温度和干球温度从湿度图中得出,本书第2章已经进行了详细介绍。这里重点针对高温热环境下几个参数指标的测试方法及测试仪器、要求等进行简要介绍。

6.1.1　热环境相关参数

1. 空气温度

测量空气温度应该使用校准的热敏电阻或热电偶，不建议使用玻璃温度计。传感器还可能受到空气温度和辐射的影响，为了减少影响，应使传感器快速移动。如旋转湿度计，使用风扇或通风系统，将其置于移动车辆的外部或室外风中，从而最大限度地减少辐射的影响。屏蔽带有镀银开口气缸的传感器可以减少辐射的影响，但它们必须允许空气自由流过传感器，并且不得加热，以免再产生辐射效应。《热环境的人类工效学　物理量测量仪器》(ISO 7726:1998)[2]规定了测量热应力相关的空气温度的仪器精度。测量热应力的空气温度传感器的测量范围应高达120℃±0.5℃，响应时间应尽可能短。我国《民用建筑室内热湿环境评价标准》(GB/T 50785—2012)中规定，测量空气温度采用膨胀式温度计、电阻式温度计、热电偶式温度计，且仪器的响应时间不能过长，精度最低可为±0.5℃，测量范围宜在–10～50℃。

2. 辐射温度

ISO 7726 给出了用于测量平均辐射温度的传感器的规定。对于热应力评估，传感器的最大量程应达到 150℃±0.5℃，响应时间应尽可能短，并且平均值测量时间需要超过 1min。对于球体温度，必须是稳态值，响应时间需大于 15min。由于球体温度需校正气温和空气速度，当球体的直径过小时，精度可能较低。

3. 空气流速

空气流速与身体表面的对流传热和蒸发热传递密切相关，测量精度要求小于 0.1m/s。测量仪器(风速计)的规格在 ISO 7726 和美国国家职业安全卫生研究所 (National Institute for Occupational Safety and Health，NIOSH)制定的标准[3]中给出。用于测量热应力的空气速度传感器(风速计)应具有 $(0.15±0.1)$～$(10±0.6)$ m/s 的测量范围。无论流动方向如何，都应保证水平测量。响应时间应尽可能短，以测量速度的变化情况。如果测量平均值，则测量时间需要超过 3min；如果需要计算湍流强度，则应记录时变信号和估计标准偏差。我国《民用建筑室内热湿环境评价标准》(GB/T 50785—2012)规定，可采用叶片风速计、风杯风速计、热线风速计、热球风速计、热敏电阻风速计、超声波风速计、激光风速计、激光多普勒测速仪测量空气流速 v_a，测量范围为 0.05～3m/s，最低精度为±$(0.05+0.05v_a)$ m/s。

6.1.2　高温环境下人体代谢

事实上，可以根据人体体温和人体所处的热条件来推断一个人的热健康状态。

人体将呼吸吸入的氧气以及摄入的食物和水经过消化和吸收所产生的养分通过血液循环输送到身体各处细胞。在细胞内部，线粒体将二磷酸腺苷(ADP)转化为三磷酸腺苷(ATP)，利用食物中的葡萄糖和氧气在克雷伯氏循环(又称呼吸作用，此处特指有氧呼吸)中产生能量并储存在 ATP 的磷酸键中。克雷伯氏循环也可以在没有氧气的情况下发生，但过程短暂，此过程称为无氧呼吸。有氧呼吸和无氧呼吸有许多复杂且细微的差别，但主要区别在于有氧呼吸中可以通过将 ADP 转换成 ATP，把能量储存在 ATP 的磷酸键上，待 ATP 释放能量后再次形成 ADP，如此循环。在能量释放过程中，大部分能量以热量的形式释放出来，主要由血液带到身体各部位以维持人体 37℃恒体温，而多余的热量会被释放到周围环境中。其他形式的能量一般用于维持肌肉活动和保证身体其他功能运作。人体所有细胞产生的总能量称为代谢率(简写 M，又称为代谢自由能)，人体所有细胞产生的总热量称为代谢产热(H)，而用于身体活动和身体其他功能的能量称为机械功(W)。对于代谢产热和机械功，有 $M = H + W$ 或 $H = M - W$。上述的 W 与一个人所操作的机器(如人们所骑的自行车)的效率无关，它专门用于肌肉运动和身体其他功能运作。如果机器的操作很费力，那么人体产生能量的利用率就很高，但 W 的大小与人的身体素质有关，与这个机器无关。大部分人的日常工作和生活中，W 远小于 H(人体做功小于代谢产热的 10%)。实际上，代谢率是很难准确测量的，尤其是当 W 很小时，人们常常忽略 W(即 $W=0$)，认为 $H=M$。

1. 整体量热法

假设一个绝热容器中盛有 1000kg、30℃的水，容器周围的空气也是 30℃，将人体完全浸入水中，并不断搅拌使水温均匀，若此时人在水下使用适当的呼吸机制，水温将在 2h 内升至 30.2℃。在 30℃下，1kg 水温度升高 1℃所需热量为 1kcal(4.186kJ)，人体在 2h 内加热 1000kg 水使其升高 0.20℃，消耗了 837200J 的能量，人体产热量为 116J/s。在搅拌水时，假设皮肤温度恒定且核心温度保持在 37℃，水温从 30℃增加到 30.2℃，此时代谢热全部转移到水中，由此可估算人体向水传递的代谢热量为 116J/s。

尽管整体量热法的测量简单，但测量过程存在多种影响因素。当人浸泡在搅拌水中并利用连通水面空气的管子在水下呼吸时，人体会受到一定压力。若同时考虑水的静水压力，则空气阻力、压力、体重变化和异常的姿势都将使得人体的呼吸模式发生改变，因此很难利用这个简单的计量方法来获得一个有效的热量值。尽管如此，利用这个方法仍能得出一个近似值，然后进一步通过假设和细化对近似值进行修正来得到修正值。由于种种原因，上述水浴法无法提供有效的结果，NIOSH 等使用了一系列的水浴法，但是没有一种方法能够解决上述问题。

du Bois[4]提出利用控制房代替水浴法进行实验。受试者待在控制房内，控制房的内部和外部之间有多条热交换通道，通过监测各通道的热量和质量传递可以估计受试者的代谢率。Murgatroyd 等[5]提出了梯度层室法，在隔热差的邻室测量传热量，从而测出受试者的热量损失。另一种是散热量法，在隔热性好的小室中进行测试，该方法通过增加空气湿度来测量蒸发潜热。目前整体量热法能够提供精确的人体净热量测量值，但在实验室外使用这个方法比较困难。

2. 间接量热法

间接量热法是利用人体消耗的食物和氧气来估算代谢率，将一定量的食物放在爆炸量热计中燃烧，从而测得食物的热量。Murgatroyd 等[5]通过间接量热法测得 1g 纯碳水化合物的产热量为 15.76kJ，1g 纯脂肪的产热量为 39.4kJ，1g 纯蛋白质的产热量为 18.55kJ。但人们日常饮食中并不仅仅摄入碳水化合物、脂肪或蛋白质中的一种，而是"混合"饮食。对于"混合"饮食，1g 食物的产热量约为 5.68kJ，因此通常将 20.45kJ 作为人体产能的估计值。

用于间接测量代谢率的系统有很多种，这些测量系统皆由一组设备构成。以 K-M 系统为例，它由一个戴在背上的方形盒子、全脸口罩呼吸系统和通风系统构成。道格拉斯在著名的霍尔丹呼吸实验室中发明了道格拉斯袋——一个帆布楔状的气袋（斜纹，内衬硫化橡胶），面积约为 $1m^2$，体积为 50L。道格拉斯袋用于收集人体在某种活动水平下呼出来的空气，它带有宽连接管和用于开关布袋的阀门。道格拉斯袋连着一个鼻夹和一个三通的吹嘴，受试者用嘴巴吸入外部的空气，呼出来的空气会根据口罩上阀门的开关排到外部或者布袋里。因为佩戴吹嘴和鼻夹会影响呼吸（过度通气），所以这个实验存在许多潜在的问题，而且需要对受试者进行培训。袋子会漏气，所以在收集后应立即分析呼出的空气，实验过程详情请参考 Douglas[6]、Bonjer 等[7]、Murgatroyd 等[5]和 Parsons[8]的相关文献。该温度下呼出空气中的氧气和二氧化碳含量（以计算检测呼吸熵（respiratory quotient, RQ））均需使用已校准的仪器进行测量，校准仪器时一般使用标准气体。假设吸入空气中有 20%的氧气，并测量呼出空气中的氧气量（如 16%），同时校正温度变化的体积，可以计算出身体用于进行活动的氧气量。根据《热环境的人类工效学　代谢率的测定》(ISO 8996:2021)[9]，正常的混合饮食(RQ=0.85)会产生 5.68kJ 能量。假设 5min 内消耗 2L 氧气，即在 1h 内消耗 24L 氧气，那么 1h 内的代谢率为：24L/h×5.68kJ=136W。除此之外，还有其他间接量热法系统，如全面罩、逐个呼吸分析系统以及其他测量呼吸气体含量变化的系统。然而，因为受到实验假设、仪器校准、实验过程中的误差和预防措施等方面的限制，这些系统的测量都不是特别准确。Parsons 等[10]认为，此类实验准确率低至 50%是很常见的。ISO 8996 建议代谢率测量实验的准确度为 15%。

3. 平均代谢率

二氧化碳浓度通常被视为空气质量和通风效率的指标。利用通风率、房间内的人数和二氧化碳的增加率可以计算出消耗的氧气量和燃烧食物的当量，进而估算人均代谢率。类似的计算方法可用于间接量热法，这种方法不需要吹嘴等口用装置或其他个人装备，但需要保证在开展活动时除受试者外，房间内不能有其他人员。然而，即使假设空气混合均匀，受试者没有个体差异，且二氧化碳浓度逐渐升高，二氧化碳的积累也可能使计算复杂化，因为二氧化碳浓度升高意味着吸入空气的氧气百分比不断减少。该方法可用于外围护结构通风率达到一定要求的房间，但需要进一步的工作来确定估计代谢率的有效性。如果通风率足够大或高于要求，房间就不会出现二氧化碳积累的现象。也可以将进出房间的氧气和二氧化碳速率、二氧化碳水平进行比较，从而得出平均代谢率的估计值，不过这种方法需要对房间进行假设。考虑到测量的准确性，可以在测量期间限制通风，从而得到确定的通风率。该方法具有无干扰和操作简单的显著优势，但其效果尚未在一般应用中得到证实。

4. 基于心率的代谢率估计

心率和活动水平之间存在线性关系，与激素分布和体温调节也有关，但活动水平起主要作用。一个人的实际心率与个体因素有关，通常用最大耗氧量 VO_{2max} 来表示。这说明人体的平均心率与平均代谢率或心率与代谢率之间没有直接关系。因此，需要确定两者之间的关系，随后才能根据心率估计出个体的代谢率。

可以使用间接量热法估计 VO_{2max}，测量过程对受试者采取鼓励机制以使受试者的 VO_2 达到最大值。实验可简化为较低活动水平下受试者达到最大心率时，测量氧摄取量和心率。两者的方程各不相同，但最大心率预测随着年龄的增大而减少。选择大约三种运动，这三种运动分别使人体产生 20%、40% 和 60% 的 VO_{2max}（静息心率+（最大心率−静息心率）），并使用间接量热法测量实验室中的代谢率，可以得到一个回归方程。这种关系是在心率和代谢率增加至高于静止水平下得到的，所以每个受试者测得的心率减去静息心率，除以实际代谢率和静息代谢率之差，可得到各受试者的回归常数，则代谢率=静息代谢率+k（心率−静息心率），其中，k 为回归常数。

ISO 8996 提出了用于估算的标准化方法和数据。根据《热环境的人类工效学热工作条件下预防压力和不适的风险评估政策》（ISO 15265:2004）[11]提出的风险评估策略，提出了四个级别（准确性和复杂性越来越高，则需要更高水平的专业知识）。筛选方法包括使用简单的数据表来获得一般活动水平和职业类型。观察方法包括详细的活动表。分析方法为使用心率测量，并用专家级别的口吻描述间接量热法、双标记水法和直接量热法，这些方法用于估计长期(一般为一周)平均代谢率，而不用于热应激评估。个体差异、工作速度、技能、设备、性别、身材和文化差异都被确定为可能的重要影响因素。在分析工作班次时，当执行一系列任务时，建议将每项活动的代谢率的时间加权平均值作为对总体平均代谢率的估计。需要注意的是，随着体温的升高，由于体内化学反应速率升高，代谢率也会上升，但其影响很小，在热应激评估方法中通常不予考虑。

代谢率的估计对热应激评估的结果具有很大影响，但是目前估计值的准确性很低。ISO 8996 提供了估算的数值，但是否做出保守估计(实际代谢率可能低于代谢率的估计值)或采取风险较高的策略(对于某些个体，代谢率可能高于估计值)仍需进一步研究。

5. 主观评价

使用人们对他们工作难度的主观评价可以得到代谢率的近似值。Borg[12]认为，感知运动的评级是最常用的量表，其评级从 6 到 20，指从小于"非常轻"到"非常重"之上(9 非常轻；15 很重，依此类推)，级数乘以 10 后，可用作心率的估计值。有学者已经尝试将代谢率与评级联系起来，但研究仍需进一步完善。

6.1.3　服装特性

1. 服装热湿特性

如果一个裸体的人站在静止的空气中，皮肤和空气之间存在一个温度梯度，使身体附近形成一个"空气层"为身体隔热(当人在热水或者冷水中时会形成一个类似的"层"，这个"层"的绝热效果非常明显)。如果空气是流动的(由风或人移动时产生的空气流动)，则皮肤温度会接近空气温度。服装会成为皮肤和环境之间的阻隔(热阻)，从而减少或阻止热传导。

不只是皮肤和服装之间会形成空气层，这个空气层也会在服装表面形成。类似于传热阻力(传导、对流和辐射)，服装也会形成一个传质阻力(取决于服装表面的蒸汽渗透特性)。一些服装的动态过程包含了热阻、蒸汽渗透、毛细作用、汗水的凝结、通风和抽气效应、空气过滤、风压缩、运动和支撑点、冷凝、传动装置、吸水性、辐射的吸收和反射等。除此之外，身体可以被分为两个区域：有服装覆盖的区域和裸露的皮肤区域，并且衣服的厚度和面积往往分布不均匀。

通过服装的热传导包括从高温物体向低温物体的热传递。热传导的单位是 W/℃，因此热阻的单位是℃/W。身体被服装覆盖的区域热阻单位为 $m^2 \cdot ℃/W$，为方便起见，一般定义 clo 作为服装热阻的单位，$1clo=0.155m^2 \cdot ℃/W$，其是典型男性商务套装的热阻。$1m^2$ 服装热阻指的是 $1m^2$ 身体表面的热阻，通常是将衣服放在暖体假人上进行服装热阻测量。需要注意的是，一个赤裸的人在静止空气中的服装热阻的典型值为 0.7clo，当风速升到 5m/s 时，尤其是在湍流状态中时，服装热阻减为 0。在高风速时，空气被迅速替换，皮肤温度接近空气温度。不包含空气层绝缘的服装热阻被定义为内部服装热阻(I_{cl})，而空气层热阻的和 I_t 为：$I_t=I_{cl}+I_a/f_{cl}$，其中，f_{cl} 是指穿衣时的体表面积与裸体体表面积之比，其考虑了穿衣服时可用于热交换的体表面积的增加，McCullough 等[13]给出了一个用于估计的公式：$f_{cl}=1+0.31I_{cl}$。

透过服装的水蒸气传热定义为蒸汽渗透，它是热应力评估中的一个重要参数，因为它决定了汗液从皮肤蒸发的速率从而给身体降温的效果。通过水蒸气进行的传热可以被认为是由于不同的水蒸气分压力通过服装传递的热量，单位是 W/kPa，因此服装蒸发阻力的单位也是 kPa/W。身体表面静止的空气层阻力为 0.014kPa/W。男性商务套装内部蒸发阻力大约是 0.033kPa/W。这个系统和热阻系统是平行的，总的蒸汽阻力 Re_t 为 $Re_{cl}+Re_a/f_{cl}$。描述服装透气性的指数很多，明确其中的关系至关重要，并以类似于描述热阻的方式表示蒸汽渗透，同时也需要阐述清楚辐射在服装性能规范中的作用。

2. 服装热阻测量

热应激的热调节反应是血管舒张，使皮肤温度升高，从而使热量更均匀地分布在身体各部位。利用暖体假人并使假人的皮肤温度维持在 34℃，当皮肤温度高于环境温度时，暖体假人向环境散热。如果空气和围护结构的温度恒定，并保持50%的相对湿度，可计算空气层向裸体的热阻力。以 45W 的功率供给暖体假人，空气提供的热为 $I_a=(34-25)/45=0.2℃/W$，如果皮肤表面积为 $2m^2$，热阻 I_a 为 $0.1m^2·℃/W=0.67clo$，保持相同的环境条件，改变暖体假人的服装热阻，由于服装减少了热量散失，达到稳定状态后皮肤温度维持在 34℃所需的功率更小。服装的蒸汽渗透可以利用暖体假人出汗来测量。通风及抽气效应可通过移动的人体模型来测量。对于出汗的模拟，可使用湿透的内衣来模拟皮肤出汗。

以受试者作为人体模型，可以查得服装特性。如果环境条件可控，可以建立热平衡方程，通过计算所有的热损失和增益，得出服装的传热特性。在某些特定的热应力条件下，采用可靠的假设，可以消除某些传热途径。如果墙壁温度及其他表面温度与空气温度和人体服装表面温度相同，则可以假定净辐射换热为零。如果风速很高，服装表面及暴露皮肤会倾向于空气温度而抵消辐射。如果皮肤温度和空气温度相同，可以假定代谢率相同。人体热应变的当量点是当人体内部温度达到最高值时，温度调节还不能保证有足够的热量损失来维持热平衡，称为规定区间的上限值。无论环境条件、代谢率、服装组合如何，在某个特定的点达到热平衡，就具有相同的热应变。在某个特定点空气温度及湿度的变化，如可考虑服装的影响，通过对不同条件下的热平衡方程的确定，可以估算出服装性能参数。

6.2　热应力研究概况

为了对高温环境进行风险评估，自 18 世纪以来，研究人员提出了大量的热应力指标，同时结合人体传热物理和生理模型，有针对性地提出了大量高温环境下的人体热应激预测模型[14]。在此基础上制定科学规范的人体高温环境的劳动作息制度、补水补盐等措施，在一定层面上显著降低了高温劳动人员所面临的热风险。

早期的热应力研究主要是针对人体在高温刺激下的生理热响应，提出相应的评价指标，如工作时限、等效温度、空气熵值等，并在此基础上规定了人体的生理指标达到风险预警的限制。这些基本上属于经验指标或直接指标，可以通过人体暴露的热环境和自身的生理反应得到。随着研究的进一步深入，利用人体热平衡方程和人体热平衡模型建立热应力情况下人体生理响应预测模型逐渐成为研究的重点。早期的指标，如热应力指标(heat stress index，HSI)，是基于人体为维持热平衡需要的排汗蒸发散热率而提出的，规定了不同指数等级下人体的热应激风险程度，但也存在过于简化服装热阻特性对人体表面汗液蒸发效率的影响、皮肤温度变化等问题，存在高温环境下的应用缺陷，因而后期提出了基于 HSI 的改进指标，即热应激指标(index of thermal strain，ITS)。随后的必需出汗率 SW_{req} 是对 HSI 和 ITS 的一项重大改进，其计算引入了新的人体热平衡方程，让人们意识到虽然经典的热应力研究已经确定了人体导热模型，但是人体的热应激状态同时受到人体固有生物机能的影响，因此传统的理论推导值和实际测试值不可避免地存在差别。经过大量讨论和重复实验论证，SW_{req} 最终被国际标准《热环境 用所需出汗率计算热应力的分析测定和解释》(ISO 7933:1989)采用。

之后，更多学者围绕人体生理模型开展了大量的验证和改善工作。Malchaire 等[15]于 2001 年发起了一项研究，该研究针对改进 ISO 7933 中的 SW_{req} 模型(ISO 7933:1989)，在比利时、意大利、德国、荷兰、瑞典以及英国等的实验室开展，旨在为热应力提出更加切实可行的通用评价方法。该研究最终改进了 ISO 7933:1989 并形成了 ISO 7933:2004，即目前国际最为广泛接受的预测热应激(predicted heat stain，PHS)模型。预测热应激模型类似于 ISO 7933:1989 的基本理论框架，但做了相应修正，可以提供预测高温环境下从事体力活动时直肠温度、皮肤温度和出汗率变化水平的方法，并根据保证人体健康的最大直肠温度和最大失水量确定高温作业时的最大允许暴露时间限值。2001～2004 年，PHS 模型提出初期，大量学者将其与其他热应力预测模型进行对比。Malchaire 等[15]将 PHS 模型与湿球黑球温度(wet bulb globe temperature，WBGT)指数预测效能进行对比，也证实了 PHS 模型在人体热应激预测中的效能更强，PHS 模型随后被广泛接受，且被编入 ISO 7933:2004[16]国际标准中。ISO 7933:1989 中的 SW$_{req}$ 指标及其发展而来的 ISO 7933:2004 中的 PHS 模型是现行的基于人体热平衡方程的人体热应激预测最复杂的模型。

6.2.1　热应力评价指标

热应力评价指标可分为理论指标、经验指标和直接指标[14-17]。理论指标建立在人体热平衡方程和人体热平衡模型的基础上；经验指标的重点研究对象是人体在热环境中的生理反应；直接指标侧重于通过对环境参数的测量来直接预测人体在热环境中的热应激状态。

1. 理论指标

1）热应力指标 HSI[18]

HSI 是基于人体为维持热平衡而需要的排汗蒸发散热率而提出的，它表示为人体维持热平衡所需蒸发散热量 E_{req} 与人体所能达到的最大蒸发散热量 E_{max} 之比，即

$$\text{HSI} = \frac{E_{req}}{E_{max}} \times 100\% \tag{6.1}$$

HSI 与皮肤所需湿润度有类似的定义，但是它们具有各自独立的推导过程。HSI 代表了人体的"出汗压力"。当其取值在 0～100%变化时，人体能通过出汗维持体温的平衡。表 6.1 展示了 HSI 的基本计算过程，然而 HSI 过于简化服装热阻特性对人体表面汗液蒸发效率的影响，同时该指标假定皮肤温度是 35℃的恒定值，Pourmahabadian 等[19]阐述了 HSI 在高湿环境下的适用性缺陷。

表 6.1　HSI 的基本计算过程

参数	公式	着装	裸体	单位
辐射散热	$R = K_1(35 - t_{re})$	K_1=4.4	K_1=7.3	W/m^2
对流散热	$C = K_2 v^{0.6}(56 - P_a)$	K_2=4.6	K_2=7.6	W/m^2
最大蒸发散热量	$E_{max} = K_3 v^{0.6}(56 - P_a)$ Max(E_{max})=390W/m^2	K_3=7.0	K_3=11.7	W/m^2
蒸发散热量	$E_{req} = M - R - C$	—	—	W/m^2
HSI 指标	$\text{HSI} = \dfrac{E_{req}}{E_{max}} \times 100\%$	—	—	无量纲
最大允许暴露时间	$\text{DLE} = 2440 / (E_{req} - E_{max})$	—	—	min

HSI 的定义中，人体最大的排汗蒸发散热量为 390W/m²。对应生理学意义为：在维持人体每天工作 8h 的基础上，人体每小时排汗量极限值为 1L，对应的最大蒸发散热量为 390W/m²。不同 HSI 对应的人体热应激程度见表 6.2。当 HSI 达到 100%时，人体的出汗能力被最大限度地激发，并达到人体可控出汗蒸发散热效率的上限。当 HSI>100%时，人体的出汗能力维持在最大值，但此时已无法避免产生蓄热，与此同时出现了最大允许暴露时间的概念。最大允许暴露时间代表人体高温劳动达到生理极限所需的时间，目前被广泛接受的人体生理极限为核心温度上升 1.8℃或者人体蓄热达到 264kJ。

表 6.2　不同 HSI 对应的人体热应激程度

HSI/%	8h 暴露危害程度
≤0	无热危害
10~30	轻度至中度热危害，偶尔轻工作无影响，经常性暴露存在健康危害
40~60	高度热危害，对健康有危害，需要热适应训练
70~90	极高度热危害，生理适应时仍需接受医学检查，并摄取适量水和盐
100	热适应的健康年轻人群最大忍受极限
>100	直肠温度显著升高，需要严格限制暴露时间

2) 热应激指标 ITS

Givoni[20]基于 HSI 提出了改进指标 ITS，人体热平衡方程进一步发展为

$$E_{req} = H - (R + C) - R_s \tag{6.2}$$

式中，R_s 为太阳辐射得热；H 为劳动代谢产热，在人体对外做工时，劳动代谢产热 H 代替了劳动代谢率 M。E_{req} 的一项重大改进是明确定义了并非所有的人体排汗都能被有效蒸发，因此引入参数 S_w 来表达实际的汗液蒸发换热效率：

$$S_w = \frac{E_{req}}{\eta_{sc}} \tag{6.3}$$

式中，η_{sc} 为汗液蒸发换热效率。在室内无太阳辐射的环境下，显热散热 $(R+C)$ 的计算公式为

$$R + C = \alpha v^{0.3}(35 - T_g) \tag{6.4}$$

在室外有太阳辐射的环境下，T_g 被 T_a 所代替，太阳辐射得热 R_s 的计算公式为

$$R_s = -E_s K_{pe} K_{cl} [1 - \alpha(v^{0.2} - 0.88)] \tag{6.5}$$

最大蒸发散热量 E_{max}、汗液蒸发换热效率 η_{sc} 以及 ITS 的最终计算公式为

$$E_{max} = K_p v^{0.3} (56 - P_a) \tag{6.6}$$

$$\eta_{sc} = \exp\left(-0.6 \frac{E_{req}}{E_{max}} - 0.12\right) \tag{6.7}$$

当 $E_{req}/E_{max} < 0.12$ 时，$\eta_{sc} = 1$；当 $E_{req}/E_{max} > 2.15$ 时，$\eta_{sc} = 0.29$。

$$ITS = \frac{H - (R + C) - R_s}{0.37 \eta_{sc}} \tag{6.8}$$

式中，系数 0.37 将排汗散热的能量单位 W/m^2 转化为汗液排放速率单位 g/h。

3）必需出汗率 SW$_{req}$

1981 年，Vogt 等[21]对 HSI 和 ITS 进行了进一步的研究，在上述两个指标的理论基础上，运用改善后的热平衡方程对人体的汗液蒸发散热机理进行了改进，提出了人体维持热平衡的生理需求值(所需的必需出汗率 SW$_{req}$、湿润度 W_{req}、所需蒸发散热量 E_{req})与生理允许极限值(SW$_{max}$、W_{max}、E_{max})，从而确定人体体温调节中的生理实际值(SW$_p$、W_p、E_p)。当需求值小于极限值时，人体体温调节系统能够满足维持热平衡的需求，实际值等于需求值，人体可以持续活动；当需求值大于极限值时，说明人体体温调节的最大能力已经无法维持人体热平衡，认为人体此时尽最大能力进行调节，实际值等于最大值，此时已经超过了人体的生理极限，需计算人体达到生理可接受上限(最大蓄热量、最大排汗量)时的工作时间。

必需出汗率 SW$_{req}$ 是对 HSI 和 ITS 的一项重大改进。相对于其他热应激指标，SW$_{req}$ 涵盖影响人体热应激的六大因素，同时还充分考虑了人体劳动姿势对辐射温度的修正：坐姿系数 0.72，站姿系数 0.77。其改进后的人体热平衡方程计算公式为

$$E_{req} = M - W - C_{res} - E_{res} - C - R \tag{6.9}$$

该模型通过多重线性回归计算人体皮肤温度，并引入假设：当人体的皮肤温度超过 36℃ 或者人体在热环境中达到热应激水平的极限时，皮肤温度取值为 36℃。通过所需蒸发散热量 E_{req}、最大蒸发散热量 E_{max}，以及排汗效率 r，形成以下复杂的计算流程，如图 6.1 所示。

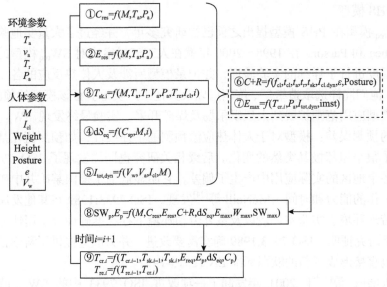

图 6.1　ISO 7933 的输入参数及计算流程

　　人体在热环境中的生理极限值无法通过理论推导获取，而是完全依赖于实验测量值，但这也并非是一成不变的。人体在热环境中的生理极限值对热应激指标边界条件的定义起到参照作用。必需出汗率模型首先提出了皮肤湿润度 W_p、皮肤蒸发散热量 E_p 以及实际出汗率 SW_p 的概念。该模型在计算中引入了一个重要的逻辑循环，即当所计算值在人体体温调节的可控范围内时，计算值即为实际预测值（如 $W_p=W_{req}$）。当计算值超出人体可接受的最大范围时，最大值即为实际预测值（如 $SW_p=SW_{max}$）。当人体未达到最大必需出汗率时，不会出现致病性的水分损失，此时劳动热暴露时间不受 8h 工作时间限制。当人体已经达到最大必需出汗率时，最大允许暴露时间可通过以下方法获得。

　　当 $E_p=E_{req}$ 及 $SW_p \leqslant D_{max}/8$ 时，最大允许暴露时间 DLE=480min，此时 SW_{req} 可以被用作热应力直接指标。

　　当以上条件不能满足时，最大允许暴露时间定义如式（6.10）和式（6.11）所示，DLE 取 DLE_1 和 DLE_2 中的较小值。

$$DLE_1 = \frac{60Q_{max}}{E_{req} - E_p} \tag{6.10}$$

$$DLE_2 = \frac{60Q_{max}}{SW_p} \tag{6.11}$$

4) PHS 模型

SW$_{req}$ 模型在 PHS 模型提出之前已被研究多年,并经过了大量实地验证和测试。Bethea 和 Parsons 在 1998~2000 年就在人工气候室内对 SW$_{req}$ 模型的排汗量和核心温度进行了详细的实验验证,并记录模型所涉及人体热反应的各项生理指标[22,23]。他们同样选取造纸厂、炼钢厂以及其他工厂实地验证该模型的预测效果,甚至将模型应用范围扩展到大型娱乐场及煤矿开采。实验最终发现 SW$_{req}$ 模型存在一定的预测误差:模型对于人体热应激预测的不连续性,如预测值在某些情况下发生了很小但却极其突然的变化。后续相关研究也同样发现了 ISO 7933:1989 在全球各个地区的实际应用中产生了偏差,它明显低估了德国某矿井中矿工在热环境下工作的能力和时间。McNeill 等[24]发现,ISO 7933:1989 在其他发展中国家的高温劳动环境、实验室环境以及室外劳动环境下存在准确性及实用性方面的缺陷。大量研究证明,ISO 7933:1989 确实需要改进,并为改进提供了科学依据。部分研究也直接形成了新的欧洲标准 EN 12515-1997。

Malchaire 等[15]于 2001 年发起了一项改进 ISO 7933 中的 SW$_{req}$ 模型(ISO 7933:1989)的研究,该项研究的一个重要目标是为劳动环境的改善提出切实可行的改进措施(包括服装保护、高辐射热环境保护、高湿环境保护、高风速环境保护),并为世界各地相关热应力标准的制定提供参照依据。

PHS 模型提供了预测高温环境下从事体力活动时直肠温度、皮肤温度和出汗率变化水平的方法,并根据保证人体健康的最大直肠温度和最大失水量来确定高温作业时的最大允许热暴露时间 D_{lim},表 6.3 为现有 PHS 模型的适用范围。

表 6.3 PHS 模型的适用范围

参数	最小值	最大值
干球温度/℃	15	50
水蒸气分压力/kPa	0	4.5
辐射温度-干球温度/℃	0	60
风速/(m/s)	0	3
代谢水平/W	100	450
服装热阻/clo	0.1	1.0

PHS 模型主要基于热平衡方程,输入参数包括环境参数和人体参数,通过计算出热平衡方程中的 C_{res}、E_{res}、K、C、R 以及预测皮肤温度 T_{skin}、皮肤表层水蒸气分压力等,假定高温环境下人体能够通过体温调节和神经调节维持人体热平衡(即蓄热量 $S=0$),计算该假设情况下所需蒸发散热量 E_{req},通过皮肤表层水蒸气分压力和空气中水蒸气分压力差计算出最大蒸发散热量 E_{max},通过比较 E_{req} 和 E_{max}

得到所需要的皮肤湿润度 W_{req}，而最大允许的皮肤湿润度为 100%，通过对皮肤湿润度、汗液蒸发效率 r、蒸发散热量之间的关系进行不断迭代计算并与最大排汗能力进行比对，得到预测值 E_p、SW_p、D_p，最后计算预测核心温度 T_{re} 的变化趋势。《人类工效学　热应变的生理学测量评价》(ISO 9886:2004)[25]中推荐的人体核心温度在长期的重体力劳动中最大值不能超过 38℃，而当核心温度得到持续监测时，核心温度最大值允许达到 39℃。ISO 7933:2004 标准中计算最大允许热暴露时间的限值即是当核心温度达到 38℃或者在不能及时补充水分的情况下人体水分损失率不超过体重的 3%，而在能及时补充水分的情况下非热适应人群不超过 5%，热适应人群不超过 7.5%。由以上两个限值计算出最大允许热暴露时间 D_{lim1} 和 D_{lim2}，取其中较小值者作为最大允许热暴露时间 D_{lim}。

PHS 模型类似于 ISO 7933:2004 的基本理论框架，但做了相应修正。与原始模型类似，模型的输入同样包含六大基本参数。人体在热应激环境中所需蒸发散热量改进为

$$E_{req} = M - W - C_{res} - E_{res} - C - R - \mathrm{d}S_{req} \tag{6.12}$$

各项具体计算如下：

$$C_{res} = 0.00152M(28.56 - 0.885t_a + 0.641P_a) \tag{6.13}$$

$$E_{res} = 0.00127M(59.34 + 0.53t_a - 11.63P_a) \tag{6.14}$$

$$C = h_{cdyn}f_{cl}(t_{cl} - t_a) \tag{6.15}$$

$$R = h_r f_{cl}(t_{cl} - t_r) \tag{6.16}$$

$$t_{cr,eq} = 0.0036(M - 55) + 36.8 \tag{6.17}$$

$$T_{cr} = 36.8 + (t_{cr,eq} - 36.6)\left(1 - \exp\frac{-t}{10}\right) \tag{6.18}$$

$$t_{cr,eq,i} = t_{cr,eq,i-1}k + t_{cr,eq}(1 - k) \tag{6.19}$$

$$k = \exp\left(-\frac{\mathrm{incr}}{10}\right) \tag{6.20}$$

式中，incr 为时刻 t_{i-1} 到 t_i 的时间增量。

当核心温度逐渐上升到平衡温度时，蓄热量即为 $\mathrm{d}S_{eq}$：

$$\mathrm{d}S_{eq} = C_{sp}(t_{cr,eq,i} - t_{cr,eq,i-1})(1 - \alpha) \tag{6.21}$$

$$T_{\text{cr,eq}} = 0.0036M + 36.6 \tag{6.22}$$

对流换热修正系数 h_{cdyn} 取以下各值中的最大值：

$$\text{Max}[2.38|t_{\text{sk}} - t_{\text{a}}|^{0.25}, 3.5 + 5.2v_{\text{ar}}, 8.7v_{\text{ar}}^{0.6}] \tag{6.23}$$

辐射换热修正系数 h_{r} 取值可描述为

$$h_{\text{r}} = 5.67 \times 10^{-8} \times \varepsilon \times \frac{A_{\text{r}}}{A_{\text{D}}} \times \frac{(t_{\text{cl}} + 273)^4 - (t_{\text{r}} + 273)^4}{t_{\text{cl}} - t_{\text{r}}} \tag{6.24}$$

值得注意的是，PHS 模型同样对人体的姿势进行了经验修正：

$$\text{蹲姿：} \quad \frac{A_{\text{r}}}{A_{\text{D}}} = 0.67$$

$$\text{坐姿：} \quad \frac{A_{\text{r}}}{A_{\text{D}}} = 0.70$$

$$\text{站姿：} \quad \frac{A_{\text{r}}}{A_{\text{D}}} = 0.77$$

对于当高温劳动人员身着反射性外套时，h_{r} 需要做以下修正：

$$h_{\text{r-corrected}} = h_{\text{r}}F_{\text{cl,R}} \tag{6.25}$$

$$F_{\text{cl,R}} = (1 - A_{\text{p}}) \times 0.97 + A_{\text{p}}F_{\text{r}} \tag{6.26}$$

高温劳动环境中，皮肤为劳动者与外界进行热量交换的重要界面，稳定状态下平均皮肤温度由直肠温度与环境参数共同决定。

对于裸体高温暴露者皮肤温度：

$$T_{\text{sk,eq,nu}} = 7.19 + 0.064t_{\text{a}} + 0.061t_{\text{r}} - 0.348v_{\text{a}} + 0.198P_{\text{a}} + 0.616t_{\text{re}} \tag{6.27}$$

对于着装高温暴露者皮肤温度：

$$T_{\text{cr,eq,cl}} = 12.17 + 0.020t_{\text{a}} + 0.0044t_{\text{r}} - 0.253v_{\text{a}} + 0.194P_{\text{a}} + 0.005346M + 0.51274t_{\text{re}} \tag{6.28}$$

当暴露者在服装热阻为 0.2~0.6clo 时：

$$T_{\text{sk,eq}} = t_{\text{sk,eq,nu}} + 2.5(t_{\text{sk,eq,cl}} - t_{\text{sk,eq,nu}})(I_{\text{cl}} - 0.2) \tag{6.29}$$

任意时刻的皮肤温度由时间迭代关系确定：

$$T_{\text{sk},i} = 0.7165 t_{\text{sk},i-1} + 0.2835 t_{\text{sk,eq}} \tag{6.30}$$

劳动过程中的动态服装热阻同样做了修正：

$$I_{\text{tot}} = I_{\text{cl,st}} + \frac{I_{\text{a,st}}}{f_{\text{cl}}} \tag{6.31}$$

$$F_{\text{cl}} = 1 + 1.97 I_{\text{cl,st}} \tag{6.32}$$

$$I_{\text{tot,dyn}} = C_{\text{orr,tot}} I_{\text{tot,st}} \tag{6.33}$$

$$I_{\text{a,dyn}} = C_{\text{orr},I_{\text{a}}} I_{\text{a,st}} \tag{6.34}$$

$$I_{\text{cl,dyn}} = I_{\text{tot,dyn}} - \frac{I_{\text{a,dyn}}}{f_{\text{cl}}} \tag{6.35}$$

对于服装热阻 $I_{\text{cl}} > 0.6\text{clo}$ 时，修正系数可表示为

$$C_{\text{orr,tot}} = C_{\text{orr,cl}} = e^{0.043 - 0.398 V_{\text{ar}} + 0.066 V_{\text{ar}}^2 - 0.378 \text{Walk}_{\text{sp}} + 0.094 \text{Walk}_{\text{sp}}^2} \tag{6.36}$$

对于服装热阻 $I_{\text{cl}} = 0$ 的裸体人群，修正系数可表示为

$$C_{\text{orr,tot}} = C_{\text{orr},I_{\text{a}}} = e^{0.0472 V_{\text{ar}} + 0.0472 V_{\text{ar}}^2 - 0.342 \text{Walk}_{\text{sp}} + 0.017 \text{Walk}_{\text{sp}}^2} \tag{6.37}$$

对于服装热阻 $0 \leqslant I_{\text{cl}} \leqslant 0.6\text{clo}$ 时，修正系数可表示为

$$C_{\text{orr,tot}} = (0.6 - I_{\text{cl}}) C_{\text{orr},I_{\text{a}}} + I_{\text{cl}} C_{\text{orr,cl}} \tag{6.38}$$

式 (6.12) ～式 (6.38) 应用范围为人体相对风速 $v_{\text{ar}} \leqslant 3\text{m/s}$，同时步行速度 $\text{Walk}_{\text{sp}} \leqslant 1.5\text{m/s}$。当步行速度未定义或者人员处于静止状态（$\text{Walk}_{\text{sp}} \leqslant 0.7\text{m/s}$）时，$\text{Walk}_{\text{sp}}$ 可表示为

$$\text{Walk}_{\text{sp}} = 0.0052(M - 58) \tag{6.39}$$

劳动者服装的蒸发热阻用服装渗透系数 i_{m} 表示，其中 i_{mst} 表示静止状态下的 i_{m}，i_{ADyn} 则为考虑了空气流动和身体运动的修正后的渗透系数，如式 (6.40) 与式 (6.41)。

$$I_{\text{ADyn}} = i_{\text{mst}} C_{\text{orr,E}} \tag{6.40}$$

$$C_{\mathrm{orr,E}} = 2.6C_{\mathrm{orr,tot}}^{2} - 6.5C_{\mathrm{orr,tot}} + 4.9 \tag{6.41}$$

公式对应的应用条件为当 $i_{\mathrm{ADyn}} > 0.9$ 时，i_{ADyn} 取 0.9，此时动态蒸发热阻的计算公式如下：

$$R_{\mathrm{tdyn}} = \frac{I_{\mathrm{tot,dyn}}}{16.7i_{\mathrm{ADyn}}} \tag{6.42}$$

所需出汗率计算公式如下：

$$\mathrm{SW}_{\mathrm{req}} = \frac{E_{\mathrm{req}}}{R_{\mathrm{req}}} \tag{6.43}$$

所需皮肤湿润度为

$$W_{\mathrm{req}} = \frac{E_{\mathrm{req}}}{E_{\mathrm{max}}} \tag{6.44}$$

皮肤表面上的最大蒸发散热量为

$$E_{\mathrm{max}} = \frac{P_{\mathrm{sk,s}} - P_{\mathrm{a}}}{R_{\mathrm{tdyn}}} \tag{6.45}$$

PHS 模型的定义涉及两大物理性热应力极限（W_{max} 与 $\mathrm{SW}_{\mathrm{max}}$）和两大生理性热应激极限（$t_{\mathrm{re,max}}$ 与 D_{max}），表 6.4 给出了具体的生理限值，即 PHS 模型应用的边界条件。

表 6.4　PHS 模型应用的边界条件

边界条件	无环境适应性个体	环境适应性个体
最大湿润度 W_{max}	0.85	1.0
最大出汗率 $\mathrm{SW}_{\mathrm{max}}/(\mathrm{W/m^2})$	$(M-32)A_{\mathrm{D}}$	$1.25(M-32)A_{\mathrm{D}}$
保护平均劳动人口的最大脱水量 $D_{\mathrm{max50}}/\mathrm{g}$	7.5%×体重	7.5%×体重
保护 95%劳动人口的最大脱水量 $D_{\mathrm{max95}}/\mathrm{g}$	5%×体重	5%×体重
直肠温度限值 $t_{\mathrm{re,max}}/\mathrm{℃}$	38	38

由表 6.4 可知，环境适应性个体的最大出汗率比无环境适应性个体的最大出汗率高出 25%。在自由饮水条件受排汗失水率和饮水主观感受的影响时，工人也无法获取其最大的排汗损失水量。直肠温度可由蓄热量 S 获得，如式 (6.46) 所示。

人体蓄热量造成了人体核心温度的增加，同时也伴随着皮肤温度的增加，人体核心部分在整体质量中的占比 α 也在发生变化，如式 (6.47) 所示，当 $t_{cr}<36.8℃$ 时，$1-\alpha=0.7$；当 $t_{cr}>39℃$ 时，$1-\alpha=0.9$。此时的核心温度可描述为式 (6.48)，对应直肠温度与核心温度之间的关系可描述为式 (6.49)。

$$S = E_{req} - E_p + S_{eq} \tag{6.46}$$

$$1-\alpha = 0.7 + 0.09(t_{cr}-36.8) \tag{6.47}$$

$$t_{co} = \frac{1}{1-\dfrac{\alpha}{2}} \times \left(\frac{\mathrm{d}S_i}{C_p W_b} + t_{co0} - \frac{t_{co0}-t_{sk0}}{2} \times \alpha_0 - t_{sk} \times \frac{\alpha}{2} \right) \tag{6.48}$$

$$t_{re,i} = t_{re,i-1} + \frac{2t_{cr,i} - 1.962t_{re,i-1} - 1.31}{9} \tag{6.49}$$

PHS 模型在制定过程中涉及预测皮肤湿润度 W_p 和预测蒸发散热量 E_p，并提出以下应用条件。

当 $W_{req} \leqslant 1$ 时：

$$R_{req} = 1 - \frac{W_{req}^2}{2} \tag{6.50}$$

当 $W_{req} \geqslant 1$ 时 (此时 R_{req} 最小限值为 0.05)：

$$R_{req} = \frac{(2-W_{req})^2}{2} \tag{6.51}$$

式 (6.51) 表明，在计算预测出汗率时，所需皮肤湿润度可以大于 1。该假设为 PHS 模型在极端恶劣的环境中应用提供了可能 (皮肤排汗速率已超过汗液蒸发速率)。

当 E_{max} 取值为负值 (如凝结现象的出现)，或者所计算的允许暴露时间小于 30min 时，该方法不再适用。Malchaire 等[15]对 PHS 模型进行了大量的实验室验证和劳动现场验证，结果表明，PHS 模型在预测出汗率和直肠温度时具有非常高的吻合度。Kampmann 等[26]比较了 PHS 模型和 SW$_{req}$ 模型，结果显示，PHS 模型更加精确。ISO 7933 系列模型的最大特点是对大量的计算都进行了物理的和生理的具体定义，对现实应用有直接的指导意义，并且在该理论的基础上还可以进行大量的延伸和改进。

2. 经验指标

1）有效温度 ET 和改进有效温度 CET

有效温度 ET[27]最初是为了研究空气温度与湿度对人体热舒适的影响而提出的，其原始的实现方式为让受试者在不同的人工热环境之间穿梭并判断哪个环境更加舒适。经过对不同温湿度的对比（后续增加了其他环境参数），最终得到不同环境的平均舒适水平，然而这一评价指标也存在局限性，在较低温度时容易过低估计湿度的作用，而在较高温度下又容易过高估计湿度的作用。Bedford[28]在 ET 的列线图中用黑球温度代替干球温度就形成了改进的有效温度 CET。尽管该研究最初只针对热舒适领域，但 MacPherson[29]研究表明，在平均辐射温度较大时，CET 对人体舒适性的判断仍然有效。ET 和 CET 指标如今也被广泛应用于热应力研究领域。CET 在其原始应用上限 34℃以上能表现出很好的预测效能，但在 38.6℃时达到其应用极限，Bedford 的报告《热环境及管理》建议将 CET 看成一个表征"热"的指标。虽然该理论仍然在一些工业环境中（如采矿业）得到广泛应用，但进一步的研究发现 ET 在预测较高温度下的人体热反应时出现了明显偏差，其理论局限性也促使了后期预测四小时出汗率指标的出现。

2）预测四小时出汗率

预测四小时出汗率（predicted four-hour sweat rate，P4SR）是由 McArdle 等[30]基于国家神经疾病中心（伦敦）人工气候室的实验提出的，之后由 MacPherson[29]在新加坡花费七年的时间进行验证和发展。P4SR 指标的直接物理意义为：已经产生环境适应性的健康年轻男性在高温环境中暴露四个小时而产生的排汗量。1980年，McIntyre[31]给出了 P4SR 的计算公式：

$$P4SR = B4SR + 0.37I_{clo} + (0.012 + 0.001I_{clo})(M - 63) \qquad (6.52)$$

P4SR 的计算过程还进行了适当调整：①若 $t_g \neq t_a$，将湿球温度提高 $0.4(t_g - t_a)$；②若劳动代谢率 $M > 63\text{W/m}^2$，则提高湿球温度；③当研究人员着装时，将湿球温度提高 1.5℃。

P4SR 指标有其特定的应用价值，在 P4SR 的应用区域以外（P4SR>51），出汗率不再是人体热应激的一个典型预测指标，P4SR 在该热环境中应用较准确。但是该指标弱化了服装热阻的作用，因此该指标通常仅用于人体蓄热的过程计算。对于 P4SR 指标的应用边界条件，McArdle 提出其应用生理限值应为总量 4.5L 的最大排汗量，大量研究表明，在该排汗极限下，健康的已形成环境适应性的男性群体不会出现生理紊乱。该排汗极限值的设定与 HSI 指标所定义的 8h 内排汗极限为每小时 1L 的假设十分接近。

3）CHSI 和 PSI

1996 年，Frank 等[32]基于直肠温度和心跳次数提出了累积热应力指数（CHSI）指标，然而，由于 CHSI 随双曲线的变化范围较大（0～4000），当采用累计心跳次数时，即使在核心温度和心率降低的条件下，CHSI 仍会增大，且心跳次数不易测量，因此 1998 年，Moran 等[33]提出了改进的 PSI 指标，用心率 HR 代替心跳次数，计算公式为

$$PSI = 5(T_{ret} - T_{re0})(39.5 - T_{re0})^{-1} + 5(HR_t - HR_0)(180 - HR_0)^{-1} \tag{6.53}$$

式中，T_{ret} 为 t 时刻的直肠温度，℃；T_{re0} 为初始时刻的直肠温度，℃；39.5 为热暴露时可接受的最高直肠温度，℃；HR_t 为 t 时刻的心率，次/分钟；HR_0 为初始时刻的心率，次/分钟；180 为热暴露时可接受的最高心率，次/分钟。

PSI 指标将人体热应激程度反映在 0～10 范围内，当 t 时刻的直肠温度和心率均达到最大值时，PSI=10，初始时刻的 PSI=0，PSI 值越高，表征人体热应激程度越强烈。PSI 指标的实验结果见表 6.5。在 Moran 等[33]的研究中，当直肠温度达到 38.7℃、心率达到 175 次/分钟时，人体热应激水平就达到很高的程度；而当人体处于中等热应激水平时，可以保证人体直肠温度维持在 38℃左右，使人体生理指标保持在一个相对安全的范围内。

表 6.5　实验中 120min 后受试者的 PSI 指标值

热应激程度	PSI	HR/(次/分钟)	T_{re}/℃	受试者数量
没有或很低	0	71±1.0	37.12±0.03	100
	1	90±1.1	37.15±0.04	47
	2	103±1.1	37.35±0.03	81
低	3	115±1.3	37.61±0.03	80
	4	125±1.4	37.77±0.04	61
中等	5	140±1.9	37.99±0.05	28
	6	145±5.3	38.27±0.07	13
高	7	159±1.3	38.6±0.04	5
	8	175	38.7	1

4）心率预测法

Brouha[34]、Fuller 等[35]提出了人体在高温劳动环境中预测心率的简便算法，即

$$HR = 22.4 + 0.18M + 0.25(5t_a + 2P_a) \tag{6.54}$$

式（6.54）为热应力早期研究提供了一项心率预测的基本方法。Givoni 等[36]也提出在高温环境下目标人群预测心率的计算公式，他们基于人体稳态下直肠温度

的预测模型提出了另一项热应力预测指标 IHR，其具体表达如下：

$$T_{ref} = 36.75 + 0.004(M - W_{ex}) + \frac{0.025}{I_{clo}}(t_a - 36) + 0.8\,e^{0.0047(E_{req} - E_{max})} \quad (6.55)$$

$$IHR = 0.4M + \left(\frac{2.5}{I_{clo}}\right)(t_a - 36) + 80e^{0.0047(E_{req} - E_{max})} \quad (6.56)$$

该模型假设舒适环境下人体静息心率为 65 次/分钟，人体稳态下的心率计算如下：

当 IHR ≤ 225 时，

$$HR_f = 65 + 0.35(IHR - 25) \quad (6.57)$$

当 IHR>225 时，

$$HR_f = 135 + 42[1 - e^{-(IHR - 225)}] \quad (6.58)$$

式中，HR_f 为稳定状态下的心率。

从数学描述可以看出，高温环境下心率与直肠温度之间呈线性关系。当心率达到 150 次/分钟时，该线性关系又呈现出指数变化趋势，心率也逐渐接近其最大值。Givoni 等[36]同样提出了心率随时间变化的关系式，并对实验人员的不同气候适应性做了参数优化。

除以上针对高温劳动环境的心率研究外，Brouha 及 Fuller 和 Smith 的研究同样被 NIOSH 所采纳，并形成了劳动状态和劳动恢复状态心率预测的方法。受试者的循环工作状态中，体温和脉搏被连续监测，监测时间段涵盖循环工作时间段及循环工作结束后的恢复阶段。在循环工作结束后，受试者坐在凳子上休息，实验同时记录受试者的口腔温度及三个时间段的脉搏(30s 到 1min 的脉搏 P_1、1.5min 到 2min 的脉搏 P_2、2.5min 到 3min 的脉搏 P_3)。该项研究认为，当口腔温度达到 37.5℃时，人体处于典型的热应激状态；当 $P_3 \leqslant 90$ 次/分钟，且 P_3–$P_1 \approx 10$ 次/分钟时，"热应力"较大，但人体的体温仅会出现小幅增长；当 $P_3 \geqslant 90$ 次/分钟，且 P_3–P_1<10 次/分钟时，"热应力"非常大，需要对工作进行重新设计以满足人员的健康要求。此外，Vogt 以及 ISO 9886 提供了利用心率预测环境热应力水平的方法，即

$$HR_t(总心率)=HR_0(自然静息心率) + HR_M(工作心率) + HR_S(静态疲劳心率)$$
$$+HR_T(热应激) + HR_N(心理情感) + HR_e(心率残留) \quad (6.59)$$

式(6.59)中 HR_t 有时被称为"过热心跳"，因此基于此参数又提出一项潜在的人体热应力指标，即

$$HR_t = HR_r - HR_0 \tag{6.60}$$

其中，HR_r 为劳动恢复后的心率；HR_0 为热中性环境下的休息心率。

3. 直接指标

1) 湿球黑球温度（WBGT）

湿球黑球温度是当今使用最为广泛的热应激直接指标，它是由 Yaglou 等[37]于 1957 年为应对美国海军训练中的热伤亡事件而提出的，WBGT 参数在最初研究阶段是基于另一项更复杂的热环境评价参数 CET 而开展的，其计算如下。

在有太阳辐射的条件下：

$$WBGT = 0.7t_{nwb} + 0.2t_g + 0.1t_a \tag{6.61}$$

在室内无太阳辐射的前提下：

$$WBGT = 0.7t_{nwb} + 0.3t_g \tag{6.62}$$

WBGT 最初用于预测入伍新兵适宜在何种环境状态下进行军事训练，以避免热伤害事故。利用 WBGT 参数取代空气温度作为预测指标后发现，新兵训练的中止次数和士兵的热伤亡明显减少。WBGT 参数也被多项国际标准所采纳，如《职业性接触石棉》（NIOSH-1972）和《热环境　根据 WBGT 指数（湿球黑球温度）对作业人员热负荷的评价》（ISO 7243:1989）[38]标准等，它为热环境的初步判断提供了简易迅速的判断方法，WBGT 的应用过程也同样考虑了对热适应性个体和非热适应性个体的修正。

WBGT 指标在其应用中也有一定的局限性。当劳动者身着特殊服装时，该指标应用过程中的 TLV 值需要经专家重新评估，否则将会出现偏差。国际标准《热环境的人类工效学　工人穿戴的个人防护设备的热应变评定指南》（BS 7963:2000）[①]对身着特殊服装的作业人员的热应力评估（如 WBGT 和 SW_{req}）进行了专门介绍[39]。另外，WBGT 指标中的自然湿球温度权重过大，因此应用于不透水材料的着装时仍存在巨大争议。

综上所述，WBGT 指标因其简易性在世界范围内得到了广泛应用。同时，WBGT 指标因其清晰的数学定义，衍生出了大量针对 WBGT 的专项监测仪器。与大多数直接指标类似，WBGT 并不是在经典热应力研究中的人体导热模型基础上建立的，因此当利用 WBGT 参数预测热环境中的人体生理反应时，需要加以修正。

---

① 该英国标准具体评估个人防护装备（PPE）对热应激的影响及其对可能出现的与热有关的健康问题（热应激）。

2)湿球温度(WGT)

环境热应力的大小也可用特定尺寸的黑球温度计来直接测量。Olesen 等[40]所描述的 WGT 指标即直接利用一个直径为 2.5ft①的被湿布料所覆盖的黑球进行测量，其示数在达到稳定后(10~15min)可直接读取。与此类似，NIOSH-1986 提出一种类似测量热应力环境时使用的最简单仪器和相应的测量方法：利用一个直径为 3ft 的铜球，湿布完全覆盖并由自带供水箱连续供水，热感元件安装在球的中心部位并可直接读数，其测量原理与现行 WBGT 测量仪器十分类似，WGT 和 WBGT 之间的基本修正关系可描述为

$$WBGT = WGT + 2 \tag{6.63}$$

该修正关系适用于常规空气辐射热和常规空气湿度条件，在极端环境条件(如强热辐射环境与极端潮湿环境)下不再成立。

3)牛津指标(WD)

Leithead 等[41]基于人体的蓄热提出了一项简单的热应力评价指标。该指标通过直接测量人体呼入气体的湿球温度 t_{wb} 与干球温度 t_{db} 而获得，计算公式为

$$WD = 0.85t_{wb} + 0.15t_{db} \tag{6.64}$$

该指标常被用于特定的热应激环境中，如矿难营救中的热耐受时间等。但需要指出的是，在明显存在辐射的环境中，该指标不再适用。

6.2.2　热应力评价标准

1. ISO 热应力评价标准

通过不断发展，国际标准 ISO 形成了针对热应力的一系列标准体系，且侧重点不同[42-45]。ISO 7243 中介绍了采用湿球黑球温度指标作为高温热应力的评价指标，其适用于室内外职业环境中评估个体在整个工作日(不超过 8h)内暴露于热环境下热负荷累积引起的热应力，但不适用于短期热暴露。ISO 7933 中介绍的采用预测热应激方法侧重于通过对热应力模型的分析预测来评价最大暴露时间。ISO 9886 侧重于监测高温环境下从事体力活动人员的核心温度、皮肤温度、心率和失水量等生理参数来对工作人员的热应激进行评价。ISO 13732-1 主要评价的是任何环境中接触的热表面，规定了当人体皮肤与热的固体表面接触时发生灼伤的温度阈值，以及当人员可能或可能用未受保护的皮肤接触热表面时评估烧伤风险的方法。ISO 12894 主要用来确定是否需要预防措施。ISO 15265 主要用来确定是否需要医学监测。上面六部标准共同组成了热应力评价标准。支撑 ISO 7933 热应力模

---

① 1ft=0.3048m，下同。

型分析预测的标准是 ISO 9920 对服装热阻的评价、ISO 8996 代谢率的计算以及 ISO 7726 物理量的测量仪器。此外,也有评价热应力的特殊应用,如针对交通工具的标准 ISO 14505-1,给出了陆、海、空作业车辆内部热应力评估的准则,并具体说明了车辆气候评估的特殊情况所需的限制和必要调整。热应力评价标准体系结构如图 6.2 所示。

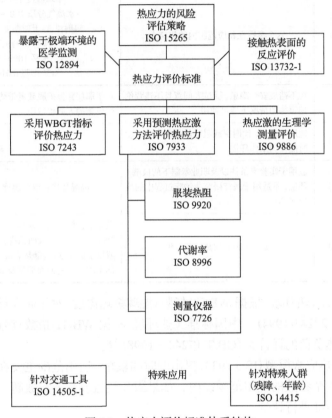

图 6.2　热应力评价标准体系结构

各标准的评价范围对比见表 6.6。通过评价范围对比,可以看出以下特点:

(1) 热应激的生理学测量评价 (ISO 9886) 和热应力的风险评估策略 (ISO 15265) 适用范围最广,其适用于气候、代谢率或服装热阻稳定或变动时的任何工作环境,在不造成安全隐患、受试者同意且不违背伦理道德的情况下皆可使用。

(2) WBGT 指标 (ISO 7243) 评价方法的应用范围最广。世界卫生组织将 WBGT 指标作为评价高温热负荷的推荐方法,世界各主要国家也均采用该指标作为热应力的评价标准,如美国工业卫生师协会规定的阈值限值、美国职业安全与健康管理局的操作手册、美国国家职业安全与健康研究所暴露在热环境中的人员评价以

表 6.6　各标准的评价范围对比

标准	适用范围	具体应用
ISO 7243:2017	用于工业环境,适用于评价偏离舒适区间的一段时间人体活动时间内热应力	适用于评价作息时间为 1～8h 的平均高温热应力,不适用于短期暴露于高温环境下的热应激评价
ISO 7933:2004	六个参数在相应范围内的热应力	干球温度 15～50℃ 水蒸气分压力 0～4.5kPa 辐射温度-干球温度 0～60℃ 风速 0～3m/s 活动水平 100～450W 服装热阻 0.01clo
ISO 9886:2004	在不造成安全隐患、受试者同意且不违背伦理道德的情况下皆可使用	对于那些穿保护服或者带防高温面具等防热设施的人群也适用
ISO 15265:2001	适用于气候、代谢率或服装热阻稳定或变动时的任何工作环境	—
ISO 12894:2001	适用于实验室条件以及职业暴露下的极端环境,不适用于医疗研究或治疗过程中的冷疗或热疗	高温环境:湿球温度 25℃ 以上
ISO 13732-1:2006	接触热表面的热负荷评价	适用于接触时间 0.5s 以上,表面温度恒定的情况,不适用于大面积皮肤(全身接近 10%或以上的皮肤)接触热表面;也不适用于头部 10%以上的或面部重要部位的接触

及英国/欧盟的《热环境 根据 WBGT 指数(湿球黑球温度)对作业人员热负荷的评价》(BS/EN 27243-1994)、中国标准《热环境 根据 WBGT 指数(湿球黑球温度)对作业人员热负荷的评价》(GB/T 17244—1998)等。

(3)预测热应激模型(ISO 7933)提出的时间较短,适用范围主要在环境参数和人员参数等六个参数的应用范围以内,如果服装热阻或其余参数超出适用范围,可采用其他标准进行评价。

(4)接触热表面的反应评价(ISO 13732-1)和暴露于极端环境的医学检测(ISO 12894)的范围较窄,分别针对接触式热应力和实验室条件下或极端环境的评价。

对于评价原理及方法,该体系中评价热应力的六部标准各不相同。ISO 7243 中对作业人员热负荷的评价主要是根据 WBGT 指数和能量代谢率,通过对能量代谢率的估算,在人体最大直肠温度不超过 38℃ 的基础上对湿球黑球温度做了上限规定,超过上限值将采取降低劳动负荷或缩短作业时间的措施,对工作人员的热负荷方便直观地做出了评价。此标准中根据 WBGT 指数对工作人员的热负荷进行评价,依据 WBGT 与能量代谢率可以更加方便直观地反映工作生理阈值,但不能输出人体生理参数,也不能应用于瞬时热负荷(小于 1h)下。由于 WBGT 不能输出人体生理参数的变化,为了保护人体不受高温环境危害,标准中给出的 WBGT

阈值都相对保守。

ISO 7933 中预测热应激模型评价的介绍主要基于热平衡方程，输入参数包括环境参数和个体参数，利用热平衡方程计算出呼吸对流散热量（C_{res}）、呼吸蒸发散热量（E_{res}）、导热量（K）、对流换热量（C）、辐射换热量（R）。假设人体热平衡，即蓄热量 $S=0$，计算该假设情况下的平均皮肤温度、平均直肠温度和必需出汗率，再通过最高直肠温度和最大出汗率等之间的关系进行不断迭代，计算得到预测蒸发散热量（E_p）、预测出汗率（SW_p）、预测皮肤湿润度（W_p）、预测核心温度（T_{re}）等，最后得出最大允许热暴露时间（D_{lim}）。此标准中预测热应激模型评价可以计算出工作时间阈值，可以预测作业人员的生理参数，在超过 WBGT 指数方法适用范围时，预测热应激模型评价更为准确。

ISO 9886 主要通过测量和评价人体核心温度、皮肤温度、心率、出汗量等生理反应来直接、客观地反映出人体在热暴露过程中的生理应激水平。此标准中生理参数的监测能够直接检测人体生理参数，最准确最直观地从数值上显示人体生理热应激变化。

ISO 15265 主要通过观察、分析和专家评审三个阶段，根据六个环境参数(空气温度、湿度、热辐射、空气流速、体力劳动负荷、服装热阻)的上下限值及职工意见对热不适和热应激风险进行评估，确定人体保护措施，确定是否需要长期医疗监测。该标准可以对所有环境进行评价，但此标准仅通过衡量主观投票值在−1~1 以外的数量来验证是否需要采取预防措施，该评价相对其余标准来说更粗略。

ISO 12894 极端环境下的医学监测主要通过观察员在实验室监测受试者的核心温度、皮肤温度、心率来确定是否需要增加医务人员的建议或现场协助。它的评价方法主要通过衡量核心温度是否超过限值，是否需要观察员、实验员、急救员或医务人员，但并未给出具体的措施或方法，只说明是否需要医学监测，所以在医学领域该方法应用广泛。

ISO 13732-1 主要通过接触材料、时间和温度，采用线性内插法或者图示法确定所得温度区间的两个边界值及暴露时间，具体而精确地显示对于不用接触材料的接触时间和接触温度。各标准评价方法、评价参数和计算公式见表 6.7。对于评价参数的限值，各标准附录中也有详细说明，见表 6.8 和表 6.9。

通过评价方法的对比，可以看出以下特点：

(1)标准 ISO 7243 采用的湿球黑球温度方法直观方便，但因为不能直接输出人体生理参数，在保护人体不受危害的前提下 WBGT 值相对保守。同时，其测量仪器精度要求较高，一般气象数据难以计算，且只能简单反映工作生理阈值，不能输出人体生理参数，且不能应用于瞬时热负荷情况下(<1h)。WBGT 阈值是在着装为穿着轻质衣物的条件下得出的，当环境湿度较高或风速较低时，造成的蒸发限制将使其对湿度影响的评价偏低，黑球温度的测量也容易产生误差。但总的

来说，此方法在国际上应用比较广泛。

表 6.7 各标准评价方法、评价参数和计算公式

标准	评价方法	评价参数	计算公式
ISO 7243	WBGT 指数	自然湿球温度 t_{nw}、黑球温度 t_g、空气干球温度 t_a	$WBGT = 0.7t_{nw} + 0.3t_g$（无太阳辐射） $WBGT = 0.7t_{nw} + 0.2t_g + 0.1t_a$（有太阳辐射）
ISO 7933	PHS 模型	出汗率 SW_{req}(必需)、SW_{max}(最大)、SW_p(预测)，湿润度 W_{req}(必需)、W_{max}(最大)、W_p(预测)，蒸发散热量 E_{req}(必需)、E_{max}(最大)、E_p(预测)	$W_{req} = E_{req}/E_{max}$ $SW_{req} = E_{req}/W_{req}$
ISO 9886	生理参数	人体核心温度、皮肤温度 t_{sk}、心率 ΔHRT、人体质量损失 Δm_g	$t_{sk} = \sum k_i t_{sk,i}$, $\Delta HRT = HR_r - HR_o$ $\Delta m_g = \Delta m_{sw} + \Delta m_{res} + \Delta m_o + \Delta m_{wat} + \Delta m_{sol} + \Delta m_{clo}$
ISO 15265	三个阶段(观察—分析—专家评审)	空气温度 t_a、相对湿度 RH、平均辐射温度 $\bar{t_r}$、空气流速 v_a、代谢率 M、服装热阻、必须服装热阻 I_{req}、预测平均投票-预测不满意率 PMV-PPD、允许暴露时间 DLE	—
ISO 12894	医学监测	核心温度、皮肤温度、心率	
ISO 13732-1	线性内插法或者图示法	材料、接触时间、接触温度	—

表 6.8 各标准评价参数的限值

标准	指标	WBGT 参考限值/℃	
		热适应人群	非适应人群
ISO 7243	M<65met	33	32
	65met<M<130met	30	29
	130met<M<200met	28	26
	200met<M<260met	25(无风)、26(有风)	22(无风)、23(有风)
	M>260met	23(无风)、25(有风)	18(无风)、20(有风)
ISO 7933	SW_{max}	3.25(M–32)ADU，且在812～1250g/h 范围；1.25(M–32)ADU，且在312～500g/h 范围	2.6(M–32)ADU，且在650～1000g/h 范围；(M–32)ADU，且在250～400g/h 范围
	W_{max}	0.85	1

注：M 为代谢率，met；ADU 为杜波依斯体表面积，m²。

表 6.9　各标准评价方法的规定

标准	条文规定
ISO 9886	核心温度一般来说不超过 38℃，在核心温度与心率同时检测时不超过 38.5℃，任何情况下不超过 39℃；高温环境下，身体最高局部温度不能超过 43℃；热应激引起的心率变化 ΔHRT 上限值为 33 次/分钟；身体质量损失上限值 5%
ISO 15265	考虑投票值在 -1～1 以外的数量采取相应的预防热应力措施
ISO 12894	当核心温度预计上升但不高于 38.5℃时，健康监测由观察员、实验员或急救员进行；当高于该温度时，应增加医务人员建议或现场协助

（2）WBGT 超过阈值时，ISO 7933 中预测热应激方法预测更准确。预测热应激模型提出时间较短，使用范围有限，需要计算机程序计算出预测热应激模型的工作时间阈值以及预测生理参数，不能直接读取。同时，还可以利用常规环境参数仪器对气象数据进行计算获得，可以计算出允许的工作时间阈值，也可以给出任意瞬时的生理参数。

（3）标准 ISO 9886 可以用仪器直接测量人体参数，最准确直观地从数值上显示人体生理热应激变化。

（4）标准 ISO 15265 和 ISO 12894 的评价范围都较广，方法较粗略，前者主要用来确定是否需要预防措施，而后者主要用来确定是否需要医学监测，后者在医学监测上应用广泛。

2. 我国现行热应力评价标准

我国在高温劳动保护方面的基础性研究起步相对较晚，进展也较为缓慢。在1960 年，我国颁布了第一部也是唯一一部全国性高温劳动保护法规《防暑降温措施暂行条例》。自 2008 年以来，我国人体热应力及相关研究进入快速发展阶段，包括天津大学、重庆大学、香港大学在内的众多高校和研究机构针对中国人群在高温环境下的热生理反应、风险评价和管理办法等开展了大量研究，也取得了丰硕的研究成果。但是，我国一直缺乏和高温劳动保护配套的强制性法律，直至 2012年 6 月 29 日，由国家安全生产监督管理总局、卫生部、人力资源和社会保障部、中华全国总工会联合对《防暑降温措施暂行条例》进行了修订，颁布了《防暑降温措施管理办法》，新的高温劳动保护法对高温环境进行了界定，规定当气象台发布的日最高气温在 35℃以上即为高温天气，该管理办法内容主要是针对夏季高温环境下室外露天作业的劳动制度、防暑保护、高温补贴的规范等。该管理办法以WBGT 指标来划分高温作业等级，且对户外高温作业做出明确规定。

（1）日最高气温达到 40℃以上，应当停止当日室外露天作业。

(2) 日最高气温达到 37℃以上、40℃以下时，用人单位全天安排劳动者室外露天作业时间累计不得超过 6h，连续作业时间不得超过国家规定，且在气温最高时段 3h 内不得安排室外露天作业。

(3) 日最高气温达到 35℃以上、37℃以下时，用人单位应当采取换班轮休等方式，缩短劳动者连续作业时间，并且不得安排室外露天作业劳动者加班。

《防暑降温措施管理办法》的颁布对保护高温下工作的劳动群众的健康和财产具有重要意义，但仍需健全配套的法律法规使高温作业劳动者的合法权益得到有效保障。除新条例的颁布外，目前我国还颁布了高温环境作业保护的一系列相关标准(表 6.10)。这些标准主要采用现有 WBGT 指标作为高温热负荷的评价指标，其中 GB/T 17244—1998 主要引用 ISO 7243:1989 的主要内容。在 ISO 7243:1989 中，WBGT 指数只根据体力作业强度不同规定了 WBGT 限值，而 GB/T 17244—1998 在此基础上，将热环境评价标准分为四级，即好、中、差、很差。以 ISO 7243:1989 中规定的指数温度限值为"好"等级，指数温度每增加 1℃，相应的等级降低一级(表 6.11)。《高温作业分级》(GB/T 4200—2008)适用于对高温作业实施职业安全卫生分级管理，允许持续接触热时间限值适用于一般室内高温作业。该标准规定了高温作业环境热强度大小的分级和高温作业人员允许持续接触热时间与休息时间限值。根据不同的体力劳动强度分级，规定了高温作业允许持续接触热时间限值(表 6.12)。

表 6.10　我国现行热负荷评价相关标准

标准编号	标准名称	实施日期
GB/T 17244—1998	热环境 根据 WBGT 指数(湿球黑球温度)对作业人员 热负荷的评价	1998-10-01
GBZ 2.2—2007	工作场所有害因素职业接触限值第 2 部分: 物理因素	2007-11-01
GBZ/T 189.7—2007	工作场所物理因素测量 高温	2007-11-01
GB/T 4200—2008	高温作业分级	2009-06-01
GB/T 934—2008	高温作业环境气象条件测定方法	2009-06-01
GBZ/T 229.3—2010	工作场所职业病危害作业分级第 3 部分: 高温	2010-10-01

表 6.11　GB/T 17244—1998 中 WBGT 指数评价标准

活动水平等级	WBGT/℃			
	好	中	差	很差
0	≤ 33	≤ 34	≤ 35	>35
1	≤ 30	≤ 31	≤ 32	>32

续表

活动水平等级	WBGT/℃			
	好	中	差	很差
2	≤28	≤29	≤30	>30
3	≤26	≤27	≤28	>28
4	≤25	≤26	≤27	>27

表 6.12　GB/T 4200—2008 高温作业允许持续接触热时间限值

WBGT/℃	允许持续接触热时间限值/min		
	轻劳动	中等劳动	重劳动
>32	70	60	50
>34	60	50	40
>36	50	40	30
>38	40	30	20
>40	30	20	15
>42	20	10	10

《工作场所职业病危害作业分级　第 3 部分：高温》(GBZ/T 229.3—2010)规定了工作场所高温作业的分级及其管理原则，适用于各类存在高温作业的工作的分级管理。根据不同等级的高温作业进行不同的卫生性监督和管理。分级越高，发生热相关疾病的危险度越高，见表 6.13。

表 6.13　GBZ/T 229.3—2010 的危害等级分级原则

危害等级	危害等级描述
轻度危害作业（Ⅰ级）	可能对劳动者的健康产生不良影响。应改善工作环境,对劳动者进行职业卫生培训,采取职业健康监护和防暑降温防护措施,保持劳动者的热平衡
中度危害作业（Ⅱ级）	可能引起劳动者的健康危害。在采取上述措施的同时,强化职业健康监护和防暑降温等防护措施,调整高温作业劳动-休息制度,降低劳动者热应激反应及接触热环境的单位时间比率
重度危害作业（Ⅲ级）	很可能引起劳动者的健康危害,产生热损伤。在采取上述措施同时,强调进行热应激监测,通过调整高温作业劳动-休息制度,进一步降低劳动者接触热环境的单位时间比率
极重度危害作业（Ⅳ级）	极有可能引起劳动者的健康危害,产生严重的热损伤。在采取上述措施的同时,严格进行热应激监测和热损伤防护措施,通过调整高温作业劳动-休息制度,严格限制劳动者接触热环境的单位时间比率

总体来说，现有热应力研究仍存在一些需要深入研究的问题，包括如何实现对自由劳动状态下动态劳动过程及突变环境的快速反应，如何形成完整的涵盖众

多经典热应力研究的模型表达，如何采用一些简单易测指标实现热应力模型在现场热环境中的快速预测，并提高其适用性等。随着一些便携式生理测量仪器的开发，心率与劳动代谢率的研究已经引起了人体热应激研究领域的关注。虽然心率与人体代谢率之间的变化已有大量的数学描述，但是二者的相互关系复杂，其结合应用有待进一步细化。更重要的是，我国相关标准的提出长期依赖于国外标准的引进，缺乏基于我国劳动者自身特点的系统研究或改进，相关国际标准的应用受到质疑。大量的热应激预测模型集中在高温环境下的人体生理应激预测和保护，对于如何利用热应激预测来指导高温环境设计、降低高温暴露风险、为相关管理工作者提供政策建议等，还缺乏深入研究。因此，未来的研究应结合现有的普适性高温劳动法规，提高现有一些热应力预测模型的现场应用性，从而为高温劳动者提供更为充分、有效的保护。

6.2.3　人员工作效率与热安全

1. 工作效率损失

已经有很多关于热应力对人类工作效率影响的研究，并且已经发现了显著影响，由于重复试验的不一致、个体差异、个人动机等，预测比较困难。国际标准化组织初步提出人体表现模型由认知、物理和感知运动任务组成[45]。物理任务(手动表现)包括精确的灵活性、运动表现、提升和处理以及耐力；感知运动任务包括跟踪检测人和物体的位置并可以用控制器手动跟踪，以及控制机器人或遥控飞行器，如无人驾驶飞机。

Hancock[46]强调了在考虑极端高温下人类表现极限时任务分类的重要性，热应激会导致三类任务效率减小。在一项全面的综述中，他将 85℉ (29.4℃)确定为有效温度，高于此温度可能会降低工作效率。Hancock 指出，对于研究中调查的条件，应接近于规定区的上限，或者热应力接近不可补偿的水平并且体内温度开始升高。在一系列任务和任务类别中，效率的下降与体内温度有很好的相关性，技能水平越高，压力对效率的影响就越小。Pepler[47]对 1964 年以来关于热量对人类表现影响的大量研究进行了全面回顾，指出技能水平、适应能力和动机是重要因素。对工业生产率的早期研究表明，由于生产条件与创造舒适度的条件低，生产率下降，事故率上升。当移动到炎热的气候区时，热的长期影响(如热带疲劳)效果是不确定的，并且与其他因素混淆。Meese 等[48]将气候室搬到南非一座工厂的"停车场"，对工厂车间的工人在中等热环境下进行了测试。结果发现，几乎没有证据表明中等热环境对工人认知能力有显著影响。然而，随着环境变得更加炎热，部分工人的认知能力有所提升，但当环境变得更加极端时，整体认知能力开始下降。

Ramsey 等[49]注意到 Wing 的工作，提供了 ET(后来转换为湿球黑球温度

WBGT)值与工作效率的关系，以及当久坐工作之后可以预期心理表现下降。Ramsey 和 Kwon 对 150 多项研究进行了回顾并提出了更全面的分析,但也并没有得到支持热应力对心理表现影响很小这一论点的证据。研究发现，热应力对感知运动的每种形式都有一些影响，对于这两种类型，如果必须选择一个限值，WBGT为 30℃可能是人们穿着的合理起始点。Ramsey 等将不安全工作行为作为一个因变量，提供了 WBGT 限制值，从最低在 22℃增加到高比例的不安全行为的上限35℃。

在热应力对人员工作绩效的影响方面缺乏确定性，生理学限制(如 ISO 7243)可以作为可能的性能损失的原因。内部体温可作为可能损失超过规定区域上限的指标,若高于规定区域的上限,性能下降指数会从 80%下降到 0。因此，根据 WBGT和使用体热方程或热模型的极限设定，并考虑到目的和工作类型，可以估计多少热量会影响工作性能。然而，证据并不是结论性的，只要不引起热疾病或危险，热就不会对一个人执行任务的能力产生重大影响。任何可预见的重大影响都是由于分心或安全原因。《热环境的人类工效学　使用 WBGT 指数(湿球黑球温度)评估热应力》(ISO 7243:2017)[50]中的 WBGT 指数和《热环境的人类工效学　通过计算预测的热应变对热应力的分析测定和说明》(ISO 7933:2004)中描述的预测治疗应变方法提出了确保人们能够保持健康和安全的限制。如果超过热应力或生理极限，则可能存在不可接受的热应变(基于经验证据，预测的体内温度、脱水等)。如果条件不可接受，则必须限制暴露时间，进行分析计算以确定休息和暂停时间。

2. 接触热损伤

当人体皮肤接触到热表面时，皮肤会以一定的速度升温，其温度取决于热表面的温度、材料类型和接触时间。如果传递的热量使皮肤的温度升高到高于阈值的水平，那么皮肤细胞将受到损伤甚至导致烧伤。为了定义烧伤的严重程度，皮肤可以被认为包含三层：较薄的外层是表皮，其具有基底膜，能产生朝向表面(上皮)前进的细胞，使得外部死细胞最终从身体落下，从而表皮不断更新；真皮是基底膜下面较厚的层，含有神经末梢、皮脂腺(用于头发)；第三层是脂肪组织，含有汗腺、毛发基部和压力传感器。Moritz 等[51]制作了两条曲线(图 6.3)，总结了他们用流动的水和油烧伤猪的结果，从而给出皮肤温度和接触时间阈值。

图 6.3 中上面一条曲线表示接触 1s 可能会发生烧伤的温度指数为 70℃，接触6h 的温度指数降低至约 46℃，下面一条曲线表示接触 1s 可能会发生烧伤的温度指数为 65℃，接触 6h 的温度指数降低至约 44℃。该研究还调查了其他因素，如暴露在不同接触时间和皮肤压力的组合表。Sevitt[52]研究了皮肤在何种情况下会发生烧伤，而 Moritz 和 Henriques 的研究内容更加广泛，他们提供了皮肤烧伤发生时的确切数据。当皮肤接触热表面时，热量从热表面流到较冷的皮肤。如果达到

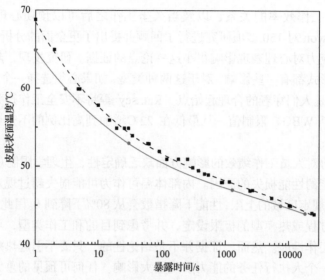

图 6.3 皮肤灼伤发生时的表面温度阈值[51]

稳定状态，则可以假定存在接触温度（T_c），是接触点处的温度和皮肤温度与表面温度之间一个水平下的温度。接触温度是否引起灼伤还取决于材料（和皮肤）的性质，例如，在 90℃的表面温度下接触木材 1s 不会引起灼伤，但在 90℃的表面温度下接触金属时会引起灼伤。Siekmann[53]使用人造手指，即温度感觉测量器，来确定一系列材料的接触温度。通过假设接触温度是皮肤温度的估计值，可以基于 Moritz 和 Henriques 的数据来表示接触烧伤的表面温度阈值。

为了补充接触温度，可以采用描述传热的多层数学模型，然而两个表面之间的"无限板"模型通常能够给出最接近实际的近似值。接触温度计算公式如式（6.65）所示。接触温度为两种材料的热穿透系数的加权平均值，b_1 和 b_2 分别为两种材料的热穿透系数，t_1 和 t_2 是两个表面（板坯）的温度，热穿透系数（单位：$J/(s^{1/2}·m^2·K)$）是导热系数（K）、比热容（c）和密度（ρ）三者乘积的平方根[1]。

$$T_c = \frac{b_1 t_1 + b_2 t_2}{b_1 + b_2} \tag{6.65}$$

McIntyre 给出了皮肤的热穿透系数为 $1000J/(s^{1/2}·m^2·K)$，金属的热穿透系数大于 $10000J/(s^{1/2}·m^2·K)$，玻璃的热穿透系数为 $1400J/(s^{1/2}·m^2·K)$，木头的热穿透系数为 $500J/(s^{1/2}·m^2·K)$。对于 33℃的皮肤温度和 100℃的表面温度，接触温度计算结果为：金属，94℃；玻璃，72℃；木材，55℃。1s 的暴露和接触可能意味着接触金属时表面部分厚度烧伤，接触玻璃时有可能烧伤，接触木材时不会烧伤。Parsons 提供了对该样本的综合考虑，并提出了等效的接触温度（$T_{c,eqiv}$），另外考虑了皮肤状况和接触性质。Moritz 等[51]、Siekmann[53]用产生于欧洲标准的结果，为接触表面提供了安全表面温度限值，后来在国际上发展起来，适用于所有可触摸表面和所有人群。

3. 热疾病

热应激会引起热调节反应，并对生理系统和人体器官造成额外的损伤，尤其是心脏，这就是为什么老年人和敏感人群成为热浪致死或住院的主要人群。敏感人群的生理系统可能没有能力承受或维持体温调节的要求，在被发现之前，热疾病(也称为热失调)就已经出现了。热疾病可由心脏和循环系统的紧张、出汗、皮肤紊乱以及水和电解质失衡引起，也可能是由体温升高引起的，而体温升高会影响细胞和身体功能，甚至影响一些重要器官的功能。

中暑是比较常见的一种人体因高温引起的热疾病，其临床特征包括皮肤干热、通常呈红色、斑状或发绀，直肠温度超过 40.5℃，以及神志不清、抽搐。在伴随着持续的暴露和不断上升的直肠温度条件下，如果未及时治疗，则是致命的。诱发因素包括未适应环境的工人持续在高温下运动、身体不够健康和肥胖、最近饮酒或吸毒、脱水、个体易感性和慢性心血管疾病。潜在的生理障碍是汗液的中枢驱动失效，导致汗液蒸发冷却功能的丧失和直肠温度失控的加速上升。

由于水或盐的消耗而引起的中暑的临床特征是疲劳、恶心、头痛和头晕；皮肤湿冷，面色苍白和潮红；站立时脉搏加快，血压降低，有晕倒风险；口腔温度正常或较低，但直肠温度通常较高(37.5~38.5℃)。如果是缺水导致的中暑，尿液将是小体积和高浓度(深颜色)。如果是缺盐导致的中暑，尿液的浓度会降低，氯化物的浓度也会低于 3g/L。中暑的诱发因素是持续在高温下运动，缺乏适应能力，无法补充汗液中的水分。潜在的生理差异包括缺水引起的脱水、循环血容量的减少以及对皮肤和活动肌肉的血流量的竞争性需求引起的循环应变。

治疗中暑是通过冷水浸泡和按摩、湿毛巾包裹等方法快速降温，同时也要避免过冷。预防中暑的建议包括对工人进行医学筛查，根据身体健康状况进行选择，工人通过 5~7 天分级作业和热暴露的适应，以及在酷暑持续作业期间对工人进行监测。关于使用冷水而导致冷休克的问题存在一些争论，血压的快速上升可能会导致问题，特别是老年人。美国国家职业安全卫生研究所指出，近年来中暑的定义发生了变化，现在已经确定了两种类型，包括如前所述的典型中暑和运动性中暑。运动性中暑与活动量有关，但不减少出汗。运动性中暑发生于剧烈运动场所，如工作场所和体育赛事等中的健康人群，其发生运动性中暑时常伴随着肌肉骨骼功能丧失(横纹肌溶解)和较深的尿液颜色。中暑可通过在适应过程中对工人实行 5~7 天的作息规定和调整，并补充膳食盐、充足饮水等来进行预防。

6.2.4 机体热调节分子机理研究

环境温度变化对人体热调节及舒适健康的影响一直是人体生理学、心理学、人体工效学、环境流行病学、分子生物学等领域的研究热点。不同的研究人员从不同的角度，用不同的方法和技术，在不同的水平上对机体热调节的功能进行观察和研究，得到了各种具体的知识和相应的理论。但是，不同学科专业背景不同，对人体热调节的研究目的、研究内容、研究方法及手段都有很大区别，各有侧重，却缺少学科交叉融合。建筑环境领域研究可以较好地认识人体的生理调节规律及与人体主观感觉的关联，但对于热环境变化引起人体热调节的背后机理是什么，对于舒适区间外，温湿度变化在超出什么范围后会引起人体健康风险，保障人体舒适健康的安全阈值是什么，都缺乏深入认识。由于人体生理学研究一般在舒适层面、非有创情况下开展，主要是探究人体生理调节响应的表现规律，但是难以认识其深层机理。而机理层面的研究需要从微观细胞分子水平上开展，因此不可避免需要有创实验，依靠人体生理研究不易实现。相比之下，现有成熟的研究理论借助合适的动物模型，利用动物实验的一些结果来推断人体生理功能的研究方法已经被大多数学者接受认可，可用来揭示人体机体热调节机理层面的反应特性。因此，作者研究团队引入学科交叉的研究方法，将研究对象从人体转移到动物，通过开展分子生物学实验研究，检测一些温度敏感瞬时感受器电位(thermoregulation transient receptor potential，Thermo-TRP)通道在不同温湿度刺激下的基因表达情况，完善人们对人体热调节的机理认识，了解温度超出生理调节区外的健康风险，从而为更好地指导供暖空调设计，最大限度地满足人员舒适健康人居环境需求提供理论支撑。

1. 温度敏感瞬时感受器电位通道

大量关于哺乳动物的研究发现，机体的许多细胞中都广泛存在一种瞬时感受器电位通道，其主要允许 Ca^{2+}、Na^+ 等阳离子通过，可以介导感觉信号的传递。在这些家族成员中，感受温度变化的 Thermo-TRP 通道主要包括介导热感觉的 TRPV1、TRPV2、TRPV3、TRPV4 和介导冷感觉的 TRPM8、TRPA1 六种通道。其中，TRPV1 和 TRPV2 主要感受伤害性高温刺激，TRPV3 和 TRPV4 主要感受温和热刺激，而 TRPM8 和 TRPA1 主要感受凉和冷刺激。不同 Thermo-TRP 通道在机体热传导中的特性见表 6.14。这些温度敏感 TRP 通道主要分布于初级感觉神经元，当环境温度变化时，可以将温度信息以电生理信号的形式传递至神经中枢，从而引起交感神经兴奋，引起外周血管收缩或者舒张，从而增加产热或促进散热。高温环境也会刺激生物体内这些离子通道，这些通道的开放可导致感受器细胞内钙离子浓度升高和膜的去极化，促进细胞内信号转导机制的激活。例如，热休克蛋白是一类热应激条件下可以保护机体细胞免受损伤的可诱导性蛋白，其浓度与机体耐热能力正相关，通过上调表达量可以增强机体的耐热性，维持细胞的正常功能，防止细胞凋亡，可以表征机体对环境的应激和适应性水平。因而，一些研究通过借助动物体外模型实验，对不同热暴露刺激下这些离子通道的响应特性进行机理分析，了解其 Thermo-TRP 通道的温湿度调节特性，间接探索人体热应激背后的作用机制[54]。

表 6.14　不同 Thermo-TRP 通道在机体热传导中的特性

TRP 家族	温度激活阈值	拮抗剂	阻断剂	分布区域	备注
TRPV1	≥ 42℃	辣椒素、脂氧合酶、酸性 pH、树胶脂毒素、NADA、花生四烯酸乙醇胺、乙醇大蒜素、樟脑	钌红	PNS、大脑、脊髓、皮肤、舌头、叶片	热回避障碍和痛觉过敏
TRPV2	≥ 52℃	生长因子(小鼠)	钌红	PNS、大脑、脊髓、表达组织广泛	—
TRPV3	≥ 33℃	樟脑、2-APB	钌红	PNS(人类)、皮肤	热回避和热轴受损
TRPV4	27～42℃	低渗透压、佛波酯	钌红、钆	肾、PNS、皮肤、内耳、大脑、肝脏、气管、心脏、皮肤、下丘脑、脂肪	热回避和热轴受损，痛觉过敏，渗透调节，压力感
TRPM8	< 25℃	薄荷脑、Icilin、桉树油精		PNS、前列腺(人类)	—
TRPA1	≤ 17℃	桂皮醛、芥子油、蒜素、Icilin 等	钌红、樟脑	PNS、毛细胞	—

2. 温度刺激分子机理

这里以不同温度暴露生化实验为例，说明其热应激调节的分子机理。分别选取中性温度 20℃，偏冷工况 14℃、8℃，偏热工况 26℃、32℃五个温度水平进行动物(小鼠)连续暴露实验，对其五种温度敏感蛋白通道(TRPV1、TRPV3、TRPV4、TRPM8、TRPA1)的 mRNA 基因表达进行荧光定量聚合酶链反应(polymerase chain reaction，PCR)分析。由于皮肤和脑是生物体参与体温调节活动的主要器官，皮肤表面的温度感受器感受环境温度变化，通过调节 RNA、DNA 转录、反转录来控制相关蛋白合成，从而促使机体做出响应。因而，各个通道的基因表达水平侧面反映了机体相应信号通路对不同温度刺激的调节程度。

图 6.4 比较了不同温度下小鼠皮肤和脑组织中热敏感蛋白通道 TRPV1、

TRPV3、TRPV4 的 mRNA 基因相对表达量。虽然实验温度远小于 TRPV1 通道激活阈值(>42℃),但小鼠皮肤中 TRPV1 的 mRNA 基因表达量在偏热环境(26℃和 32℃)中明显高于中性环境(20℃)及偏冷环境(14℃和 8℃),这表明 TRPV1 同样参与了热环境下的机体调节响应。需要指出的是, 当暴露温度为 8℃时, TRPV1 在脑中出现一定程度表达上调,这可能是由于 TRPV1 与 TRPA1 均属于伤害性温度感受器,97%表达 TRPA1 的神经元细胞会同时表达 TRPV1,因此 8℃ 冷刺激也可能引起 TRPV1 的 mRNA 基因表达上调。由于 TRPV3 和 TRPV4 均属于感受温和刺激的蛋白通道, 在不同温度水平下, mRNA 基因表达水平差异不大。TRPV3 在皮肤和脑中均有表达,且皮肤中的表达量稍高于脑,这可能是由于 TRPV3 多分布在皮肤表皮的角质细胞中,可以直接感受温度变化。TRPV4 在脑中的表达量低于皮肤, 可能是 TRPV4 主要存在于皮肤表层的角质细胞中, 因此主要在皮肤中感受温度变化调节。此外, TRPV4 除在 8℃下表达量较低外, 其他温度水平下的表达量均相比 20℃有明显上调, 表明 TRPV4 显著参与了中等温度范围内机体的温度调节。

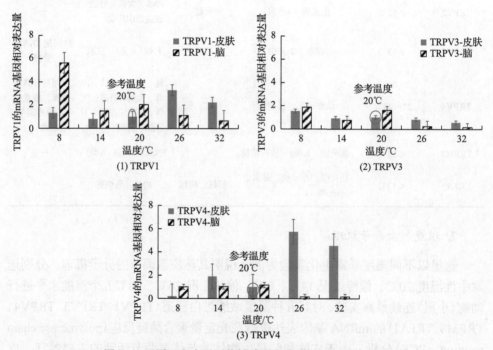

图 6.4　不同温度水平下热敏感蛋白通道基因相对表达量

图 6.5 给出了不同温度下冷敏感通道蛋白 TRPM8、TRPA1 的 mRNA 基因相对表达量。可以看出,相比脑组织,冷感受器 TRPM8 在小鼠皮肤中有较高的 mRNA 基因表达量。对于不同的环境温度, TRPM8 在冷环境 8℃时 mRNA 基因表达量

显著上调，而在偏冷环境 14℃时的表达量与中性温度 20℃近似，但在 26℃时的表达量又比 20℃有所上调。这可能是由于 TRPM8 自身对温度具有低敏感性，其激活阈值较广（8～28℃），可以适应较广范围内的温度变化。相比之下，由于 TRPA1 只在小鼠背部神经节中很小部分表达（3.6%），实验荧光定量 PCR 在小鼠的皮肤中未检测出 TRPA1 的 mRNA 基因表达，但在脑组织中，当温度为 14℃时，小鼠 TRPA1 的 mRNA 基因表达量明显上调了近 4 倍，表明偏冷环境下 TRPA1 通过上调 mRNA 基因表达量，参与了中枢神经的体温调节。而在 8℃时，TRPA1 的 mRNA 基因表达量稍有下降。但是，由于 TRPA1 与 TRPV1 共同表达，在偏热环境（32℃）下 TRPA1 的 mRNA 基因表达量相比 26℃上调显著。

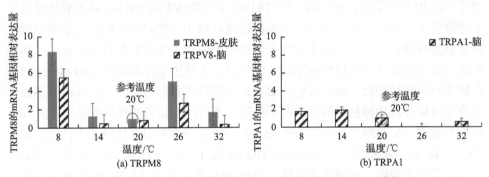

图 6.5　不同温度水平下冷敏感蛋白通道基因相对表达量[54]

3. 湿度刺激分子机理

采用同样方法，对不同相对湿度水平下典型 TRP 通道的基因表达特性进行检测[55]。不同温度和相对湿度条件下皮肤组织中热敏感蛋白通道基因相对表达量如图 6.6 所示。除 TRPV1 的 mRNA 基因相对表达量以温度 24℃、相对湿度 60%工况作为参照外，TRPM8、TRPV3 和 TRPV4 的 mRNA 基因相对表达量均以温度 30℃、相对湿度 60%工况作为参照。除 TRPV1 通道在 30℃没有被检测到外，皮肤组织中其他热敏感蛋白通道在皮肤组织中均被检测到，这表明热敏感蛋白通道在皮肤组织中得到了表达。

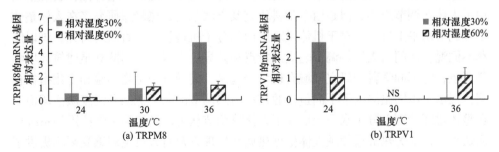

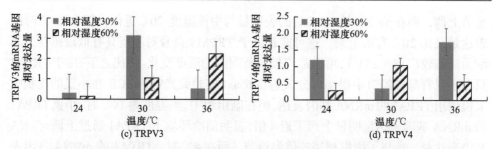

图 6.6　不同温度和相对湿度条件下皮肤组织中热敏感蛋白通道基因相对表达量

在 24℃ 的偏冷温度下，相对湿度增加，TRPM8 的 mRNA 基因相对表达量降低了 70% 但并不显著，而 TRPV1、TRPV3 和 TRPV4 的 mRNA 基因表达量分别显著降低了 62%、66%、78%。这表明偏冷环境中，相对湿度的变化会明显影响热敏感蛋白通道的表达。由于存在于周围皮肤组织及皮肤组织自由神经中的热敏感蛋白通道是冷热感觉信号传导的分子基础，主要感受冷刺激的 TRPM8 通道蛋白随相对湿度增加而下降，可能会影响机体的冷感觉信号传导，但这种并不显著的变化可能导致两种相对湿度工况下机体并不会产生显著的冷感觉差异。在 30℃ 中性温度下，相对湿度增加，TRPM8 的 mRNA 基因相对表达量几乎没有变化，TRPV1 的 mRNA 基因则无表达，而 TRPV3 和 TRPV4 的 mRNA 基因表达量表现出相反的变化趋势，分别显著降低了 66% 和显著上升了 320%，呈互补的变化趋势。由于 TRPV3 和 TRPV4 通道的激活温度区间基本重叠，它们的互补性变化的总体影响可能表现为介导的热感受信号并无差异。这表明中性环境中相对湿度的变化可能不会对热信号的传递产生明显影响。在 36℃ 的偏热温度下，相对湿度增加，TRPM8 的 mRNA 基因相对表达量降低了 74%，TRPV1 的 mRNA 基因相对表达量增加了 1.9%，而 TRPV1 的 mRNA 基因在 30℃ 温度下没有表达。与中性温度环境类似，TRPV3 和 TRPV4 的 mRNA 基因同样表现出相反的变化趋势，分别显著上升了 46.8% 和显著降低了 70%。由于温度在 36℃ 下 TRPV1 和 TRPV4 通道被激活，TRPM8 和 TRPV3 通道处于关闭状态，TRPV1 和 TRPV4 的 mRNA 基因表达量随相对湿度增加而上调，说明热刺激信号随相对湿度的增加而增强。

虽然现有一些研究揭示了人体的某些生理指标随温度的响应特性，宏观上认识了人体热调节规律，但是由于学科研究及方法限制，热舒适研究多在人体整体生理调节水平上展开，对于机体微观层面的分子机理认识一直缺乏研究，难以解释不同温度区间内人体热调节响应的特点和差异。作者研究团队立足建筑环境学科背景，将不同学科和研究领域有机结合起来，借助分子生物实验和生化指标检测，揭示了不同温湿度下不同蛋白通道参与热调节的分子机制和温度激活阈值，在整体-器官-组织-分子水平上形成了人体热调节从现象到结果再到原因的系统全面认识。这既为热舒适领域人体生理热调节机理以及对人员主观感受影响提供了一种新的研究思路和参考，也为确定热环境中人体热安全阈值、指导暖通从业人员室内外热环境设计和营造上提供了科学理论支撑。

6.3　PHS 模型允许高温暴露时间修正

研究表明，高温环境下湿度的增加将影响汗液蒸发效率，可能加重人体蓄热，因此有必要研究高温热环境下人体允许暴露时间。

6.3.1　高温热环境下人体热暴露实验

作者研究团队在人工气候室开展了不同温湿度耦合作用下人体热应激实验。实验温度工况为 35℃、38℃、40℃，相对湿度工况为 25%、40%、60%，风速均为 0.3m/s。25 名候选受试者均长期从事户外体力劳动，无高血压、心脏病史，无严重热疾病史，参与实验的时间段内未感冒、未发烧且没有其他不适症状，未服用任何药物。25 名候选受试者在干球温度 38℃、相对湿度 40%、风速 0.3m/s 的工况下进行运动速度为 0.5m/s、时长为 60min 的预实验，帮助受试者熟悉实验流程和方式，如生理仪器的佩戴、运动跑台上行走姿势等，同时预实验期间测量受试者的直肠温度和心率等生理指标，以结束时刻的指标值为参考，排除平均直肠温度和心率超出群体指标均值±3 倍标准差的个体，保证参与实验群体具有典型性。

实验期间，使用生理测量仪器对受试者的生理参数进行全过程实时监测。参考世界卫生组织关于高温环境对人体健康不产生危害的建议值[56]，出现下列情况之一时终止试验：

(1)当受试者心率连续 3min 超过 180 次/分钟。

(2)受试者直肠温度超过 39℃(连续监测时)。

(3)受试者感觉头痛、恶心或因其他因素认为自己无法继续实验时。

当实验过程中出现满足实验中止条件的情况时，受试者提前中止实验。通过数据分析，直肠温度超标占总超标人数的 85.7%，因此直肠温度是高温热负荷对人体作用影响显著的指标。另外，当核心温度超过 39.2℃时，高温将会对人体组织器官产生危害，当核心温度超过 41℃时，将产生不可逆的伤害。考虑到个体间核心温度的可能差异，为了保证更大比例人群的核心温度不超过 39.2℃，世界卫生组织建议高温作业时的核心温度不超过 38℃，使用仪器设备对核心温度进行连续监测时，核心温度最高可不超过 39℃[56]。

因此，分别以 38℃和 39℃作为直肠温度的暴露限值，计算不同工况下达到限值的人数，以及不同工况下允许暴露时间(38℃)和中止时间(39℃)，如图 6.7 所示。从图中可以发现，相同温度下，随着相对湿度的增加，达到临界温度的人数增加，平均暴露时间减少。随着温度的升高，达到临界温度的人数增加，平均暴露时间减少，且相对湿度越高，增加趋势越显著。

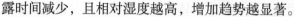

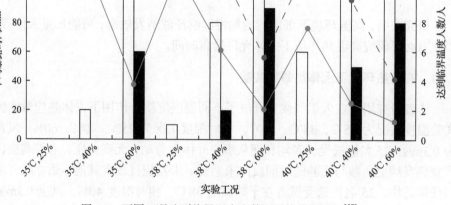

图 6.7　不同工况达到临界温度人数和平均暴露时间[57]

6.3.2　PHS 模型性能评价

　　ISO 7933:2004 采用 PHS 模型取代了原有 ISO 1989 标准中的必需出汗率模型[8]，其对应的最大暴露时间的计算是建立在保证健康状态下的人体直肠温度最大值与水分损失最大值。PHS 模型在前述已经做过介绍，这里采用 Bland-Altman 法对 PHS 模型预测的人体热应激情况和真实实验结果测试得到的生理指标进行对比分析，评价 PHS 模型对我国当前劳动人群的适用性。

　　温度和相对湿度因素对人体生理指标可能存在一定的交互影响，分别对直肠温度、皮肤温度和出汗量进行交互性检验，如图 6.8 所示。虽然图中各线不平行，但与所得直线斜率相比，彼此之间斜率的变化基本接近，各条直线实际偏离平行的程度不大，因此下述不考虑环境因素的交互作用，只对各个因素的影响进行单因素分析。

　　以实验中 3 个工况为例(取相对湿度为 40%)，图 6.9 绘制了人体直肠温度的 Bland-Altman 分析图，横坐标为人体直肠温度实测值与预测值的均值，即(实测值+预测值)/2，纵坐标为人体直肠温度实测值与预测值的差值，即实测值–预测值，图中灰色虚线为零值线，线上的实测值与预测值差值为 0，两者完全一致。黑色实线为差值的均值线，其均值线与零值线的差反映了预测值与实测值的系统误差，均值线两侧的黑色虚线区间为差值的 95%置信区间，其大小反映了预测值与实测值差值的均值的随机误差。

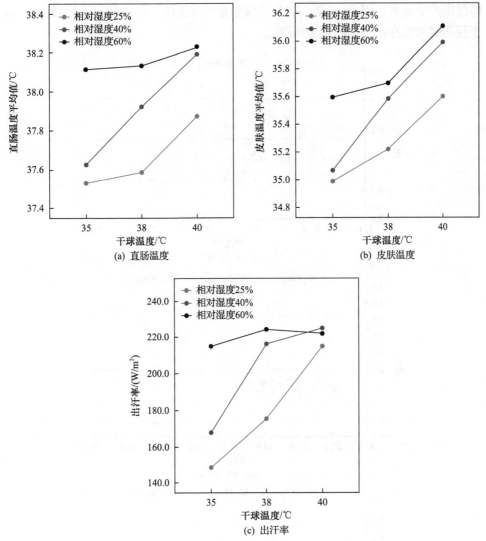

图 6.8　直肠温度、皮肤温度和出汗率交互作用检验[57]

各工况直肠温度实测值与预测值的差值统计见表 6.15。从表中可以发现，在干球温度 35℃、相对湿度 25%时，实测值与预测值差值的均值为−0.001℃，几乎不存在系统误差。随着温度和相对湿度的升高，差值的均值逐步增加，即模型预测的系统偏差增加，当干球温度 40℃、相对湿度 60%时，差值的均值达到 0.517℃，系统误差比较严重。当相对湿度较低时，差值的标准差较小，满足 95%置信区间的最大误差为 0.2~0.3℃，当相对湿度增加时，差值的标准差增加明显，其中当干球温度为 38℃、相对湿度为 40%时，95%置信区间的最大误差约为 0.6℃。基于前面所述，以 38℃为直肠温度推荐限值，当直肠温度超过 39.2℃时，可能对人体健康产生危害,因此,0.2～0.3℃的误差是可接受的,但 0.6℃的误差偏大,用于预测时可能存在一定的安全风险。

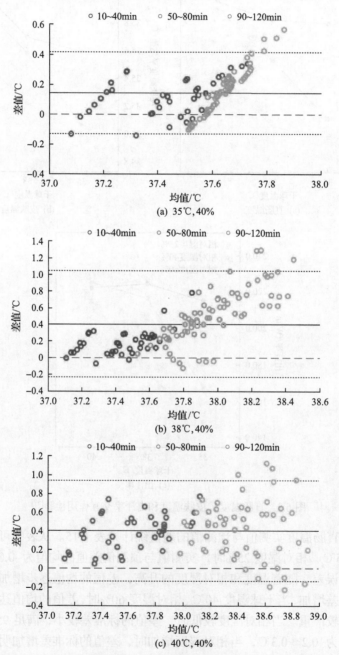

图 6.9　不同工况和时间段的人体直肠温度 Bland-Altman 分析图[57]

表 6.15　各工况直肠温度实测值与预测值的差值统计[58]

工况	差值的均值/℃	差值的标准差/℃	差值的 95%下限/℃	差值的 95%上限/℃
35℃, 25%	−0.001	0.093	−0.183	0.181
35℃, 40%	0.142	0.140	−0.133	0.417
35℃, 60%	0.446	0.249	−0.042	0.934
38℃, 25%	0.064	0.135	−0.201	0.328
38℃, 40%	0.409	0.326	−0.229	1.048
38℃, 60%	0.359	0.246	−0.123	0.841
40℃, 25%	0.380	0.289	−0.187	0.946
40℃, 40%	0.405	0.272	−0.128	0.938
40℃, 60%	0.517	0.207	0.112	0.923

　　将实验时间分为 3 段，即 10~40min、50~80min、90~120min，分析不同时间段内实测值与预测值的一致性水平(0min 时各工况和受试者的预测值均为模型初始设置值 36.8℃，无比较意义)。从图 6.9 可以看出，10~40min 的差值基本未超出 95%置信区间，而 90~120min 的差值普遍存在超出 95%置信上限的数据。图 6.10 为不同时间段直肠温度实测值与预测值差值的频率分布。从图中可以发现，各时间段内差值分布趋势基本一致，无太大差异。

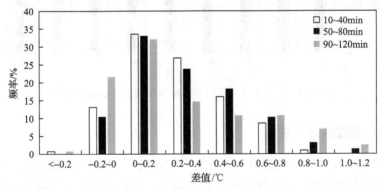

图 6.10　不同时间段直肠温度实测值与预测值差值的频率分布[58]

　　图 6.11 所示为出汗率一致性检验 Bland-Altman 分析图，图中横坐标为出汗率实测值与预测值的均值，纵坐标为出汗率实测值与预测值的差值。图中实测出汗率低于预测出汗率，数据散点基本处于 95%置信区间内，且分布无明显偏态。出汗率实测值与预测值差值的统计分析显示，实测出汗率平均低于预测出汗率 31.36W/m² ，标准差为 25.08W/m²。由于出汗率绝对值较大，差值的系统误差和随机误差尚处于可接受范围，即一致性较好。

　　图 6.12 所示为不同工况下实测出汗率与预测出汗率的比较。从图中可以发现，

各工况实测出汗率均值均低于预测出汗率。

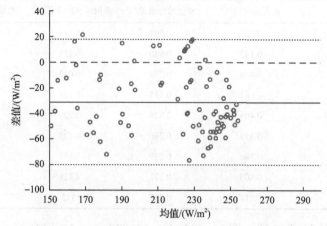

图 6.11　出汗率—致性检验 Bland-Altman 分析图[58]

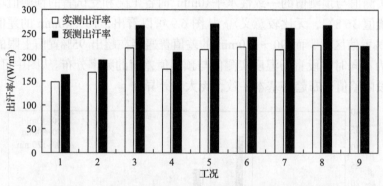

图 6.12　不同工况下实测出汗率与预测出汗率的比较[58]

6.3.3　PHS 模型修正方法

通过对比 PHS 模型预测值与实测值可知，现有 PHS 模型对于我国当前劳动人群的预测效果较差，直接使用存在安全隐患。在高温劳动保护的有关应用中，最为重要的指标是实际劳动的保护时间。基于以上实验，对比由 PHS 模型预测得到的暴露时间与实测暴露时间，如图 6.13 所示。现有 PHS 模型对于实验受试者的保护效能为 21.4%，即采用现有预测热应激的评价方法只能对实验中 21.4%的劳动者进行保护，保护效能偏低。因此，作者研究团队结合我国当前劳动人群的特点对现有 PHS 模型进行了改进，从而提高了该方法对我国劳动人群的保护效能。

1. 提高初始直肠温度

在现有 PHS 模型中，预测模型的直肠温度初始时刻输入值为 36.8℃，而实验

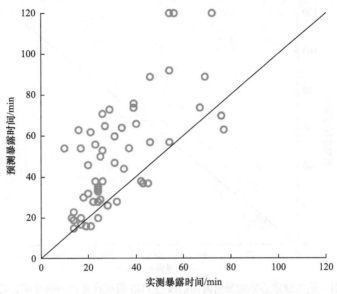

图 6.13 现有 PHS 模型暴露时间预测值与实测值的比较[58]

发现，开始时刻受试者直肠温度均值为 37.1℃，对所有工况下受试者初始直肠温度进行 Kolmogorov-Smirnov(K-S)检验，表明受试者直肠温度服从正态分布。利用 t 检验发现，实测直肠温度与模型初始输入值 36.8℃存在显著差异($p<0.001$)。因此，考虑将模型中初始直肠温度设置为 37℃。通过计算可知，当提高初始直肠温度后，实际保护水平提高至 57.1%，保护效能提高了 35.7%。由此可见，提高初始直肠温度能够有效改善现有 PHS 模型的预测效能。

2. 利用最大心率确定暴露时间限值

受试者在高温环境下从事固定强度的体力劳动时，心率并不是一直保持稳定，而是缓慢增加，当劳动时间过长时可能达到或超出健康的心率限值。目前，部分最大健康心率的计算方法中考虑了年龄因素的影响，而医学界使用较多的是心率百分比法，即认为个体的最高心率为(180-0.65×年龄)次/分钟，可持续作业的最高心率需要在此基础上再减少 20 次/分钟。该方法的适用年龄是 15～65 岁，符合本研究对象的年龄组成，因此将心率百分比法计算所得的最大健康心率也同样用于暴露时间的评价，实际最大允许暴露时间为修正 PHS 模型和最大健康心率值所得暴露时间的较小值。基于受试者年龄计算个人最大健康心率，将达到个人最大健康心率的暴露时间与改进 PHS 模型计算所得最大暴露时间进行比较，以较小值作为允许最大暴露时间。如图 6.14 所示，实际保护水平提高至 71.2%，保护效能比修正 PHS 模型提高了 14.1%。通过最大健康心率限值能够有效提高保护效能，且该方法考虑了年龄因素对热应激能力强弱的影响，并提高了对离群样本的保护性。

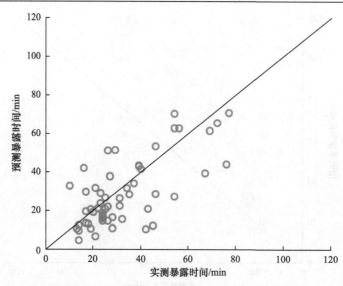

图 6.14 引入最大健康心率的暴露时间的改进 PHS 模型计算得到的暴露时间的比较[58]

3. 利用心率预测活动水平

现有国家标准中通过专业人员观察确定劳动者的实际劳动水平，但该方法最大误差可达 20%，容易在高温劳动过程中错误估计实际劳动水平，发生高温事故和其他危险。心率测量方便快速，对身体状态变化响应迅速，且测量或监测过程不影响劳动，是较为理想的选择。研究表明，心率和氧消耗量之间的关系很复杂，在中等强度活动中(特别是在心率处于 110～150 次/分钟时)，心率与氧消耗量呈线性关系，而在日常劳动中，心率一般处于该范围内。因此，这里考虑将心率作为预测实际活动水平的指标，如图 6.15 所示，当利用心率计算活动水平时，实际保护水平为 68.2%，比基于耗氧量计算活动水平的保护效能降低了 3%。此外，心率测量仪器佩戴方便，可以实时测量且不影响工作，该方法与耗氧量方法相比，误差的增加尚可接受，但准确性大大高于观察法，是可以在劳动作业现场推广使用的方法。

在现有 PHS 模型的基础上，通过提高初始直肠温度获得修正 PHS 模型；考虑劳动者年龄的最大心率限值，获得暴露时间改进模型；利用心率预测实际活动水平，提高模型输入参数的准确度，获得基于心率与修正 PHS 模型的暴露时间评价方法，如图 6.16 所示，各阶段保护水平和过保护率见表 6.16。

表 6.16 各阶段保护水平和过保护率[58]

改进阶段	保护水平/%	过保护率/%
现有 PHS 模型	21.4	0
修正 PHS 模型	57.1	21.9

续表

改进阶段	保护水平/%	过保护率/%
引入最大健康心率的暴露时间改进模型	71.2	26.1
基于心率与修正 PHS 模型的暴露时间评价方法	68.2	25.7

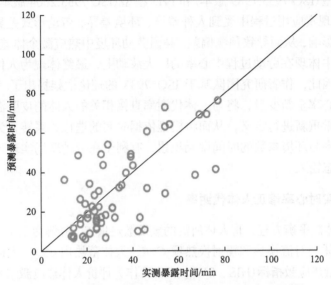

图 6.15 基于心率与修正 PHS 模型的暴露时间比较[58]

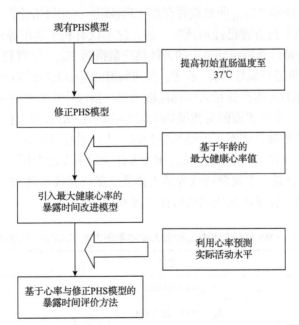

图 6.16 基于心率与修正 PHS 模型的暴露时间评价方法[58]

6.4　基于人体心率的高温热应激动态预测

ISO 7933 标准是目前最为广泛接受的热应激预测国际标准，其建立基础为必需出汗率模型（ISO 7933:1989 版本）和 PHS 模型（ISO 7933:2004 版本）。但是，ISO 7933 标准在现实应用过程中受到人种差异、环境差异、劳动形式差异等诸多不确定性因素的影响，从而导致预测偏差。高温劳动环境中热应激个体差异普遍存在，这种差异集中体现在劳动过程中心率的巨大波动上，最终体现为人体代谢率的动态波动上。因此，作者研究团队基于 ISO 7933 的理论框架提出了一种新的 PHS 模型，引入心率全新变量，将与人体代谢率直接相关的人体的皮肤温度、核心温度等中间变量重新进行定义，从而将模型依据时间的迭代关系转化为便于捕捉动态的劳动心率与环境参数的时间微元积累，有利于在劳动现场实现环境参数和人体参数的动态输入。

6.4.1　利用实时心率修正人体代谢率

依据人体热平衡方程，将人体所需的蒸发散热量 E_{req} 分解为三个子项：呼吸散热项 RES、体表对流换热和辐射换热项 $C+R$、人体蓄热项 dS_{eq}。人体的蒸发散热量 E_{req} 被大量热应激指标（HIS、SW_{req}、PHS）作为评价人体热应激水平的目标函数之一，它能直接表征人体在热应激状态下为了维持体温平衡而形成的"出汗压力"，与人体的必需出汗率 SW_{req} 所对应并存在生理极限[7]。在封闭计算中，以 E_{req} 为目标函数的人体热平衡方程已经形成唯一解，这不仅有利于运用等式右侧各个单项式中隐藏的自变量计算特定环境中的人体热应激指标 E_{req}，也有利于针对 E_{req}、环境变量、人体变量进行偏导计算，在 E_{req} 生理阈值的基础上探讨热环境的定量设计。

代谢率形成的人体产热在人体热应激的第一阶段中由呼吸过程的对流换热和蒸发换热（RES）、皮肤表面的对流换热和辐射换热（$C+R$）以及人体蓄热（dS_{eq}）共同平衡。当这种平衡被打破而不能继续维持时，人体的排汗机制被激活，热平衡方程中加入了汗液蒸发散热项 E_{req}。E_{req} 作为人体所需蒸发散热项，既是人体排汗的直接生理刺激，也是众多模型所认为的人体热应激的直接来源。PHS 模型和 SW_{req} 模型人体热平衡方程基本构成项的对比见表 6.17。

表 6.17　PHS 模型和 SW_{req} 模型人体热平衡方程基本构成项的对比[14]

热平衡项		定义	自变量
RES	SW_{req}	$C_{res} = 0.0014M(35 - t_a)$	M, t_a
		$E_{res} = 0.0173M(5.624 - P_a)$	M, P_a

热平衡项		定义	自变量
RES	PHS	$C_{\text{res}} = 0.00152 M(28.56 + 0.885 t_a - 0.641 P_a)$	M, t_a, P_a
		$E_{\text{res}} = 0.00127 M(59.34 + 0.53 t_a - 11.63 P_a)$	M, t_a, P_a
C+R	SW$_{\text{req}}$	$C = h_c F_{\text{cl}}(t_{\text{sk}} - t_a)$	t_{sk}, t_a, v_a, M, t_r, I_{cl}
		$R = h_c F_{\text{cl}}(t_{\text{sk}} - t_r)$	t_{sk}, t_a, v_a, M, t_r, I_{cl}
	PHS	$C = h_{\text{cdvn}} F_{\text{cl}}(t_{\text{cl}} - t_a)$	t_{sk}, t_a, v_a, M, I_{cl}, t_{cl}
		$R = h_r F_{\text{cl}}(t_{\text{scl}} - t_r)$	t_{sk}, t_r, I_{cl}, t_{cl}
dS_{eq}	SW$_{\text{req}}$	—	—
	PHS	$\text{d}S_{\text{eq}} = C_{\text{sp}}(t_{\text{cr,eq},i} - 1)(1 - \alpha)$	$t_{\text{r},i}$

6.4.2　基于实时心率的动态热应激预测模型

考虑到 PHS 模型在应用中所面临的众多问题，新的 PHS 模型在建立过程中的基本原则设定如下：

(1) 涵盖经典热应力研究中的六大基本参数，并加入方便反映个体差异的生理参数。

(2) 尽量减少不可直接测量或需要间接验证的中间变量，以降低系统误差。输入参数方便收集，测量仪器快速响应，以推广应用为原则。

(3) 提供完整的、开放的数学描述，能够对不同环境参数、人体参数、时间变量进行单因素和多因素影响分析。

1. 人体代谢率(M)

基于 ISO 8996 标准[9]，将 ISO 7933 中的人体代谢率 M 定义为依靠心率预测人体代谢率的数学表达形式：

$$M_i = M_0 + \frac{\text{HR}_i - \text{HR}_0}{180 - 0.65 A_g - \text{HR}_0}[(41.7 - 0.22 A_g) W^{0.666} - M_0] \qquad (6.66)$$

式中，M_i 为第 i 分钟的人体代谢率，是中间变量；M_0 为人体基础代谢率，依据 ISO 7933 标准，取定值 65W/m²；HR_0 为静息心率，是实验测试数据，当无法直接获取时取 65 次/分钟(ISO 8996)；HR_i 为第 i 分钟平均心率，次/分钟；A_g 为年龄，ISO 7933 推荐范围为 18 岁 $\leqslant A_g \leqslant$ 55 岁，以受试者实际年龄为准；W 为体重，以受试者实际体重为准，kg。

2. 呼吸散热项(RES)

呼吸散热项及体表对流换热和辐射换热项在 SW_{req} 模型和 PHS 模型中均有定义。PHS 模型在呼吸散热模型中加入了 t_a 和 P_a 项,从而相对于 SW_{req} 提高了预测精度,呼吸散热项 RES 的定义为

$$RES = M_i(0.118773 - 0.00067t_a - 0.01379578P_a) \tag{6.67}$$

式中,RES 为呼吸散热项,待求函数之一;M_i 为第 i 分钟的人体代谢率,见式(6.66);t_a 为空气温度,℃;P_a 为水蒸气分压力,kP_a。

3. 体表对流换热与辐射换热项($C+R$)

PHS 模型同时考虑了服装温度 t_{cl} 在体表对流换热和辐射换热中的作用[7],然而在自由劳动环境中,劳动者有权自由、随机选择着装和搭配,或临时购买非标准工作服装,其尺寸、款式、材料难以准确定义。同时由于劳动属性要求,大量的工作附件如手套、头盔、防尘眼镜、擦汗毛巾等附属物对服装温度 t_{cl} 的定义也无法量化。因此,基于模型的普适原则,在人体表面对流换热和辐射换热项的计算过程中引入服装温度 t_{cl} 反而会引起计算程序的复杂化和不确定性,因此模型中此项的定义不考虑服装温度的影响:

$$C = h_c F_{cl}(t_{sk,i} - t_a) \tag{6.68}$$

$$R = h_r F_{cl}(t_{sk,i} - \overline{t_r}) \tag{6.69}$$

式中,C 为体表对流换热项;R 为体表辐射换热项;$C+R$ 为体表总物理换热项,是待求函数之一;h_c 为对流换热系数;h_r 为辐射换热系数;F_{cl} 为服装热阻系数;$t_{sk,i}$ 为第 i 分钟现实状态下的皮肤温度,℃;t_a 为空气温度实测值,℃;$\overline{t_r}$ 为空气平均辐射温度,℃。

(1)对流换热系数 h_c 的计算。

自然通风状态下:

$$h_c = 2.38|t_{sk,i} - t_a|^{0.25} \tag{6.70}$$

当 $v_{ar} < 1m/s$ 时,

$$h_c = 3.5 + 5.2v_{ar} \tag{6.71}$$

当 $v_{ar} > 1m/s$ 时,

$$h_c = 8.7 v_{ar}^{0.6} \tag{6.72}$$

v_{ar} 表示工作中的相对风速而非绝对风速 v_a，它与工人的劳动状态有关：

$$v_{ar} = v_a + 0.0052(M_i - 58) \tag{6.73}$$

(2) 辐射换热系数 h_r 的计算。

$$h_r = \sigma \times \varepsilon_{sk} \times \frac{A_r}{A_D} \times \frac{(t_{sk,i} + 273)^4 - (\overline{t_r} + 273)^4}{t_{sk} - \overline{t_r}} \tag{6.74}$$

式中，$\sigma \times \varepsilon_{sk} \times A_r / A_D$ 为常数[20]，取定值 4.234923×10^{-8}。

(3) 服装热阻系数 F_{cl} 的计算。

$$F_{cl} = \cfrac{1}{(h_c + h_r)I_{cl} + \cfrac{1}{f_{cl}}} \tag{6.75}$$

$$f_{cl} = 1 + 0.97 I_{cl} \tag{6.76}$$

4. 人体蓄热项 (dS_{eq})

当人体连续暴露于非稳定的高温劳动环境时，某一时刻核心温度的预测稳定值 ($t_{cr,eq,i}$) 和瞬时值 ($t_{cr,i}$) 均随时间发生变化。因此，以稳定状态的核心温度 ($t_{cr,eq}$) 进行计算必然导致系统误差。利用某一时刻 t_i 的人体蓄热微元 dS_{eq} 能解决这一问题。在 t_m 和 t_n 两个时刻之间（$n>m$，$\mathrm{MIN}(m)=0$），即分别经历了 $m\Delta t$ 和 $n\Delta t$ 的热暴露之后，人体蓄热微元可表达为

$$dS_{eq} = c_{sp}(t_{cr,t_m} - t_{cr,t_n})(1-\alpha) \tag{6.77}$$

$$t_{cr,t_m} = 36.8 + \sum_{i=1}^{m} 0.0036(M_i - 55)\left[1 - \exp\left(-\frac{\Delta t_i}{10}\right)\right] \tag{6.78}$$

$$t_{cr,t_n} = 36.8 + \sum_{i=1}^{n} 0.0036(M_i - 55)\left[1 - \exp\left(-\frac{\Delta t_i}{10}\right)\right] \tag{6.79}$$

$$dS_{eq} = c_{sp}\left\{36.8 + \sum_{i=m}^{n} 0.0036(M_i - 55)\left[1 - \exp\left(-\frac{\Delta t_i}{10}\right)\right]\right\}(1-\alpha) \tag{6.80}$$

人体从工作初始阶段开始的完整蓄热可表达为

$$dS_{eq} = c_{sp} \times \left\{ 36.8 + \sum_{x=1}^{i} 0.0036(M_x - 55) \times \left[1 - \exp\left(-\frac{x}{10} \right) \right] \right\} \times (1 - \alpha) \quad (6.81)$$

式中，dS_{eq} 为人体总蓄热项，是待求函数之一；c_{sp} 为人体比热容，取定值 2890.435kJ/(kg·K)；x 为计算引入量，无实际意义，$1 \leqslant x \leqslant i$；$\alpha$ 为人体核心层所占比例，取定值 0.22[20,59]。

时间微元 Δt 的引入可以实现对动态热过程的求解(当 Δt 极小时，以上计算形式接近于积分计算，此时 T_{sk} 与 T_{cr} 的瞬时值和稳定值都随环境和劳动状态的变化而变化，人体热平衡方程右侧各个单项式受到动态环境的变化均产生变化)；在劳动现场的应用由于受到仪器和测试条件的限制，Δt 也可扩大至每分钟或其他时间单位，这种扩大在测试参数层面上将动态的热过程转化为涵盖突变的稳态化求解。但是在时间层面上，人体下一时刻的热状态仍然是在上一时刻热状态的基础上，通过 E_{req}、T_{re} 随时间的级数变化演化而来，仍然是动态控制过程。

人体蓄热项 dS_{eq} 在原始 PHS 模型中为连续变化函数，由于受到众多突变因素的影响，变化曲线的一阶导数并非恒定。连续变化函数通过积分计算方式虽然可以涵盖平滑曲线上突变因素的影响，但对于跳跃式的变化(如风向的突然改变、劳动强度的瞬间改变、服装热阻的瞬间改变、室内到室外环境的突变等)，必须引入不确定突变积分项 $\int \Omega$，这不但增大了计算难度，而且易导致连续变化曲线的变形，不利于计算。$\sum \Omega$ 的引入则有效解决了以上问题，使人体蓄热的突变计算更为合理，微元加和项在众多连续函数分解中的应用(如泰勒级数、麦克劳林级数等)也充分体现了其计算优势。

5. 中间变量

核心温度(T_{cr})、皮肤温度(T_{sk})是模型建立中无法避免的中间变量，这两个中间变量在 $C+R$ 项和 dS_{eq} 项中均有涉及。因此，以上两个中间变量计算精度的提升将明显增强模型的预测效果。

1)核心温度 t_{cr}

由 ISO 7933 标准的计算原理可知，dS_{eq} 的物理含义为不同时刻的人体核心温度的差值。其计算逻辑为：随着时间的变化，人体在不同时刻核心温度的稳定值在不断变化；同时在某一具体时刻人体往往不能立即达到核心温度的稳定值，而是快速接近。以上两点共同构成了核心温度的复杂变化趋势。总体而言，人体的核心温度随着时间呈指数变化趋势。

$$t_{cr,i} = 36.8 + (t_{cr,eq} - 36.8)\left[1 - \exp\left(-\frac{t}{10} \right) \right] \quad (6.82)$$

$$t_{\mathrm{cr,eq}} = 0.0036(M - 55) + 36.8 \tag{6.83}$$

通过现场心率监测数据，动态心率对应的人体代谢率随着时刻的不同和受试者的不同呈现出巨大差异（50～150 次/分钟）。同时，人体核心温度 T_{cr} 是人体在稳定状态下新的核心温度（$t_{\mathrm{cr,eq}}$）的函数，其值也会随着人体代谢率的波动呈现出相应变化，因此人体代谢率带来的不确定性将会直接影响核心温度的计算精度。这一问题可以通过定义无限小时间微元 Δt_i 的方法来解决：假设在时间微元 Δt_i 内，人体心率的变化值为 $\Delta\mathrm{HR}$，心率的平均值为 $\overline{\mathrm{HR}}_i$，对应的人体代谢率的变化为 ΔM。人体核心温度随时间的变化可以通过式（6.84）进行表达，其完整表达还需要结合动态修正。

$$t_{\mathrm{cr},i} = 36.8 + \sum_i \left\{ 0.0036(M_i - 55)\left[1 - \exp\left(-\frac{t}{10} \right) \right] \right\} \tag{6.84}$$

2）皮肤温度 t_{sk}

在 PHS 模型的理论指标中，皮肤是人体与外部环境进行热交换的唯一界面[57,60]。准确的皮肤温度计算将是 PHS 模型精度的重要保证。PHS 模型与 $\mathrm{SW}_{\mathrm{req}}$ 模型中对于皮肤温度的定义见表 6.18。

表 6.18　$\mathrm{SW}_{\mathrm{req}}$ 模型与 PHS 模型中对于皮肤温度的定义[14]

模型	t_{sk}	自变量
$\mathrm{SW}_{\mathrm{req}}$	$t_{\mathrm{sk}} = 30 + 0.093t_{\mathrm{a}} + 0.045\overline{t_{\mathrm{r}}} - 0.57v_{\mathrm{a}} + 0.254P_{\mathrm{a}} + 0.00128M - 3.57I_{\mathrm{cl}}$ $t_{\mathrm{sk}} \leqslant 36\,^{\circ}\mathrm{C}$ $t_{\mathrm{sk},i} = 0.7165t_{\mathrm{sk},i-1} + 0.2835t_{\mathrm{sk,eq}}$	$t_{\mathrm{a}}, \overline{t_{\mathrm{r}}}, v_{\mathrm{a}}, P_{\mathrm{a}}, M, I_{\mathrm{cl}}, i$
PHS	$t_{\mathrm{sk,eq,cl}} = 12.17 + 0.020t_{\mathrm{a}} + 0.044\overline{t_{\mathrm{r}}} - 0.253v_{\mathrm{a}} + 0.194P_{\mathrm{a}} + 0.005346M + 0.51274t_{\mathrm{cr}}$	$t_{\mathrm{a}}, \overline{t_{\mathrm{r}}}, v_{\mathrm{a}}, P_{\mathrm{a}}, M, t_{\mathrm{cr}}$

通过人工气候室实验结果发现，皮肤温度也表现出与直肠温度非常类似的变化特点，即随时间呈指数变化趋势。$\mathrm{SW}_{\mathrm{req}}$ 模型中对于皮肤温度的定义未考虑时间变量，而 PHS 模型却将皮肤温度描述为时间的迭代函数，因此改进模型选取 PHS 模型的皮肤温度进行描述。动态环境中皮肤温度的稳定值（$t_{\mathrm{sk,eq},i}$）和皮肤温度的瞬时值（$t_{\mathrm{sk},i}$）都随时间而变化，T_i 时刻的 $t_{\mathrm{sk,eq},i}$ 和 M_i 可以通过时间微元 Δt 的引入而实现，因此在经历了热暴露时长 $n\Delta t$ 后，皮肤温度的计算公式为

$$t_{\mathrm{sk},i} = 0.7165^i t_{\mathrm{sk},0} + 0.2835 \sum_{x=1}^{i} t_{\mathrm{sk,eq},x} \times 0.7165^{i-x} \tag{6.85}$$

$$t_{\mathrm{sk,eq},i} = 12.17 + 0.020t_{\mathrm{a}} + 0.044\overline{t_{\mathrm{r}}} - 0.253v_{\mathrm{a}} + 0.194P_{\mathrm{a}} + 0.005346M_i + 0.51274t_{\mathrm{cr},i}$$

$$\tag{6.86}$$

式中，$t_{sk,i}$ 为第 i 分钟现实状态下的皮肤温度，℃；t_{sk0} 为初始皮肤温度，℃；x 为计算引入量，无实际意义，$1 \leqslant x \leqslant i$；$t_{sk,eq,x}$ 为第 x 分钟的理想皮肤温度，℃，即

$$t_{sk,eq,x} = 12.17 + 0.020t_a + 0.044\overline{t_r} - 0.253v_a + 0.194P_a + 0.005346M_x + 0.51274t_{cr,x}$$

$$(6.87)$$

通过现场研究发现，工人在劳动过程中可随自身热感受的变化而大幅改变其自身服装热阻。因此，需要对 t_{sk} 预测过程中的 $t_{sk,eq}$ 服装热阻的定义进行修正。

当 $I_{cl} \leqslant 0.2$clo 时，

$$t_{sk,eq,nu} = 7.19 + 0.064t_a + 0.061\overline{t_r} - 0.348v_a + 0.198P_a + 0.616t_{re} \qquad (6.88)$$

当 $I_{cl} > 0.6$clo 时，

$$t_{sk,eq,cl} = 12.17 + 0.020t_a + 0.044\overline{t_r} - 0.253v_a + 0.194P_a + 0.005346M + 0.51274t_{re}$$

$$(6.89)$$

当 0.2clo$< I_{cl} \leqslant 0.6$clo 时，

$$t_{sk,eq} = t_{sk,eq,nu} + 2.5(t_{sk,eq,cl} - t_{sk,eq,nu})(I_{cl} - 0.2) \qquad (6.90)$$

式中，$t_{sk,eq,nu}$、$t_{sk,eq,cl}$、$t_{sk,eq}$ 均代表了人体平衡状态下的皮肤温度，℃，即服装热阻不同情况下的 $t_{sk,eq}$；I_{cl} 为服装热阻，clo；$t_{sk,eq,i}$ 为第 i 分钟理想状态下的皮肤温度，℃；t_a 为空气温度，℃；$\overline{t_r}$ 为空气平均辐射温度，℃；v_a 为相对风速，m/s；P_a 为水蒸气分压力，Pa。

6. 其他动态修正

PHS 模型对劳动状态下工人的动态服装热阻做了修正，并附加定义了劳动者在静态和动态下的服装热阻。在其修正过程中，修正系数 $C_{orr,tot}$ 的计算引入了虚拟的行走速度 v_{ar}。它将工人的复杂劳动过程模拟为以恒定的速度 v_{ar} 行走于空气流速为 v_a 的空间中。这样就避免了在现实劳动中对于特定的技术操作工作，如上肢劳动（流水线装配作业）、固定点的肢体劳动（钢筋工）以及小范围作业（厨师）等缺乏修正的情况。虽然劳动地点固定，但是受到自身动作或局部通风的影响，其服装与皮肤处于动态接触中，导致服装热阻并非稳定值。由 v_{ar} 而产生的修正系数 $C_{orr,tot}$ 也受到个体差异的影响，包括不同的体表暴露面积、工作姿势、工作节奏、工作习惯、工作平台等，在现实生产中的量化有利于提高模型预测精度。

$$I_{tot,dyn} = C_{orr,tot}I_{tot,st} \qquad (6.91)$$

$$I_{a,dyn} = C_{orr,la} I_{a,st} \tag{6.92}$$

$$C_{orr,tot} = C_{orr,cl} = e^{0.043 - 0.398v_{ar} + 0.066v_{ar}^2 - 0.378v_w + 0.094v_w^2} \tag{6.93}$$

当 $I_{cl} \geqslant 0.6\text{clo}$ 时，

$$C_{orr,tot} = C_{orr,la} = e^{-0.472v_{ar} + 0.047v_{ar}^2 - 0.342v_w + 0.117v_w^2} \tag{6.94}$$

当 $0 \leqslant I_{cl} < 0.6\text{clo}$ 时（$v_{ar} \leqslant 3\text{m/s}$，环境实际风速 $v_w \leqslant 0.7\text{m/s}$），

$$C_{orr,tot} = (0.6 - I_{cl}) C_{orr,la} + I_{cl} C_{orr,cl} \tag{6.95}$$

当行走速度难以确定或工人处于静止状态时，

$$v_w = 0.0052(M - 58) \tag{6.96}$$

对流换热系数 h_c 的修正如下。

自然对流状态，

$$h_c = 2.38 \left| t_{sk} - t_a \right|^{0.25} \tag{6.97}$$

当 $v_{ar} < 1\text{m/s}$ 时，

$$h_c = 3.5 + 5.2 v_{ar} \tag{6.98}$$

当 $v_{ar} > 1\text{m/s}$ 时，

$$h_c = 8.7 v_{ar}^{0.6} \tag{6.99}$$

6.4.3　动态热应激预测模型应用

未来成熟的热应激预测模型不仅需要在劳动现场提供人体热应激状态的监测，还要对高温劳动环境的改善提供理论依据。上述模型的另一优势在于目标函数 E_{req} 对各项环境自变量及人体自变量形成了连续的、可导的函数关系，目标函数在连续变化中任一点的唯一解为高温环境设计提供了可能。这里对模型可能预测应用举例说明，输入条件参考现场研究及高温热暴露实验的部分实测数据，见表 6.19。

模型的应用从现实生活中可控的环境参数和人体参数出发，评价计算程序中单因素变量和多因素变量变化时，人体热平衡方程各构成项和中间变量的变化。

表 6.19　模型应用中的基本输入信息[14]

参数	大小	单位
年龄	30	岁
体重	75	kg
初始皮肤温度	34.16	℃
心率	94	次/分钟
空气温度	34.8	℃
辐射温度	35.5	℃
空气流速	1.5	m/s
水蒸气分压力	2.5541	kPa
服装热阻	0.6	clo
时间	80	min

1. 单因素影响

1) 时间因素

图 6.17 给出了皮肤温度 T_{sk}、核心温度 T_{cr} 以及人体热平衡过程中各构成项随时间的变化关系。随着人种、居住地气候环境、饮食结构和劳动性质的不同，人体在稳定状态下 T_{sk} 与 T_{cr} 会有差别[8,58]，模拟人体的初始皮肤温度与初始核心温度实测数据，分别为 $T_{sk0}=34.3℃$ 和 $T_{cr0}=36.8℃$。如图 6.17(a) 所示，从 T_{sk} 和 T_{cr} 的变化趋势可以看出，T_{cr} 随着时间的推移呈现出迅速增加的趋势，且导数逐渐增大。人体出现蓄热时，若未能及时调整散热或作息状态，则极易造成人体 T_{cr} 迅速上升。相对于 T_{cr} 的迅速增加，T_{sk} 虽然也表现出增加趋势，但是 T_{sk} 在 80min 内的增加幅度明显小于 T_{cr}，当劳动时间结束时，皮肤温度仅达到约 35.2℃。在高温劳动状态下，皮肤与外部环境直接接触，在对流换热、辐射换热以及蒸发换热的共同作用下，T_{sk} 相对于 T_{cr} 更容易控制。图 6.17(b) 反映了设计工况下以 E_{req} 为目标函数的人体热平衡方程多项式各构成项绝对值随时间的变化趋势。其中，人体代谢率产热仍然是人体蓄热的主要产热来源；相对而言，人体呼吸散热项 RES 虽然同时包含了蒸发散热和对流散热，但是其热量散失比人体代谢率产热要小得多。人体蓄热项 dS_{eq} 和所需汗液蒸发散热量 E_{req} 均可作为人体热应激的直接指标[8]，在计算工况下，dS_{eq} 逐渐增大，表示人体对于汗腺的刺激作用也在逐步增大，人体需要更多的散热。

2) 空气温度

空气温度的设定参照现场研究中实测施工现场空气温度变化范围(32.4～36.3℃)，其他环境条件则为前面所描述的条件。

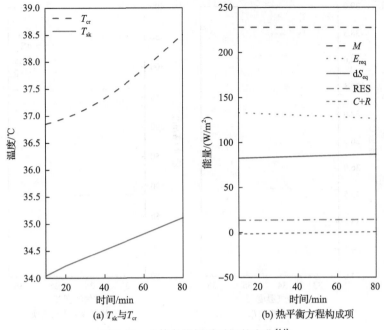

图 6.17　人体各指标随时间的变化[14]

  图 6.18 给出了 T_{sk}、T_{cr} 以及人体热平衡过程中各构成项随空气温度的变化关系。从图中可以看出，当空气温度在 32.4～36.3℃变化时，人体的 T_{sk} 出现缓慢上升，而人体的 T_{cr} 维持在相对稳定的水平。总体而言，人体 T_{cr} 相对于 T_{sk} 呈现出明显的稳定性。蒸发散热量 E_{req} 同样出现了明显上升，在温度逐渐升高的过程中，E_{req} 的上升给皮肤汗腺带来更大的刺激，汗液的蒸发散热也加强。然而，在此环境中人体蓄热量 dS_{eq} 并未产生较大变化，而是稳定在 $86W/m^2$ 左右。dS_{eq} 的相对稳定状态与核心温度 T_{cr} 的相对稳定状态一致，即在该劳动状态下，劳动者能够维持自身生理状态的平衡，尤其是血液循环系统温度的稳定[59]，但是当 T_{cr} 达到 38.1℃时，人体虽然处于稳定的工作状态下，却仍然略超出标准规定的 T_{cr} 的劳动极限设定（38℃）[58,61]。

  3）辐射温度

  辐射温度的设定参考现场研究中建筑施工现场辐射温度变化范围（32.4～41.2℃），其他环境条件则为前面所描述的条件。

  图 6.19 给出了 T_{sk}、T_{cr} 以及人体热平衡过程中各构成项随辐射温度的变化关系。从图中可以看出，当辐射温度在 32.4～41.2℃变化时，T_{cr} 同样维持在相对稳定的水平，T_{sk} 则出现了明显上升。人体 T_{cr} 相对于 T_{sk} 也呈现出明显的稳定性。而 T_{sk} 由于受到辐射热量的直接作用，出现了明显的上升。由于 T_{sk} 的上升，蒸发散热量 E_{req} 同样出现了明显上升，排汗刺激增强。在此环境中，人体蓄热量 dS_{eq} 仍

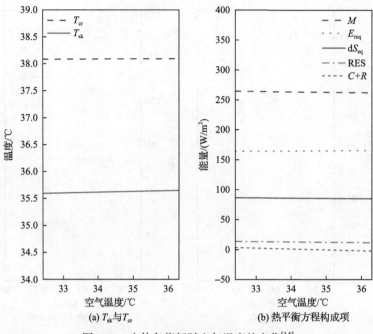

(a) T_{sk} 与 T_{cr}

(b) 热平衡方程构成项

图 6.18 人体各指标随空气温度的变化[14]

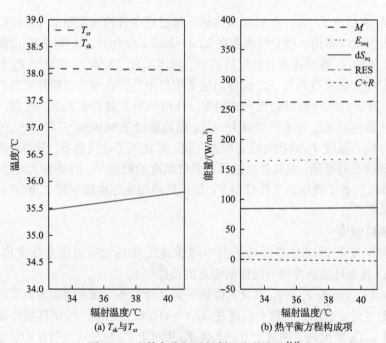

(a) T_{sk} 与 T_{cr}

(b) 热平衡方程构成项

图 6.19 人体各指标随辐射温度的变化[14]

然未产生大的变化，人体能够维持自身热平衡，人体未达到热应激调节能力的极限。值得注意的是，辐射温度 T_r 相对于空气温度 T_a 更易造成人体 T_{sk} 的明显上升。虽然 T_{sk} 的上升未打破人体热平衡的极限，但是仍然会带来强烈的不舒适感。在现实劳动环境中应严格避免工人直接暴露于高温辐射环境中或太阳直射环境中，可以通过遮阴措施或增加热辐射防护服等进行有效改善。

4）水蒸气分压力

水蒸气分压力的设定参考现场研究中建筑施工现场空气中水蒸气分压力的变化范围（1.90～4.00kPa），其他环境条件则为前面所描述的条件。

水蒸气分压力 P_a 是空气相对湿度的直接反映。湿度的增加会引起 T_{sk} 和 SW 的增加[8,58,62]。现有大量研究仍停留在有限的实验环境工况下空气湿度对人体热应激的影响，缺乏湿度连续变化下人体热应激状态的定量研究。图 6.20 给出了 T_{sk}、T_{cr} 以及人体热平衡过程中各构成项随水蒸气分压力的变化关系。结果表明，P_a 的上升造成了人体 T_{sk} 的迅速上升，同时 E_{req} 也急剧增加。这是因为 P_a 的增加，造成人体皮肤表面汗腺水蒸气分压力与外界空气水蒸气分压力的梯度差，这种梯度差的减小也影响了人体皮肤表面汗液的蒸发散热效率。T_{cr} 与 dS_{eq} 仍未表现出明显的变化，人体在该工作环境中能够维持内环境的稳定。

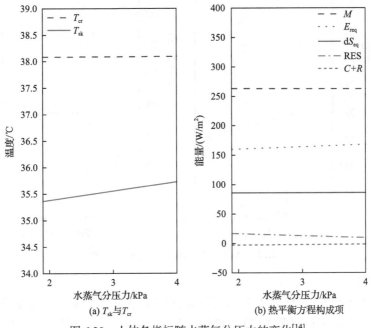

图 6.20　人体各指标随水蒸气分压力的变化[14]

5）空气流速

参考现场测试环境参数，空气流速的设定范围为 0～3m/s，其他环境条件同前面所描述的条件。

空气流速的增大是现实生活中人们增加散热和改善自身热感觉最常用的方法。空气流速的增大能直接作用于人体皮肤表面,增大皮肤的对流换热和蒸发散热,效果明显。图 6.21 给出了 T_{sk}、T_{cr} 以及人体热平衡过程中各构成项随空气流速的变化关系。结果表明,当空气流速从 0 增加到 3m/s 时,人体皮肤温度表现出了明显的降低,而人体的核心温度 T_{cr}、人体蓄热量 E_{req} 以及人体所需汗液蒸发量并未产生明显增加。在有吹风的情况下,人体明显处于热应力的可自我调节阶段,dS_{eq} 和 E_{req} 的逐时变化都非常稳定。虽然风速的增加能够直接改善人体的热感受(皮肤温度的迅速下降刺激皮肤温度感受器),但是这种散热的改善相对于人体总体所需的散热量而言仍然偏小。在实际应用过程中,吹风还应与其他降温措施结合使用,在改善人体热感受的同时进一步加强人体的换热才能达到最终缓解人体热应激的目的。

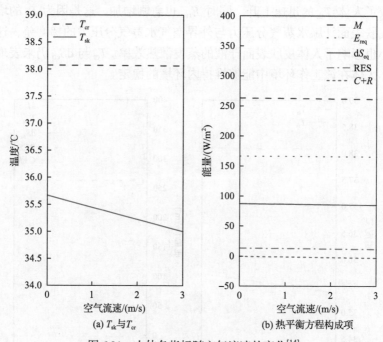

(a) T_{sk} 与 T_{cr}　　　　　　　　(b) 热平衡方程构成项

图 6.21　人体各指标随空气流速的变化[14]

6)心率

参考现场研究中 24 名工人 8h 劳动过程中最大心率的平均值以及最小心率的平均值来确定心率计算范围(71~128 次/分钟),其他环境条件如前所描述。

受试工人在劳动过程中心率处于连续、快速变化中。同时,由运动产生的人体代谢率 M 在人体产热中也占据主导地位,对于劳动过程中心率的研究不容忽视。图 6.22 给出了 T_{cr}、T_{sk} 以及人体热平衡过程中各构成项随心率的变化关系。从图中可以看出，心率的增大会引起 T_{sk} 和 T_{cr} 的同时增大，且增大趋势明显。同时当心率增大时，E_{req} 明显上升；dS_{eq} 的平衡也被打破，人体的热应激状态受到明显的影响。这是因为心率增大的同时，人体代谢率 M 也迅速增大。作为人体热平衡方程中唯一的产热源，心率的增大对人体热平衡状态的影响剧烈。当人体循环系统温度受人体内热源影响而上升后，T_{sk} 和 T_{cr} 受循环系统供血温度的影响必然出现上升趋势。心率的增大同时引起了人体供血频率的增大以及内环境温度的升高，因此 T_{sk} 和 T_{cr} 的上升呈现出一致的变化趋势。

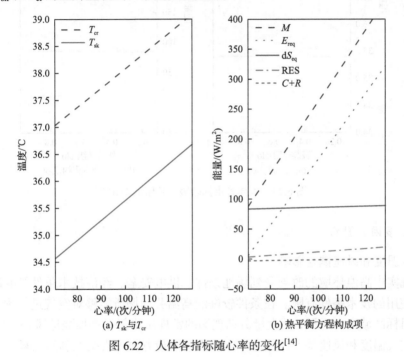

图 6.22　人体各指标随心率的变化[14]

7) 服装热阻

劳动者服装热阻的设定参考现场研究中受试工人服装热阻变化范围 (0.1~1clo)，其他环境条件如前所描述。

I_{cl} 是现实劳动过程中便于直接控制的又一重要因素。劳动者能通过减少 I_{cl} 而扩大皮肤与外部空气环境的直接接触面积，加强皮肤表面的对流、辐射和蒸发散热。而在极端高温劳动环境下，如陶瓷厂司炉工人、钢铁冶炼车间等受高强度热辐射源的影响，劳动者必须增大服装热阻，以避免高强度的热辐射对皮肤产生的灼伤。图 6.23 给出了 T_{sk}、T_{cr} 以及人体热平衡过程中各构成项随服装热阻的变化关系。结果表明，I_{cl} 的变化对劳动者热平衡状态下的 T_{sk} 和 T_{cr} 并未产生明显影响。但是随着服装热阻的增加，汗液蒸发散热量 E_{req} 减少，服装热阻的增加造成人体皮肤表面通风散热不畅，汗液蒸发明显受阻。

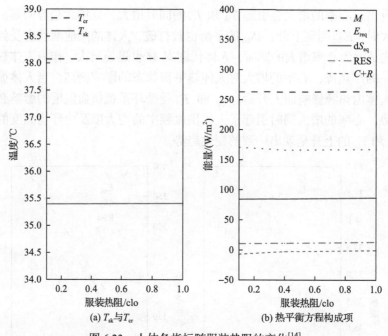

(a) T_{sk}与T_{cr}　　　　　　(b) 热平衡方程构成项

图 6.23　人体各指标随服装热阻的变化[14]

2. 多因素影响

1) 温度和风速耦合影响

现实中高温环境的改善受到场地条件、供电安全、经济技术条件等的制约，能够使用的技术条件有限。在条件较好的高温劳动场所能够对空气进行预冷，直接向目标区域定向送风；而大量劳动现场的常规做法仍然是加强送风。综上所述，目前空气温度和风速是人体热应激六大因素中最方便可直接控制的因素。

图 6.24 为人体皮肤温度随空气温度与风速的变化趋势。从图中可以看出，劳动者皮肤温度与空气温度和风速的变化基本成线性关系。但总体而言，随着风速的减小和空气温度的升高，劳动者皮肤温度呈上升趋势。风速相对于空气温度，对皮肤温度的影响更明显。在现有的技术条件基础上，增强吹风仍然是控制高温劳动环境下人体热感受最直接有效的手段。

图 6.25 为人体排汗蒸发散热量随空气温度与风速的变化趋势。从图中可以看出，人体排汗蒸发散热量受到空气温度与风速的综合影响。总体而言，当风速与空气温度增大时，人体排汗蒸发散热量增大。但是风速的增大对于排汗蒸发散热量的增大起到直接作用。在风速增大的初期阶段(0~1m/s)，这种改善作用逐渐加强，在风速增大后期阶段(1~3m/s)，人体排汗蒸发散热量表现出近似线性关系的快速增长。

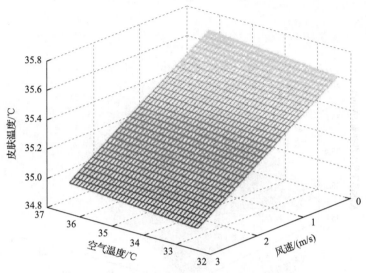

图 6.24　人体皮肤温度随空气温度与风速的变化趋势[14]

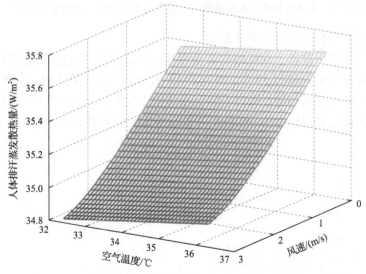

图 6.25　人体排汗蒸发散热量随空气温度与风速的变化趋势[14]

2) 温度和湿度耦合影响

图 6.26 为人体排汗蒸发散热量随空气温度和水蒸气分压力的变化趋势。当空气相对湿度(水蒸气分压力)一定时，人体排汗蒸发散热量随着温度的升高而不断上升；当环境温度一定时，人体排汗蒸发散热量也会随着空气相对湿度(空气水蒸气分压力)的上升而上升，温度与湿度存在明显的耦合作用。同时可直接读取不同温、湿度下的人体排汗蒸发散热量作为人体热应激水平的直接指标，简化了高温

环境设计。

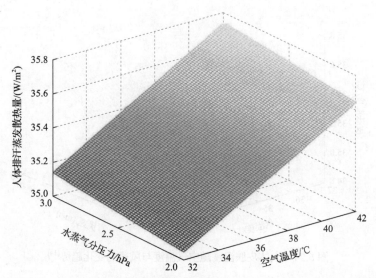

图 6.26 人体排汗蒸发散热量随空气温度与水蒸气分压力的变化趋势[14]

3)劳动时间和劳动强度耦合影响

世界卫生组织推荐,在能够对劳动者核心温度进行连续监测的情况下,核心温度的生理安全极限值为 39℃。图 6.27 以 $T_{cr} \leqslant 39℃$ 为计算上限,分析核心温度随时间和心率的变化趋势。可以看出,在设定工况下,当心率维持在 110 次/分钟以下时,人体能够保证连续 100min 的安全工作;但是当心率达到 110 次/分钟以

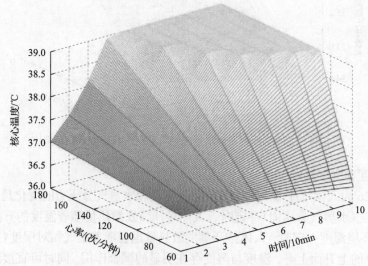

图 6.27 核心温度随时间和心率的变化关系$(T_{cr} \leqslant 39℃)$[14]

上时，100min 的连续劳动将不再安全。随着心率的增加，人体在保证核心温度健
康生理极限下（$T_{cr} \leqslant 39℃$）的可连续劳动时间迅速下降。在心率达到180次/分钟时，
最大允许劳动时间仅为 30min 左右。当心率为 100 次/分钟时，最大允许劳动时间
上升到约 90min，劳动强度对最大允许劳动时间的影响较为明显。在相同心率下，
随着时间的增加，人体核心温度也随着心率的增加而急剧增大。现实高温环境中
应严格避免工人在高强度的体力劳动下长时间工作；对高强度的体力劳动宜分段
进行，对于已确定时长的劳动，应严格避免某段时间内持续性高强度劳动。

参 考 文 献

[1] Parsons K C. Human Heat Stress[M]. London: CRC Press, 2019.

[2] ISO. ISO 7726:1998 Ergonomics of the Thermal Environment: Instruments for Measuring Physical Quantities[S]. Geneva: International Organization for Standardization, 1998.

[3] NIOSH. Criteria for a Recommended Standard: Occupational Exposure to Heat and Hot Environments[M]. Washington DC: National Institute on Drug Abuse, 2016.

[4] du Bois E F. The mechanism of heat loss and temperature regulation[J]. Annals of Internal Medicine, 1938, 12(3): 338-395.

[5] Murgatroyd P R, Shetty P S, Prentice A M. Techniques for the measurement of human energy expenditure: A practical guide[J]. International Journal of Obesity and Related Metabolic Disorders, 1993, 17(10): 549-568.

[6] Douglas C G. A method for determining the total respiratory exchange in man[J]. Journal of Physiology, 1911, 42: 17-18.

[7] Bonjer F H, Davies C J M, Lange A K, et al. Measurement of Maximum Aerobic Power[M]//Weiner J S, Lourie J A. Practical Human Biology. London: Academic Press, 1981.

[8] Parsons K C. Human Thermal Environments: The Effects of Hot, Moderate, and Cold Environments on Human Health, Comfort, and Performance[M]. London: CRC Press, 2014.

[9] ISO. ISO 8996:2021 Ergonomics of the Thermal Environment-Determination of Metabolic Rate[S]. Geneva: International Organization for Standardization, 2021.

[10] Parsons K C, Hamley E J. Practical methods for the estimation of human metabolic heat production[J]. Thermal Physiology, 1989: 777-781.

[11] ISO. ISO 15265: 2004 Ergonomics of the Thermal Environment-Risk Assessment Strategy for the Prevention of Stress or Discomfort in Thermal Working Conditions[S]. Geneva: International Organization for Standardization, 2004.

[12] Borg G A. Psychophysical bases of perceived exertion[J]. Medicine and Science in Sports and Exercise, 1982, 14(5): 377-381.

[13] McCullough E A, Jones B W, Tamura T. A database for determining the evaporative resistance

of clothing[J]. ASHRAE Transactions, 1989, 95: 316-328.

[14] 李永强. 高温劳动环境人体热应激的动态预测（中等劳动代谢率以上）[D]. 重庆: 重庆大学, 2016.

[15] Malchaire J, Piette A, Kampmann B, et al. Development and validation of the predicted heat strain model[J]. The Annals of Occupational Hygiene, 2001, 45(2): 123-135.

[16] ISO. ISO 7933:2004 Ergonomics of the Thermal Environment-Analytical Determination and Interpretation of Heat Stress Using Calculation of the Predicted Heat Strain[S]. Geneva: International Organization for Standardization, 2004.

[17] 许孟楠, 李百战, 杨心诚, 等. 湿球黑球温度（WBGT）评价高温环境热压力方法优化[J]. 重庆大学学报, 2014, 37(7): 110-114.

[18] Belding H S, Hatch T F. Index for evaluating heat stress in terms of resulting physiological strains[J]. Heating Piping and Air Conditioning, 1955, 27(8): 129-136.

[19] Pourmahabadian M, Adelkhah M, Azam K. Heat exposure assessment in the working environment of a glass manufacturing unit[J]. Journal of Environmental Health Science and Engineering, 2008, 5(2): 141-147.

[20] Givoni B. Estimation of the effect of climate on man: Development of a new thermal index[D]. Jerusalem: Hebrew University, 1963.

[21] Vogt J J, Candas V, Libert J P, et al. Required sweat rate as an index of thermal strain in industry[J]. Studies in Environmental Science, 1981, 10: 99-110.

[22] Habibollah M S B D, Mohammad J J, Mohammad R M, et al. Construct validation of a heat strain score index with structural equation modeling[J]. 2011: 601-612.

[23] Faisal A F. Analisa daya dan heat stres pada metode efisiensi sel surya sebagai energi alternatif ramah lingkungan[D]. Medan: Universitas Sumatera Utara, 2008.

[24] McNeill M, Parsons K C. Heat stress in night-clubs[J]. Contemporary Ergonomics, 1996: 208-213.

[25] ISO. ISO 9886: 2004 Evaluation of Thermal Strain by Physiological Measurements[S]. Geneva: International Organization for Standardization, 2004.

[26] Kampmann B, Piekarski C. The evaluation of workplaces subjected to heat stress: Can ISO 7933(1989) adequately describe heat strain in industrial workplaces?[J]. Applied Ergonomics, 2000, 31(1): 59-71.

[27] Williamson T J, Riordan P. Thermostat strategies for discretionary heating and cooling of dwellings in temperate climates[C]//Proceedings of 5th IBPSA Building Simulation Conference, Prague, 1997.

[28] Bedford T. Environmental warmth and its measurement[J]. Academic Medicine, 1946, 21(5): 319.

[29] MacPherson R K. Physiological Responses to Hot Environments. An Account of Work done in Singapore, 1948-1953, at the Royal Naval Tropical Research Unit with an Appendix on Preliminary Work done at the National Hospital for Nervous Diseases, London[M]. London: H. M. Stationery Office, 1960.

[30] McArdle B, Dunham W, Holling H E, et al. The prediction of the physiological effects of warm and hot environments[J]. Medical Research Council, 1974, 47: 391.

[31] McIntyre D A. Indoor Climate[M]. London: Applied Science Publishers, 1980.

[32] Frank A, Moran D, Epstein Y, et al. The Estimation of Heat Tolerance by a New Cumulative Heat Strain Index[M]//Shapiro Y, Moran D, Epstein Y. Environmental Ergonomics: Recent Progress and New Frontiers. London: Freund Publishing House Ltd., 1996: 194-197.

[33] Moran D S, Shitzer A, Pandolf K B. A physiological strain index to evaluate heat stress[J]. American Journal of Physiology-Regulatory, Integrative and Comparative Physiology, 1998, 275(1): R129-R134.

[34] Brouha L. Effects of muscular work and heat on the cardiovascular system[J]. Industrial Medicine & Surgery, 1960, 29: 114-120.

[35] Fuller F H, Smith P E. Evaluation of heat stress in a hot workshop by physiological measurements[J]. American Industrial Hygiene Association Journal, 1981, 42(1): 32-37.

[36] Givoni B, Goldman R F. Predicting effects of heat acclimatization on heart rate and rectal temperature[J]. Journal of Applied Physiology, 1973, 35(6): 875-879.

[37] Yaglou C P, Minard D. Control of heat casualties at military training centers[J]. AMA Archives of Industrial Health, 1957, 16(4): 302-316.

[38] ISO. ISO 7243:1989 Hot Environments-Estimation of the Heat Stress on Working Man, Based on the WBGT-Index(Wet Bulb Globe Temperature)[S]. Geneva: International Organization for Standardization, 1989.

[39] BS. BS 7963:2000 Ergonomics of the Thermal Environment—Guide to the Assessment of Heat Strain in Workers Wearing Personal Protective Equipment[S]. London: British Standards Institution, 2000.

[40] Olesen B W, Dukes-Dobos F N. International Standards for Assessing the Effect of Clothing on Heat Tolerance and Comfort[M]//Mansdorf S Z, Sager R. Performance of Protective Clothing: Second Symposium. Baltimore: ASTM International, 1988: 17-30.

[41] Leithead C S, Lind R A. Heat Stress and Heat Disorders[M]. London: Cassell and Co. Ltd., 1969.

[42] 刁成玉琢, 李百战, 洪丽璇, 等. 国际标准中热应力评价标准的对比[J]. 暖通空调, 2017, 47(12): 8-14.

[43] ISO. ISO 12894:2001 Ergonomics of the Thermal Environment-Medical Supervision of

Individuals Exposed to Extreme Hot or Cold Environments[S]. Geneva: International Organization for Standardization, 2001.

[44] ISO. ISO 13732-1:2006 Ergonomics of the Thermal Environment-Methods for the Assessment of Human Responses to Contact with Surfaces-Part 1: Hot Surfaces[S]. Geneva: International Organization for Standardization, 2006.

[45] ISO. ISO/DTR 23454-1 Human Performance in Physical Environments: Part 1-A Performance Framework[S]. Geneva: International Organization for Standardization, 2018.

[46] Hancock P A. Task categorization and the limits of human performance in extreme heat[J]. Aviation, Space, and Environmental Medicine, 1982, 53(8): 778-784.

[47] Pepler R D. Psychological Effects of Heat[M]//Leithead C S, Lind R A. Heat Stress and Heat Disorders. London: Cassell and Co. Ltd., 1964: 237-253.

[48] Meese G B, Kok R, Lewis M I, et al. A laboratory study of the effects of moderate thermal stress on the performance of factory workers[J]. Ergonomics, 1984, 27(1): 19-43.

[49] Ramsey J D, Kwon Y C. Simplified decision rules for predicting performance loss in the heat[C]//Proceedings of a Seminar on Heat Stress Indices, Luxembourg, 1988.

[50] ISO. ISO 7243: 2017 Ergonomics of the Thermal Environment-Assessment of Heat Stress Using the WBGT (Wet Bulb Globe temperature) Index[S]. Geneva: International Organization for Standardization, 2017.

[51] Moritz A R, Henriques F C. Studies of thermal injury: II. The relative importance of time and surface temperature in the causation of cutaneous burns[J]. American Journal of Pathology, 1947, 23(5): 695-720.

[52] Sevitt S. Local blood-flow changes in experimental burns[J]. The Journal of Pathology and Bacteriology, 1949, 61(3): 427-442.

[53] Siekmann H. Recommended maximum temperatures for touchable surfaces[J]. Applied Ergonomics, 1990, 21(1): 69-73.

[54] 杜晨秋. 环境温度变化对人体热调节和健康影响及其分子机理研究[D]. 重庆: 重庆大学, 2018.

[55] 李超. 相对湿度及其动态变化对人体热舒适的影响研究[D]. 重庆：重庆大学, 2018.

[56] World Health Organization. Health factors involved in working under conditions of heat stress: Report of a WHO scientific group[R]. Geneva: World Health Organization, 1969.

[57] Rowell L B, Murray J A, Brengelmann G L, et al. Human cardiovascular adjustments to rapid changes in skin temperature during exercise[J]. Circulation Research, 1969, 24(5): 711-724.

[58] 许孟楠. 高温环境下预测热应激模型适用性与暴露时间评价方法研究[D]. 重庆: 重庆大学, 2013.

[59] 杨宇. 室内均匀热环境中的人体热反应(偏热条件)[D]. 重庆: 重庆大学, 2015.

[60] Gagge A P, Nishi Y. Heat Exchange between Human Skin Surface and Thermal Environment[M]//Stolwijk J A J, Hardy J D. Handbook of Physiology: Reactions to Environmental Agents. Bethesda: American Cancer Society, 1977: 69-92.

[61] Rowlinson S, YunyanJia A, Li B Z, et al. Management of climatic heat stress risk in construction: A review of practices, methodologies, and future research[J]. Accident Analysis and Prevention, 2014, 66: 187-198.

[62] Parsons K. Heat stress standard ISO 7243 and its global application[J]. Industrial Health, 2006, 44(3): 368-379.

第 7 章　建筑热环境低碳绿色营造

中国政府提出的"双碳"战略决策为我国以能源转型为目的的能源革命给出了清晰的目标。建筑行业作为三大用能领域之一，与能源消费和碳排放密切相关。当前我国的建筑运行能耗已接近社会总能耗的 1/4，考虑到建材生产、运输和施工过程导致的二氧化碳排放，与建筑相关的碳排放已经达到我国碳排放总量的 40%。而随着我国城镇化和经济水平不断提升，建筑行业的碳排放比重将越来越大。因此，如何通过规划合理的实施路径，在满足人们对室内热环境改善日益增长的舒适健康需求的同时，不断降低建筑运行能耗，尽早实现建筑领域的碳达峰和碳中和目标，已成为建筑节能降碳发展的重要挑战，也是相关政府机构和建筑行业从业者必须面临和解决的重要任务。

建筑绿色化、低碳化和智能化是世界建筑发展的新趋势，唯有通过合理的规划设计、建筑被动设计、建筑运营调控和高效节能设备系统等低碳绿色营造方法和技术，加上合理引导人员用能行为，提倡低碳绿色生活方式，才能既满足民生需求，又满足能源和环境的可持续发展，实现建筑领域低碳发展。因此，在前述章节介绍动态热环境理论方法的基础上，本章重点阐述建筑热环境低碳绿色营造机理，讨论适宜的绿色节能营造工程设计方法和关键技术，并通过优秀工程案例的实施应用，展示建筑低碳绿色营造理论与技术，实现在我国能源消费总量控制和碳达峰、碳中和目标双重约束下改善建筑室内热环境的目标。

7.1　绿色营造方法与策略

7.1.1　基于建筑热过程的室内热环境营造机理

对建筑热过程的正确理解和分析是提出合理室内热环境营造技术的基础。对该过程清晰有条理的表述，有利于分析主要影响因素，理清营造过程。桑基能流图可用于展示不同阶段的能量流动，基于建筑热过程，图 7.1 构建了涵盖室内热环境设计与运行阶段室内热环境营造桑基能流图。由于建筑不同时刻的能量流动均存在差异，图中流线的粗细仅起示意作用，重点在于表示各影响因素对室内热环境营造的影响；同时考虑设备系统供冷(热)量与实际能耗之间存在能源转化，其流线在图中用虚线表示。这里基于建筑热过程对室内热环境营造系统中的能量传输及转化进行说明[1]。

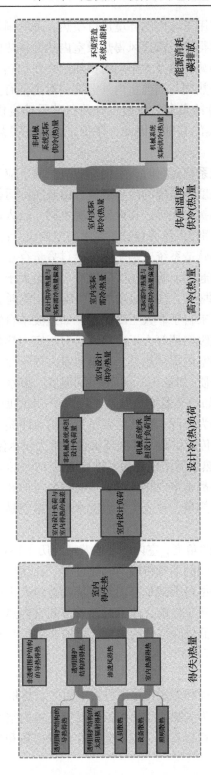

图7.1　基于建筑热过程的室内热环境营造系统能流图

　　建筑在内扰和外扰作用下与周围环境进行换热。透明围护结构的导热得热、透明围护结构的太阳辐射得热、渗透风得热及室内热源得热四部分构成了该建筑的总得热。其中，室内热源得热及太阳辐射得热始终在加热室内空间，而围护结构导热的方向及渗透风得热则与当前室内外温度相对高低有关。对于有热环境控制需求的建筑，空调设计冷负荷和供暖设计热负荷是确定供暖空调系统设备容量、系统参数及控制方案的基础。因此，降低室内得(失)热，将从源头上降低设计负荷。

　　建筑室内热环境营造系统运行时，室内冷(热)量需求应为当室内降低(升高)到人体达到热舒适时的温度所需要的冷(热)量。由于实际运行工况中的内扰和外扰，如气象条件、室内热扰大小等，与设计工况不同，且人员个体所需的室内舒适温度与设计温度存在差别，人体冷(热)量需求与室内设计冷(热)负荷存在偏差，使得人体冷(热)量需求与营造系统末端实际供冷(热)量存在偏差。室内人员的热不舒适正是由这种偏差引起的。若末端实际供冷(热)量大于人员冷(热)量需求，则会导致室内过度供冷(供热)，同时也增加了供暖空调能耗。

　　室内供冷(热)量既可来自于非人工冷热源，如过渡季自然通风时较低温度的室外空气，也可来自于供暖空调等人工冷热源。对于室内热环境营造，为了维持室内温度，需要在冬季向室内提供热量，夏季向室内提供冷量，其供冷(热)量的大小很大程度上取决于介质(如空气、水)的供回温度。以水系统为例，传统设计中主要以5℃温差为例，如换热器换热温差5℃，循环水供回水温差5℃，一般的做法是制备7℃的冷水作为冷源，但其主要是为了满足冷凝除湿要求，而不仅仅是降温排热。同样，对于传统供暖，其循环水设计常为供水温度95℃、回水温度70℃，但其实际所需要的热量需求仅是为了维持室内18~20℃的供暖温度。因此，系统供回温度和热量大小都是室内热环境营造时需要考虑和关注的量，在关注建筑能耗和节能时不能只看热量，也应关注温度水平，也就是在什么温度水平下的热量[2]。

　　可见，从建筑热过程的角度，室内热环境营造经历了得(失)热、冷(热)负荷、供冷(热)量到能源消耗之间的能量传输与转化过程。在这个过程中，减少供暖空调能耗的重要途径之一是尽可能减少室内热环境营造对人工冷热源的需求，主要思路为通过提升围护结构热工性能，改善过渡季节的室内热环境，缩短对人工冷热源需求的时间，进而降低供暖空调的负荷，增加非供暖空调的时间。

1. 室内得热和失热

　　得热是指某时刻在内扰和外扰作用下进入室内的总热量。当得热量为负值时，意味着房间损失热量，即为失热。得热考察的对象是室内空间，是从房间热平衡的角度来说的。从图7.1可以看出，限制建筑在夏季得热和冬季失热，将从源头上降低室内冷(热)负荷。建筑得热直接受建筑所处室外气象条件的影响,当前基于气候响应的被动式设计越来越受到重视。被动式建筑强调尽可能利用建筑本身的空间布局、材料构造以及细部处理等方法来营造舒适的室内热湿环境,其首要考虑因素就是如何通过建筑设计减少建筑得热和失热[3]。

建筑得热(HG)主要由通过非透明和透明围护结构的导热(HG_{cond})、通过透明围护结构的短波辐射(HG_{sol})、室内热源得热(HG_H)及渗透风得热(HG_{infil})四个主要部分组成,如图 7.2 所示。限制室内得热应从各组成部分入手,提出适宜的建筑围护结构、遮阳和混合通风技术方案,从而降低供暖空调负荷。

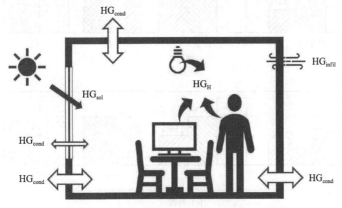

图 7.2　建筑室内得热示意图

1)提高围护结构保温隔热性能

传统建筑的保温隔热性能较差,因此提高新建建筑围护结构的热工性能可以从一定程度上减少通过围护结构的传热,起到保温隔热作用。图 7.3 显示了各版本居住建筑节能设计标准中不同气候区典型城市围护结构传热系数要求的演变过程。可见,按照现行节能设计标准设计的建筑,其围护结构热工性能相比传统建筑已有了显著提升。

需要指出的是,全年不同时间,甚至是全天不同时段对围护结构的热工性能要求不尽相同。夏季空调时段,目标是阻隔室外热量进入室内;冬季供暖时段,则希望减少室内热量传向室外。上述两种情况均需考虑提高围护结构的保温隔热性能,然而对于不需要空调的过渡季节或夏季可充分利用非人工供冷的时间(室外空气温度比室内温度低的时段,如夜间),则希望有更大的围护结构传热系数,以促进室内过多的热量通过围护结构向室外传递,此时过高的隔热性能反而成为室内向室外散热的不利因素,也会造成过渡季节室内过热的现象。因此,对围护结构节能效果的评估也应从全年综合效果的角度进行评价。

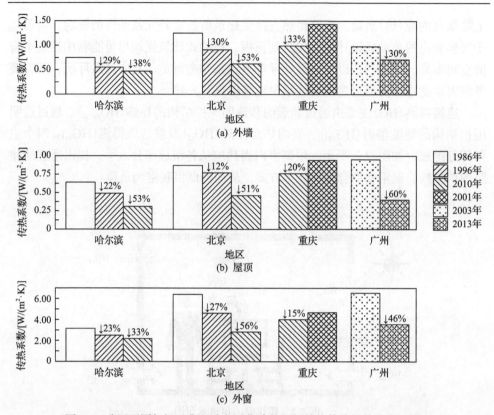

图 7.3　我国不同气候区典型城市居住建筑围护结构传热系数要求的演变

2) 动态控制透过外窗的太阳辐射

建筑设置活动外遮阳，对外窗的遮阳系数进行严格限制，是建筑节能设计的特点之一。遮阳系数和窗墙比是影响夏季空调能耗的重要因素，降低窗户对太阳辐射的透过性，可减少进入室内太阳辐射所形成的冷负荷；然而冬季由于存在供暖需求，通过外窗进入室内的太阳辐射有助于降低室内热负荷。因此，冬夏两季热环境营造系统对于窗户太阳辐射透过性能的需求是矛盾的，实现对室内太阳辐射得热的动态调控应是追求的目标。活动型外窗遮阳可以起到冬夏不同季节对太阳辐射的控制和调节。

3) 建筑气密性及渗透风影响

渗透风为非人为组织的通风，是影响建筑得热和失热的重要因素。我国对建筑气密性的规定主要侧重于建筑物单一构件，如外窗、外门的气密性等级。《民用建筑供暖通风与空气调节设计规范》（GB 50736—2012）按照人均居住面积规定了设置新风系统的居住建筑所需最小换气次数，范围为 0.45～0.70 次/h。需要注意的是，气密性的提高意味着通过门窗渗透进入的新风量降低。在未开窗时段，过高的气密性可能导致空气渗透量无法达到人体新风要求，需要通过机械通风的方式引入新风，会增加新风系统风机电耗，所以应该结合人员的健康需求和建筑能耗综合考虑以确定建筑的气密性等级和通风模式。

2. 空调设计冷负荷和供暖设计热负荷

负荷是指为维持建筑物的热湿环境在一定基准(设计条件)温湿度下时而必须向房间提供或从房间带走的热量。与供暖空调系统设计选型直接相关的是设计负荷，即在设计工况下各逐时冷负荷或热负荷的综合最大值。室内冷(热)负荷与得(失)热量一般不相等，其关系取决于建筑的构造、围护结构的热工特性和热源的特性。在夏季，围护结构内表面吸收的辐射热量在未传递给室内空气之前，只是房间得热量的一部分，而非负荷。因此，冷负荷与得热量相比，根据建筑材料特性在时间上有相应的延迟，幅度上有相应的衰减，如图 7.4 所示。热负荷与失热量也有类似关系。

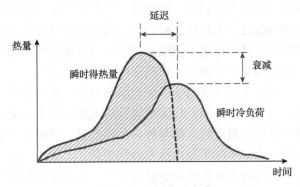

图 7.4　得热量与冷负荷

对于送风空调系统，以室内空气为参考对象，不考虑空气的蓄热能力，将其简化为单节点，则室内显热负荷主要由室内热源对流换热负荷($Q_{h,c}$)、室内表面对流换热负荷($Q_{s,c}$)和渗透风负荷(Q_{infil})三部分组成，如式(7.1)所示。负荷大小与室内所期望达到的温度直接相关，如何确定或调整该温度将从一定程度上直接决定室内负荷的大小；同时，负荷的大小受室内各表面的温度以及各表面与室内空气的对流换热系数的影响，而各表面温度分布及变化则与建筑墙体蓄热特性相关。

$$Q_{load} = Q_{h,c} + Q_{s,c} + Q_{infil}$$
$$= \sum_{i=1}^{n} h_i A_i (T_{h,i} - T_{sp}) + \sum_{j=1}^{m} h_j A_j (T_{s,j} - T_{sp}) + m_{inf} c_p (T_{out} - T_{sp}) \tag{7.1}$$

式中，T_{sp} 为室内空调设定温度，℃；h_i 和 h_j 分别为第 i 个和第 j 个热源表面与空气的对流换热系数，W/(m²·℃)；$T_{h,i}$ 和 $T_{s,j}$ 分别为第 i 个和第 j 个热源表面的温度，℃；m_{inf} 为渗透风质量流量，kg；c_p 为渗透风定压比热容，J/(kg·℃)；T_{out} 为渗透风温度，℃。

在室内热环境营造系统设计时，设计负荷是假定室内温度在设计温(湿)度区间范围(如 18～26℃)内。《夏热冬冷地区居住建筑节能设计标准》(JGJ 134—2010)给定的室内(卧室、起居室)热环境夏季设计计算温度为 26℃，冬季设计计算温度为 18℃。《民用建筑室内热湿环境评价标准》(GB/T 50785—2012)给出非人工冷热源环境下体感温度范围随室外平滑周平均温度的变化关系，以及不同室内热湿环境评价等级对应的操作温度限定范围。夏热冬冷地区，Ⅰ级为 18～28℃，Ⅱ级为 16～30℃。

3. 人员冷热量需求与实际供冷量及供热量

供冷量与供热量是建筑暖通空调系统向建筑实时提供的冷量和热量。室内设计负荷大并不意味着建筑环境营造系统的运行能耗就高，供暖空调系统向室内提供多少冷(热)量则与能耗直接相关。供冷量、供热量与暖通空调系统运行状态息息相关，暖通空调系统处于关机状态时，无论设备供冷(热)能力多大、建筑对应的冷(热)负荷有多大，其供冷量、供热量为零。当暖通空调系统的供冷(热)量与建筑的冷(热)负荷达到动态平衡时，建筑室内环境达到稳定。

此外，民用建筑室内热环境营造系统的服务对象主要是在室人员，因此室内所需温度为满足人员生理、心理及行为适应性后人体的热中性温度，人员冷量及热量需求为维持人体中性温度时人体与外界的换热量。供暖空调系统实际供冷量及供热量，一方面，由于实际工况内扰和外扰变化，其大小与设计负荷已不同；另一方面，在达不到室内人员热环境定量需求时，人员适应性行为又会直接影响空调送风温度的大小。因此，在人员冷热需求与实际供冷(热)量的匹配过程中，室内人员行为和用能模式成为关键影响因素。实际生活中，人员处在热环境中，会通过生理、心理及行为等多方面去主动适应环境。因此，在考虑人员对环境的生理、心理及行为等适应性因素的基础上，确定适宜的室内设计温度，不仅可提高室内热环境营造的舒适性，防止过冷过热，也可降低热环境营造系统的设计负荷，减少能源消耗。

暖通空调系统设计阶段应合理考虑建筑的负荷需求特性，在运行阶段提供合适的供冷量和供热量，防止室内环境出现过冷和过热。通过减少建筑供冷(热)量实现建筑节能的技术措施主要包括：①优化系统控制策略，例如，使用变风量系统对不同空调区域的供冷(供热)需求进行精确供应，防止室内过冷(过热)；②调整系统运行模式，例如，在间歇运行建筑中对系统的启停时间进行控制以合理利用建筑蓄存的冷热量；③优化气流组织形式，例如，在高大空间中采用温度分层的气流组织形式，仅保证人员活动的下部空间满足室内舒适要求；④空调系统合理分区，即把负荷特性相近的空间划分成一个空调系统，减少不同供冷(供热)需求带来的冷热抵消浪费；⑤冷热量计量，通过计量收费的经济手段，减少使用者对供冷量和供热量的人为浪费等。

4. "部分时间、部分空间"的间歇用能模式

由上述分析可知，建筑得(失)热、设计冷(热)负荷和实际建筑需冷(热)量之间并不一致，只有为满足人员在室期间的舒适需求而进行室内热环境营造时供暖空调设备系统运行过程中才会产生能耗。我国地域辽阔，气候多样，不同地区建筑供暖空调需求和用能模式存在较大差异。对于北方地区，冬季室内外温差较大，围护结构传热负荷在热负荷中占了较大比重，因此建筑冬季供暖的同步性较高，基本上采用"全空间、全时间"的供暖模式。然而，对于大部分南方地区，尤其是对于居住建筑，绝大部分居民采用了"部分时间、部分空间"的间歇使用模式，卧室和客厅是居民主要采用供暖空调设备的空间，且两种类型的房间供暖空调使用存在一定的互补性。实际上，住宅居民不可能一天 24h 在室，即使在室，由于不同房间的功能特点，居民也不可能一直在一个房间活动，多数居民白天在客厅活动，晚上或者午休的时间在卧室活动。同时，由于居民适应性行为调节灵活多样，即使在室期间室内温度偏离标准推荐的舒适区间，也不一定会立即使用供暖(供冷)设备。更多情况下，居民通常是在房间感觉热或者冷时才会开启供冷或者供暖设备，人走时则立即关闭相关设备。根据调研统计，分体式房间空调器仍是目前最节能环保、经济实惠、适合中国国情的住宅空调方式，也是城镇居民普遍的空调行为方式，且绝大多数住宅空调器为短时间间歇运行，平均运行时间很短。因此，利用居住建筑中人员"部分时间、部分空间"的间歇供暖空调模式，引导住户根据自我感觉对各个房间的空调进行开关调节，这样既能较好地满足不同住户个性化空调需求，充分发挥住户行为节能的潜力，又能很好地适应住宅空调的短时间、局部空间使用需求的特点，进一步降低对建筑实际供暖空调期间的用能需求。

7.1.2　延长建筑非供暖空调时间的绿色营造系统理论和方法

室内热环境营造系统由围护结构被动式系统和供暖空调主动式系统共同构成：①在冬季(室外温度低)，当室内外温差较大时，通过围护结构传递热量的驱动力增大，这时就需要通过增加保温、四周密闭等措施来减少通过围护结构散失的热量；②在夏季或过渡季节(室内外温差较小)，由于室内散热，若要通过围护结构被动式系统向室外排除一定的得热量，则需要围护结构具有良好的散热能力。随着室内外驱动温差、湿差变化，当被动式系统调节能力不能满足室内热湿调节的需求，或者超过被动式系统调节范围时，需要主动式系统作为补充。主动式系统主要用来承担排除室内多余的热量和水分或者向室内补充热量和水分，实质上

就是提供热量或者水分搬运过程的驱动力。例如，采用空气源热泵满足供暖需求，由于室外温度通常低于室内，就需要热泵投入功率来提供从室外取热的驱动温差，从而从室外环境中提取热量。由于主动式能耗与需求提供的温差密切相关，要实现减少主动系统各环节消耗温差，需要合理构建室内热环境营造的各个环节。

　　一般来讲，根据建筑热过程，建筑得(失)热-供暖空调负荷-供冷(热)量-能源消耗-碳排放具有时空变化的动态需求-供给特点。室内热环境营造和建筑能耗的影响因素主要包括 6 个方面：①室外环境；②围护结构；③用能系统；④运行管理；⑤室内环境参数设置；⑥人员行为，如图 7.5 所示。

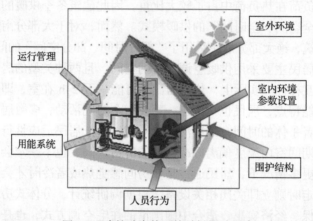

图 7.5　建筑动态热环境关键影响因素

　　综合气候-建筑-人员-设备系统等主要因素之间的供需匹配关系，引入系统思维(system thinking)方法，可以构建动态供需匹配模式下建筑供暖空调热环境低碳营造系统理论和整体解决方案，如图 7.6 所示。建筑能耗与室内环境营造相互影响、相互制约，在室内热环境营造的过程中，必须以保障室内环境质量为前提，因此，首先应因地制宜，充分结合当地气候、资源、环境等条件，明晰建筑室内热环境营造机理和需求，进而秉承被动优先、主动优化的基本原则，首先从被动设计影响因素、围护结构性能、室内通风遮阳等对室内热环境所产生的效果出发，通过建筑平面布局、建筑朝向、围护结构保温隔热、窗墙比、建筑遮阳装置等优化设计，提出以降低供暖空调峰值负荷与延长非供暖空调时间为目标导向的建筑围护结构适宜技术和最优化设计方案。在此基础上，引入主动技术优化，通过研发新型设备产品、高效舒适末端装置、系统智能调控和高效运维等关键技术和实施应用，实现室内环境的舒适健康和绿色低碳营造。再者，在国家大力推进碳达峰、碳中和的背景下，推动建筑领域的能源消费结构转型，充分挖掘可再生能源利用技术，构建以可再生能源为主的低碳能源系统，充分开发空气能、太阳能、风能、生物质能等清洁能源利用效率，从而实现建筑的低碳运行。

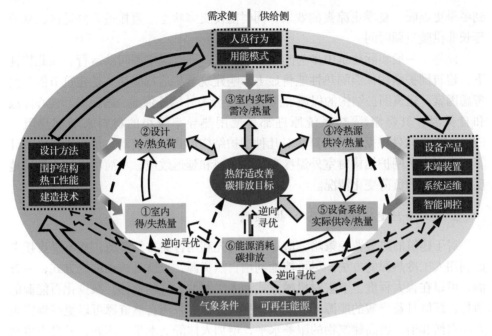

图 7.6　基于气候-建筑-人员-设备系统的建筑热环境营造理论

1. 通过提升围护结构热工性能降低建筑冷(热)负荷

围护结构是指建筑及房间各面的围挡物,它能够有效地抵御不利环境的影响。它一方面将建筑室外与室内形成物理分隔;另一方面又不可避免地进行着室内外的热湿传递。优秀的围护结构热工设计应该是为提供舒适的室内热环境服务,使得自由运行状态下室内温度可以在更多时间处于舒适区间,同时有效降低室内温度峰值。

影响围护结构热工性能的参数主要是传热系数 K,室内外传热量与传热系数的大小成正比,即

$$Q_L = KA\Delta T_L \tag{7.2}$$

式中,Q_L 为室内外传热量,kW;K 为传热系数,kW/(m²·℃);A 为面积,m²;ΔT_L 为室内外温差,℃。

在自由运行状态下,如果围护结构传热系数降低,室内外的能量传递也会随之减少。在冬季,降低围护结构传热系数可以减少室内热量向室外传递,在室内产热一定的情况下,室内余热量增加,房间将维持更高的温度;反之在夏季,室内热源较少的情况下,降低围护结构传热系数可以阻挡室外热量传入室内,通过提升围护结构的热工性能,对室内温度可以起到削峰填谷的效果,使建筑自身达

到冬季更温暖、夏季更凉爽的效果，同时能使更多状态点直接进入舒适区，从而延长非供暖空调时间。

此外，一般实际建筑中多为间歇用能模式，即供暖空调间歇运行。在此特性下，建筑围护结构保温隔热性能将显著影响建筑全年运行能耗，是建筑节能首要考虑因素。建筑围护结构的保温/隔热形式可分为外墙外保温、内保温、夹心保温和自保温，其保温/隔热系统原理都是使用热导率较小的材料来增加热阻。EnergyPlus 软件根据热平衡算法对几种围护结构形式下建筑动态负荷进行模拟计算，也考虑了围护结构对室外温度变化的衰减和延迟效应，从而可以较为准确地反映建筑物的负荷变化情况。

2. 通过合理遮阳降低建筑冷(热)负荷

对于建筑的热湿调控策略，应尽可能优先利用各类自然资源，而不是直接考虑利用人工冷热源的方法。尽可能地利用自然资源，也就是被动调控方式，一方面，可以在很大程度上节省对机械方式和人工制取方式的依赖，减少化石能源的消耗，缓解日益严峻的能源环境问题；另一方面，采用自然资源可以更好地实现人与自然和谐，提高建筑物的服务水平，增加人体舒适水平。例如，冬夏季可利用可调整遮阳设施以控制进入室内的辐射热量，有助于营造自然状态下更舒适的室内环境。在夏季，太阳辐射得热会转化成房间的冷负荷，应该尽量避免；而在冬季，太阳辐射得热却是房间的有利资源，对被动提升房间温度有积极效果。对于这一看似矛盾的问题，可以通过设置可调节的外遮阳和内遮阳装置实现，使得夏季尽量避免阳光射入房间，冬季尽可能使更多阳光进入。目前，从总体上来讲，现有居住建筑的外遮阳构件多采用固定水平遮阳板或垂直遮阳板形式。在合理计算太阳高度角及方位角后，固定式外遮阳本身就可以起到一定的冬夏遮阳调节效果。

研究表明，采用固定式外遮阳，建筑节能率最高可达 58.5%，而采用可调控的水平外遮阳，这一比例可达 72.6%。建筑外遮阳在大幅度降低建筑能耗的同时，还能有效改善室内自然采光环境。对于外遮阳的设置，夏季需在白天时段尽可能降低进入室内的太阳辐射，以降低空调负荷，并营造良好的室内光环境；冬季需尽可能扩大进入室内的太阳辐射。而根据太阳高度角和方位角的变化，在夏热冬冷地区，如重庆，在建筑的不同朝向、形式和尺寸上基本一致的固定式遮阳是无法满足这一遮阳需求的。因此，需要设置可以随太阳高度角和方位角进行调节的活动式外遮阳，以满足对遮阳效果的需求。

以重庆为例，研究夏季水平外遮阳的遮阳效果，探索适应该地区建筑遮阳的调控策略。水平外遮阳是通过在外窗上形成阴影，减少进入室内的太阳直射辐射，以达到遮阳的效果，形成的阴影面积越大，遮挡的太阳直射辐射也越多，遮阳效果就越显著。影响阴影面积大小的因素众多，主要有水平外遮阳的外形尺寸、外窗朝向、太阳方位。而阴影的几何尺寸可以根据计算时刻的太阳高度角 β 以及墙面法线与阳光投影线的夹角 γ 计算得到。假设水平外遮阳的挑出长度为 $P(\mathrm{m})$，则可由式(7.3)和式(7.4)计算得到水平外遮阳阴影的深度 T 和偏移量 M。

$$T = P \tan \beta / \cos \gamma \tag{7.3}$$

$$M = P \tan \gamma \tag{7.4}$$

式中，T 为水平外遮阳阴影的深度，m；P 为水平外遮阳的挑出长度，m；M 为水平外遮阳板阴影的偏移量，m。

从式(7.3)和式(7.4)可以看出，阴影的深度 T 和偏移量 M 与水平外遮阳的挑出长度成正比，与太阳高度角 β 呈正相关。当墙面方向一定时，墙面方位角也就一定，一天内太阳方位角由负至正，进而引起 γ 值变化，阴影偏移量 M 先减小后反向增加，而阴影深度 T 变化不定。因此，水平外遮阳由于挑出长度、太阳高度角、太阳方位角的变化，作用效果将存在明显的差别。评价水平外遮阳的效果需要综合考虑挑出长度、遮阳朝向、太阳高度角、太阳方位角的影响。

研究测算表明，南向外遮阳在10:00，太阳高度角为54°，太阳方位角为-82.37°，窗阴影区域占窗户面积的比例为93.2%；在12:00，这一比例变为100%；在14:00，这一比例又降低至73.7%。由此可见，一天中各时刻外遮阳在窗上形成的阴影区域处于不断变化的过程，其大小与外遮阳尺寸、建筑朝向、太阳方位角等参数密切相关。

3. 利用自然通风手段延长非供暖空调时间

从全年室内冷(热)需求来看，非人工冷热源需求和人工冷热源需求呈负相关，即通过非人工冷热源向室内提供冷(热)量，例如，过渡季节自然通风需求增加，则相应的人工冷热源需求减少，全年非供暖空调期延长。对于通风设计，需保证有足够的通风量。应通过合理考虑风压、热压等条件设置通风口，以形成良好的室内自然通风，同时在自然通风无法满足的情况下，设置机械通风系统来达到通风量要求。另外，每个月的室外气象参数都不同，各有各的特点，例如，1～3月、11月、12月室外温度低；4月、10月室外温度较为适宜；5月室外温度部分较为适宜，部分处于过热区域；6～9月室外温度普遍较高。因此，每个月是否适宜采用通风及通风所需要的换气次数都需要考虑。

对于夏季炎热地区，空调能耗较高，尤其需要寻求适用的节能措施以降低空调能耗，而被动式技术中自然通风是一个良好措施。夜间把室外相对干冷的空气引入室内，直接降低室内空气的温度和相对湿度，排除室内蓄热，能够显著减小室内热源对空调开机负荷的影响。在室内发热量由 0 增至 $35\mathrm{W/m^2}$ 的过程中，空调系统累计负荷增幅超过 40%，而进行有效的夜间通风后，基本可抵消夜间 15～25W/m² 的内部热扰量[4]。Yao 等[5]对中国不同气候区典型城市办公建筑的自然通风降温潜力进行了分析，指出自然通风降温效果受当地气候、建筑围护结构热工性能及通风类型和通风资源等的影响，对于长江流域地区，仅用自然通风无法完全满足夏季供冷需求，建议采用混合通风技术以实现自然通风与空调系统的综合利用。

一般情况下，对一些风力冷源较丰富的地区，有利于自然通风的建筑造型和外窗形式的建筑，如果建筑有足够的可开启外窗面积，开窗后可实现 10 次/h 以上的通风换气量。对于长方形建筑物，当风向与建筑物迎风面垂直时，史瑞秀[6]研究表明，气流流量可以近似由式(7.5)求出。为了强化风压作用，充分利用自然通风，建筑物的进风面应与夏季主导风向成 60°～90°，不宜小于 45°，而且排风窗与进风窗面积比不宜小于 1。因此，假定进排气净面积比为 1，则 k 值为 0.6。

$$L = 0.5kAv \tag{7.5}$$

式中，L 为空气流量，m³/s；k 为取决于进排气口净面积比的系数；A 为进气口面积，m²；v 为风速，m/s。

在室外气候条件允许的情况下，合理利用自然通风可以在不消耗能源的情况下降低室内温度，进而取代或部分取代空调以节约能源。以重庆为例说明自然通风潜力，根据重庆市风力水平，全年平均风速为 1.4m/s，利用计算流体力学模拟及通风换气次数经验计算公式，得到中等建筑密度多层板式布局(建筑覆盖率为 0.23)下平均通风换气次数为 4.4 次/h，最大换气次数为 5 次/h。对基准建筑采用两种不同的自然通风工况进行对比：①工况 ACH-1(对照工况)不采用开窗自然通风，仅保留 1 次/h 的渗透风；②工况 ACH-5 采用开窗自然通风，最大换气次数为 5 次/h。由于重庆市供冷需求较高、供暖需求较低，在不采用自然通风(ACH-1)时，7 月和 8 月绝大部分时间室内空气温度较高，而采用开窗自然通风(ACH-5)后室温有所下降，除 7 月和 8 月的极端高温天气外，其他时间利用自然通风的机会明显提升。表 7.1 中在完全不使用自然通风的情况下，非供暖供冷时间约占总时间的 39.9%，在使用最大换气次数 5 次/h 的自然通风后，非供暖供冷时间比例增加到 66.3%，尤其是 5～9 月，非供暖供冷时间的提升十分显著。

表 7.1　重庆 4～10 月利用自然通风延长非供暖供冷时间

	工况	4 月	5 月	6 月	7 月	8 月	9 月	10 月	总计
ACH-1	非供暖供冷时间/h	594	349	236	0	0	154	719	2052
	所占比例/%	82.5	46.9	32.8	0	0	21.4	96.6	39.9

续表

工况		4月	5月	6月	7月	8月	9月	10月	总计
ACH-5	非供暖供冷时间/h	675	606	419	207	202	553	744	3406
	所占比例/%	93.8	81.5	58.2	27.8	27.2	76.8	100	66.3

注：非供暖供冷时间统计4～10月(5136h)不采用供冷且室内温度处于18～28℃舒适范围的小时数。

4. 利用人员热适应性扩展舒适区间

人体本身具有一定的体温调节功能，对外部环境变化具有适应性调节机制。当室外平均温度较低时，人可接受的体感温度范围降低；当室外平均温度较高时，人可接受的体感温度范围也随之升高。在《民用建筑室内热湿环境评价标准》(GB/T 50785—2012)中，提供了非人工冷热源热湿环境的评价方法。具体评价内容及方法见本书第4章，这里不再赘述。通过人的适应性调节，可将室内温度调控范围由原来的18～26℃在一定条件下拓宽至16～30℃，这样全年在冬夏季节与过渡季节将有更多的时间满足舒适范围，进一步延长非供暖空调时间。

综上所述，延长非供暖空调时间的绿色营造方法如图7.7所示。在传统的建筑运行情况下，全年室内温度变化如实线所示。可以看出，如果要实现全年室内环境达到标准舒适区设计温度区间(18～26℃)，需要较大的供暖空调能耗。考虑到建筑围护结构的热工设计对供暖空调系统负荷特性的影响，优秀的热工设计应首先考虑采用被动式设计，通过改善围护结构热工性能、合理设置建筑朝向、建

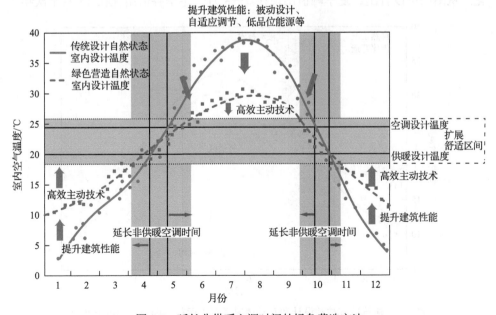

图7.7　延长非供暖空调时间的绿色营造方法

筑通风、外窗遮阳、隔热保温等措施控制进入房间的得失热量，从而降低/提升自由运行状态下室内温度峰值/谷值，达到减小供暖空调峰值负荷的目的。在此基础上，对于采用被动技术后仍无法满足室内舒适要求的情况，辅以高效的主动系统设计来提升建筑性能，包括提高设备能效、优化系统运行调控、选择合理高效供暖空调末端、利用低品位清洁能源等。结合人员用能行为模式引导调节，保证在人员使用时段以最小的能耗实现最好的室内环境营造效果。此外，在由春秋季节向冬夏季节过渡的时段，由于围护结构的被动式性能提升，已经减小了进入房间的不利冷热负荷，缩减了原本需要借助供暖空调来实现室内热环境舒适的时段，延长了建筑在自由运行状态下室内环境已处于舒适状态的过渡季节时间段。在此基础上，再充分使用人员的自适应行为调节，如开窗通风、服装调节、调整活动等方法，可较好地满足人员的热舒适需求。加上适应性理论中考虑人员的主动性适应性，在建筑室内热环境设计时还可以适当拓宽热舒适区间，保证在原有热环境舒适度的情况下进一步延长非供暖空调时间。

以典型住宅为例，采用上述延长非供暖空调时间的营造方法，通过建筑逐小时动态模拟分析，对建筑朝向、保温隔热、窗墙比、遮阳、气密性、自然通风等多种被动策略进行了综合分析，同时考虑到人体本身具有一定的体温调节功能，对外部环境变化具有适应性调节机制。在采取自适应调节措施后，可接受的体感温度范围也随之扩大。图 7.8 显示了模拟应用被动技术提高围护结构热工性能前后的周平均室内温度变化[7]，方块为提高前的温度变化，圆圈为提高后的温度变化。从图中可以看出，夏季峰值出现在 7~8 月，冬季谷值出现在 12 月至次年 1

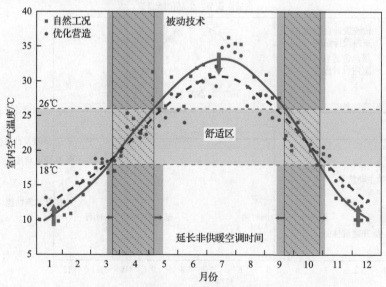

图 7.8 建筑适宜被动设计和基础情况下自由运行室内空气温度分布[7]

月。而通过提高围护结构保温隔热性能和利用自然通风技术,室内峰值温度有不同程度的降低,谷值温度有不同程度的提高,因而供暖空调峰值负荷也相应降低,可利用非人工冷热源的过渡季节时间延长。因此,对于建筑延长供暖空调时间,应以不同气候区建筑热环境现状和室内人员需求为出发点,结合人员的行为节能模式、被动式技术优化、高效末端设备及系统、合理的能源结构等,采用减少得(失)热、降低负荷、减少供冷(热)量的技术路线,达到延长非供暖空调期、降低峰值负荷和提升设备系统能效的目的,进而实现绿色营造。

7.2　建筑热环境绿色营造工程设计方法

7.2.1　温湿度耦合热环境设计

前述章节关于相对湿度对人体热舒适影响的研究表明,偏热环境下相对湿度对人体热感觉有显著影响,而 PMV 无法真实反映偏热环境下空气相对湿度对人体热感觉的影响。SET 是基于二节点模型提出的评价指标,其中包含了空气干球温度、相对湿度、风速、辐射温度等热环境参数以及服装热阻和活动水平对热感觉的影响。它是根据生理条件(平均皮肤温度和皮肤湿润度)制定的一项合理的热舒适指标,平均皮肤温度和皮肤湿润度是两个可以很好地诠释偏热环境下人体热舒适水平的生理参数。从理论上讲,SET 可以准确地评价任意均匀热环境中相对湿度对人体热感觉的差异[3]。相对湿度与温度耦合作用对热感觉的影响通常采用 PMV、ET*与 SET 指标进行预测,对应的经验预测模型见表 7.2。

表 7.2　温度与相对湿度对人体热感觉影响的经验预测模型

文献	预测模型	相对湿度对温度补偿 (10%RH)/℃	实验工况	
			相对湿度/%	服装热阻/clo
Nevins 等[8]	TS=4.893+0.329T+0.544RH+0.0306T·RH	0.2~0.3	15~85	0.52
Nicol 等[9]	TS=0.17T+0.7RH−4.29	0.41	—	—
Fanger[10]	TS=PMV	0.15~0.43	30~70	0~1.5
Tanabe 等[11]	TS=−6.883+0.271SET*(冬季)	0.07~1.09	50	0.60
	TS=−8.882+0.339SET*(夏季)		40~80	0.60
谈美兰[12]	TS=−6.331+0.256SET*(春夏)	0.07~1.09	40~80	0.32
Jin 等[13]	TS=−6.9+0.26ET*	0.09~1.24	50~90	0.57
李超[3]	TS=−6.95+0.28SET(春季)	0.07~1.09	15~85	0.65
	TS=−5.29+0.22SET(夏季)		15~85	0.30
	TS=−8.17+0.32SET*(冬季)		15~85	1.19

注:TS 表示热感觉,采用 SET*和 ET*指标计算时,服装热阻采用对应文献中设置的 0.32clo 和 0.57clo。

　　虽然 SET 反映了一定的热环境参数对人体的作用，由 SET 计算推导可知，行为调节所带来的服装热阻和风速等参数的变化也可以在 SET 中得到体现，但实际热环境中人员具有一定的热适应性，相对湿度对人体热感觉的影响可能会由于存在热适应性而与理论值 SET 不同，且相对湿度增加引起的热感觉变化与 δSET 之间也不存在线性关系，因此，若采用 SET 来评价偏热环境下相对湿度对热感觉的影响，则需要对其进行修正。为此，作者研究团队基于人体热舒适实验，提出了热适应因子 e，以此来修正 δSET，即修正后的 δSET 为 eδSET[12]。

　　通常情况下，舒适温度主要是通过对人体热感觉投票结果进行数据统计分析得到的，因此热感觉的差异势必会引起舒适温度存在差异。Griffiths 曾提出一种舒适温度的计算法，即 Griffiths 法，他认为可以用一个简单的标准回归系数来表示人体热感觉投票与操作温度之间的线性关系，这个系数称为 Griffiths 常数，用 G 表示。Griffiths 常数表征的是无热适应发生时热感觉与温度的关系，其假设仅室内温度发生变化而人的适应水平不变。假定热感觉投票 $C=0$ 代表舒适的热感觉投票，通过式(7.6)即可计算出其他任意热感觉投票值对应的舒适温度。

$$C - 0 = G(T_{\mathrm{op}} - T_{\mathrm{c}}) \tag{7.6}$$

式中，C 为热感觉投票(ASHRAE 7 点标尺)；G 为 Griffiths 常数，K^{-1}；T_{op} 为操作温度，℃；T_{c} 为舒适温度，℃。

　　由式(7.6)可得

$$T_{\mathrm{c}} = T_{\mathrm{op}} - C/G \tag{7.7}$$

　　理论上利用 G 值、热感觉投票 C 以及操作温度就可以计算单个或多个热感觉投票对应的舒适温度 T_{c}。由式(7.7)可知，在 Griffiths 的舒适温度计算法中，舒适温度 T_{c} 仅由操作温度 T_{op} 和热感觉投票决定。因此，相同室内操作温度水平下，不同相对湿度计算得到的舒适温度的差值 δT_{c} 即反映了实际环境中相对湿度和风速对热感觉的影响程度，且有

$$\delta T_{\mathrm{c\text{-}RH}} \propto e_{\mathrm{RH}} \delta \mathrm{SET}_{\mathrm{RH}} \tag{7.8}$$

式中，$\delta T_{\mathrm{c\text{-}RH}}$ 表示实际热环境中相对湿度对热感觉的影响程度，℃。

　　利用 Griffiths 方法计算偏热环境下人体对相对湿度的热感觉投票对应的舒适温度值，并计算平均舒适温度，同时求出相应的 $\delta T_{\mathrm{c\text{-}RH}}$ 与 $\delta \mathrm{SET}_{\mathrm{RH}}$。结果发现，$\delta T_{\mathrm{c\text{-}RH}}$ 与 $\delta \mathrm{SET}_{\mathrm{RH}}$ 呈显著的线性关系，如图 7.9 所示，根据 $\delta T_{\mathrm{c\text{-}RH}}$ 与 $\delta \mathrm{SET}_{\mathrm{RH}}$ 之间的线性回归式，即得到了 $e_{\mathrm{RH}} \delta \mathrm{SET}_{\mathrm{RH}}$。

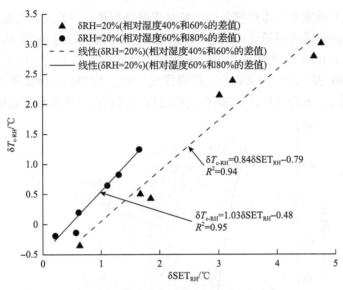

图 7.9　$\delta T_{c\text{-}RH}$ 和 δSET_{RH} 之间的关系

在不同相对湿度水平下，可接受温度上限可通过得到的适应性因子 $e_{RH}\delta SET_{RH}$ 进行修正。图 7.10 给出了综合考虑温湿度情况下人体舒适温湿度区间[14]。当人体处于静坐状态(1.0met)且静风时，若服装热阻为 0.32clo，则相对湿度为 80%时可接受温度上限约为 28.2℃，相对湿度为 60%时可接受温度上限约为 29.2℃，相对湿度为 40%时可接受温度上限为 30℃。若服装热阻为 0.5clo，则相应的可接受温度上限有所下降，相对湿度为 80%时可接受温度上限降为 27.4℃，相对湿度为 60%时可接受温度上限降为 28.3℃，相对湿度为 40%时可接受温度上限降为 28.9℃。在实际应用中，利用图 7.10 可确定不同相对湿度水平下可接受温度上限以及不同可接受温度对应的相对湿度上限，从而直接指导建筑热环境的工程设计，可以有效降低建筑的设计负荷，减少设计上不必要的能源浪费。

7.2.2　风速对可接受温度的量化补偿

作者研究团队通过大量的人体热舒适实验，证实了偏热环境中提高风速不仅可以有效降低人体热感觉，还可以降低相对湿度对人体热感觉的影响，如图 7.11 所示。基于人员热感觉投票值，可初步获得在夏季，当人体处于静坐状态(代谢率为 1.0met)、服装热阻为 0.32clo 时，提高风速后，若不考虑相对湿度的范围，则可接受温度上限可升至约 30℃；风速提高至 0.8m/s 后，可接受温度上限可升至 32℃，但是相对湿度不宜高于 60%[12]。此外，提高风速可以降低皮肤温度(图 7.12)，风速对皮肤温度的影响随环境温度的升高而下降。

采用 SET 来评价风速对温度的补偿作用，同时考虑人员热适应的影响，在评价偏热环境下风速对人体热感觉的影响时需要进行热适应修正。为此，作者研究团队提出风速热适应因子 e_v，以此来修正 δSET_v，即修正后的 δSET 称为 $e_v\delta SET_v$。

采用 Griffiths 方法计算本部分人体热反应实验中各工况下的平均舒适温度 T_c，并求出相应的 $\delta T_{c\text{-}v}$ 与 δSET_v。结果发现，$\delta T_{c\text{-}v}$ 与 δSET_v 呈显著的线性关系，如图 7.13 所示。根据 $\delta T_{c\text{-}v}$ 与 δSET_v 之间的线性回归式，即得到了 $e_v\delta SET_v$。

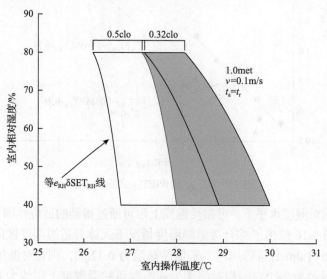

图 7.10　温湿度耦合设计工程线算图[14]

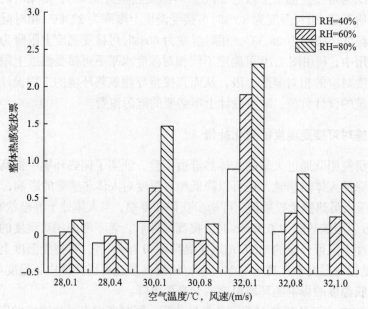

图 7.11　不同工况下整体热感觉投票的变化情况

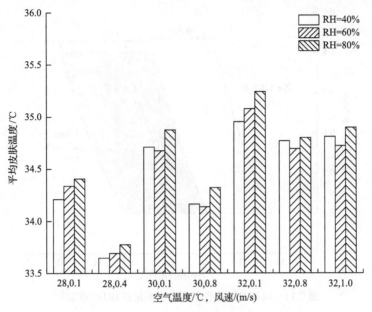

图 7.12　不同工况下平均皮肤温度的变化情况

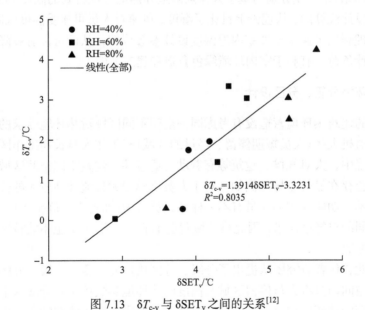

图 7.13　$\delta T_{\text{c-v}}$ 与 δSET_{v} 之间的关系[12]

利用得到的 $e_{\text{v}}\delta SET_{\text{v}}$，同时结合前面所得结果，最后得到夏季静坐状态下（代谢率为 1.0met），相对湿度为 60%、服装热阻分别为 0.32clo 和 0.5clo 时风速对可接受温度影响的修正图，如图 7.14 所示。不仅可确定风速对可接受温度的影响程度，还可确定不同可接受温度水平下对应的风速范围。

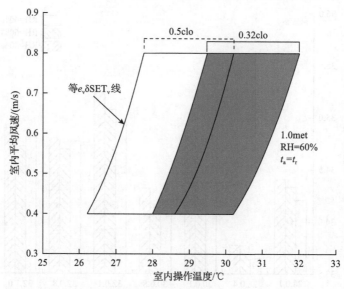

图 7.14　风速对可接受温度的影响修正（RH=60%）[12]

图 7.10 和图 7.14 分别为基于人体热舒适和热适应性得到的温度-湿度、温度-风速工程设计线算图，从理论上量化了湿度、风速对人员可接受温度区间的影响，实现了合理利用风速来拓展室内温湿度设计参数范围，从而可以有效降低建筑供暖空调设计负荷，有利于室内环境绿色营造和建筑节能。

7.2.3　热环境分级、分区设计

　　传统的建筑热环境营造没有考虑同一空间不同区域对热环境需求的差异性，如机场的值机大厅（人员短期停留、经过的区域）和工作人员长期工作区域。在实际建筑环境中，人对气候、建筑等有着动态适应性，建筑不同空间区域人员热舒适需求也会存在显著差异。例如，对于人员规模较大且流动性较大的公共建筑空间，处于不同功能区域的人员有不一样的人员行为（如行走、静坐等），不同的人群也有不同的热舒适需求，因此热环境营造不能"一刀切"，也不能按照统一标准确定设计参数。

　　基于此，作者研究团队提出了分级、分区热环境营造。分级、分区控制就是在建筑大空间内只将人员停留区域及高度的热环境参数控制在舒适水平，而不是对整个空间的热环境加以控制。同时根据建筑不同区域功能和特点，确定建筑不同空间人员热舒适需求，按需设计，按建筑区域不同功能与人员停留时间进行分区、划分不同舒适等级确定设计热环境参数，在满足人体热舒适前提下从源头上降低建筑能源需求，大量减少不必要的能耗。

　　对于不同的建筑空间，首先应通过合理的气流组织设计，以及采用分层或分

区空调方式，以保证人员活动区的热舒适为主(高于人员活动区不予保证)，热风送风采用下部送风、分区送风，减少对流换热；分层送风，保证人员所在区间热舒适性的同时可适当增加空间垂直温差，降低上空的空气温度，减少冬季供暖能耗。

　　对于建筑内不同功能分区或同一空间内，人的活动强度不同、停留时间不同，应按需设计，确定不同功能区域的热环境参数分区分级规则，按照建筑不同空间、不同区域功能、人员不同行为特点，提出建筑空间不同的温度、湿度、风速等热环境设计指标分级、分区工程设计方法，从而指导热环境营造更加具体化、精细化，同时人员在不同区域之间穿行可以一定程度上减少长期稳态空调环境不利于人体健康的问题。图 7.15 给出了某航站楼采用分级分区工程设计方法示意图。根据通行空间、候机空间、值机和安检空间等分别提出不同的温度、湿度、风速设计参数，实现了大空间建筑的热环境按需营造，极大地节省了能耗，实现热环境绿色营造。

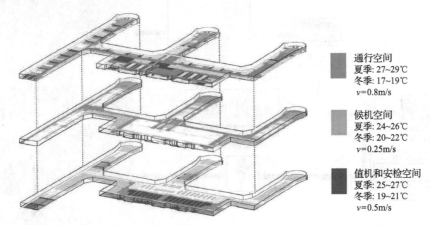

通行空间
夏季: 27~29℃
冬季: 17~19℃
$v=0.8\text{m/s}$

候机空间
夏季: 24~26℃
冬季: 20~22℃
$v=0.25\text{m/s}$

值机和安检空间
夏季: 25~27℃
冬季: 19~21℃
$v=0.5\text{m/s}$

图 7.15　公共区域供暖空调分级分区设计方法——以某航站楼为例

　　在此基础上，可以根据各区域的热环境参数进一步合理规划空调末端系统及系统参数设定，使空调系统具备根据人员不同热需求和密度变化进行调控的先天条件,克服传统空调设计无法兼顾各区域热环境需求差异及无谓的能源消耗问题,使各区域热环境质量更高、营造能耗更低。

7.3　供暖空调设备系统绿色营造技术

7.3.1　空调系统高效运营调控技术

　　传统的公共建筑中智能温控技术是纯反馈的控制技术，即当系统负责多个区域热环境营造时，在人员聚集一段时间后室内环境参数发生变化，例如，室内二氧化碳传感器监测到浓度有明显变化，或者室外温度变化等干扰引起了室内温度变化时才开始去调控设备，室内热环境参数滞后严重。

为达到热环境控制目标，智能温度控制技术成为建筑热环境智能控制不可或缺的部分。随着设备和技术的发展，作者研究团队提出了基于建筑人员行为的气候响应型空调系统智能控制方法，通过加入气候响应和人员流动变化情况的前馈控制（串级调控技术），利用建筑智慧管理系统（含能源管理部分）中的人流热力分布图和数据实现对热环境调控设备的精准控制，而不是仅依靠室内二氧化碳传感器信号进行反馈控制，如图 7.16 所示。采用该技术可以实现空调控制系统前馈控制，极大地减少室内热环境控制的滞后，克服反馈控制产生的大滞后、强扰动等问题，使得建筑物内供暖空调系统自动控制和热环境参数的控制反应速度大大提升，实现了空调系统的冷（热）量精确供给，解决建筑运营中热环境参数严重偏离设计工况、建筑室内过冷或过热等问题。

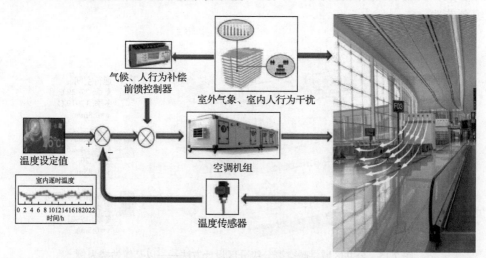

图 7.16　基于建筑人员行为的气候响应型空调系统智能控制方法

7.3.2　冷热源设备效率提升

环境保护与节能减排是国家的重大发展战略，在建筑能耗中，暖通空调的能耗占到建筑总能耗的 50%以上，其中冷热源设备及系统又是暖通空调系统能耗的主要部分，占比 50%～60%。因此，研发新型高效冷热源设备，提高建筑供暖空调运行能效，是建筑节能减排的重点和关键。以夏热冬冷地区为例，该地区夏季空调时间长，供冷负荷大，冬季供暖时间相对较短，供暖负荷小，空气源热泵是该地区冬季供暖适宜的热源。目前市场上的房间热泵空调器冬季供暖的制热能效值已达到 2.5 及以上，价格便宜，使用简单，维护修理较容易。但是，我国覆盖多个气候区，由于不同区域的气候特点和建筑负荷特征不同，其需求冷热量以及为其提供冷热量的空气源热泵的运行工况都有很大的差异。冬季空气源热泵应用于长江流域也存在一些技术难题，如长江流域全年冬夏气温变化大、湿度高，对空气源热泵在变工况运行时的性能和效率及极端工况下的可靠性提出了挑战，而传统空气源热泵运行往往出现压缩比调节不适应、易结霜等问题。因此，应重点研发适宜该地区气候，能够实现压缩比适应、变容调节，能够实现分室使用、间歇运行，具有优良除霜效果特征的高效运行空气源热泵。

此外，供暖空调系统提供的冷（热）量除到达室内末端部分外，另一部分受管网保温隔热等影响消耗在运输途中，因此设备及系统的能量传输和转化效率都会影响营造系统的最终能耗。柔性热泵系统采用多种形式的低品位能量采集末端（如风冷换热器、蒸发冷却或溶液喷淋换热器、水源换热器、地埋管换热器、太阳能集热器等）采集自然界的热源（热汇），提供给不同类型的热泵系统（电驱动蒸汽压缩循环热泵、燃气驱动蒸汽压缩循环热泵、吸收式热泵等）制取所需要的冷热水或冷热风；冬季除霜时利用所制取的热水，通过除霜换热器将热量送入需要除霜的空气换热器，在保障除霜效果的同时不影响其他采集末端的正常工作[15]，从而实现冬夏季均高效运行。

柔性热泵系统的核心原理是：一方面，充分利用热源（热汇）采集装置种类的多元性，以实现各种自然能源的优势互补，并很好地满足冷热负荷的匹配，且降低了热泵机组的装机容量；另一方面，充分利用大量的热源（热汇）采集装置，将冷凝热用于除霜换热器除霜，实现同时高效除霜与高效供热。另外，值得一提的是，在过渡季节或室内负荷非常小的时段，室外自然能源足以满足室内舒适性需求时，柔性热泵系统还具有直接利用自然能源的功能，此时热泵机组停止运行，除霜换热器开启运行模式，向用户提供低品位热量或冷量。

柔性空气源热泵系统工作原理示意图如图 7.17 所示。整个系统主要包括热源（热汇）采集装置（风冷换热器、冷却塔）、热泵机组及用户，热源（热汇）采集装置与热泵机组之间通过低冰点载冷剂系统连接，以防止冬季冻结。需要说明的是，冷却塔和风冷换热器的数量应当根据用户的冷热负荷进行优化设计，确定最佳数量。

图 7.17　柔性空气源热泵系统工作原理示意图

在夏季供冷运行模式下，风冷换热器作为额外的散热设备辅助冷却塔散热，不仅可以降低冷却塔的设计容量，降低初投资，而且便于进行负荷调节，提高了热泵机组的制冷效率；在冬季供热运行模式下，各个风冷换热器均不结霜时，风冷换热器提取空气中的低品位热量，经过热泵机组提升后供给用户高品位热水，部分风冷换热器结霜时，利用热泵机组制取的部分高品位热量通过换热器将热量提供给待除霜换热器的防冻液管路进行除霜，而其他无须除霜的风冷换热器则正常运行，提取空气中的低品位热量。因此，正是由于整个系统具有多元性热源(热汇)采集装置及利用冷凝热除霜的特点，不仅实现了高效制冷、高效制热及高效除霜，而且达到不间断供热、保障用户舒适性的效果。由于夏季采用冷却塔散热，柔性空气源热泵的能效比传统空气源热泵可提高 13%～30%[16](按目前常规的空气源热泵与蒸发冷却机组类比得出)。虽然空气换热器与热泵采用间接连接方式增加了一次换热，但几乎所有的空气换热器均可同时运行，且实现了不间断除霜，因此柔性空气源热泵整个冬季的供热性能仍高于传统空气源热泵。

7.3.3　供暖空调末端舒适性能提升

1. 舒适性风扇调控

风扇作为增加室内空气流动、改善热舒适的主要手段，是建筑室内常用的末端设备，而现有市场上的风扇都无法进行动态调节，并且长时间、高风速吹风可能引起吹风不适。因此，作者研究团队提出了一种风扇风速动态调控技术，通过对风扇进行改装，控制电机转速，使电机转速按照正弦、脉冲和随机的规律进行变化，改变风速的变化周期，从而得出不同周期的流场特性参数，对比得到最接近自然风的舒适性风扇周期[17]。

将研究得到的正弦气流、脉冲气流、随机气流的流场特性参数与自然风进行聚类分析，选择 β 值与自然风接近的周期，即正弦风和脉冲风选择以 192s 为周期的采样数据的流场特性参数，脉冲风则是每个周期选择一个采样数据的流场特性参数，具体选择见表 7.3。

表 7.3　聚类分析的流场参数

工况或周期	风类型	偏度 Skew	峰度 Kurt	湍流度 Tu	β
—	自然风 1	0.35	2.35	0.34	1.41
—	自然风 2	0.72	3.15	0.33	1.56
—	自然风 3	0.09	2.49	0.40	1.26
28℃,50%RH	正弦风 1	0.34	2.09	0.47	1.11
28℃,70%RH	正弦风 2	−0.08	1.99	0.36	1.32

续表

工况或周期	风类型	偏度 Skew	峰度 Kurt	湍流度 Tu	β
28℃,90%RH	正弦风 3	0.31	2.56	0.28	1.19
30℃,50%RH	正弦风 4	0.21	2.53	0.30	1.36
30℃,70%RH	正弦风 5	0.15	2.31	0.29	1.14
30℃,90%RH	正弦风 6	0.35	2.34	0.29	1.37
32℃,50%RH	正弦风 7	0.31	2.30	0.34	1.38
32℃,70%RH	正弦风 8	0.10	2.43	0.23	1.21
32℃,90%RH	正弦风 9	0.16	2.33	0.23	1.37
28℃,50%RH	脉冲风 1	0.67	1.78	0.78	1.62
28℃,70%RH	脉冲风 2	0.11	1.35	0.55	0.91
28℃,90%RH	脉冲风 3	−0.37	1.79	0.35	1.82
30℃,50%RH	脉冲风 4	−0.16	1.61	0.38	1.17
30℃,70%RH	脉冲风 5	0.33	1.60	0.38	1.00
30℃,90%RH	脉冲风 6	0.07	1.60	0.42	0.98
32℃,50%RH	脉冲风 7	0.28	1.63	0.44	0.97
32℃,70%RH	脉冲风 8	0.19	1.91	0.27	0.94
32℃,90%RH	脉冲风 9	0.17	1.85	0.31	1.04
0.1s	随机风 1	0.13	3.05	0.05	0.44
1s	随机风 2	0.19	3.73	0.73	0.58
3s	随机风 3	0.20	2.96	0.04	0.50
5s	随机风 4	0.14	2.83	0.17	1.37
7s	随机风 5	0.17	2.79	0.21	0.61
9s	随机风 6	0.15	2.82	0.18	0.74

注：β 为双对数功率谱曲线负斜率。

　　对上述数据进行逐步聚类分析，按照 K-means 迭代算法不断调整类中心点，收敛准则数值为 0(两次迭代计算的最小类中心的变化距离等于初始类中心距离时停止迭代)，可将以上四种风再聚类为 4 类，得到分层聚类法的垂直冰柱图。由图 7.18 可知，当集群数为 4(分为 4 类)时，随机风 2 单独为一类；随机风 1、随机风 3、随机风 5、随机风 6 为一类；自然风 1～自然风 3、随机风 4、脉冲风 1、正弦风 3～正弦风 9 为一类；脉冲风 2～脉冲风 9、正弦风 1、正弦风 2 为一类。由此可知，在正弦风的调控策略下，大部分工况下的正弦风和周期为 5s 的随机风与自然风有相似的流场特性参数，有较好的仿自然风特性，能够使人更舒适；而随机风和脉冲风都具有特有的特性，如随机风的 β 值较小、脉冲风的峰度较小等特性，与正弦风营造的舒适性气流有一定的差距。

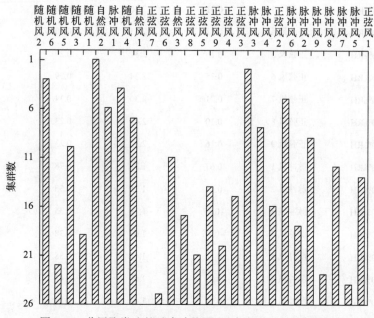

图 7.18　分层聚类法的垂直冰柱图（对应表 7.3 工况或周期）

就风速概率分布而言，不同周期的正弦气流风速概率分布的偏度基本大于 0，即该气流已经具有典型自然风的特性，为右偏态分布。不同周期的脉冲气流风速概率分布的偏度分布在 0 左右，每个舒适风速区间都至少有一种周期的风速概率分布与自然风一致，为右偏态分布。随机气流风速概率分布，当周期小于 1s 时偏度小于 0，为左偏态分布；当周期大于 3s 后，绝大部分随机气流风速概率分布的偏度大于 0，与自然风气流的偏度相同，为右偏态分布。正弦气流和随机气流的风速概率分布的峰度在 3 左右波动，与自然风气流相同；脉冲气流大部分情况下的峰度小于 2，具有不足的峰度，与自然风峰度值相差超过 1。

正弦气流不同周期的湍流度均在 0.2~0.6，湍流度随着周期的增长大致呈先增加后减小的趋势。脉冲气流不同周期的湍流度均在 0.2~0.78，湍流度随着周期的增长大致呈先增加后减小的趋势。随机气流不同周期的湍流度均在 0.1~0.2，湍流度与室内自然风湍流度接近。就功率谱特征而言。随着正弦波和脉冲波周期的增大，各工况下的 β 值呈线性增加的趋势。对于随机气流的 β 值，当周期为 5s 时，随机气流的 β 值为 1.37，大于 1.1，具有仿自然风特性，契合人体的 $1/f$ 生理信号。当周期不为 5s 时，随机气流的 β 值均小于 1.1，具有典型的机械风特性。

综上所述，正弦波控制下产生的正弦气流在特性参数上与自然风有较强的相似性，聚类分析结果显示可以将正弦风和自然风聚为一类，表明风扇按照正弦规律变化调节具有最佳调控效果。

2. 舒适性辐射末端

随着建筑供冷供暖需求增大，尤其是南方供暖需求日益突出，选择适宜的供暖末端方式，对改善该地区建筑热环境及建筑节能具有重要意义。辐射末端作为一种新型舒适高效末端，由于舒适性高、卫生安全、节省空间、系统能耗低，可充分利用低品位能源等诸多优势，具有较大的应用潜力。

以某典型办公室为测试对象，作者研究团队分别分析低温辐射供暖供冷下室内热环境的变化特性及舒适性等，为未来该地区供冷供暖适宜的辐射末端选择提供依据[18]。

测试房间为典型办公室，普通砖墙，无围护结构外保温和窗体遮阳。空气源热泵系统经二次换热提供毛细管辐射所需高温冷水。实验对象为 2 个相邻房间，每个房间尺寸为 6m(长)×3.5m(宽)×2.7m(高)，如图 7.19 所示，布局相同。410 房间左、右侧墙分别敷设间距 4cm 和 2cm 的毛细管网，其中左侧墙毛细管网规格为 1000mm×2500mm，敷设 4 块；右侧墙毛细管网规格为 1000mm×5000mm，敷设 4 块。412 房间顶板敷设间距 2cm 的毛细管网，规格为 1000mm×7000mm，敷设 3 块。施工阶段已在所有毛细管网表面做普通抹灰处理，抹灰层厚度为 2cm。毛细管辐射末端及表面温度测点如图 7.20 所示。

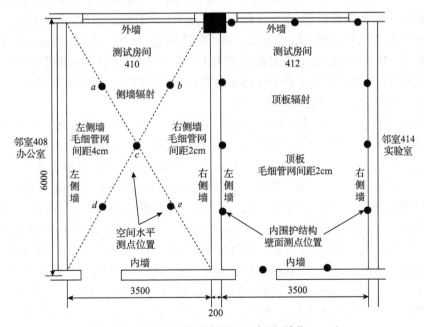

图 7.19　房间平面与测点布置示意图(单位：mm)

图 7.20　毛细管辐射末端及表面温度测点

1) 辐射供冷

辐射供冷实验的测试参数主要包括围护结构壁面温度、室内空气温度、新风量以及室外温湿度。实验包括 2 种设计：410 房间左侧墙 (4cm) 和 412 房间顶板 (2cm) 辐射末端同时开启运行；410 房间右侧墙 (2cm) 和 412 房间顶板 (2cm) 末端同时开启运行。在两种设计下，连续测量辐射顶板和辐射侧墙的供冷性能及室内热环境。供冷实验期间，与测试房间 410、412 相邻的左右和上下楼层房间均为围护结构相同的普通办公室，410 房间左侧相邻房间 408 未供冷，而 412 房间右侧相邻房间 414 持续供冷。由于重庆市夏季高温高湿，为了避免辐射表面结露并提供足够冷量，制冷时采用毛细管供水温度为 16℃ 和 18℃。

(1) 室内温度分布。

图 7.21 为供水温度 16℃ 时侧墙和顶板辐射供冷稳定阶段室内空气温度分布。其中，虚线表示 410 和 412 房间正中位置 c 点的空气温度变化。顶板辐射的测点空气温度均低于侧墙辐射，2 个房间中心 c 点 1.1m 高度处空气温差达 1.2℃。且 c 点的空气温度比其他测点位置更低。对于侧墙辐射，c 点空气温度随高度的增加变化更大，0.1m 与 2.5m 高度处的温差为 1.4℃，而顶板辐射相应高度处的垂直温差不到 0.2℃，表明 2 种末端造成的室内垂直温差都符合标准要求（≤3℃），且室内温度均匀性较好，满足舒适性要求。

从图 7.21(a) 可以看出，410 房间侧墙辐射供冷时不同位置测点温度都随高度的增加逐渐升高，但在 0.1m 高度处，由于冷空气下沉且积聚在靠近辐射侧墙的地板附近，靠近侧墙的 d 点与远离侧墙的 b、e 点温度最大差值分别为 0.7℃ 和 1℃ 左右。随着高度增加，不同位置测点间温差逐渐减小，1.7m 高度时温度基本相等。与 410 房间侧墙辐射供冷不同，412 房间顶板辐射供冷时不同位置测点温度并不是自上而下呈线性下降趋势，而是 1.7m 高度的空气温度最低，从 1.7m 到 1.1m 空气温度逐渐上升，随后 0.6m 处再次降低（图 7.21(b)）。这可能是由于测试房间采用顶板侧送入新风的方式，新风的扰动和冷却作用使顶板下层空气形成受迫对流，造成 1.7m 高度附近空气温度较低。但新风量较小，扰动作用有限，不能将辐射顶板下部冷空气直接送入人员活动空间，而室内热空气由于浮升力作用上升，0.6m 高度处空气温度比 1.1m 高度处低。

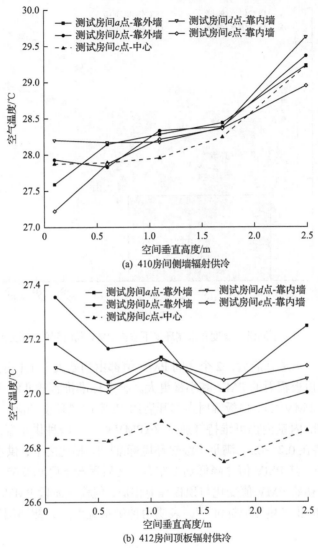

图 7.21　供水温度 16℃时侧墙和顶板辐射供冷稳定阶段室内空气温度分布

（2）室内热舒适性评价。

根据《民用建筑室内热湿环境评价标准》（GB/T 50785—2012）[19]推荐的人工冷热源室内热湿环境评价方法，由于辐射室内温度分布均匀，可采用整体评价指标 PMV 进行预测分析。假定人员典型办公室着装（短袖热阻 0.12clo，长裤热阻 0.2clo，运动鞋和棉袜热阻 0.05clo，内衣热阻 0.03clo，服装热阻共计 0.4clo），静坐（1.1met），室内处于无风状态。根据实验测试，供冷期间室内相对湿度基本稳定在 60%～65%，因此可得到不同供水温度和末端环境下室内 PMV 随时间的变化曲线，如图 7.22 所示。

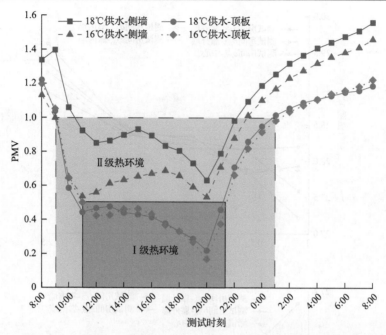

图 7.22 不同供水温度和末端环境下室内 PMV 随时间的变化曲线

可以看出，末端开启后，2 个房间 PMV 值都由初始大于 1.1 迅速减小，与侧墙辐射相比，顶板辐射的 PMV 减小量更大。参考标准推荐的 II 级热环境的 PMV 变化区间(0.5<PMV<1)，顶板辐射末端开启约 1h 室内热环境即满足舒适要求，且末端关闭后 5h 内室内仍可维持舒适水平(PMV ≤ 1)。两种供水温度稳定阶段的 PMV 值都维持在 0.2~0.5，满足 I 级热环境标准[19]。相比之下，供水温度 18℃时侧墙辐射需 3h，其 PMV 值才降低到 1 左右，之后逐渐下降到 0.65 左右。当供水温度 16℃时，初始 PMV 值变化与顶板辐射相似，但稳定阶段 PMV>0.5，在 0.5~0.7 波动，满足 II 级热环境标准[19]，表明两种供水温度下，侧墙辐射也可满足热舒适要求。

2) 辐射供暖

辐射供暖实验时，首先分析不同供暖末端下(风机盘管、侧墙辐射、顶板辐射、地板辐射)室内空气温度分布，如图 7.23 所示，图中每个高度的空气温度为该高度上所有测点空气温度的平均值。四种末端的室内空气温度随高度的升高而增大，地板辐射的室内温度梯度最小，其次是顶板辐射和风机盘管，侧墙辐射的室内温度梯度最大。坐姿时，对于地板辐射、侧墙辐射、顶板辐射和风机盘管，头部(1.1m)和脚踝(0.1m)处空气温差分别为 0.3℃、2.9℃、2.0℃、1.8℃，均小于 3℃，满足 ISO 7730 规定的 A 级舒适标准；站姿时，对于地板辐射、侧墙辐射、顶板辐射和风机盘管，头部(1.7m)和脚踝(0.1m)处空气温差分别为 0.6℃、3.9℃、2.9℃、2.2℃，表明侧墙辐射满足 ISO 7730 规定的 B 级舒适标准，其余三种末端均满足 A 级舒适标准。总的来说，四种供暖末端室内垂直温差均满足舒适要求。

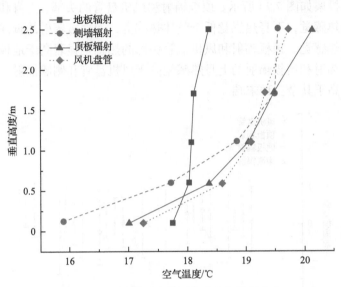

图 7.23　不同供暖末端下室内空气温度分布

四种供暖末端下各壁面平均温度见表 7.4。侧墙辐射时，右壁面温度明显高于其他壁面，右侧墙与空气的平均温度差值为 8.9℃，小于辐射不对称温差 23℃，满足舒适要求[12]。地板辐射时，实木地板表面平均温度为 25.1℃，满足标准给出的温度范围 19～29℃[12]。顶板辐射供暖时，顶板与靠窗内壁面最大温差为 7.8℃，根据标准 ISO 7730 中辐射不对称与不满意度图表分析，顶板辐射不满意率小于 10%，满足舒适要求。

表 7.4　四种供暖末端下各壁面平均温度　　　　　（单位：℃）

内壁面	供暖末端			
	侧墙辐射	风机盘管	地板辐射	顶板辐射
左壁面	18.9	16.8	18.4	18.5
右壁面	27.5	17.8	18.8	19.0
靠窗内壁面	15.3	16.5	15.5	16.4
靠走道内壁面	17.1	17.3	17.1	17.2
顶板	17.7	18.4	17.5	24.2
地板	16.1	17.2	25.1	17.1

四种供暖末端在室内温度为 18℃时，人员实际热感觉投票分别为 0.23（地板

辐射)、0.09(侧墙辐射)、0.11(风机盘管)、0.21(顶板辐射),表明在四种供暖末端下受试者热感觉投票都处于中性状态,均满足热舒适要求。整体和局部身体部位的热感觉投票如图 7.24 所示。顶板辐射和风机盘管的头部、上身和手部的热感觉高于整体热感觉,下身热感觉低于整体热感觉;而地板辐射的脚部和手部热感觉高于整体热感觉。顶板辐射和风机盘管头部的热感觉显著高于地板辐射和侧墙辐射,顶板辐射和地板辐射的上身热感觉高于风机盘管和侧墙辐射,地板辐射的脚部热感觉高于其余三种末端。

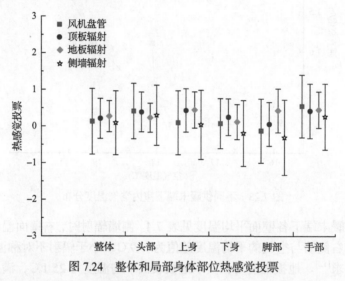

图 7.24　整体和局部身体部位热感觉投票

　　综上所述,辐射末端在供冷供暖时都表现出较好的室内温度分布均匀性,而在辐射供冷中,由于人-环境辐射换热量大于对流换热量,且降低了对流换热引起的吹风不舒适感,具有较好的舒适性。但是,由于辐射系统本身的热惰性以及围护结构蓄热,其供暖时出现响应时间过长,尤其是在间歇运行情况下。对于辐射供冷空调系统应用的技术开发,多集中在不同辐射末端形式、辐射与空调送风除湿系统的结合、辐射板表面防结露、除湿,以及系统响应、运行调控、系统节能等方面,但辐射系统存在供冷时能力有限、供冷时容易出现结露风险等问题,一定程度上也限制了该项技术的推广应用,因而对该方面的理论和技术以及适用于不同地区和建筑类型的辐射供暖供冷技术适宜性仍有待进一步深入研究。未来更需要在发展技术的同时完善辐射的基础理论研究,提出适宜的低温辐射供暖供冷的规范标准和技术准则,从而为该技术在建筑,尤其是住宅建筑中的推广应用提供理论支撑和技术保障。

　　3. 舒适高效空调送风技术

在建筑围护结构被动设计优化、设备性能提升的基础上,高效的供暖空调设备和产品可进一步实现建筑节能，而基础理论的研究为产品研发等提供了理论和技术支撑，这里简单介绍基于人体热舒适的高效空调送风技术。

1) 智能人感送风技术

飞行时间技术即传感器发出经调制的近红外光，遇物体后反射，传感器通过计算光线发射和反射时间差或相位差来换算被拍摄景物的距离，以产生距离信息。在空调产品中引入该技术，采集人体的位置信息，同时经过飞行时间信号处理技术计算人体所处位置的距离，通过人员定位监测技术，空调通过合理设置传感器的位置，分析人体的身高特征，来判断受风人的年龄。如图 7.25 所示，根据人体与空调之间的距离和当时的环境温度与设定温度，通过内部核心算法计算出风口的风速与出风温度，合理控制压缩机的运行频率与内风机的转速。当人走进空调或远离空调时，程序会根据距离的变化量自动调节风速和压缩机转速，保证人体感到的风都是最舒适的风速和温度。相应技术已经在空调产品中得到较好应用，实现按需送风，解决了空调送风装置难以满足不同送风距离带来的热舒适差异的问题，达到个性送风的舒适体验。

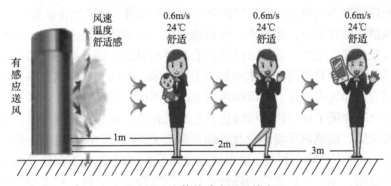

图 7.25　人体热感应送风技术

2) 贯流健康匀风技术

如图 7.26 所示，通过在贯流柜机和贯流挂机送风口设置射流预混装置，增加引风机构，利用负压诱导房间空气实现送风前混合，将室内温度较高的空气与初级气流混合，最终形成一股大流量气流从出风口吹出，驱动房间空气循环。在实现整个送风结构的设计中，基于仿生翼技术的柔性导叶以及变流态激励合成射流控制技术，可以完成多个尺度的气流调节，实现室内微气候流场的控制，解决导向环分离流、环向空气均匀性等多个技术问题，空调送风温差由 8℃降低为 6℃（以空调设置温度为 18℃为例），克服了送风温差过大导致的人体舒适性差的问题。

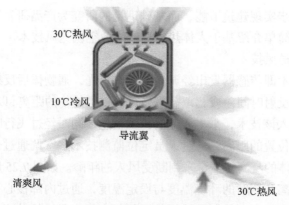

30℃热风

10℃冷风

导流翼

清爽风

30℃热风

图 7.26　贯流健康匀风技术

7.4　典型工程室内热环境绿色营造关键技术实施案例

我国建筑领域的节能减排经过 30 余年的发展，取得了长足的进步，在保持较低建筑能耗强度的情况下，建筑室内舒适度明显改善，建筑能效显著提高。然而，在新型城镇化的背景下，建筑业持续高速发展，建筑存量快速增加，建筑能耗总量也仍以较快速度增长。建筑节能领域若想要向纵深发展、向更高的台阶迈进，建筑能耗降低和能效提高必须依赖相关节能技术、产品和产业的支撑，并借助大量的工程应用和优秀示范，实现绿色技术的应用推广和市场化。

前面章节介绍了建筑热环境绿色营造相关理论、方法和关键技术，主要基于作者研究团队"建筑热环境理论及其绿色营造关键技术"项目成果，并已经在国家体育场、成都双流国际机场、城市轨道交通等 30 余项重大工程建设项目中得到了很好的应用，提高了建筑空间热舒适性，同时降低了能耗，获多项国内行业工程金奖，对改善民生需求、实现节能减排以及推动地区经济发展和生态文明建设等都具有重要意义。本节通过选取若干典型工程案例，进一步阐释建筑热环境绿色营造关键技术在大型建筑中的应用及其产生的效益，为今后建筑环境领域的工程推广应用和绿色低碳营造提供参考。

7.4.1　国家体育场"鸟巢"优化通风降温保障热环境安全

国家体育场"鸟巢"位于北京奥林匹克公园中心区南部，为 2008 年北京奥运会的主体育场，场内观众座席约为 91000 个，举行了奥运会和残奥会开闭幕式、田径比赛及足球比赛决赛。奥运会后成为北京市民参与体育活动的大型专业场所，并成为地标性的体育建筑。国家体育场的形态如同孕育生命的"巢"或摇篮，寄托着人类对未来的希望。设计者对这个场馆没有做任何多余的处理，把结构暴露在外，自然而然地形成了建筑的外观。北京奥运会主体育场占地 20.4 万 m^2，建筑面积 25.8 万 m^2，看台为均匀而连续的环状，分上中下三层。其中地下共 3 层，分别为-1 层、-1 夹层和 0 层。地上共 7 层，地上 1 层、2 层、5 层、6 层除核心筒周围的附属商业用房、2 层的贵宾休息厅及 5 层、6 层的赛后宾馆用房外，都是大面积的开敞集散大厅；地上 3 层、4 层为封闭空间，四周由玻璃幕墙与外界隔开，整个 3 层均为餐厅层，可进行宴会和招待会，并有各种大小的包间和私人餐室，在餐厅可看到球场与外景，4 层为包厢层，包厢可灵活改变房间大小，供会议或其他功能使用。体育场的看台设计成均匀而连续的环形，分上中下三层看台。顶部中央开口面积约 $18000m^2$，其余部分由两层不同功能的膜覆盖，两层膜间隔约为 13m。外层膜为单层乙烯-四氟乙烯共聚物(ETFE)膜，内层膜为单层聚四氟乙烯(PTFE)膜。顶棚内膜覆盖区域面积约为 4.2 万 m^2，容积约 190 万 m^3。

体育场在建设中采用了先进的节能设计和环保措施，如良好的自然通风和自然采光、可再生地热能源的利用、太阳能光伏发电技术的应用等。"鸟巢"的外观之所以独创为一个没有完全密封的鸟巢状，是因为既能使观众享受自然流通的空气和光线，又尽量减少人工机械通风和人工光源带来的能源消耗。"鸟巢"内使用的光源都是各类高效节能型环保光源。在行人广场等室外照明中也尽可能采用太阳能发电照明系统。在"鸟巢"中，足球场地的下面是 312 口地源热泵系统井，它通过地埋换热管，冬季吸收土壤中蕴含的热量为"鸟巢"供热；夏季吸收土壤中存储的冷量向"鸟巢"供冷，能节省不少电力资源。诸多先进的绿色环保举措使国家体育场成为名副其实的大型"绿色建筑"。

"鸟巢"在建设初期关于看台区域是否需要采用空调曾经有过激烈的争论：一方面，开幕式期间，看台区域列席的有世界各国领导人，责任重大，必须保障热环境可接受；另一方面，看台顶部为透明结构，且多数时间开启，若采用集中空调系统，能耗巨大，后期运营无法维持。为了做出经济有效的判定，需要对看台区进行正确的热舒适评价。在方案设计期间，采用性能耦合设计方法，以室内热环境质量及建筑能耗为约束条件，反向遴选建筑设计、通风、空调等方案，对体育场室内环境进行了多项优化设计，最终确定观众席采用自然通风方式。

开幕式当天，在体育场的比赛区会有约 5000 人进行大型的文艺表演。假定每个演员的散热量为 100W，体育场比赛区总的人员负荷为 500kW。通过计算机模拟，图 7.27 为观众区温度场及速度场剖面图，区域温度分布区间主要集中在 30℃、30.6℃、31.2℃这几个数值。若直接根据严寒及寒冷地区非人工冷热源热湿环境体感温度范围图来看，30.6℃及 31.2℃均超过舒适区上线 30℃，然而，注意到其风速分布，其主要风速区间为 0.56～0.75m/s。考虑夏季服装热阻约为 0.32clo，依据前面提出的风速对人体热舒适温度的补偿模型，当风速为 0.56m/s 时，室内可接受舒适温度可提高到 31.2℃，因此区域温度分布区间基本满足室内可接受舒适温度要求。因此，预测在开幕式当天，该区域室内热环境能满足可接受热环境标准，不会使人产生闷热感、难受感，采用通风的方式是完全可行的。

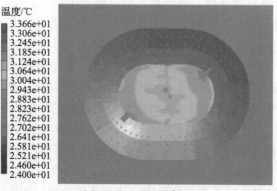

(a) 温度场

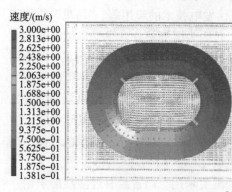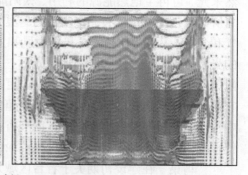

(b) 速度场

图 7.27   观众区温度场、速度场剖面图

通过采用非空调(非人工/机械制冷)优化通风降温技术和非人工冷热源热舒适评价，该工程在最大限度满足室内热湿环境质量的同时，显著降低了建筑全年能耗，2008 年获全国优秀工程勘察设计奖金奖。

7.4.2   成都双流国际机场 T2 航站楼分级分区热环境设计

成都双流国际机场 T2 航站楼是国家实施西部大开发的战略性工程，也是国家"十一五"规划的西南地区最重要的综合性交通枢纽工程，位于四川省成都市双流区。工程总建筑面积 32.9 万 m²，总占地面积 29.6 万 m²，由中建三局成都公司施工建设，2012 年 5 月 24 日竣工投入使用以来，全年旅客吞吐量超过 5500 万人次。设计高峰时段出发旅客 6232 人次/h，设计高峰时段值机旅客(不包含中转旅客)5390 人次/h。

成都双流国际机场 T2 航站楼体量巨大，对室内环境要求高。作为具有城市标志性的重要窗口建筑，要求能给旅客强烈的视觉效果，建筑形体高大、通透，围护结构尺寸较大，同时候机大厅和值机大厅部分功能分区复杂，对室内热环境有较高要求，是节能设计的重点和难点。同时，T2 航站楼作为工艺性较强的特殊公共建筑，为了满足建筑所追求的整体效果，建筑围护结构屋面和外墙主要采用虚实相间的透明材料和金属夹芯板，由此使围护结构的热工与节能设计受到很大限制。此外，由于工艺流程、安全性能等要求的制约，各个用能环节的能耗也会增加。为减少 T2 航站楼的全年运行能耗，工程在设计中采用了被动技术和主动技术并重的绿色营造手段。在进行 T2 航站楼的热舒适性、空调负荷特性、复合通风分析时，充分结合机场运行管理的规律来论证各类技术的适用性、可操作性和可实施性。

通过能耗分析与采光分析调整了屋面上竹叶状结构造型实体金属屋面与玻璃屋面的虚实关系，由虚多实少调整为实多虚少，在保证室内采光的前提下减小了玻璃屋面面积，显著减少了围护结构空调负荷。

采用复合能源系统——直燃型溴化锂吸收式冷热水机组和离心式冷水机组，既提高供冷、供暖的保障度，满足航站楼安全运行的要求，又对城市供电、供气系统起到削峰填谷的作用，也为按照能源执行价格的变化适时调整运行策略、减少运行费用提供了可能性。大功率冷水机组采用 10kV 高压供电，减少电力输送环节的损耗，具有明显的技术、经济和节能优势。

空调水采用大温差输配，水系统形式为变流量、三级泵串联直接供冷(热)。水系统大温差减少了输配流量。按区域设置的二、三级泵采用变频控制，根据空调负荷的变化自动调节频率，三级泵采用比例压差控制，使近端用户能充分利用二级泵系统的富裕压头。航站楼全面采用变风量系统，结合房间的使用功能、空间尺度、初投资和运行节能等因素，在贵宾区域、办公室等区域设置带末端装置的变风量系统，在值机大厅、候机大厅等高大空间设置区域变风量系统，在保证空调区域舒适度的前提下，减少空调风机的输送能耗，达到节能的目的。值机大厅、候机大厅、到达大厅等高大空间利用喷口(或条形风口)侧送风、地台送风、地面旋流风口送风等方式，实现分层空调，保证人员活动区的舒适度，减少空气处理能耗。

结合成都市夏热冬冷的气候特点，在过渡季节和空调季节的夜间充分利用室外"免费冷源"，以缩短制冷机的开启时间，减少空调能耗。在候机大厅、值机大厅等主要空调区域采用复合通风技术，设计中通过计算机模拟，优化空间上部电动百叶的开口设置、数量和机械送风的风量，制定了不同室外气温、风速条件下的自然通风、混合迎风方案和控制策略。通过不同通风方式的合理利用，解决过渡季节和空调季节的夜间室内热舒适问题，有效减少制冷机的开启时间。

成都双流国际机场 T2 航站楼通过多项节能技术的合理应用，通过对屋面天窗的优化,项目的空调冷负荷需求减少了 2744kW,空调系统的初投资减少了约 2047 万元。采用复合通风技术,在值机大厅、候机大厅以天窗自然排风取代常规的机械排风系统,以全空气系统的空调机组兼作机械送风系统,在解决过渡季节和空调季节夜间室内热舒适的同时简化了系统,节省机械送风、排风系统的初投资约 216 万元(按通风量 $36 \times 10^4 m^3/h$ 计)。自运行以来,相比同样气候条件、同样功能、同样运行管理水平的 T1 航站楼,T2 航站楼单位面积的建筑年耗电量降低 52.04kW·h,降幅达 28%,完全满足航站楼运营、管理、维护的要求,满足旅客出行的便捷、舒适要求,受到了各方面的好评,已成为新时期新发展趋势下机场航站楼建设的示范性工程。

7.4.3　都江堰大熊猫救护与疾病防控中心室内热环境绿色营造

四川卧龙自然保护区都江堰大熊猫救护与疾病防控中心建筑面积为 1.3 万 m^2,由 9 栋小型单体建筑组成。项目在设计、建造和运营方面着重突出"因地制宜、以人为本"的绿色建筑理念,应用被动式、主动式并举的绿色建筑技术,以尊重地域文化及满足熊猫救护功能的要求为指导原则,延长建筑非供暖空调时间,以最小的能源代价来营造可接受的室内热环境。

建筑设计结合传统川西建筑设计元素,与现代建筑艺术相结合,利用坡屋顶与通风百叶的结合、底层架空、天井、大面积可开启外窗(77%可开启)、细高窗、建筑挑檐和窗洞设计,对建筑进行自然通风和外遮阳设计。采用高效围护结构体系,热工参数优于常规建筑。被动式节能技术的应用减少了空调负荷需求,强化了自然通风(主要功能房间的换气次数不低于 2 次/h),在提高室内空气品质的同时简化了系统,相应减少了空调系统和机械通风系统的初投资约 5.9 万元(按照排风量 $9800m^3/h$)。采用双层中空保温墙体,满足外围护结构热工性能的同时减少建筑供暖空调运行能耗[20]。

川西传统民居单体坡屋顶下、居住空间之上是通风的储物空间(川西民居通常屋顶不做保温层),在大部分时间内可以有效改善居住空间的舒适度。因此,该地建筑单体的形式承袭川西民居特点采用屋顶、坡屋顶不设保温隔热层,而是把保温隔热层与可开启(电动)的吊顶相结合,控制吊顶高度,既满足屋顶的使用空间和人体感受,又减少了能耗,从而达到节能的效果。具体方案如下:当阳光加热屋顶,提升屋顶与保温吊顶间的气温时,电动打开吊顶可开启部分,上部通风间层的升力使下部使用空间形成良好的通风对流,确保了一年中绝大部分时段无须空调;冬季只需要关闭保温吊顶开启口,适当补充地源热泵供暖,这是运用现代技术对传统民居不足的补充[21]。

工程根据使用特点,空调负荷稳定、使用时间一致的疾病防控中心等 4 栋建筑采用集中空调,员工活动中心、周转用房等间歇使用建筑采用分散空调,有针对性地利用集中与分散方式的优点。对于人员密度大、新风量大的餐厅、大会议室设置转轮排风热回收，将空调房间排风中的冷(热)量传递给新风，减少了102kW空调负荷需求，降低空调主机、地埋管换热器、末端设备的初投资60万元，同时节省了空调运行过程中的处理能耗，降低运行费用。

由于都江堰地下含水层厚、地下水位高、岩土层导热系数大，该项目采用地埋管地源热泵系统，实现可再生能源的合理利用。稳定的土壤层温度提高了空调制冷(热)的能源利用效率，节省了空调运行能耗；而且避免消耗化石能源和燃烧烟气排放，减少向大气中排放空调废热，实现了项目环境友好型的环保要求。并且结合场地的地势地貌，对既有水体进行统一规划，采用分级调蓄收集方式，收集处理后的雨水用于绿化浇洒、冲厕、道路广场及熊猫圈舍地面的冲洗，非传统水源利用率达 60.3%[21]。

该工程通过被动式与主动式绿色营造技术的合理应用，获三星级绿色建筑设计、运行双标示，全国绿色建筑创新奖一等奖等，为项目带来节能收益和环保社会效益。工程能耗大幅降低，单位面积的建筑年能耗指标为48.8kW·h/(m²·a)，与夏热冬冷地区办公建筑平均能耗水平 75kW·h/(m²·a) 相比，降幅达 35%。每年节约建筑用电量 32×10⁴kW·h，每年可节约运行费用25万元。

7.4.4　上海地铁 11 号线隧道活塞风调控改善站台热环境

上海地铁 11 号线是上海市第十条建成运营的地铁线路，全长 82.4km，是世界上最长的贯通运营的地铁线路(不包括日本等发达国家的"通勤铁路")，也是中国第一条跨省地铁线路。云锦路站为上海 11 号线 2 期工程车站，设有两个侧式站台，位于地下二层，为标准地下两层侧式站台车站。车站共有 7 个出入口，其中 3 个出入口没有开放，站厅空气可通过开放的出入口与外界进行交换。车站公共区通风空调系统分为左右两端，每端各有 2 台组合式空调箱、2 台回排风机。车站送风机(空调箱)额定风量为 4.5×10⁴m³/h，额定功率为 30kW。车站轨行区回排风机额定风量为 3.9×10⁴m³/h，额定功率为 18kW。排热系统通风季节一般不开启[22]。

云锦路站为中国首个采用可调通风型站台门的车站。这种新型站台门可调节轨行区与站台间是否通风，夏季关闭时轨行区与车站隔绝以减少冷气散失，冬季打开则可利用列车行驶中的活塞效应降低车站通风成本。区间隧道通风系统站端设置双活塞风道，建设时期在站台处安装了可调通风型站台门，站台门上方和固定门的下方装有可以调节的电动风阀，通过风阀的开闭调节可以实现站台与隧道的连通与隔离。该车站站台为地下两层标准侧式站台，有效站台长度约为 140m，每一侧站台安装了可调通风型站台门。每侧站台门共有 30 樘滑动门，站台门上下方均装有百叶风阀。站台两端安装有端头门，端头门仅上方装有百叶风阀。

车站通过活塞风道、迂回风道、可调通风型站台门、站台门上设置的百叶风口、对应的智能控制系统等共同构建了地铁有序活塞风调控技术。在通风季节，可调通风型站台门上的百叶风阀开启，利用列车运行的活塞效应为站台公共区引入自然风，同时控制车站送排风机的开启数量，即对通风型站台门系统的通风方式进行切换，加强站台站厅的通风，结合智能调控技术，实现对活塞风的有效控制，节省了公共区机械通风的运行能耗，而不影响车站的热舒适性。如图 7.28 所示，在空调季节，可调通风型站台门系统的工作模式与屏蔽门系统的工作模式相同，可调通风型站台门上的百叶关闭，保证百叶无漏风现象，保证列车运行活塞风对车站空调能耗和车站的舒适性没有影响。

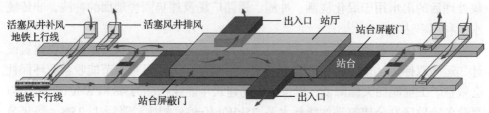

图 7.28　地铁站台通风型屏蔽站台门及有序活塞风气流调控示意图

在过渡季节，选择典型工作日对车站采用有序活塞风调控通风技术后的站台热环境效果进行测试，得到站台四个不同测点的平均温湿度情况，如图 7.29 所示。从图 7.29(a) 可以看出，过渡季节采用可调通风型站台门引入活塞通风后，虽然室外温度在一天内变化较大，而连续 5 天的车站通风形式不同，但由于热惯性，车站空气温度受外界空气温度的影响较小，基本稳定在 21℃左右，变化幅度不大。具体来看，第 1、2 天温度有一定波动。测试的第 3 天将车站大系统的所有风机关闭，仅仅开启站台门上方的百叶风阀，依靠列车活塞效应进行通风，全天温度变化范围减小，站台空气温度基本维持在 22℃左右。即使在第 4、5 天加大了通风量，车站空气温度相比第 3 天也变化不大。总体上，站台 5 天的空气温度都处于比较舒适的范围内。从图 7.29(b) 可以看出，站台平均相对湿度前 3 天的变化趋势基本相同，相对湿度在较大范围内波动，且其值不断增大。到测试的第 4、5 天，站台相对湿度达到 85%。这可能是由于过渡季节室外相对湿度较高，后两天加大了通风量，因而引入室内的空气湿度较大，使得站台的相对湿度升高。

由于站台门百叶风阀活塞风的引入在会车时和无车时有显著差异，图 7.30 分别给出了会车和无车情况下的通风量测试结果。会车过程中，140m 单侧站台百叶风阀通风量的分布情况如图中黑色折线所示(含两端头门)。对测试段内所有风量求和，得到 1 次会车过程中(2min35s)一侧站台门风阀的换气总量为 16832.6m³。发车时间间隔为 6min 时，则在 1h 内出现 10 次会车过程，通风量为 168326m³/h，则由会车产生的两侧站台门通风量总和为 336652m³/h。此外，每个发车间隔内约

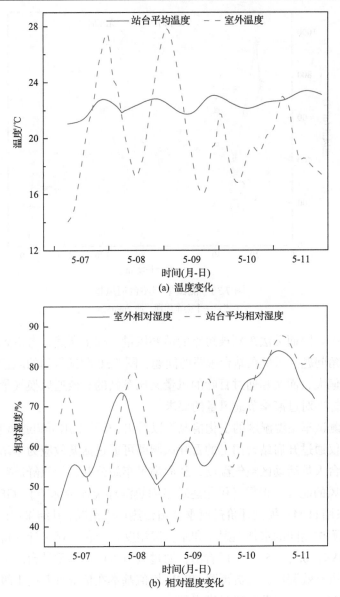

图 7.29　过渡季节站台和室外温湿度变化

有 3min25s 时间车站处于无车状态，得到站台无车时间中（3min25s）一侧站台门风阀的通风量为 12327m³，两侧站台门通风量总和为 246540m³/h。

需要注意的是，由于风阀百叶数量较多，整个测试的时间较长，发车对数情况、两侧列车进出站的情况在测试期间有波动。另外，列车进出站造成车站的正负压状态，一部分空气可以通过站厅出入口与外界大气进行交换，还有一部分被站台自身短路，即列车引入的活塞风先通过百叶进入站台，然后又穿过站台门百

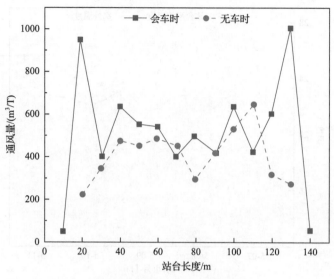

图 7.30　测试单侧站台通风量

T 表示一个会车周期，即 2min35s

叶回到隧道中，因而无法辨别被短路的活塞风量。综上所述，考虑到风速风向与百叶平面夹角问题、风量在站台短路的问题，图 7.30 测试得到的风量比实际通过百叶的风量偏大，而实际通过百叶的风量又比车站的有效通风换气量大，但都满足地铁设计标准对过渡季节通风量的要求。

从上述测试车站温湿度的变化情况可以看出，车站采用可调通风型站台门时，在过渡季节仅通过开启站台门上的百叶风阀即可通过活塞效应为车站通风换气，有效降低站台人员活动区空气温度，从而满足车站公共区的热舒适要求，节约了车站机械通风的能耗。根据《民用建筑室内热湿环境评价标准》(GB/T 50785—2012)[19]，采用 aPMV 模型评价过渡季节站台热环境情况，其结果如图 7.31 所示。图中散点为测试期间的室外温湿度和站台温湿度，灰色区域为计算得到的舒适区间，即 aPMV∈[–0.5, 0.5]。可以看出，通过调节可调通风型站台门上下百叶风阀来实现活塞风有效调控，人员预测 aPMV 均值基本在标准推荐的 I 级舒适区内，意味着有 90% 的人员对此环境是满意的。

该地铁车站有序调控活塞风技术现已在我国五个气候区的城市地铁中得到应用，包含长春、北京、杭州、上海、深圳、南宁、昆明等，相比传统系统，该空调系统减少了运行能耗，节省运行费用 17 万元/(年·站)，节能幅度达到 20%。同时，也有效减少了设备容量和初投资，尤其是减少了设备占用空间，从而极大地节约了土建初投资，取得了良好的经济效益和节能效果。

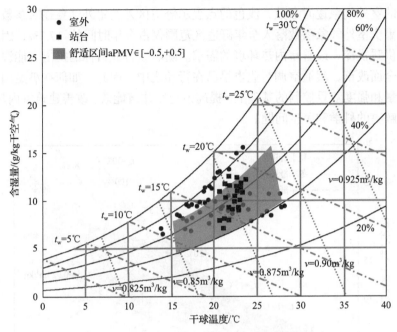

图 7.31　实测站台内外热环境及舒适区间

7.5　典型区域长江流域室内热环境绿色营造实践模式

　　长江流域横跨中国东部、中部和西部三大经济区，共计 19 个省（自治区、直辖市），干流流经青海、西藏、四川、云南、重庆、湖北、湖南、江西、安徽、江苏、上海等 11 个省（自治区、直辖市），支流延伸至贵州、甘肃、陕西、河南、广西、广东、浙江、福建等 8 个省（自治区）的部分地区，是世界第三大流域，且面积占国土面积的四分之一，人口约占全国总人口的一半，属高密度人员聚居地区[18]。该地区夏季炎热、冬季阴冷、全年高湿，不同地区的气温、降水量、太阳辐射等气象条件差异较大，对供冷、供热及除湿的需求也不同。从年平均气温来看，长江流域各地区年平均气温东部和南部地区整体高于西部和北部地区。长江中下游地区年平均气温高于上游，长江以南地区气温高于长江以北地区，位于高原的长江上游地区年平均气温最低。长江中下游大部分城市的年平均气温在 16～18℃，其中部分地区年平均气温高于其他地区，如重庆、四川盆地、湖南、江西南部等地年平均气温达到 18℃以上。

　　由于长江流域属于非集中供暖地区，同时既有建筑围护结构保温隔热性能较差，室内热湿环境条件恶劣。以夏热冬冷地区典型城市重庆为例，将重庆典型气象年的全年逐时数据绘制在温湿度图上，如图 7.32 所示，图中深色的点表示落入舒适区的室外气象逐时参数，浅色的点表示舒适区外的室外气象逐时参数。可以看出，重庆室外气象参数落入全年舒适区范围仅占全年时间的 17.7%，因此有着极大的供暖供冷、改善室内热环境的需求。随着碳排放目标的提出，能源行业开始进行全面改革，暖通空调行业也早已在行动之中。因此，如何在满足国家建筑能耗总量和强度双重控制的基础上，提高该地区建筑能效，改善建筑室内热环境，是亟待解决的科学和民生问题。

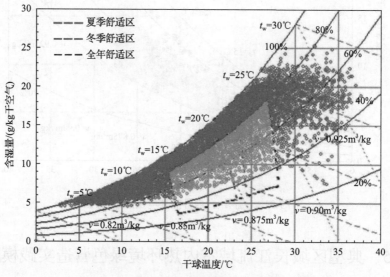

图 7.32　重庆全年气象参数分布及舒适区间

7.5.1　长江流域建筑供暖空调整体解决方案

长江流域大部分地区夏季炎热、冬季阴冷、全年高湿，室内热环境状况恶劣。然而，对于在满足能耗限额要求的前提下改善室内热环境的供暖空调解决方案，目前缺乏对人员工作生活习惯、行为调节方式及热环境定量需求的认知，缺乏与该地区气候特征及多种运行模式特点相匹配的建筑围护结构热工性能指标、构造准则及营造技术体系。同时，该地区使用冷辐射末端易结露，现有末端形式难以满足快速热响应要求，而空气源热泵在长江流域应用存在冬季结霜、能效比低等问题，缺乏针对不同建筑类型的多样负荷分布特征的冷热源及其系统运行调节优化方案和诊断技术。为此，2016 年，"十三五"国家重点研发计划"绿色建筑及建筑工业化"重点专项立项，其目的是为我国绿色建筑及建筑工业化实现规模化、高效益和可持续发展提供技术支撑。"长江流域建筑供暖空调解决方案和相应系统"（项目编号：2016YFC0700300）作为"绿色建筑及建筑工业化"重点专项项目，围绕"建筑节能与室内环境保障"这一方向，通过平台共建、科研与工程实践，形成了产、学、研、用紧密结合的创新研究团队，包括：扎根长江流域、长期从事该地区供暖空调领域研究的主要高校与科研机构重庆大学、清华大学、东南大学、同济大学、湖南大学、浙江大学、上海市建筑科学研究院有限公司等，国家级科技转化的核心支撑单位中国建筑科学研究院有限公司、住房和城乡建设部标准定额研究所、中国建筑设计研究院有限公司等，以及国内行业龙头和创新驱动的产品研发推广企业青岛海尔空调电子有限公司、广东美的制冷设备有限公司等，国内产业化应用的领先企业东莞市万科建筑技术研究有限公司、华东建筑设计研究院有限公司、中国建筑第八工程局有限公司等。

　　基于我国能源消费总量控制节能减排目标及建筑室内热环境改善的民生需求，结合长江流域独特的气候特征和生产生活特点，作者研究团队研发了适合长江流域延长非供暖空调时间、降低冷热负荷的绿色建筑营造技术，开发了高效空气源热泵产品和空调系统及高效舒适供暖空调统一末端装置，并实现了产业化，最终形成以用户需求为核心，以延长非供暖空调期、降低峰值负荷、提升设备系统能效、合理优化用能模式为目标的经济合理的长江流域建筑热环境营造整体解决方案，如图 7.33 所示，实现了夏热冬冷地区住宅全年供暖通风空调用电量应控制在 $20\text{kW·h}/(\text{m}^2\cdot\text{a})$ 以内的定量目标[17]，并通过标准制定、产品研发以及集成示范，实现在该地区的有效推广应用。

　　"长江流域建筑供暖空调解决方案和相应系统"成果产出推动了室内热环境营造和建筑节能相关标准、规范、指南、软件和数据库等建设，为长江流域不同地区室内环境保障与建筑节能的政策、法规、标准及指南的制定提供科技支撑和解决方案，对拓展建筑行业和人们生活改善需求、推动经济发展和改善民生起到促进作用。通过项目的实施，建立了该地区建筑室内热环境监控与评价长效机制，结合生产线的建立以及示范工程的应用，通过示范带动、产业支撑，使长江流域热环境改善技术得到提升与推广，为技术研发、产品研制及成果推广奠定了坚实基础，使我国在建筑节能以及环境品质提升等关键环节的技术体系和产品装备达到国际先进水平，为国家宏观决策提供必要的技术支撑，推动我国绿色建筑行业与产业的发展，促进国家和地区的生态文明建设。

7.5.2　热环境营造被动式关键技术

1. 建筑微气候分区

　　长江流域地域辽阔，根据建筑热工分区，大部分区域处于夏热冬冷地区，小部分区域属于寒冷地区和温和地区，各气候区存在显著差异。夏热冬冷地区供暖度日数的跨度范围为 700～2000℃·d。虽然现行标准《民用建筑热工设计规范》(GB 50176—2016) 在 1200℃·d 处将夏热冬冷地区分为 3A 和 3B 两个子气候区，可比较直接地反映当地寒冷和炎热的程度，但该分区方案未考虑供冷需求，也没有涉

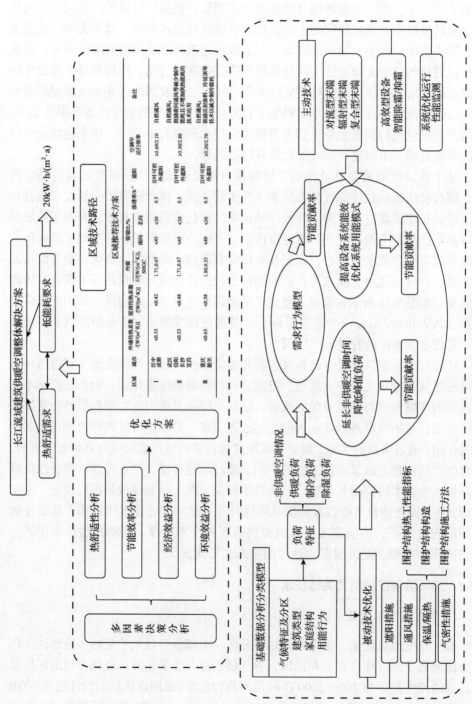

图7.33 长江流域建筑热环境营造整体解决方案

及相对湿度、太阳辐射和风速等影响建筑被动设计的气象要素，导致分区范围过大，且夏热冬冷地区度日数的划分同样范围过大，不利于被动式节能技术的应用研究。而气候条件是决定长江流域各个地区负荷特性和冷热需求的关键因素之一，也是适宜不同气候分区建筑供暖空调技术方案的选择和节能效果评估的理论基础。随着我国经济的迅猛发展，人们对室内环境的需求越来越高，使用空调实现夏季制冷和冬季供暖得到日益普及。各个省（自治区、直辖市）的经济发展水平、生活习惯、微气候、建筑技术水平、能源情况存在不同程度的差异，这使得不同省（自治区、直辖市）在暖通空调设计、围护结构热工设计要求上需要进行差异化考虑，其适宜的建筑室内热环境绿色营造技术不能一概而论。

利用长江流域夏热冬冷区域内的 166 个气象台站，选取包括气温、相对湿度、太阳辐射及风速等相关气象要素 2006~2015 年的观测数据，通过凝结层次聚类分析方法对该气候区进行空间连续的气候区细分。由于夏热冬冷地区涵盖长江中、下游及其周边地区，各地气候存在较大差异。该地区最热月平均温度可达 25~30℃，最冷月平均温度低至 0~10℃，且没有设置集中供暖设施，冬季室内热湿环境比北部的严寒地区和寒冷地区更加恶劣。因此，分区首先采用采暖度日数（heating degree day based on 18℃，HDD18）和空调度日数（cooling degree day based on 26℃，CDD26）分别作为供热需求和供冷需求的表征，同时考虑到通风、遮阳等建筑被动技术选择的需求，在分区方案中也考虑了相对湿度、太阳辐射和风速等相关气象要素。气候分区涉及因素较多，各因素之间分布差异会使分区结果十分零散，因此采用分层级的气候区划分方案，把对能耗最敏感的度日数（CDD26 和 HDD18）作为第一级区划指标，进行主要气候区的划分，将相对湿度、太阳辐射与风速作为第二级区划指标，作为被动设计技术方案选择的辅助因素，在聚类分析得到初步结果后，根据各个分组中特征参数的范围提出气候区划的具体指标。结合分区结果和"取大去小"的思想，利用地理信息系统得到空间连续的气候区分布图[23]。采用空调度日数将夏热冬冷地区划分为 3 个层次（A~C）：A 组为夏季供冷需求最高的区域（CDD26 为 180~360℃·d），B 组为夏季供冷需求次高的区域（CDD26 为 80~180℃·d），C 组为夏季供冷需求低甚至接近零的区域（CDD26 为 0~80℃·d）。该区划模式有助于设计人员根据气候特征合理选择围护结构热工指标，同时合理设置通风、遮阳、除湿等被动技术措施，为气候适应性建筑热工设计提供参考。

2. 被动技术利用

实现在建筑节能和能耗限额目标约束下室内舒适热环境营造，需要最大化利用建筑被动设计，通过建筑材料、技术实现建筑保温、隔热、通风等，营造舒适室内环境，有效延长非供暖空调时间，同时降低供暖空调峰值负荷，从而减少对人工能源系统的依赖和需求。然而,影响建筑能耗的因素众多,如建筑朝向、窗墙比、外墙、外窗、屋顶、遮阳等因素,这些因素可以取不同的范围和类型,不同因素的排列组合对应的建筑方案众多,而且各个因素与建筑能耗之间存在着复杂的耦合关系。适宜的保温隔热、气密性水平、通风策略、遮阳形式是营造室内热环境的关键被动技术,对建筑能耗的影响至关重要。虽然气密性水平的提高、保温隔热性能的提高、通风及遮阳的合理应用都会减少空调的能耗,但是会增加投资成本。因此,适宜该地区的建筑绿色营造方案需要从众多被动技术中判断出既满足热舒适需求又满足能耗目标且经济性最佳的方案,并进行综合权衡。表 7.5 给出了采用敏感性分析方法得到的影响长江流域地区住宅建筑能耗的主要被动设计因素的敏感性结果排序。若以降低夏季制冷负荷为主,其节能设计的重点应为外窗传热系数、南向窗墙比、气密性指标、南向遮阳、北向窗墙比;而外墙传热系数、屋顶传热系数对降低夏季空调负荷的影响较小,不应盲目加厚其保温层。若以考虑降低冬季供暖负荷和降低全年供暖空调总负荷为主,则节能设计影响最显著的因素主要是气密性指标、外墙传热系数、外窗传热系数等,在建筑节能优化设计时应重点考虑[24]。

表 7.5　被动设计因素的敏感性结果排序

排序	制冷负荷	供热负荷	总供暖空调负荷
1	外窗 SHGC	气密性指标	气密性指标
2	南向窗墙比	外窗传热系数 U	外窗传热系数 U
3	气密性指标	外窗 SHGC	外窗 SHGC
4	南向遮阳	外窗传热系数 U	南向遮阳
5	北向窗墙比	屋顶传热系数 U	南向窗墙比
6	北向遮阳	南向窗墙比	北向窗墙比
7	外窗传热系数 U	西向窗墙比	屋顶传热系数 U

注:SHGC(solar heat gain coefficient)为太阳得热系数。

　　本节通过多目标优化-多因素决策的综合技术方案优化,建立非支配排序遗传算法(non-dominated sorting genetic algorithms Ⅱ,NSGA-Ⅱ)与能耗计算模拟软件 EnergyPlus 相结合的多目标多因素技术方案优化模型,应用 Python 编程软件实现优化模型的赋值与运行,对长江流域不同气候分区典型城市的主被动优化结合的综合住宅建筑设计方案进行优化分析,包括推荐的外墙、屋顶、外窗热工设计指标,推荐的遮阳类型、气密性水平以及空调的全年运行能效值,最终得到夏热冬冷地区具有典型气候特征的三个气候区典型城市满足能耗限额的住宅建筑综合技术方案，见表 7.6。

表 7.6　不同微气候区典型城市住宅建筑推荐技术路径

典型城市	外墙传热系数 /[W/(m²·K)]	屋顶传热系数 /[W/(m²·K)]	外窗		窗墙比		换气次数 /(次/h)	遮阳	空调全年实际运行能效	备注
			传热系数 /[W/(m²·K)]	SHGC	南向	北向				
武汉 信阳 长沙 宜昌	0.4～0.6	0.3～0.5	1.4～1.8	玻璃：>0.60；综合：≤0.40	≤45%	≤30%	0.5	百叶可控外遮阳	>3.0	自然通风，鼓励夜间通风等减少供冷能耗且不增加供热能耗的技术应用
重庆 韶关	0.5～0.7	0.4～0.6	1.6～2.0	玻璃：>0.60；综合：≤0.40	≤45%	≤30%	0.5	百叶可控外遮阳	>2.5	自然通风，鼓励反射涂料、冷屋顶等技术，减少供冷能耗
汉中 成都	0.3～0.6	0.3～0.5	1.2～1.8	玻璃：>0.60；综合：≤0.40	≤45%	≤30%	0.5	百叶可控外遮阳	>3.1	自然通风

表 7.6 中第一类城市属于供冷供热需求均较高的区域，在该区域应用的节能技术应同时考虑其对供冷和供热的影响。方案中推荐的外墙和屋顶的传热系数分别为 0.53W/(m²·K) 和 0.48W/(m²·K)。推荐的外窗与区域 I 相同，是三玻两腔中空外窗以及活动百叶外遮阳，外窗的传热系数为 1.71W/(m²·K)，外窗的综合太阳得热系数为 0.67(非夏季)、0.27(夏季，含遮阳)。由于该区域夏季供冷能耗较大，一些可降低供冷能耗且不影响供热能耗的技术可在该区域应用，如被证实在夏热冬冷地区应用效果显著的夜间通风等技术。

表 7.6 中第二类城市属于相对较热的地区，为相对供冷主导的区域，包括重庆、韶关以及其他位于夏热冬冷地区的南部城市。对于相对供冷主导的区域，外窗的得热系数是影响能耗最重要的因素。双层 Low-E 窗户在该区域是最优选择，其传热系数为 1.80W/(m²·K)，综合太阳得热系数为 0.33。外遮阳亦是降低外窗综合得热系数的有效措施，夏季实施外遮阳措施之后，外窗综合太阳得热系数可降至 0.13，节能效果明显。另外，其他可以减少进入建筑的太能得热的技术措施，如反射涂层、冷屋顶等技术，是经济高效的有效措施，可在该区域推广应用。

表 7.6 中第三类城市属于相对较冷的地区，为相对供热主导的区域，包括汉

中、成都以及其他位于夏热冬冷地区的西部城市。对于相对供热主导的区域，较低的围护结构传热系数可减少供热负荷，方案中推荐的外墙和屋顶的传热系数分别为 0.53W/(m²·K) 和 0.42W/(m²·K)。推荐的外窗是三玻两腔中空外窗以及活动百叶外遮阳，外窗的传热系数为 1.71W/(m²·K)，外窗的综合得热系数为 0.67(非夏季)、0.27(夏季，含遮阳)。

此外，所有区域的推荐换气次数均为 0.5 次/h，既节能又满足人员的最小健康需求的新风量，无须额外设置机械通风系统，所以自然通风是所有区域推荐的通风控制策略：①人员在室时间内，当室外温度位于舒适区间时，优先开窗自然通风，外窗可开启面积设置为 0.3m²，自然通风换气次数根据室内外热压及风压逐时变化，在基准建筑设置情境下，不同微气候区各典型城市通风季自然通风平均换气次数为 3.4～6.6 次/h；②当自然通风调节无法使室内达到舒适状态时，关闭外窗同时联动开启空调进一步调控室内热湿环境。

7.5.3　冬夏两用高效空气源热泵及舒适末端

空气源热泵是长江流域应用最广泛的供暖供冷设备，但由于长江流域的气候特点，空气湿度大，冬季当室外蒸发器温度低于 0℃时，蒸发器表面就会结霜，结霜会导致换热器效率严重下降，运行一段时间之后如果不进行及时除霜，就会造成大量的能源浪费以及送风温度过低，因此必须考虑蒸发器的结霜问题，空气源热泵的探霜、抑霜、除霜等是其在该地区供暖推广应用亟待解决的关键技术问题。此外，该地区冬季室内热环境恶劣，供暖民生需求强烈，虽然调研发现该地区冬季住宅室内供暖方式多样，空气源热泵是主要供暖方式，但对流供暖容易产生吹风不适，供暖效率低，因此长江流域各类建筑室内热环境需求及空调供暖设备用户的使用习惯决定了能够实现压缩比适应、变容(量)调节，具有优良除霜效果和供暖空调统一末端的高效空气源热泵是长江流域建筑冷热源的重要方式，采用空气源热泵不仅可以降低初投资和安装成本，同时还可以适应部分时间、部分空间的使用特征，提高极低负荷运行时的能效，是该地区建筑适宜的供暖空调技术方案。

1. 高效空气源热泵压缩机压缩比适应

压缩机性能是影响空气源热泵性能最为重要的因素之一。长江流域夏季制冷压缩比较小，冬季制热压缩比较大，导致夏季工况下传统的单级转子压缩机即可很好地满足制冷需求，但在冬季工况下，由于其所需压缩比较大，制热量需求较大，传统单级转子压缩机空气源热泵在冬季制热工况室外气温低时，其吸气比容小，制热量小，随着室外气温降低，制热量不断衰减。因此，调节压缩机的压缩比适用于工况需求，同时调节其制冷(热)量以适应建筑负荷需求是实现高季节能效比的关键。

1）端面补气转子补气压缩机技术

本节揭示了常规空调器中大量采用的滚动转子压缩机冬季制热性能差的原因，探明了普通单级转子补气技术存在的固有结构缺陷，据此提出了一种新型带单向阀的端面补气技术，其端面补气口的设计必须遵循以下三个条件（充要条件）：①补气口在任意角度都不能与转子内圆连通；②喷射口在任意角度都不能与吸气腔连通；③补气口在某一角度范围内与压缩腔连通。据此设计了新型端面补气滚动转子压缩机的补气口方案[25]，其补气口结构、压缩机内部结构与实物图如图7.34所示。

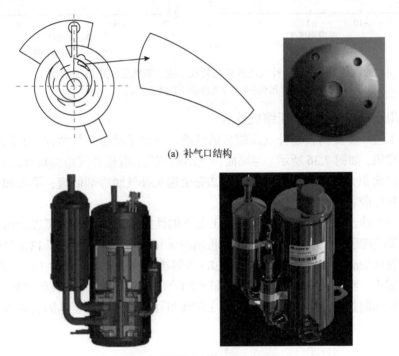

(a) 补气口结构

(b) 压缩机内部结构与实物图

图 7.34　新型端面补气结构

新型端面补气结构综合了传统端面补气和气缸壁补气结构的优点，同时避免了传统补气结构的缺点，具有补气口面积增大、大幅提升补气的变工况适应性、避免补气制冷剂向吸气腔回流和避免余隙容积对容积效率的影响等优点。通过与一台输气量相等的常规单级压缩机和一台低压级输气量相当（比单机略大 2.6%）的单机双级滚动转子压缩机对比，由于端面补气压缩机显著增加了冷凝器质量流量，在制热时能够显著提高压缩机的制热量和制热性能系数（coefficient of performance，COP）。在所有的工况下，端面补气压缩机的制热量比普通单级压缩机提升了 17.1%~31%，制热性能系数则提升了 7%~10%(图 7.35)。

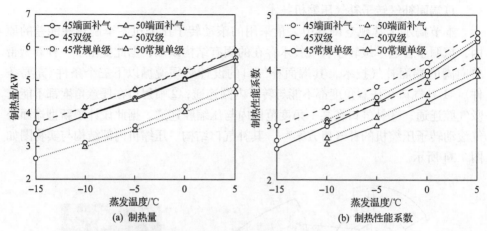

(a) 制热量 (b) 制热性能系数

图 7.35 端面补气压缩机与常规单级、双级压缩机性能对比

图例中的数字为冷凝温度(单位：℃)

2)滑板补气转子补气压缩机技术

为了进一步提高转子补气压缩机的性能，提出了滑板补气结构，并设计研发出产品样机，如图 7.36 所示。与端面补气结构相比，滑板补气结构具有以下优点：①补气口面积大、变工况适应性好；②完全避免补气制冷剂回流，不增加余隙容积；③背压腔容积和压力较小。

表 7.7 给出了三种压缩机在国标工况下的性能对比结果[26]。可以看出，相比于普通单级转子压缩机,滑板补气压缩机制冷量和制热量分别提升了 13%和 12.7%,制冷能效比(energy efficiency ratio, EER)和制热性能系数均提升约 1%。相比双级转子压缩机,滑板补气压缩机的制热量和制冷量分别降低了 7.4%和 7.8%,其制冷能效比和制热性能系数分别提升了 1.67%和 1.27%,这主要是因为双级转子压

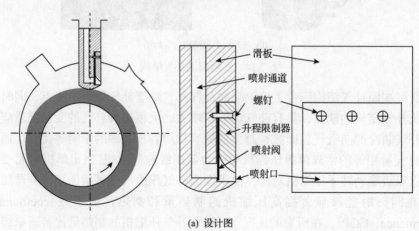

(a) 设计图

(b) 试验样机结构图

图 7.36 滑板补气结构

表 7.7 三种压缩机在国标工况下的测试结果

压缩机	制冷量/kW	功耗/kW	制冷能效比	制热量/kW	制热性能系数
普通单级转子压缩机	5.3198	1.6321	3.259	6.9519	4.259
滑板补气压缩机	6.0123	1.8252	3.294	7.8375	4.294
双级转子压缩机	6.4948	2.0043	3.240	8.4991	4.240

压缩机	冷凝器质量流量/(kg/h)	蒸发器质量流量/(kg/h)	中间压力/MPa	补气质量流量/(kg/h)	补气比
普通单级转子压缩机	112.1	112.1	—	—	—
滑板补气压缩机	126.8	110.3	1.09	14.96	0.15
双级转子压缩机	136.9	117.03	1.01	19.87	0.17

缩机在较低压缩比时的排气损失较大以及双级压缩的曲轴较长引起的摩擦损失更大。

3) 吸气/补气独立压缩转子压缩机技术

双级转子压缩循环在大压缩比工况下是一种效率较高的方案，但在小压缩比工况下，其效率不如单级转子压缩循环高。因此，一种小压缩比时为单级压缩循环、大压缩比时为双级压缩循环的压缩机能在全工况范围内实现高效运行，中间补气压缩机和吸气/补气压缩机系统通过合理的系统设计循环，可实现大小压缩比时均高效运行的要求。

将并联双缸、不等容独立压缩变频转子压缩机应用于空调器中，即可构建三压力(3P)制冷与热泵循环，如图 7.37(a) 所示，其压缩机也可称为吸气/补气独立压缩压缩机。采用这种压缩机和相应的制冷循环，配合变频调节，不仅可实现压缩比适应，还能实现容量调节，充分发挥制冷系统的性能，而且可降低压缩机排气温度，改善大压缩比工况下空调器的可靠性问题。由于转子压缩机属于滚动活塞压缩机，是一种自适应压缩比的压缩机，采用变频调节后，即可实现压缩比适应和容量调节，可有效提升冬季的制热量和冬夏季运行时的能效比。

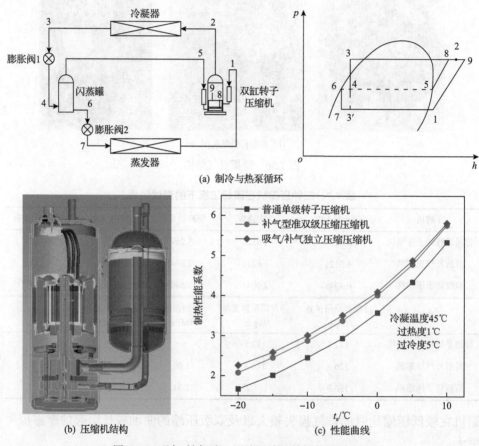

(a) 制冷与热泵循环

(b) 压缩机结构　　　　(c) 性能曲线

图 7.37　吸气/补气独立压缩压缩机结构及性能曲线

从图 7.37(c) 所示的压缩机性能曲线上看，在相同工况(冷凝温度、蒸发温度、过冷度、过热度)下，吸气/补气独立压缩压缩机的制热性能系数比普通单级转子压缩机提高 10%～15%，比补气型准双级压缩压缩机略高 1%～2%。将此压缩机设置在常规单级转子压缩机空调器制冷系统中，采用独立压缩压缩机的空调器相比单级压缩系统，各工况点的能效均有不同程度提升，且提升幅度均在 5% 以上，全年能源消耗效率(annual performance factor, APF)提升 6% 以上(图 7.38)。

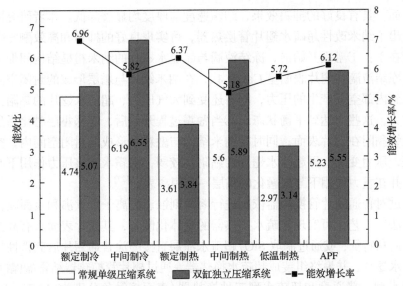

图 7.38 相同理论排量的双缸独立压缩机与常规压缩机的变频空调器性能对比

基于新型端面补气结构、滑板补气结构以及吸气/补气独立压缩三种补气技术研发出了 3 种宽工况范围、高适应变频调速压缩机，通过可实现单级和双级自由切换的准双级压缩技术，为长江流域空调器提供了压缩比适应、变容调节解决方案，实现了"强化制热，兼顾全年"的高效制冷与高效制热效果。

2. 空气源热泵抑霜、除霜技术

长江流域地区夏季空调时间长，供冷负荷大，冬季供暖时间相对较短，供暖热负荷小，空气源热泵作为冬季供暖热源在长江流域是普遍适宜的。然而，长江流域全年冬夏气温变化大、湿度高，对空气源热泵在变工况运行时的性能和效率及极端工况下的可靠性提出了挑战。空气源热泵在冬季制热时存在室外蒸发器容易结霜的问题，当室外环境温度和相对湿度分别在-5～5℃和 65%以上时，空气源热泵室外蒸发器最易结霜。研发低温高湿环境下空气源热泵的抑霜、探霜与除霜技术，延长除霜周期、降低除霜能耗和减少对用热侧的影响，是实现该地区空气源热泵高效供热目标的关键问题之一。

1)超疏水翅片管换热器长效抑霜技术

针对结霜带来的各种问题，大量学者从抑制结霜和缩短融霜时间的角度出发，对蒸发器的肋片材料、形状、结构、安装方法等进行了一系列研究。目前国内外学者提出了利用除湿剂除湿以减少换热器进气口水蒸气，外加电场、磁场、超声振动等方法来进行抑霜。这些方法可以有效抑霜，但是设备成本过高，缺乏实用性。已有研究表明，亲水涂层具有很强的吸水性，并能储存一部分潜冷，对比无涂层表面，具有良好的抑霜效果，结霜速度与厚度均显著降低。作者研究团队据此研发出了纳米改性超疏水翅片管换热器，可实现良好的抑霜和高效融霜效果，其机理在于：①融霜开始前，冻结液滴与超疏水翅片的纳米粗糙结构间形成了空气垫，冻结液滴在翅片表面呈 Cassie 状，在纳米结构与霜层形成的封闭空间内，霜层受到内部空气产生的压力，同时还受到大气压力、超疏水翅片的黏附力以及自身重力，这些力达到平衡状态。②当融霜过程开始后，底部霜层融化后形成融霜水继续黏附在翅片表面；同时在纳米结构与融霜水形成的封闭空间内，空气受热膨胀，压力变大，因超疏水翅片的黏附性较弱，融霜水在该压力作用下与翅片分离，并在重力作用下与未融化的霜层一起脱离表面[27]。

通过对普通翅片管换热器依次进行溶液刻蚀、去离子水煮沸和表面氟化处理"三步法"工艺，可实现超疏水换热器的整体化制备，其翅片表面具有高接触角和低滞后角特征；或通过制取 SiO_2 超疏水涂层直接喷涂普通翅片后获得性能优异的超疏水翅片，并最终组装成超疏水换热器。通过翅片管换热器结霜/融霜实验系统对亲水型、普通型和超疏水型三种换热器(表面接触角分别为 13.7°、95.3° 和 156.8°)表面的结霜/融霜以及性能参数进行测量，包括冷凝器侧进、出口流体的温度和流量，翅片管蒸发器进出口空气的温湿度、风量和压差，翅片管表面的结霜高度、翅片和管壁温度以及结霜/融霜过程的可视化图像，融霜排水温度和质量。图 7.39 为三种不同换热器性能对比。三种换热器表面霜层质量的增长与时间近似呈线性关系[28]，随着时间的增加，结霜量也均匀增加。结霜工况运行 60min 后，亲水型、普通型和超疏水型换热器表面的结霜量分别为 0.27kg、0.36kg 和 0.22kg。与亲水型和普通型换热器相比，超疏水型换热器表面的结霜量分别减少了 18.52%

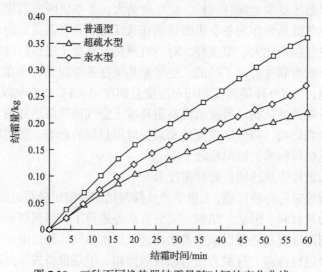

图 7.39 三种不同换热器结霜量随时间的变化曲线

和 38.89%，这表明相比普通型换热器，亲水型换热器和超疏水型换热器均能抑制结霜，且超疏水型换热器表面的抑制效果更佳。

2) 精准探霜与高效除霜控制技术

霜层厚度是决定空气源热泵进入除霜状态的重要判据，准确探霜是解决空气源热泵除霜控制策略的基本环节。按其探霜技术方案诞生的先后顺序，可以分为定时除霜、室外单传感器探霜、功率判定法探霜、室外双传感器探霜、室内双传感器探霜。这几种探霜方法各有优缺点，相对而言，在变频机组中采用室外双传感器探霜居多，而定速机组采用室内双传感器探霜更多，但这些方法普遍存在精度不高的问题。

通过对不同机型及不同工况的大量非稳态制热实验，观察结霜现象、不同结霜状态下空调器制热量以及系统典型部位的制冷剂温度变化规律，如图 7.40 所示。选择室外盘管温度 (T_3) 与室外环境温度 (T_4) 作为探霜参数，并通过 T_3 变化率的变化规律，可以获得较好的进入与退出除霜的判据。

此外，在蒸发器的送风系统中配置静压计，根据结霜厚度对风机静压的影响规律，选择不同静压点进入除霜，探明最佳除霜时机，形成送风系统的静压-电流特性曲线，利用关联因子(风扇的驱动电压占比参数)模拟霜层厚度作为除霜控制判断条件之一，并与室外换热器盘管温度及其变化率一起实现有效探霜。从表 7.8 所示的实验结果可以看出，采用该方法进行探霜，空气源热泵将更为准确地判定室外换热器的结霜状态并进行除霜操作，避免了霜层的严重增厚和密实，实现了"有霜则除，无霜不除"的效果，从而提升了空气源热泵在整个除霜周期内的制热量和能效比。

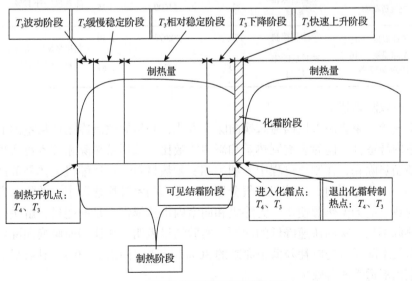

(a) 结霜-除霜过程的制热量变化曲线

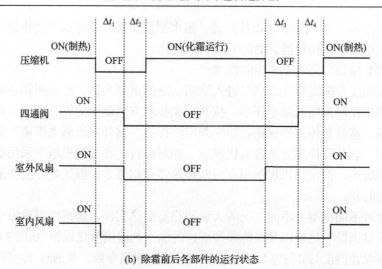

(b) 除霜前后各部件的运行状态

图 7.40 空调器除霜过程各阶段的室外换热器温度变化规律

表 7.8 智能除霜技术效果

空调运行工况	除霜方法	除霜周期/min	除霜周期内的平均换热量/W	COP	改善效果
室外干球温度= −2℃ 室外湿球温度= −3℃ 100%负荷率	原除霜控制	93	47600	3.40	制热量增大 5.4%，制热性能系数提升 11%
	改善后除霜控制	105	50150	3.78	
室外干球温度= −5℃ 室外湿球温度= −6℃ 75%负荷率	原除霜控制	100	42500	3.00	制热量增大 2.6%，制热性能系数提升 12%
	改善后除霜控制	72	43600	3.35	
室外干球温度= −15℃ 室外湿球温度= −16℃ 100%负荷率	原除霜控制	178	38078	2.30	制热量增大 4.4%，制热性能系数提升 16%
	改善后除霜控制	480	39766	2.67	

3) 高效除霜技术

空气源热泵普遍采用四通阀换向除霜方式，必然导致制冷循环从室内取热，影响室内舒适性，同时影响制热量和制热能效比。采用蓄热除霜技术可实现室内不间断制热除霜，在制热过程中，利用相变蓄热材料储存压缩机壳体释放的热量（图 7.41），在除霜时，压缩机排气分别进入室内与室外换热器中，并将蓄存的热量作为热泵的低温热源使用，为除霜和向室内供热提供充足的能量，解决除霜时低温热源不足、室温快速降低的问题。实验结果表明，相比四通阀换向除霜，蓄热除霜技术除霜时的电耗降低至原来的 30%，除霜时间缩短 50%，具有显著的节能和室内舒适性改善效果。

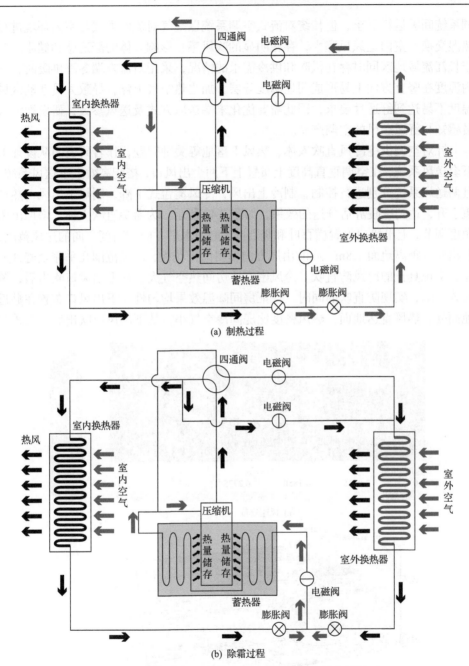

图 7.41　蓄热除霜空调器制热和除霜过程的制冷剂循环

3. 对流舒适末端

虽然对流末端很容易冷暖两用，且热响应快，能较好地满足长江流域供暖空调系统间歇运行需求，但传统对流式空调系统以空气对流的方式与室内环境进行热湿交换，室内送风风速大，存在明显的吹风感，影响人体的舒适感和健康。对于长江流域地区同时存在供暖和供冷需求的情况，采用对流末端冬季供暖时，室内温度在竖直方向上易形成明显温度分层，加之热空气上浮，导致人员活动区域温度不易达到舒适性要求，因此需要优化末端送风方式及送风参数，研发智能人员感知与舒适送风的空调产品。

针对空调供冷冷风直吹人体、热风不落地等关键问题，作者研究团队设计上下套送风系统，在空调垂直高度上布置上下两个出风口，搭配高效上下送风系统，且两送风系统分别进行控制，制冷上出风，冷风覆盖式下降，制热下出风，热气流上升，达到冷暖舒适分送的效果，如图 7.42 所示。为避免直吹人体，增加出风角度调节，上出风口设置横百叶和竖百叶，增加水平方向和高度方向的送风范围，上出风口距离地面 1.8m，同时出风方向偏斜向天花板，出风范围几乎完全避开人体，实现真正的冷风防直吹。冷风密度比房间热空气大，从上出风口吹出后，覆盖式下降，实现防直吹的同时，保证房间降温效果均匀性。下出风口布置在贴近地面处，热风直达地面，热风密度比房间冷空气小，从下出风口吹出后，覆盖整

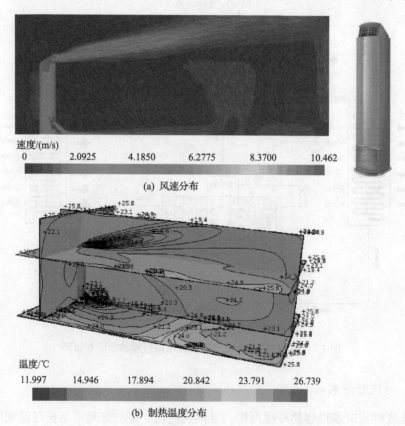

（a）风速分布

（b）制热温度分布

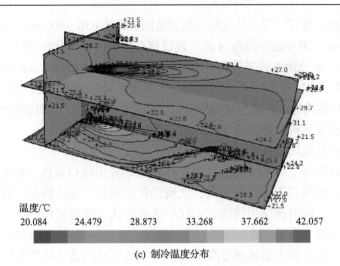

温度/℃

20.084　　24.479　　28.873　　33.268　　37.662　　42.057

(c) 制冷温度分布

图 7.42　上下冷暖分送柜机仿真云图

个房间地板，热气流上升，实现类比于地暖的效果。下出风口设有导风板，可根据用户个性化需求，自由调节出风角度，提高用户体验。

为实现上述上下分区、冷暖分送效果，研究了系列送风技术。

1）S 型风道技术

如图 7.43 所示，S 型风道设计保证扩压断平滑过渡，提高流动效率，实现气流路径最优化以及局部流动效率最优化，增加整体送风风量；同时，S 型风道延长流体经过 S 型的路程，减小噪声，改善体验效果。相较于普通离心风道，S 型风道的前蜗舌设置在蒸发器侧，进风阻力小，换热器表面风速分布均匀性高，比普通风道送风效率高。

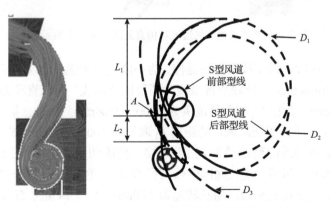

图 7.43　S 型风道流场仿真云图及风道参数示意图

S 型风道后部型线是由 3 条圆弧线光滑过渡连接而成的，三段圆弧直径依次

为 D_1、D_2、D_3，建议三段圆弧直径的取值范围分别为 650~800mm、700~820mm、2000~2200mm。曲率最小点在 A 点，建议该点到出风口上沿的距离 L_1 取值范围为 400~500mm，A 点距离蜗壳出风口的距离 L_2 取值范围为 200~250mm，建议 L_1/L_2 的取值范围为 1.5/1~2.5/1，保证过渡顺滑，系统阻力最小化，提高风量。根据实验结果，得到 S 型风道在转速为 800r/min 时，风量达 792m³/h，相比传统普通离心风道，同等转速下风机风量提高 9%，噪声降低 2dB。

2) 燕尾式稳流风道技术

如图 7.44 所示，燕尾式稳流风道扩压段与蜗壳出风口相连，扩压段的下部即为下出风口，出风口下部为稳流段，气流经扩压段后，流速降低，静压上升。热风可直达地面，同时改变传统的"束状"送风方式，改善出风路线，使出风口送风为全方位环抱立体风，增加送风广度。燕尾式稳流风道前蜗舌设置在蒸发器侧，进风阻力小，换热器表面风速分布均匀性高，比普通风道送风效率高。

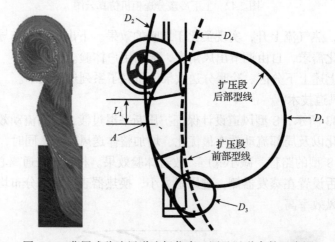

图 7.44　燕尾式稳流风道流场仿真云图及风道参数示意图

该风道扩压段前部型线等直径延伸，为一段光滑圆弧，建议直径 D_4 的取值范围为 1800~2000mm。扩压段后部型线为两段圆弧曲线，建议直径 D_1 的取值范围为 600~700mm，直径 D_2 的取值范围为 1900~2200mm。另外，扩压段后部型线曲率最小点 A 点距离蜗壳出风口的距离 L_1 取值为 100~150mm。扩压段后部型线与燕尾式稳流段的后部型线同曲率过渡连接，使流动更加平稳，稳流段底部与稳流段上部圆弧相切过渡，建议底部圆弧直径 D_3 的取值范围为 180~250mm，保证流道顺滑过渡。燕尾式稳流风道在转速为 800r/min 时，风量达 508m³/h，相比普通离心风道，同等转速下风量增加 6%。

3) 双吸防结冰技术

如图 7.45 所示，通过合理布置一个蒸发器、两个双吸离心风机，实现吸风即可覆盖整个蒸发器，有效解决了对于多风机单蒸发器空调，单开一个风机易造成蒸发器结冰的问题，提高了蒸发器利用率和能效；同时，两个双吸离心风机可四面吸风，降低了吸风阻力，同时增强了蒸发器表面风速均匀性，提高了蒸发器性能，实现了节能送风。

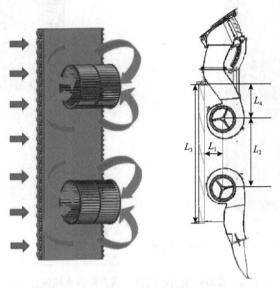

图 7.45　双吸离心风机风道吸风示意图

蒸发器尺寸为 1008mm×270mm×39.9mm，设计双吸离心风机尺寸为 196mm×188mm，距蒸发器距离 L_1=137mm，两风机轴心距 L_2=504mm，其中上方风机距蒸发器顶端距离 L_4=252mm。相比普通双吸离心风道，蒸发器表面风速分布均匀性显著提高，蒸发器能耗降低 5%。

如图 7.46 所示，通过实验测试，上下出风柜机增加了下面出风口的风量，房间温度更加均匀，制冷时温度均匀度的标准偏差仅为 0.47℃，比普通柜机改善了 115%。特别是增加了下出风口后，制热时温度均匀度的标准偏差仅为 0.65℃，比普通柜机改善了 57%。由于制热时足部温度对人员的舒适性影响非常大，当空调器设定为 23℃时，上下出风柜机的足部温度达到 22.7℃，甚至高于环境平均温度，而普通柜机的足部温度不到 21℃，与普通柜机相比改善了 57%，提高了环境的舒适性。此外，上下出风柜机营造的环境头部和足部的温度几乎没有差异性，制热工况下在最佳出风比例时垂直温差为 0.08～0.93℃，垂直温差的不满意率仅为 0.24%，比普通柜机改善了 106%。采用暖体假人等效空间温度测评指标对其性能进行测评，与普通柜机相比，在温度均匀度、垂直温差、距离地面 0.1m 平均温度（足部温度）以及综合性指标 PMV 和暖体假人评分的舒适性指标上都远优于普通柜机，超过《室内人体热舒适环境要求与评价方法》（GB/T 33658—2017）标准规定的 5 星级要求，综合指标较好。

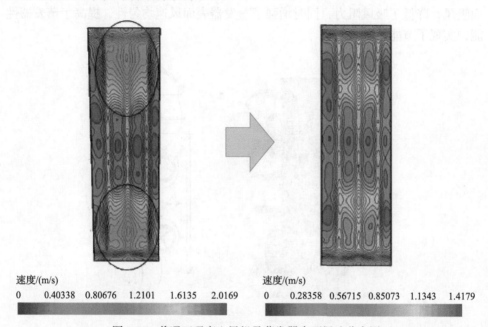

速度/(m/s)

| 0 | 0.40338 | 0.80676 | 1.2101 | 1.6135 | 2.0169 |

速度/(m/s)

| 0 | 0.28358 | 0.56715 | 0.85073 | 1.1343 | 1.4179 |

图 7.46　普通双吸离心风机及蒸发器表面风速分布图

7.5.4　热环境绿色营造的减碳环境效益

1. 我国建筑行业减碳途径

在能源供应紧张和全球气候变暖的背景下，世界各国对降低温室气体排放空前重视，我国也从全局和战略高度将节能减排作为政府的重要工作。建筑作为能源消费的三大领域（工业、交通、建筑）之一，也是造成直接和间接碳排放的主要领域之一。目前我国建筑运行每年需要排放 20 亿 t（含直接碳排放和间接碳排放）以上的二氧化碳，占全国排放总量的 20%以上，建筑每年还存在因为建造使用钢材建材等间接产生的碳排放 16 亿~18 亿 t。

近年来建筑业能耗与碳排放水平仍在持续增长，主要是由于人民生活水平不断提高，对室内热环境质量的要求日益提升，导致热环境营造能耗需求继续增加。建筑行业要快速实现碳排放达峰并实现深度减排，同时不影响人居环境品质改善和人民群众幸福感，需要发展节能和低碳为导向的发展策略。

按照对碳排放的研究和定义，建筑领域的碳排放现状、减排途径可以概括如下[29]。

1) 建筑运行过程直接碳排放

2022 年，我国城乡建筑总面积约为 696 亿 m^2，直接碳排放约为 4.5 亿 t，其中由于炊事排放的二氧化碳每年约 1.5 亿 t。其次，采用燃气壁挂炉产生的二氧化碳排放量约 2.1 亿 t，而用电力代替燃气热水器是未来低碳发展趋势。再者，采用燃气壁挂炉和村镇采用的分户燃煤供暖导致每年超过 3 亿 t 二氧化碳排放，随着近年来空气源热泵采暖技术的发展，采用空气源热泵供暖和辅助电热供暖也是实现低碳、减碳的主要途径。此外，医院、商业建筑、公共建筑采用的燃气驱动的蒸汽锅炉和热水锅炉及部分公共建筑采用的燃气型吸收式制冷机等也应通过技术革新或替换，从而减少直接碳排放。

2) 建筑运行过程间接碳排放

2022 年，我国建筑运行用量为 2.3 万亿 kW·h，电力间接碳排放为 12.6 亿 t。另外，2022 年，城镇集中供热导致的间接二氧化碳排放量为 4.4 亿 t，总计建筑用电和供暖热力碳排放量为 17 亿 t，占目前我国碳排放总量的 15%。

由于建筑电力热力供应造成的间接碳排放是建筑相关碳排放的主要部分，减少这部分碳排放，就需要改变电力、热力生产方式。可以通过有效利用核电、水电，还有可能发展的生物质发电，从而实现电力系统低碳。

3) 建筑建造和维修导致的间接碳排放

2022 年，我国民用建筑建造由建材生产、运输和施工过程导致的二氧化碳排放量约为 15 亿 t，虽然这部分碳排放被计入工业生产和交通运输的碳排放，但归根是由于建筑市场需求，建筑部分也应对其减排承担责任。实际上，我国城乡建筑建成面积已经超过 600 亿 m^2，目前尚有超过 100 亿 m^2 建筑处于施工阶段。当全部完工后，我国将拥有超过 700 亿 m^2 建筑，即使进一步再城镇化，城镇居民再增加 25%，住房总量也基本满足需求。因此，未来改变既有建筑改造和升级模式，由大拆大建改为维修和改造，可以大幅度降低建材用量，从而减少建材生产过程中的碳排放。建筑产业应实现从造新房到修旧房的转型，可以大大减少房屋建设对钢铁、水泥等建材的大量需求，从而实现这些行业的减产和转型。此外，通过从烟气中分离出来二氧化碳生产新型建材，使建筑成为固碳载体，还可以进一步使建筑业从目前的高碳行业转为负碳行业，为实现“碳中和”目标做贡献。

4) 建筑运行过程非二氧化碳温室气体排放

除二氧化碳导致气候变暖外，还有许多非二氧化碳气体排放到大气中也会造成温室效应。尽管这些气体排放量远小于二氧化碳，但对气候变化的影响也不容忽视，需要通过技术创新突破和空调制冷技术的革命性变化来解决。

2. 长江流域建筑绿色营造的减碳效益

2024 年，国家发展改革委、住房城乡建设部制定的《加快推动建筑领域节能降碳工作方案》提出了强化建筑运行节能降碳管理等 12 项重点任务。建筑行业用能全面电气化是降低直接碳排放的关键。对于长江流域建筑，建筑供暖导致的直接碳排放的部分关键在于该地区住宅和小型办公室、学校建筑的供暖，若以家用热泵空调为主，则直接碳排放量不会持续增长，如果改用燃气锅炉或者照搬北方地区的供暖方式，则会带来化石燃料需求的大幅度上升。

研究基于长江流域居民用能习惯和热湿需求，综合考虑各项建筑设计因素，提出气候适宜的建筑室内热环境综合营造技术方案和技术路径，可以从以下几方面出发，为实现"碳中和"目标做出贡献。

1）合理引导"部分时间、部分空间"的用能行为

人民舒适水平的提升代表着人员在室时间内、在室空间内营造满足舒适需求的热湿环境，并不需要全时间、全空间的热湿环境调控，造成能源的不必要浪费。"北方模式"供暖能耗为"夏热冬冷地区模式"供暖能耗的 2～3 倍，我国当前建筑节能工作不能盲目地照搬"北方模式"，而是通过最好的技术条件实现人民的需求。例如，"部分时间、部分空间"用能习惯既可以满足居民舒适需求，又能降低供暖空调能耗，符合国家以人为本、节能减排号召。因此，有必要提倡绿色低碳生活方式，在满足舒适要求的同时，尽可能减少不必要的能源浪费，发挥热舒适适应性。

2）适宜的"被动技术优化"，降低建筑用能需求

长江流域地区建筑适宜的建筑围护结构设计应从围护结构热工性能提升、气密性提升、通风技术、遮阳技术应用等方面优化设计方案，探寻适应不同微气候区气候特点的经济、舒适、高效的被动技术方案，从而延长非供暖空调时间，有效提升室内舒适水平，降低建筑本体用能需求。

3）研发高效空气源热泵，减少建筑运行能耗

通过创新的技术产品寻找恰当的、节能的供暖空调方案，是降低建筑运行能耗、提高供暖空调运行能效的有效方案。"长江流域建筑供暖空调解决方案和相应系统"项目实施期间联合海尔、美的等企业，结合长江流域气候条件，突破了高效除霜、优化气流组织等关键技术难点，研发了适用于长江流域的舒适自然风技术、冬夏两季统一末端的高效能空气源热泵，其全年实际能源消耗率大于 3.5。该产品具有灵活安装、个性化调控等优点，既节能又能为该区域居民提供舒适的室内环境，可改善该地区居民生活品质，宜在长江流域大规模推广应用。

以长江流域城镇既有住宅为例，现有面积约为 90 亿 m²，每年新增城镇住宅面积约为 6.0 亿 m²，建筑体量庞大。该地区夏季炎热、冬季寒冷，冬、夏季室内热环境需求亟待改善。在提升舒适性水平至 I 级标准后，按照现有技术体系基准建筑的平均供暖空调能耗约为 34.28kW·h/m²（图 7.47）。若长江流域新建城镇住宅按照项目提出的技术目标方案实施设计，按照该地区的建筑体量，若既有城镇住

宅进行节能改造达到项目提出的节能方案目标值，则每年可节约 4086.9 万 t 标准煤，实现碳排放减少 10135.6 万 t；若新建城镇住宅按照项目提出的技术目标方案实施设计建造，则每年可节约 229 万 t 标准煤，碳排放减少约 507 万 t。这将为我国控制能源消费总量、应对气候变化危机、实现碳中和目标做出巨大贡献。

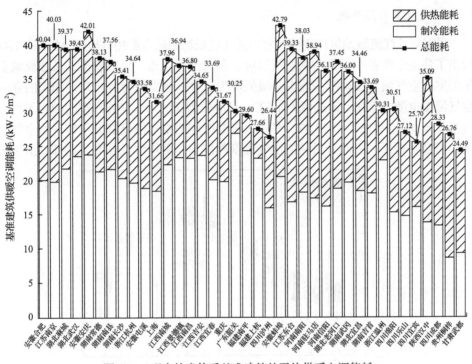

图 7.47　现有技术体系基准建筑的平均供暖空调能耗

7.5.5　长江流域建筑室内热环境和人员用能行为

由于长江流域地区典型气候特点和生产生活习惯，人们长期形成了对该地区室内环境的动态适应性，室内人员用能习惯、热舒适调控行为繁杂且多样，包括开关门窗、调节供暖空调的设定温度等行为。例如，由于长期以来在长江流域居住养成的生活习惯，该地区居民有更强的热适应性，现有供暖空调的能耗量也相对较小，因而其自身的适应性调节行为对该地区住宅热舒适和节能具有重要影响。调研统计显示，现有长江流域地区住宅建筑内通常采取间歇式空调、使用电风扇、开窗通风以及服装调节等适应性调节行为来改善室内热舒适性，这也将显著影响该地区居住建筑用能需求和方式。同时，该地区独特的气候和居民生活习惯决定了其室内热环境营造技术路径有别于我国其他地区，北方传统的集中供暖技术并不宜在长江流域地区大面积推广。

因此，结合长江流域建筑实测和大样本问卷调查，对该地区典型城市住宅建筑开展了入户热环境实测和居民供暖空调行为大样本问卷调查，获取了该地区建筑特性和人员行为资料，从而明晰了人员真实热环境需求，准确把握该地区住宅人员行为调节规律和供暖空调用能模式。

1. 建筑室内热环境

根据对长江流域地区住宅建筑室内热环境现场测试数据按月整理分析，图 7.48 给出了住宅全年各个月份室内空气温度、相对湿度分布。可以看出，长江流域全年的室外空气温度波动范围较大，最低值为-4℃，最高值为 41.5℃。相应的室内空气温度也随之变化，最低值为 1.5℃，最高值为 38.7℃。室外和室内的年平均空气温度分别为 19.76℃和 20.5℃。冬季大部分时间的空气温度都低于年平均空气温度，而夏季相反，大部分时间的空气温度都高于年平均空气温度。此外，由于长

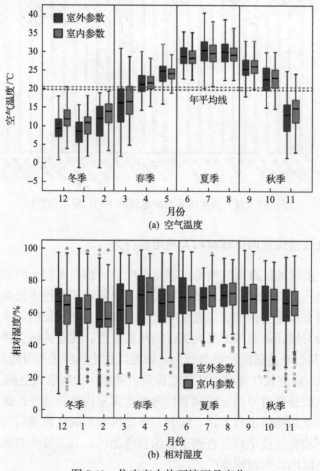

图 7.48　住宅室内热环境逐月变化

江流域河流和雨水较多，各城市的室内外平均相对湿度普遍较高。不同季节的平均相对湿度在59.11%～70.79%，其中冬季较低而夏季较高，全年变化不大，且室内空气相对湿度与室外空气相对湿度差别不大[30]。

图7.49以南北方为例，给出了北方严寒和寒冷地区与长江流域夏热冬冷地区住宅全年室内空气温度随室外空气温度的变化情况。从图中可以发现，对于北方建筑，在室外空气温度20℃以上时，室内外空气温度存在线性关系，而冬季虽然室外空气温度远低于南方，由于大部分区域采用集中供暖，室内空气温度基本在20℃左右，最低温度保证在15℃以上，室内空气温度与室外空气温度的关系不显著，整体室内空气温度趋势呈"钟摆型"。相比之下，长江流域建筑室内空气温度随室外空气温度呈显著线性关系，当室外空气温度在–5～40℃变化时，室内空气温度也在0～35℃较大范围内线性增加，夏季高温情况时室内外空气温度均超过30℃，甚至有部分高于35℃，室内高温情况远多于北方。而在冬季，由于该地区属于非集中供暖地区，室内空气温度远低于北方，最低室内空气温度达到5℃以下，表明该地区全年室内热环境受室外气候变化显著，室内热环境较差。

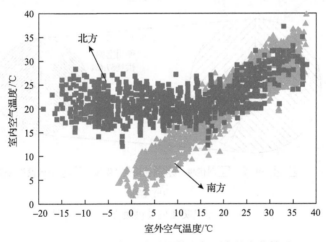

图7.49 室内空气温度随室外空气温度的变化情况

2. 长江流域供暖供冷行为特性

伴随着供暖需求的不断增加，夏热冬冷地区供暖能耗也逐年增长。根据《中国建筑节能年度发展研究报告(2013)》[29]，2011年城镇住宅总能耗为1.53亿t标准煤，其中夏热冬冷地区城镇住宅供暖电耗在1996年时仅为0.72亿kW·h，到2001年时增长至77亿kW·h，而到2011年时，采暖供暖已经达到414亿kW·h，2001～2011年增长了4.4倍。虽然目前夏热冬冷地区供暖电耗强度还比较低，但是供暖需求和供暖设备增长迅速，如果不施加任何措施，必然会带来巨大的能源供应压力。

　　通过问卷调查，该地区居民的冬季供暖情况统计结果如图 7.50 所示。居民回答冬季卧室供暖的样本数约占总样本数的 63%，而其中回答采用空调供暖的比例达 63.2%。同样，居民回答客厅供暖的样本数所占比例为 43.4%，回答采用空调供暖的样本数比例为 57.6%，表明空调仍是长江流域中下游地区居民主要的供暖形式[31]。

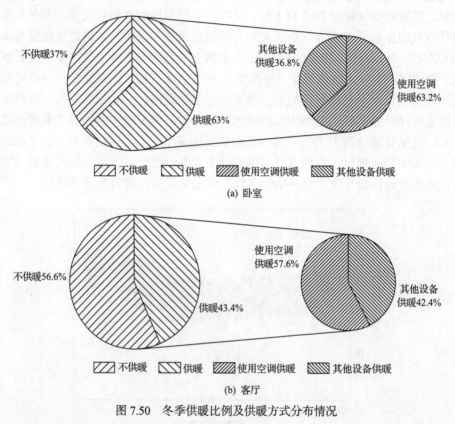

图 7.50　冬季供暖比例及供暖方式分布情况

　　图 7.51 进一步给出了问卷调查得到的长江流域地区城市居民冬季供暖主要方式。可以看出，分体空调即空气源热泵空调是长江流域拥有率最高的供暖设备，除成都外，其他城市使用比例均超过 50%。尤其对于长沙、杭州、上海，其采用空调供暖的比例达 70%。除空调外，使用热泵空调进行冬季供暖的同时，不少居民都购买了各种各样的局部电取暖设备进行辅助供热。容量较大的电热设备有电热膜、电热缆、电油汀等，而容量较小的电热设备有小太阳、暖风机、电热毯等，这些局部设备供暖范围往往较小，只能提升较小空间内的温度，因此住户在使用时基本是人在哪里就开启哪里的电热设备，大部分局部供暖设备的使用比例都低于 20%。而不同供暖设备在五个城市的使用率也各不相同，空调在成都的使用率

最低，且沿长江流域由上游至下游沿途城市使用率依次显著提高，杭州的使用率最高；地暖在成都的使用率最高；电油汀在杭州的使用率最高；小太阳在重庆的使用率较高，这可能和当地居民供暖设备的使用环境与行为习惯有关。

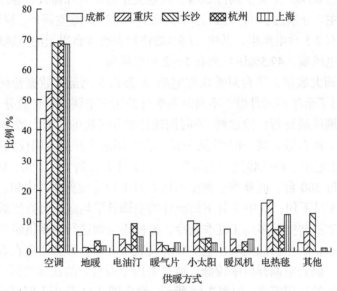

图 7.51　长江流域各城市供暖方式所占比例统计

图 7.52 为问卷调查得到的住宅居民夏季供冷情况统计结果。夏季居民调节室内热环境的主要设备是空调和风扇，居民回答会在卧室使用空调的样本比例占

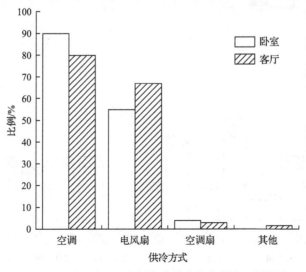

图 7.52　居民卧室和客厅各种供冷方式所占比例统计

94.5%，使用风扇的样本比例占 55.6%，两种设备在住宅中的使用率显著高于其他供冷设备，表明空调仍是该地区居住建筑供暖供冷的主要设备，而风扇则是夏季偏热环境下改善热环境的主要辅助设备。实地调研数据发现，夏季卧室空调以分体式为主，占 68%，中央空调占 20%，其他类型为柜式和窗式。客厅空调以柜式和分体式为主，分别占 37%和 32%，中央空调占 25%。除空调外，统计数据显示，每户平均拥有 2.5 台电风扇，其中 27.9%的住户拥有 4 台以上的电风扇，11.5%住户拥有 3 台电风扇，47.5%住户拥有 1～2 台电风扇。

　　基于空调大数据云平台对重庆住宅超 3 万次空调运行数据特征进行分析，图 7.53 给出了全年不同月份、不同时期统计的用户空调运行台数分布情况(注：不同时期空调供暖运行台数比例=该时期统计的开过机的空调台数/该时期统计的所有上线的空调台数，某一时期/某一天一台空调多次开启，则仅按一台统计)。可以看出，住宅中空调供暖使用主要集中在 12 月下旬到 1 月下旬，日平均使用台数最多不超过 300 台，而夏季空调使用从 6 月下旬持续到 9 月中旬，主要集中在7 月上旬到 8 月下旬，其中 7 月下旬统计的空调日平均运行台数接近 500 台，表明该地区住宅房间空调多用于夏季制冷，而使用空调进行冬季供暖的需求较低。

　　调研显示，虽然长江流域住宅空调的安装率较高，多数家庭在客厅和卧室均会安装空调，但是空调开启率较低。通过采用空调自带的在线监测还可以探明家庭中多台空调的使用模式，如图 7.54 所示。结合图 7.51 分析不同房间分体空调的启停方式，可以看出，重庆住宅客厅和卧室的空调使用方式存在差异，对于客厅，

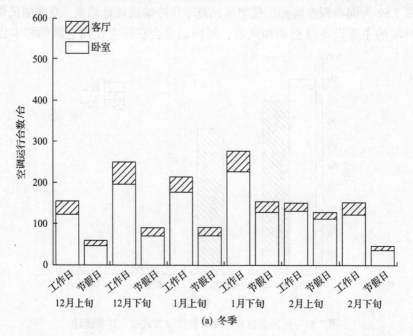

(a) 冬季

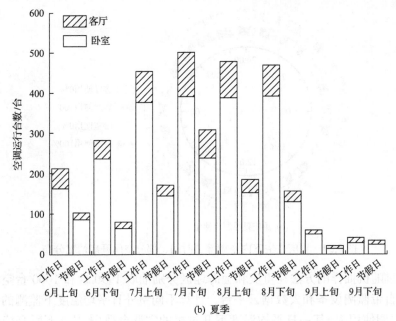

(b) 夏季

图 7.53　住宅不同时期空调供暖供冷台数统计

有近 40%的住户都选择了从来不开空调,而卧室在整个供暖季开启的概率也并不
高,仅在部分时期有开启,且是人员在房间时开、离开房间时关,或是觉得冷了
开,反映了该地区居民采用空调供暖的"部分时间、部分空间"的使用模式。相
比之下,住宅夏季空调使用率相对较高,其中客厅在 12:00~15:00 和 18:00~22:00
开启的概率较高,而卧室空调开启情况与客厅存在显著的互补特性,开启时间基
本上是从 22:00 到次日 8:00,这与居民正常活动规律一致。总体上,人员使用空
调主要以卧室供冷为主,且空调开启时间更长,供暖以客厅为主,且开启时间更
短,全年供暖空调使用行为存在典型的"部分时间、部分空间"使用特性。

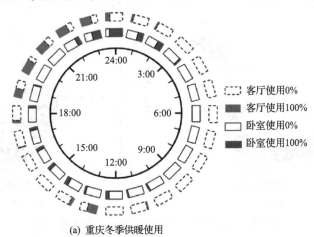

(a) 重庆冬季供暖使用

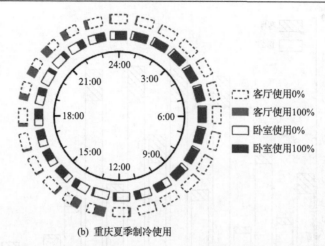

(b) 重庆夏季制冷使用

图 7.54　重庆住宅室内空调部分时间、部分空间开启情况分布

　　通过随机抽样的方法在重庆和上海地区分别抽取 1990 台和 1000 台空调，通过空调自带监测设备和大数据云平台，计算不同室外日平均温度下监测的空调使用率（空调使用率=某一日平均温度下开过机的空调台数/该温度下所有统计的空调台数），如图 7.55 所示。可以看出，重庆市冬季空调使用率在 10%左右，而夏季空调使用率在 60%左右，在日平均气温大于 25℃之后，重庆市的空调使用率逐渐上升；上海市冬季空调使用率在 30%左右，而夏季空调使用率在 40%~50%，过渡季使用率较低，整体分布呈 U 形。总体上看，重庆和上海夏季空调使用率都随着室外温度的增加显著增加，但重庆空调的使用率要高于上海；相反冬季随着室外温度的降低，其空调使用率逐渐增加，但重庆整体空调使用率较低，而上海空调使用率较高，这可能与两个城市的气候、经济发展、人员生活习惯差异等有关。需要注意的是，该地区住宅中一般安装多台空调（卧室和客厅等），在冬季和

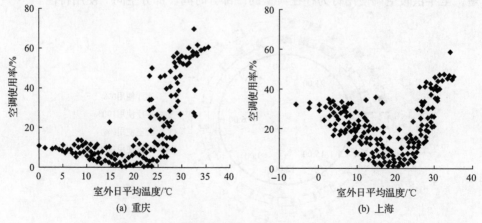

图 7.55　空调使用率随全年室外日平均温度变化

夏季统计到的空调开启比例较低，主要原因可能是居民在家中只是在活动空间开启空调供冷供暖，而不是所有房间的空调都开启，该地区居民使用空调存在"部分时间、部分空间"的特点，居民还会选择电风扇、暖风机等局部设备改善室内热环境，因此大数据平台的统计结果主要反映的是居民空调使用模式，不能完全代表该地区住宅室内供暖供冷需求情况。

参 考 文 献

[1] 贾洪愿, 李百战, 姚润明, 等. 探讨长江流域室内热环境营造——基于建筑热过程的分析[J]. 暖通空调, 2019, 49(4): 1-11, 42.

[2] 刘晓华, 谢晓云, 张涛, 等. 建筑热湿环境营造过程的热学原理[M]. 北京: 中国建筑工业出版社, 2016.

[3] 李超. 相对湿度及其动态变化对人体热舒适的影响研究[D]. 重庆: 重庆大学, 2018.

[4] 李峥嵘, 曹斌. 上海地区间歇式空调建筑夜间通风降温策略[J]. 暖通空调, 2013, 43(7): 73-77.

[5] Yao R M, Li B Z, Steemers K, et al. Assessing the natural ventilation cooling potential of office buildings in different climate zones in China[J]. Renewable Energy, 2009, 34(12): 2697-2705.

[6] 史瑞秀. 自然通风的计算及理论分析[J]. 太原科技, 2000, 2: 22-23.

[7] Yao R M, Costanzo V, Li X Y, et al. The effect of passive measures on thermal comfort and energy conservation. A case study of the hot summer and cold winter climate in the Yangtze River region[J]. Journal of Building Engineering, 2018, 15: 298-310.

[8] Nevins R G, Rohles F H, Springer W, et al. A temperature humidity chart for the thermal comfort of seated persons[J]. ASHRAE Journal, 1966, 8(4): 55-61.

[9] Nicol F, Humphreys M. Derivation of the adaptive equations for thermal comfort in free-running buildings in European standard EN15251[J]. Building and Environment, 2010, 45(1): 11-17.

[10] Fanger P O. Thermal comfort. Analysis and Applications in Environmental Engineering[M]. Copenhagen: Danish Technical Press, 1970.

[11] Tanabe S, Kimura K, Hara T. Thermal comfort requirements during the summer season in Japan[J]. ASHRAE Transactions, 1987, 93: 564-577.

[12] 谈美兰. 夏季相对湿度和风速对人体热感觉的影响研究[D]. 重庆: 重庆大学, 2012.

[13] Jin L, Zhang Y F, Zhang Z J. Human responses to high humidity in elevated temperatures for people in hot-humid climates[J]. Building and Environment. 2017, 114: 257-266.

[14] Li B Z, Du C Q, Tan M L, et al. A modified method of evaluating the impact of air humidity on human acceptable air temperatures in hot-humid environments[J]. Energy and Buildings, 2018, 158: 393-405.

[15] Gao Y F, Xu J M, Yang S C, et al. Cool roofs in China: Policy review, building simulations, and proof-of-concept experiments[J]. Energy Policy, 2014, 74: 190-214.

[16] 李筱. 蒸发冷换热器的实验、仿真与应用研究[D]. 北京: 清华大学, 2013.

[17] 阮立扬. 偏热环境下落地风扇舒适性调控策略研究[D]. 重庆: 重庆大学, 2019.

[18] 杜晨秋, 李百战, 刘红, 等. 侧墙和顶板毛细管辐射供冷性能的实验研究[J]. 暖通空调, 2018, 48 (5): 103-110.

[19] 中华人民共和国住房和城乡建设部. GB/T 50785—2012 民用建筑室内热湿环境评价标准 [S]. 北京: 中国建筑工业出版社, 2012.

[20] 茅锋, 胡佳. 地域化绿色建筑创作——卧龙自然保护区都江堰大熊猫救护与疾病防控中心 方案设计[J]. 四川建筑, 2011, 31 (5): 113-114, 118.

[21] 钱方. 轻触场地还原建筑与环境的朴素关系——大熊猫救护与疾病防控中心绿色设计[J]. 建筑学报, 2016, (9): 71-73.

[22] Li G Q, Meng X, Zhang X W, et al. An innovative ventilation system using piston wind for the thermal environment in Shanghai subway station[J]. Journal of Building Engineering, 2020, 32: 101276.

[23] Xiong J, Yao R M, Grimmond S, et al. A hierarchical climatic zoning method for energy efficient building design applied in the region with diverse climate characteristics[J]. Energy and Buildings, 2019, 186: 355-367.

[24] Cao X Y, Yao R M, Ding C, et al. Energy-quota-based integrated solutions for heating and cooling of residential buildings in the Hot Summer and Cold Winter zone in China[J]. Energy and Buildings, 2021, 236: 110767.

[25] Wang B L, Liu X R, Ding Y C, et al. Optimal design of rotary compressor oriented to end-plate gas injection with check valve[J]. International Journal of Refrigeration, 2018, 88: 516-522.

[26] 刘星如, 王宝龙, 李先庭, 等. 滑板喷射型准二级滚动转子压缩机性能[J]. 制冷学报, 2016, 37 (2): 1-8.

[27] 汪锋, 梁彩华, 张小松. 超疏水翅片表面的抑霜机理和融霜特性[J]. 工程热物理学报, 2016, 37 (5): 1066-1070.

[28] Wang F, Liang C H, Zhang X S, et al. Effects of surface wettability and defrosting conditions on defrosting performance of fin-tube heat exchanger[J]. Experimental Thermal and Fluid Science, 2018, 93: 334-343.

[29] 清华大学建筑节能研究中心. 中国建筑节能年度发展研究报告 (2013) [M]. 北京: 中国建筑工业出版社, 2013.

[30] Liu H, Wu Y X, Li B Z, et al. Seasonal variation of thermal sensations in residential buildings in the hot summer and cold winter zone of China[J]. Energy and Buildings, 2017, 140: 9-18.

[31] Jiang H C, Yao R M, Han S Y, et al. How do urban residents use energy for winter heating at home? A large-scale survey in the hot summer and cold winter climate zone in the Yangtze River region[J]. Energy and Buildings, 2020, 223: 110131.